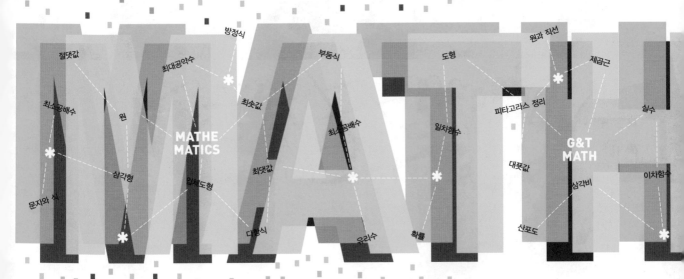

절댓값 방정식 원과 직선
최대공약수 부등식 도형 제곱근
최소공배수 최솟값 피타고라스 정리 실수
원 MATHE MATICS 일차함수 G&T MATH
삼각형 최소공배수 대푯값 이차함수
문자와 식 입체도형 최댓값 삼각비
다항식 산포도
유리수 확률

중학생을 위한

新 영재수학의

지름길 **1**단계 -상

중국 사천대학교 지음

KB084196

G&T MATH

'지앤티'는 영재를 뜻하는 미국·영국식
약어로 Gifted and talented의 줄임말로 '축복
받은 재능'이라는 뜻을 담고 있습니다.

씨실과 날실

씨실과 날실은 도서출판 세화의 자매브랜드입니다.

新 영재수학의 지름길(중학 G&T)과 함께
꿈의 날개를 활짝 펼쳐보세요.

新 영재수학의 지름길

중학 **1** 단계 **상**

＊ 이 책의 내용에 관하여 궁금한 점이나 상담을 원하시는 독자 여러분께서는 www.sehwapub.co.kr의 게시판에 글을
남겨주시거나 전화로 연락을 주시면 적절한 확인 절차를 거쳐서 상세 설명을 받으실수 있습니다.

• 이 책의 한국어판 저작권은 중국사천대학과의 저작권 계약으로 (주)씨실과 날실이 보유합니다.
  (주)씨실과 날실의 서면 동의 없이 이 책을 무단 복사, 복제, 전재하는 것은 저작권법에 저촉됩니다.
  신 저작권법에 의해 한국 내에서 보호 받는 저작물이므로 무단 전재와 복제를 금합니다.
• 본 도서 유통상의 불편함을 없애기 위해 도서 공급은 도서출판 세화가 대행하오니 착오 없으시길 바랍니다.

본 도서는 중국 사천대학교의 도서를 공식 라이선스한 책으로 원서 내용 중 우리나라 교육과정과 정서에 맞지 않는 부분은 수정, 보완 편집하였습니다.

중학 사고력 新 영재수학의 지름길 1단계 상 | 중학 G&T 1-1

원저 중국사천대학교 **감수** 이주형선생님

펴낸이 구정자 **펴낸곳** (주)씨실과 날실 **발행일** 3판 2쇄 2022년 8월 10일 **등록번호** (등록번호: 2007.6.15 제302-2007-000035)
주소 경기도 파주시 회동길 325-22(서패동 469-2) 1층 전화 (031)955-9445 팩스 (031)955-9446

판매대행 도서출판 세화 주소 경기도 파주시 회동길 325-22(서패동 469-2)
전화 (031)955-9333 구입문의 (031)955-9331~2 팩스 (031)955-9334 홈페이지 www.sehwapub.co.kr
정가 25,000원 ISBN 978-89-93456-39-4 53410

*독자여러분의 의견을 기다립니다. 잘못된 책은 바꾸어드립니다.

Copyright ⓒ Ssisil & nalsil Publishing Co.,Ltd.

이 책에 실린 모든 글과 일러스트 및 편집 형태에 대한 저작권은 (주)씨실과 날실에 있으므로 무단 복사, 복제는 법에 저촉됩니다.

머리말

新 영재 수학의 지름길(중학G&T) 중학편 감수 및 편집을 마치며

본 도서는 국내 많은 선생님과 학생들의 사랑을 받아온 '올림피아드 수학의 지름길 중급편'의 최신 개정판 교재로 내신 심화와 영재고 및 경시대회 준비 학생 교육용 교재입니다.

'올림피아드 수학의 지름길'은 중국사천대학교의 영재교육용 교재로 이미 탁월한 효과를 입증한 바 있습니다. 이 시리즈 또한 최신 영재유형 문제와 상세한 풀이를 수록하였기 때문에 더욱더 우수한 학습효과를 얻을 수 있을것입니다. 영재교육 프로그램에 참여하지 않는 일반 학생들에게도 내신심화와 연결된 좋은 참고서가 될것이며 혼자서도 익혀갈 수 있도록 잘 꾸며져 있습니다. 또한 특수분야를 제외한 나머지 대부분의 내용은 정규과정의 학습에도 많은 도움을 주도록 잘 가꾸어진 내용들로 꾸며져 있습니다. 그리고 영재교육을 담당하는 교사들에게도 좋은 교재와 참고자료가 되리라고 생각합니다.

원서 내용 중 우리나라 교육과정에 맞게 장별 순서와 목차를 바꾸었으며 정서에 맞지 않는 부분과 문제 및 강의를 수정, 보완 편집하였고 각 단계 상하에 모의고사 2회분을 추가하였습니다.

무엇보다도 영재수학학습은 지도하시는 선생님들과 공부하는 학생들의 포기하지 않는 인내와 끈기 그리고 반드시 해내겠다는 집념과 노력이 가장 중요합니다.

우리나라의 우수한 학생들이 축복받은 재능의 날개를 활짝 펴고 세계적인 인재로 성장할 수 있도록 수학 능력 개발에 조금이나마 도움이 되길 바라며 이 책을 출판하기까지 많은 질책과 격려를 아끼지 않았던 독자님들과 많은 도움을 주신 여러 학원 종사자 및 학부모, 선생님들께 무한한 감사를 드리며 도와주신 중국 사천대학 및 세화출판사 임직원 여러분께 감사드립니다.

감수자 및 (주) 씨실과 날실 편집부 일동

이 책의 구성과 활용법

이 책은 중학교 내신심화와 경시 및 영재교육 과정에서 다루는 수학 과정을 체계적으로 나열하고 있으며 주제들의 구성과 전개에 있어 몇가지 특징을 두어 엮었습니다. 특히 영재수학에서 다루는 기본개념을 중심으로 자세한 설명을 하였습니다.

이 책으로 공부하는 학생들은 이 기본개념과 문제의 풀이과정을 충분히 이해함으로써 어떠한 유형의 문제라도 해결할 수 있는 단단한 능력을 갖추게 될 것입니다.

기본개념의 숙지와 응용문제 해결 능력을 키우기 위하여 각 장별로 다음과 같이 구성하였습니다.

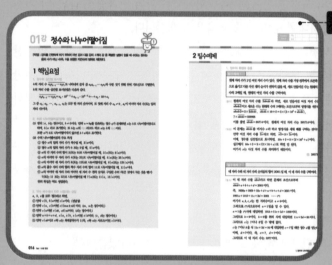

1 필수예제문제

■ 핵심요점과 필수예제

각 강의에서 꼭 알아야 하는 핵심요점을 설명하고 이와 관련된 필수예제를 실어 기본개념을 확고히 인식할 수 있도록 하였습니다.

1. 각 강의별로 핵심이론 설명 후 강의에 따른 필수예제를 구성하였습니다.
2. 예제풀이 과정을 상세히 기술하여 문제에 대한 적응력 및 집중도를 높이도록 하였습니다.

2 참고 및 분석

■ 참고 및 분석

예제문제 풀이시 난이도가 높은 문제는 참고할 수 있는 팁(TIP)을 구성하여 유형연습에 도움이 되도록 하였습니다.

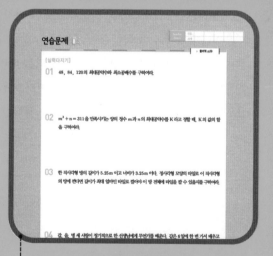

3 연습문제

■ 연습문제

앞에서 학습한 내용을 확인하는 문제를 실력다지기 문제, 실력향상 문제, 응용 문제 3단계로 분류하여 개념을 확인하고 고급 문제를 대비할 수 있도록 하였습니다.

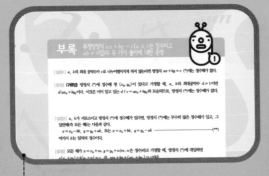

4 부록문제

■ 부록문제

강의별 부록으로 심화이론 설명 및 단원별 Test 문제를 수록
하여 앞에서 배웠던 단원의 핵심을 꿰뚫어 보고 부족한 부분
은 다시 학습할 수 있는 기회를 제공합니다.

5 소수표

■ 소수표

마지막 페이지에 10000이하의 소수표를 수록하여 강의와 학
습에 편의를 기하도록 하였습니다.

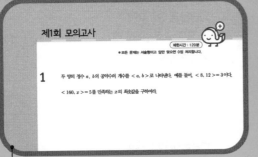

6 영재모의고사

■ 영재모의고사

모의고사 2회 분(각 20문제)을 수록하여 단계별로 학습한 강의
에 대한 최종점검 및 실전 연습을 갖도록 하였습니다.

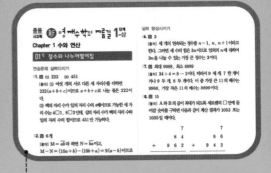

7 연습문제 정답과 풀이

■ 연습문제 정답과 풀이

책속의 책으로 연습문제 정답과 풀이를 분권으로 분리하여
강의 및 학습배양에 편의를 기하도록 하였습니다.
문제의 이해력을 높일수 있도록 하였습니다.

이 책의 활용법

기본 개념을 충분히 숙지해야 합니다. 창의적 사고력은 기본개념에 대한 지식 없이 길러질 수 없습니다. 각 강의
의 핵심요점 설명을 정독하여야 합니다. 만약 필수예제를 풀 수 없는 학생이 있다면, 핵심요점에 나와 있는 개념
설명을 자신이 얼마나 소화했는가를 판단해 보고 다시 한번 정독하여 기본개념을 충분히 숙지하도록 해야 할 것
입니다.

종합적인 사고를 할 수 있어야 합니다. 기본 개념을 숙지한 후에는 수학 과목 상호간의 다른 개념들과의 연관성을
항상 염두에 두고 있어야 합니다. 하나의 문제는 여러가지 기본 개념들을 종합적으로 활용할 때 풀릴수 있는 경우
가 많기 때문입니다. 필수예제문제와 연습문제는 이를 확인하기 위해 설정된 코너입니다.

Contents

新 영재수학의 지름길 **1단계—상**

중학 G&T 1-1

영재수학의
新 지름길 1 단계
상

Gifted and Talented
in mathemathics

위대한 성취는 부지런한 노동과 정비례된다. 즉 일한것만큼 수확이 있게 되고 그 수확이 하나하나 쌓여

기적을 창조하게 된다. 〈로신〉

Part I 수와 연산

01강 정수와 나누어떨어짐

[약정] : 강의를 간편하게 하기 위하여 이번 강과 다음 강의 4개의 강 중 특별한 설명이 없을 때 수(또는 정수)는 음의 수가 아닌 수(즉, 0을 포함한 자연수)의 범위로 제한된다.

1 핵심요점

1. 정수의 십진법 표시법

k의 자리 수 $\overline{a_k a_{k-1} \cdots a_2 a_1}$로 나타내며 문자 곱 $a_k a_{k-1} \cdots a_2 a_1$와 구분 짓기 위해 위에 가로선으로 구별한다. k의 자리 수를 십진법 표시방법은 다음과 같다.

$$\overline{a_k a_{k-1} \cdots a_2 a_1} = a_k \cdot 10^{k-1} + a_{k-1} \cdot 10^{k-2} + \cdots + a_2 \cdot 10 + a_1$$

그중 a_1, a_2, $\cdots$, a_{k-1}, a_k는 모두 한 자리 숫자이며, 또 첫째 자리 수 $a_k \neq 0$, a_1이 마지막 자리 수(또는 일의 자리 수)이다.

2. 수의 나누어떨어짐(정제) 성질

(1) 정의 : a, b는 정수이고, $b \neq 0$이다. 만약 $a = bq$를 만족하는 정수 q가 존재하면 a는 b로 나누어떨어진다고 하며, $b \mid a$ 라고 표기한다. 또 b는 a의 약수라고도 하고 a는 b의 **배수**이다.
또한 a가 b로 나누어떨어지지 않으면 $b \nmid a$라고 표기한다.

(2) 수의 나누어떨어짐의 주요 특징
  ① 정수 a의 일의 자리 수가 짝수일 때, $2 \mid a$이다.
  ② 정수 a의 일의 자리 수가 0 또는 5일 때, $5 \mid a$이다.
  ③ a의 각 자리 수의 합이 3(또는 9)로 나누어떨어질 때, $3 \mid a$(또는 $9 \mid a$)이다.
  ④ a의 마지막 두 자리 수가 4(또는 25)로 나누어떨어질 때, $4 \mid a$(또는 $25 \mid a$)이다.
  ⑤ a의 마지막 세 자리 수가 8(또는 125)로 나누어떨어질 때, $8 \mid a$(또는 $125 \mid a$)이다.
  ⑥ a의 홀수 자리 수의 합과 짝수 자리 수의 합이 11로 나누어떨어질 때, $11 \mid a$이다.
  ⑦ a의 마지막 세 자리 수와 마지막 세 자리 수 전의 숫자로 구성된 수의 차(큰 것에서 작은 것을 뺌)가
      7(또는 11 또는 13)로 나누어떨어질 때 $7 \mid a$(또는 $11 \mid a$, $13 \mid a$)이다.
  위의 특징은 역도 성립된다.

3. 약수 배수에서 자주 사용되는 성질

a, b, c를 모두 정수라고 하면,
① 만약 $c \mid b$, $b \mid a$이면 $c \mid a$이다. (전달성)
② 만약 $c \mid a$, $c \mid b$이면 $c \mid (ma \pm nb)$ 이다. (m, n은 정수이다.)
③ 만약 $c \mid a$이면 $c \mid ab$, $cd \mid ad$이다. (d는 정수이다.)
④ 만약 $a+b = c+d$, $e \mid a$, $e \mid b$, $e \mid c$이면 $e \mid d$이다. (e, d는 정수이다.)
⑤ 만약 $c \mid ab$이고 c와 a는 최대공약수가 1(즉, c와 a는 서로소)이면 $c \mid b$이다.

2 필수예제

1. 정수의 확정과 응용

필수예제 1

첫째 자리 수가 2인 여섯 자리 수가 있다. 첫째 자리 수를 가장 왼쪽에서 오른쪽으로 옮기고 다른 다섯 개의 순서가 변하지 않을 때, 새로 만들어진 수는 원래의 수의 3배일 때, 원래의 여섯 자리 수를 구하여라.

[풀이] 원래의 여섯 자리 수를 $\overline{2abcde}$ 라 하면, 새로 만들어진 여섯 자리 수는 $\overline{abcde2}$ 이고 새로운 수는 원래의 수의 3배라는 조건으로부터 방정식을 세우면,

$$\overline{abcde2} = 3 \times \overline{2abcde}, \quad \overline{abcde} \times 10 + 2 = 3 \times (2 \times 10^5 + \overline{abcde}),$$

$$7 \times \overline{abcde} = 599998$$

이를 풀면 $\overline{abcde} = 85714$이다. 원래의 여섯 자리 수는 285714이다.

[해설] 이 문제는 $\overline{abcde}$ 를 미지수 x 라 하고 방정식을 세워 해를 구하는 것이다.

만약 여섯 자리 수를 $\overline{2x}$ 라고 하면, $\overline{x2} = 3 \times \overline{2x}$ 이다.

이때, 정수를 십진법으로 표시하면, $10x + 2 = 3 \times (2 \times 10^5 + x)$ 이다.

실수해서 $10x + 2 = 3 \times (2 \times 10 + x)$ 로 하면 안 된다.

여기서 x 는 다섯 자리 수를 의미하기 때문이다.

답 285714

필수예제 2

네 자리 수와 네 자리 수의 숫자들의 합이 2001일 때, 이 네 자리 수를 구하여라.

[풀이] 이 네 자리 수를 $\overline{abcd}$ 라고 하면 문제의 조건으로부터

$\overline{abcd} + a + b + c + d = 2001$이다.

즉, $1000a + 100b + 10c + d + a + b + c + d = 2001$이다.

$1001a + 101b + 11c + 2d = 2001$ ……(*)

여기서 a, b, c, d는 한 자리수이고 $a \neq 0$이다.

그러므로 (*)식으로부터 $a = 1$임을 알 수 있다.

$a = 1$을 (*)식에 대입하면 $101b + 11c + 2d = 1000$이다.

그러므로 $b = 9$이다. $b = 9$를 위의 식에 대입하면 $11c + 2d = 91$이다.

그러므로 c는 7이나 8일 수 밖에 없다.

c는 7이나 8을 식 $11c + 2d = 91$에 대입하면 $c = 7$일 때만 정수 d를 얻는다.

이때, $d = 7$이다. 즉, $c = 7$, $d = 7$이다.

그러므로 이 네 자리 수는 1977이다.

답 1977

이 문제는 숫자수수께끼 문제라고 부른다. 이러한 문제를 해결하는 핵심은 문제의 수식구조에서 문제를 해결하는 돌파구를 찾아내는 것이다. (즉, 문제를 어디서부터 해결하는가 하는 시작점이다.)

일반적으로 문제에서 주어진 수식과 조건을 자세히 관찰 및 분석하고 그것의 구조적 특징과 주어진 각각의 숫자로 첫째 자리 수를 찾거나 마지막 자리 수를 찾아 해법을 얻어낸다.

이 숫자수수께끼에는 따로 한 가지 조건을 추가한다. 수식에서 서로 다른 문자는 서로 다른 숫자를 표시한다는 점을 통해서 문제를 풀 때 주어진 조건을 충분히 이용해야 한다.

필수예제 3

아래 식에서 서로 다른 문자는 각각 0, 1, 2, 3, 4, 5, 6, 7, 8, 9 중 한 숫자를 나타낸다. 이때, C가 대표하는 숫자로 옳은 것은?

$$\begin{array}{r} ABCDC \\ \times \quad\quad C \\ \hline CDCBA \end{array}$$

① 9　　　　　② 8　　　　　③ 2　　　　　④ 1

[풀이] (배제법을 사용하여 해를 구한다.)

만약 $C=1$일 때, $A=1$로 $C=1$과 같다. 그러므로 $C \neq 1$이다.

즉, ④은 답이 아니다.

만약 $C=2$일 때, $A=4$이다. 그러므로 $A \times C = 8$이다.

$ABCDC \times C > 80000$이므로 $C \neq 2$이다. 즉, ③은 답이 아니다.

만약 $C=8$일 때 $A=4$이다. $ABCDC \times C$의 값은 여섯 자리 수가 되므로 $C \neq 8$이다. 즉, ②은 답이 아니다.

그러므로 $C=9$이다. 그러므로 답은 ①이다.

[해설] 이 문제에서도 당연히 직접법으로 해를 구할 수 있다 : 직접 C에 1~9를 대입한다.

$C=1$이나 2일 때, (위의 내용과 같이) 문제의 조건에 맞지 않는다.

$C=3, 4, 5, 6, 7, 8$일 때, $C=8$일 때 위의 내용처럼 문제의 조건에 맞지 않는다.

$C=9$일 때, $A=1$이고 오른쪽의 계산식에서 알 수 있는 것은 $B=0$, $D=8$이다.

원식(가로식으로 표시)은 $10989 \times 9 = 98901$이다.

$$\begin{array}{r} 10989 \\ \times \quad\quad 9 \\ \hline 98901 \end{array}$$

답 ①

2. 수의 나누어떨어짐의 특징을 이용한 문제

필수예제 4

1, 2, 3, 4, 5, 6의 숫자들을 한 번씩 사용한 여섯 자리 수 $\overline{abcdef}$가 있다. 이 수에서 세 자리 수 $\overline{abc}$, $\overline{bcd}$, $\overline{cde}$, $\overline{def}$는 각각 순서대로 4, 5, 3, 11로 나누어떨어질 때, 이 여섯 자리 수를 구하여라.

[풀이] 우선 $5 | \overline{bcd}$에서 $d=5$이다. ($d=0$은 문제에 맞지 않는다.)

다음으로 $11 | \overline{def}$(즉, $11 | \overline{5ef}$)에서 $5+f-e$는 11의 배수이다.

여기서는 $5+f-e=0$만 가능하다. 즉, $e=5+f$이다.

그런데, $1 \leq e \leq 6$이므로 $e=6$, $f=1$이다.

그 다음에는 $3 | \overline{cde}$(즉, $3 | \overline{c56}$)에서 알 수 있는 것은

$c+5+6=c+11$은 3의 배수이다. 그런데, $f=1$이므로 $c \neq 1$이다.

그러므로 $c=4$이다.

마지막으로 $4 | \overline{abc}$(즉, $4 | \overline{ab4}$)에서 $4 | \overline{b4}$이다. 그런데, $c=4$, $e=6$이므로 $b \neq 4$이다. 그러므로 $b=2$이다. 또, 남은 수는 3이므로 $a=3$이다.

따라서 여섯 자리 수의 숫자는 324561이다.

[해설] 네 개의 조건 $5|\overline{abc}$, $5|\overline{bcd}$, $3|\overline{cde}$, $11|\overline{def}$으로 6개의 숫자 a, b, c, d, e, f를 가장 간단하고 쉬운 방법으로 어떤 숫자로 확정하는 조건에서 시작한다.

확실히 $5|\overline{bcd}$를 통하여 $d=5$를 금방 확정할 수 있다.

그 다음 해법의 순서대로 확정지으면 $e=6$, $f=1$, $c=4$, $b=2$, $a=3$이다.

답 324561

필수예제 5

$\overline{1287xy6}$은 72의 배수일 때, 이 조건에 맞는 7의 자리 수를 모두 구하여라.

[풀이] $72=9\times8$이므로, 구해야 하는 7의 자리 수 $\overline{1287xy6}$은 9의 배수이면서 8의 배수이다.

$\overline{1287xy6}$은 9의 배수이므로 $1+2+8+7+x+y+6=24+x+y$는 9의 배수이다.

또, $0\le x+y\le18$이므로

$x+y=3$ 또는 $x+y=12$ ······(*)

$\overline{1287xy6}$이 8의 배수이므로 $\overline{xy6}$은 8의 배수이다.

또, $8=2\times4$이므로, $\overline{xy6}$은 반드시 4의 배수이다.

그러므로 $\overline{y6}$은 4의 배수이다. 여기서 가능한 $y=1,3,5,7,9$뿐이다.

(i) $y=1$일 때, (*)식에서 $x=2$이고, 216은 8의 배수이다.

(ii) $y=3$일 때, (*)식에서 $x=0$ 또는 $x=9$이고, 36은 8의 배수가 아니고, 936은 8의 배수이다.

(iii) $y=5$일 때, (*)식에서 $x=7$이고, 756은 8의 배수가 아니다.

(iv) $y=7$일 때, (*)식에서 $x=5$이고, 576은 8의 배수이다.

(v) $y=9$일 때, (*)식에서 $x=3$이고, 396은 8의 배수가 아니다.

따라서 조건에 맞는 모든 7의 자리 수는 1287216, 1287936, 1287576이다.

[해설] $y=1,3,5,7,9$일 때의 x의 값을 각각 구하고, 8의 배수인지 확인해야한다. 이것은 우리가 구하는 것은 $\overline{xy6}$가 4의 배수일 때의 x, y의 값이다. $\overline{xy6}$은 8의 배수일 때의 x, y의 값이 아니다.(비록 이것도 $\overline{xy6}$이 4의 배수일 때의 x, y의 값에 포함되지만) 그러므로 $\overline{xy6}$은 4의 배수에서 구한 x, y의 값에서 $\overline{xy6}$은 8의 배수의 x, y의 값인지 확인해야 한다. $\overline{xy6}$은 8의 배수라는 조건에서 x, y 구하는 것은 비교적 복잡하다. (x, y의 값을 취하는 범위의 가능성이 너무 많기 때문이다.) 그러므로 $8=2\times4$를 사용하여 $\overline{y6}$은 4의 배수라는 사실로부터 범위를 좁힌다.

답 1287216, 1287936, 1287576

$N = \overline{32ab2}$는 156으로 나누어떨어질 때, N을 구하여라.

[풀이] N을 156으로 나눈 몫을 x라고 하면(즉, $N = 156x$) $N < 33000$이므로, $33000 \div 156 \approx 211.5$이다. 그러므로 $x \leq 211$이다.

또 $N > 32000$이므로 $32000 \div 156 \approx 205.1$이다. 그러므로 $x \geq 206$이다. 따라서 x는 $206 \leq x \leq 211$을 만족하는 정수이다.

$\overline{32ab2} = 156 \cdot x$에서, x의 마지막 자리 수는 2나 7이다.

(왜냐하면, $6 \times 2 = 12$, $6 \times 7 = 42$의 마지막 자리 수는 2이기 때문이다.)

그런데, $206 \leq x \leq 211$에서 마지막 자리 수가 2나 7인 정수는 207뿐이다.

즉, $x = 207$이다. 그러므로 $N = 156 \times 207 = 32292$이다.

[해설] 이 예제도 필수예제 4, 필수예제 5처럼 해를 구할 수 있지만 비교적 복잡하다.

$156 = 3 \times 4 \times 13$이므로 N은 3, 4, 13으로 각각 나누어떨어진다.

① $3|N$에서 $3 + 2 + a + b + 2 = a + b + 7$은 3으로 나누어떨어진다.

　　즉, $a + b + 1$은 3으로 나누어떨어진다.

② $4|N$에서 $4|\overline{b2}$이다. 그러므로 b는 1, 3, 5, 7, 9뿐이다.

　　그러므로 ①, ②를 종합하면

　　$b = 1$이나 7일 때, $a = 1, 4, 7$이다.

　　$b = 3$이나 9일 때, $a = 2, 5, 8$이다.

　　$b = 5$일 때, $a = 0, 3, 6, 9$이다.

③ $13|N$일 때, $13|(\overline{ab2} - 32)$이다.

　　즉, $\overline{ab2} - 32 = 10 \times \overline{ab} + 2 - 32 = 10(\overline{ab} - 3)$이다.

　　그러므로 $13|(\overline{ab2} - 32)$일 때 $13|(\overline{ab} - 3)$이고 $\overline{ab} - 3 = 13n$이다.

　　즉, $\overline{ab} = 13n + 3$이다. (여기서, n은 0, 1, 2, 3, 4, 5, 6, 7이다.)

　　$n = 0, 1, 2, \cdots, 7$을 대입하여 확인하면,

　　$n = 2$일 때 $\overline{ab} = 29$(즉, $a = 2$, $b = 9$)이다.

　　즉, ③의 조건 $13|N$을 만족하고, ①, ②의 조건 $3|N$, $4|N$을 만족한다.

　　그러므로 $N = 32292$이다.

답 32292

3. 나누어떨어짐 성질의 응용

제01강

필수예제 7

두 개의 세 자리 수 $\overline{abc}$과 $\overline{def}$의 합, $\overline{abc}+\overline{def}$는 37로 나누어떨어질 때, 여섯 자리 수 $\overline{abcdef}$도 37로 나누어떨어짐을 증명하여라.

분석 tip

$\overline{abcdef}$를 세 자리 수 $\overline{abc}$와 $\overline{def}$로 표시하고 주어진 조건인 $37 \mid (\overline{abc}+\overline{def})$와 알지 못하는 것과의 관계를 찾아야 한다.

[증명] $\overline{abcdef} = \overline{abc} \times 10^3 + \overline{def} = \overline{abc} \times (37 \times 27 + 1) + \overline{def}$
$$= 37 \times 27 \times \overline{abc} + (\overline{abc} + \overline{def})$$

$37 \mid (37 \times 27 \times \overline{abc})$, $37 \mid (\overline{abc}+\overline{def})$이므로

즉, 약수 배수에서 자주 사용되는 성질 ②에 의하면, $37 \mid \overline{abcdef}$이다.

필수예제 8

x, y, z는 모두 양의 정수이고 $7x+2y-5z$는 11의 배수이다.
$3x+4y+12z$를 11로 나누었을 때, 그 나머지를 구하여라.

분석 tip

주어진 조건 $11 \mid (7x+2y-5z)$을 이용하기 위하여 식$(3x+4y+12z)$를 $(7x+2y-5z)$와 연관된 식으로 변형해야 한다. 예를 들어, $7(3x+4y+12z)$를 생각한다. 이를 $(7x+2y-5z)$를 포함하는 식과 11의 배수를 포함한 식으로 나누는 것이 핵심이다. 또, 7과 11의 최대공약수가 1 (즉, 7과 11은 서로소)이라는 사실과 주어진 조건 $11 \mid (7x+2y-5z)$으로부터 약수 배수에서 자주 사용되는 성질 ⑤를 이용하면 $11 \mid (3x+4y+12z)$임을 보일 수 있다.

[풀이] $7(3x+4y+12z) = 21x+28y+84y$
$$= 21x+6y-15z+22y+99z$$
$$= 3(7x+2y-5z)+11(2y+9z)$$

$11 \mid (7x+2y-5z)$이고, $11 \mid 11(2y+9z)$이므로

$11 \mid \{3(7x+2y-5z)+11(2y+9z)\}$이다. 즉, $11 \mid 7(3x+4y+12z)$이다

7과 11의 최대공약수 1 (즉, 7과 11은 서로소)이므로

약수 배수에서 자주 사용되는 성질 ⑤에 의해서 $11 \mid (3x+4y+12z)$이다.

그러므로 $3x+4y+12z$를 11로 나눈 나머지는 0이다.

답 0

[실력 다지기]

01 다음 물음에 답하여라.

(1) 세 개의 0이 아닌 서로 다른 숫자 a, b, c로 아래와 같은 6개의 서로 다른 세 자리 수를 조합하여,
그들의 합이 $a+b+c$로 나누어떨어질 때, 몫을 구하여라.

$$100a+10b+c$$
$$100a+10c+b$$
$$100b+10c+a$$
$$100b+10a+c$$
$$100c+10b+a$$
$$100c+10a+b$$

(2) 세 자리 수가 있다. 백의 자리 수는 일의 자리 수의 4배이며, 십의 자리 수는 백의 자리 수와
일의 자리 수의 합일 때, 이 세 자리 수를 구하여라.

02 M은 일의 자리 수가 0이 아닌 두 자리 수이다. M의 일의 자리 수와 십의 자리 수의 자리를 바꾸
어서 다른 두 자리 수 N을 만들어 만약 M − N이 한 자연수의 세제곱일 때, 이러한 M은 총 몇
개인지 구하여라.

03 $\overline{k459k}$는 3으로 나누어떨어지는 다섯 자리 수일 때,

(1) k가 될 수 있는 값을 모두 구하여라.

(2) 이 다섯 자리 수 중 9로 나누어떨어지는 수를 구하여라.

04 $173\square$은 네 자리 수이다. 수학 선생님께서 말씀하시기를 "내가 $\square$ 자리에 3개의 숫자를 기입해서 얻어지는 네 자리 수는 각각 9, 11, 6으로 나누어떨어진다."라고 하셨다. 그렇다면 수학 선생님이 기입한 숫자 3개의 합을 구하여라.

05 $\overline{13ab456}$ (a, b는 한 자리 수)을 198로 나누어떨어질 때, a와 b의 값을 구하여라.

06 세 개의 연속되는 정수의 합을 항상 나누는 가장 큰 정수를 구하여라.

07 모든 자리 수의 합은 34이고 11의 배수인 네 자리 수 중 가장 큰 수와 가장 작은 수를 구하여라.

08 □는 한 숫자를 표시하며, □와 A, B에 들어가는 임의의 두개의 숫자는 모두 서로 다를 때, A와 B의 곱의 최댓값을 구하여라.

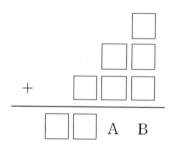

09 한 세 자리 수를 재배열하여 만든 가장 큰 세 자리 수와 가장 작은 세 자리 수를 빼면 나오는 값이 원래의 수와 같을 때, 이 세 자리 수를 구하여라.

[응용하기]

10 아래의 조건을 만족하는 네 자리 수를 구하여라.

> 111로 나누어떨어지고 나누고 난 후 얻어진 몫은 그 네 자리 수의 각 자리 수의 합과 같다.

11 두 개의 계산식이 있다.

$$A + A = B, \ B \times \overline{AA} \times \overline{CA} = \overline{BDDB}$$

위의 문자들은 $0 \sim 9$까지를 대표하고 같은 문자는 같은 숫자를 대표하며 다른 문자는 다른 숫자를 대표한다. 이때, $\overline{BDDB}$ 가 대표하는 네 자리 수를 구하여라.

02강 소수와 합성수

1 핵심요점

1. 개념, 정의

- 소수 : 1보다 크고 1과 자신만이 약수인 자연수를 소수라고 한다. 예 2, 3, 5, 7, 11, 13…
- 합성수 : 1보다 크고 1과 자신 이외에 다른 약수가 있는 자연수를 합성수라고 한다.
  예 4, 6, 9….
- 소인수 : 한 수의 인수(약수)가 소수일 때, 즉, 이 인수(약수)를 소인수라고 한다. 예 5는 15의 소인수이다.
- 서로소 : 두 개의 자연수가 1 외에는 다른 공약수가 없을 때(즉, 최대공약수가 1일 때), 두 수를 서로소라고 말한다.
  예 4와 5는 서로소이고 12와 25도 서로소이다.

2. 소수와 합성수의 성질

(1) 소수는 무수히 많다. 양의 정수 중 가장 작은 소수는 2이다. 가장 큰 소수는 없다.

(2) 모든 소수 중 유일한 짝수인 소수는 2이며, 다른 소수는 모두 홀수이다. (하지만 홀수라고 해서 모두 소수는 아니다. 예 9는 홀수이지만 합성수이다.)

(3) 합성수의 개수는 무수히 많다. 양의 정수에서 2보다 큰 모든 짝수는 모두 합성수이고 가장 작은 합성수는 4이며, 가장 큰 합성수는 없다.

(4) 1보다 큰 자연수의 모든 약수 중 1 외의 가장 작은 양의 약수는 반드시 소수이다.

(5) a, b, c, d는 모두 소수이고 $a \cdot b = c \cdot d$라면 반드시 $a = c$, $b = d$ 또는 $a = d$, $b = c$ 중 하나가 성립된다.

2 필수예제

1. 개념과 정의의 응용

필수예제 1

다음 보기에서 옳지 <u>않은</u> 문장의 번호는?

① 1은 합성수도 아니고 소수도 아니다.

② 0보다 큰 짝수 중 단 하나의 수만이 소수이다.

③ 일의 자리 수가 5인 자연수 중 단 한 개의 수만이 합성수가 아니다.

④ 각 자리 수의 합이 3의 배수인 자연수의 각 자리 수는 모두 합성수이다.

[풀이] ④만 정확하지 않다.

답 ④

필수예제 2

세 개의 서로 다른 소수 a, b, c는 $a(b^b \cdot c + 1) = 2000$일 때, $a + b + c$의 값을 구하여라.

[풀이] $2000 = 2^4 \times 5^3$이므로 $a(b^b \cdot c + 1) = 2^4 \times 5^3$에서 소수 a는 2 또는 5이다.

만약 $a = 2$일 때, $2(b^b \cdot c + 1) = 2000$이고, $b^b \cdot c + 1 = 1000$, $b^b \cdot c = 999$이다.

또, $999 = 27 \times 37 = 3^3 \times 37$이므로 $b = 3$, $c = 37$이다.

만약 $a = 5$일 때, $5(b^b \cdot c + 1) = 2000$이고, $b^b \cdot c + 1 = 400$, $b^b \cdot c = 399$이다.

또, $399 = 3 \times 7 \times 19$(여기서 3, 7, 19는 모두 소수)이므로 399는 $b^b \cdot c$의 꼴로 나타낼 수 없다. 그러므로 $a \neq 5$이다.

따라서 $a(b^b \cdot c + 1) = 2000$을 만족하는 서로 다른 소수 a, b, c는 $a = 2$, $b = 3$, $c = 37$이다.

그러므로 구하는 $a + b + c = 2 + 3 + 37 = 42$이다.

답 42

필수예제 3

m은 3개의 서로 같지 않은 합성수의 합으로 나타낼 수 없는 최대 정수일 때, m의 값을 구하여라.

[풀이] 가장 작은 세 개의 합성수가 4, 6, 8이고, 그들의 합은 18이다. 그러므로 18은 3개의 서로 같지 않은 합성수의 합을 나타낼 수 있는 정수이다.

$m > 18$일 때, 만약 m이 짝수이면, $m = 2k > 18$(여기서, k는 10이상의 정수)이고,

$m = 4 + 6 + 2(k - 5)$로 나타낼 수 있다. 즉, m은 세 개의 서로 다른 합성수의 합으로 나타낼 수 있다.

만약 m이 홀수이면, $m = 2k - 1 > 18$(여기서, k는 10이상의 정수)이고, $m = 4 + 9 + 2(k - 7)$로 나타낼 수 있다. 즉, m은 세 개의 서로 다른 합성수의 합으로 나타낼 수 있다.

따라서 임의의 18보다 큰 정수는 모두 3개의 서로 다른 합성수를 나타낼 수 있다.

그러므로 $m = 17$이다.

답 17

2. 유일한 양의 소수 2의 응용

필수예제 4

a는 소수, b는 홀수, $a^2 + b = 2001$일 때, $a + b$의 값을 구하여라.

[풀이] $a^2 + b = 2001$은 홀수이므로 a^2과 b는 반드시 하나는 홀수, 다른 하나는 짝수이다. 그런데, b는 홀수이므로 a^2은 반드시 짝수이다. 즉, a는 짝수이다. 짝수인 소수는 2뿐이므로 $a = 2$이다.

$2^2 + b = 2001$을 풀면 $b = 2001 - 4 = 1997$이다.

그러므로 구하는 $a + b = 2 + 1997 = 1999$이다.

目 1999

필수예제 5

p, q가 소수이며, x에 대한 방정식 $px + 5q = 97$의 해가 1일 때,

$40p + 101q + 4$의 값을 구하여라.

[풀이] $px + 5q = 97$의 해가 1이므로 $p + 5q = 97$이다.

그런데, 97이 홀수이므로 p와 $5q$는 하나는 홀수, 다른 하나 짝수이다.

또 5는 홀수이므로 p와 q도 하나는 홀수, 하나는 짝수이다.

한편, p, q가 소수이므로 p, q 중 하나는 소수 2이다.

만약 $p = 2$이면, $q = (97 - 2) \div 5 = 19$는 소수이므로 조건에 맞는다.

만약 $q = 2$이면, $p = 97 - 5 \times 2 = 87 = 3 \times 29$는 합성수이므로 조건에 맞지 않는다.

그러므로 $p = 2$, $q = 19$이다.

따라서 구하는 $40p + 101q + 4 = 40 \times 2 + 101 \times 19 + 4 = 2003$이다.

目 2003

3. 소수와 합성수 성질의 응용

| 필수예제 6 |

한 서점에 그림 카드가 몇 장이 있다. 한 장당 50원으로 판매할 때 아무도 사지 않아 원가로 이 카드를 판매하니, 금방 모두 팔렸다. 팔린 매출액은 3193원이다. 그렇다면 이 서점에 있는 그림 카드의 개수를 구하고, 한 장당 원가를 구하여라. (단, 원 단위로 계산한다)

[풀이] 이 서점에 있던 그림 카드가 a (여기서, a는 $a > 1$인 정수)장이고, 이 카드가 한 장당 원가가 b (여기서, b는 $1 < b < 50$인 정수)원이라고 하면, $a \times b = 3193$이다. 그런데, $3193 = 1 \times 3193 = 31 \times 103$이다.

여기서, 31과 103은 소수이다.

$a > 1$, $b > 1$이므로 $a \cdot b = 31 \times 103$이다.

그러므로 $a = 31$, $b = 103$ 또는 $a = 103$, $b = 31$이다.

$1 < b < 50$이므로 $a = 103$, $b = 31$만이 조건에 맞는다.

그러므로 이 서점에 그림카드가 103장 있었고 한 장당 원가는 31원이었다.

🔖 103장, 31원

1과 0을 교대로 배열하여 아래와 같은 형식의 수 배열을 구성할 때, 이 수들 중에서 총 몇 개의 소수가 있는지 구하고, 또 이 결론을 증명하여라.

$$101, \ 10101, \ 1010101, \ 101010101, \cdots\cdots$$

[풀이] 소수를 판단할 때 배제법(뒤의 부록의 참고자료를 참고)이나 소수표를 통하여 101이 소수인 것을 알 수 있다. 101만이 소수이고 나머지는 모두 합성수이다. 이제 그 결론을 증명한다.

결론 : $N = \underbrace{1010101\ldots 01}_{k개의1}\,(k \geq 3)$은 모두 합성수이다.

(N의 가운데에는 $(k-1)$개의 0이 있다)

$$11N = 11 \times \underbrace{1010101 \cdots 01}_{k개의1} = \underbrace{1111 \cdots 11}_{2k개의1} = \underbrace{11 \cdots 11}_{k개의1} \times (10^k + 1)$$

(1) k가 3보다 작지 않은 홀수일 때, 11의 배수판정법에 의해 $\underbrace{11 \cdots 11}_{k개의1}$은 11로 나누어떨어지지 않는다.

그러므로 $11 \,|\, (10^k + 1)$이고 즉, $\dfrac{10^k + 1}{11} = M_1 > 1$인 정수 M_1이 존재한다.

그러므로 $N = \underbrace{11 \cdots 11}_{k개의1} \times \left(\dfrac{10^k + 1}{11} \right) = \underbrace{11 \cdots 11}_{k개의1} \times M_1$이다.

즉, N은 합성수이다.

(2) k는 3보다 작지 않은 짝수일 때,

$11 \,|\, \underbrace{11 \cdots 11}_{k개의1}$, 즉, $\dfrac{\overbrace{11 \cdots 11}^{k개의1}}{11} = M_2 > 1$인 정수 M_2가 존재한다.

그러므로 $N = \dfrac{\overbrace{11 \cdots 11}^{k개의1}}{11} (10^k + 1) = M_2 (10^k + 1)$

즉, N은 합성수이다.

(1), (2)를 종합하면 $k \geq 3$일 때, $N = \underbrace{10101 \cdots 01}_{k개의1}$은 반드시 합성수이다.

그러므로 101, 10101, 1010101, …에서 101만이 소수이다.

필수예제 8

$\dfrac{Q}{P} = 1 - \dfrac{1}{2} + \dfrac{1}{3} - \dfrac{1}{4} + \cdots + \dfrac{1}{1999} - \dfrac{1}{2000}$ 일 때, $\dfrac{Q}{P}$ 를 기약 분수로

나타내고, $3001 \,|\, Q$ 임을 증명하여라.

분석 tip

핵심은 3001은 소수라는 사실이다. (뒤의 부록의 소수의 판단방법을 참고하시오.)

[증명] $\dfrac{Q}{P} = 1 + \dfrac{1}{2} + \dfrac{1}{3} + \cdots + \dfrac{1}{2000} - 2 \times \left(\dfrac{1}{2} + \dfrac{1}{4} + \dfrac{1}{6} + \cdots + \dfrac{1}{2000} \right)$

$= 1 + \dfrac{1}{2} + \dfrac{1}{3} + \cdots + \dfrac{1}{1000} + \dfrac{1}{1001} + \dfrac{1}{1002} + \cdots \dfrac{1}{2000}$

$\quad - \left(1 + \dfrac{1}{2} + \dfrac{1}{3} + \cdots + \dfrac{1}{1000} \right)$

$= \dfrac{1}{1001} + \dfrac{1}{1002} + \cdots + \dfrac{1}{1500} + \dfrac{1}{1501} + \cdots + \dfrac{1}{2000}$

$= \dfrac{3001}{1001 \times 2000} + \dfrac{3001}{1002 \times 1999} + \cdots + \dfrac{3001}{1500 \times 1501}$

$= 3001 \times \left(\dfrac{1}{1001 \times 2000} + \dfrac{1}{1002 \times 1999} + \cdots + \dfrac{1}{1500 \times 1501} \right)$

$= 3001 \times \dfrac{M}{1001 \times 1002 \times \cdots \times 1999 \times 2000}$

여기서 M은 위의 식의 분모를 통분한 후 분자를 합한 수이고 정수이다.

즉, $3001 \times P \times M = 1001 \times 1002 \times \cdots \times 1999 \times 2000 \times Q$ 이다.

3001은 소수이므로 1001, 1002, $\cdots$, 2000은 모두 3001보다 작고,

3001은 1001, 1002, $\cdots$, 1999, 2000과 서로 소이다.

그러므로 $1001 \times 1002 \times \cdots \times 2000 \times \dfrac{Q}{3001} = P \times M$ 이 정수일 때,

$3001 \,|\, Q$ 이다.

[실력다지기]

01 다음 물음에 답하여라.

(1) $a = |-2004| + 15$일 때, a의 특성으로 옳은 것은?

① 합성수   ② 소수   ③ 짝수   ④ 음수

(2) 1, 2, 3, $\cdots$, n개의 자연수 중 총 p개의 소수가 있으며, q개 합성수가 있고 k개의 홀수가 있고 m개의 짝수가 있을 때, $(q-m)+(p-k)$의 값을 구하여라.

02 다음 물음에 답하여라.

(1) 삼각형의 세 개의 내각이 모두 소수일 때, 이 세 개의 내각 중에서 반드시 한 내각의 각을 알 수 있는데, 그 각의 크기를 구하여라.

(2) 2001이 두 개의 소수의 합일 때, 이 두 개의 소수의 곱을 구하여라.

03 **다음 물음에 답하여라.**

(1) p와 $p^6 + 3$이 모두 소수일 때, $p^{11} - 48$의 값을 구하여라.

(2) 오른쪽 그림과 같이 정육면체의 각 면에 임의로 하나의 자연수를 쓰는데 서로 마주보는 두 개의 면에 적혀있는 두 수의 합은 모두 같다. 만약 10에 마주보는 면에 적혀있는 수는 소수 a이고 12에 마주보는 면에 적혀있는 수는 소수 b이고 15에 마주보는 면에 적혀있는 수는 소수 c이다.

(a) a, b, c의 값을 구하여라.

(b) $a^2 + b^2 + c^2 - ab - ac - bc$의 값을 구하여라.

04 p, q, $pq + 1$이 모두 소수이고 $p - q > 40$일 때, 이 조건을 만족하는 가장 작은 소수 p와 q의 값을 구하여라.

05 세 개의 소수 a, b, c가 $a + b + c + abc = 99$를 만족할 때, $|a - b| + |b - c| + |c - a|$의 값을 구하여라.

06 p, q는 모두 소수이고, m, n이 양의 정수이며, $p = m + n$, $q = m \cdot n$일 때,

$\dfrac{p^p + q^q}{m^n + n^m}$의 값을 구하여라.

07 p, q, $7p + q$, $pq + 11$ 모두 소수일 때, $p^q + q^p$의 값을 구하여라.

08 p, q는 모두 소수이고 $5p^2 + 3q = 59$를 만족할 때, $p+3$, $1-p+q$, $2p+q-4$가 변의 길이인 삼각형은 어떤 삼각형인지 구하여라. (단, 삼각형의 세 변의 길이가 a, b, $c(a \le b \le c)$일 때, $c^2 = a^2 + b^2$이면 직각삼각형, $c^2 > a^2 + b^2$이면 둔각삼각형, $c^2 < a^2 + b^2$이면 예각삼각형이다.)

09 칠판에 아래의 수 2, 3, 4, $\cdots$, 2014를 쓰고 갑이 여기에 있는 수들 중의 한 수를 지우고 그 다음에 을도 한 수를 지운다. 이렇게 순서대로 지우다보면 만약 마지막에 남은 두 개의 수가 서로소일 때 갑이 이기는 것이고 만약 남아있는 두 개의 수가 서로소가 아니면 을이 이긴다. 이 게임에서 갑과 을 중 누가 이기는지 선택하고 그 이유를 설명하여라.

10 41명의 운동선수가 입은 옷에 적혀 있는 번호는 1, 2, ···, 40, 41까지의 41개의 자연수이다.

(1) 41명의 운동선수를 한 줄로 서게 하여 옆에 있는 선수들의 번호의 합이 소수가 되게 배열하여라.

(2) 41명의 운동선수를 한 원으로 빙 둘러 서게 하여 옆에 있는 선수들의 번호의 합이 소수가 되게 배열할 수 있는지 그 가능성 여부를 설명하여라.

부록 소수의 판단방법

1. 표를 읽는 법

여기에 104395301을 넘지 않는 전체 소수표가 있다.

표에 있는 수는 모두 소수이다.

여기서 104395301보다 작은 수 중 기입되지 않은 수는 모두 합성수이다.

* 부록 편에 10000 이하의 소수표가 수록되어 있다.

더 많은 소수들을 보고 싶은 독자는 다음 홈페이지를 참고하기 바란다.

http://www.utm.edu/research/primes

2. 페르마의 소수판단방법

양의 정수 a가 소수인지 여부를 확인하는 것은 바로 주어진 비교적 작은 소수 2, 3, 5, 7, …에서 작은 수부터 큰 수의 순서로 나눈다.

① 만약 어떤 소수가 정수 a로 나누어떨어진다면 즉, a는 소수가 아니라 합성수이다.

② 만약 나누어떨어질 수 없고 몫이 이 소수보다 작을 때 이때는 더 이상 나눌 필요가 없다. 그러므로 a는 소수 라고 판정할 수 있다.

예 3001이 소수인지 여부를 판단할 때 바로 소수 2, 3, 5, …, 53, 59로 3001을 나누면 모두 나누어떨어지지 않는다. 하지만 59로 나눌 때 $3001 = 59 \times 50 + 51$로 그 몫 $50 < 59$이고 더 이상 나눌 필요가 없다. 3001은 소수이다.

03강 소인수분해

1 핵심요점

1. 소인수분해

임의의 1보다 큰 자연수 N의 인수를 구하여 그것을 소인수로 분해하면 다음과 같다.

$$N = p_1^{k_1} \cdot p_2^{k_2} \cdot \cdots \cdot p_n^{k_n} \cdots\cdots\cdots\cdots\cdots\cdots\cdots\cdots\cdots\cdots\cdots\cdots\cdots (\text{I})$$

① p_1, p_2, $\cdots$, p_n은 서로 다른 소수이고 k_1, k_2, $\cdots$, k_n은 양의 정수이다.

② 인수의 순서를 고려하지 않는다면 N을 소인수로 분해하는 방법은 유일하다.

③ (I)식을 N의 소인수분해라고 한다.

> **예** $42 = 2 \times 3 \times 7$, $60 = 2^2 \times 3 \times 5$, $15120 = 2^4 \times 3^3 \times 5 \times 7$ 이다.

2. 약수의 개수

1보다 큰 자연수 N의 소인수분해가 (I)일 때, N의 (양의)약수의 개수는

$$A(N) = (k_1+1)(k_2+1)\cdots(k_n+1) \cdots\cdots\cdots\cdots\cdots\cdots\cdots\cdots\cdots (\text{II})$$

이것은 각 소수 $p_i(i=1, 2, \cdots, n)$에게 있어서는 1, p_i, p_i^2, $\cdots$, $p_i^{k_i}$는 모두 N의 약수이다.(총 k_i+1개가 있고 서로 같지 않다.) 이 약수들의 가능한 곱으로 얻어진 수 역시 N의 약수이고, 가능한 곱의 개수는 $(k_1+1)(k_2+1)\cdots(k_n+1)$개이다. 즉, N의 약수의 계산공식인 (II)이다.

> **예** $24 = 2^3 \times 3$일 때 24의 (양의)약수는 $(3+1)(1+1) = 8$개이다.
>
> 이 8개의 (양의)약수는 이렇게 구해진 것이다. 2^3의 약수는 1, 2, 2^2, 2^3 네 개와 3의 약수는 1, 3 두 개이고, 그것들의 서로 다른 곱은 1×1, 1×3, 2×1, 2×3, $2^2 \times 1$, $2^2 \times 3$, $2^3 \times 1$, $2^3 \times 3$ 이렇게 총 8개가 24의 (양의)약수이다. 이 것 외에는 다른 약수는 없다.
>
> **(주)** 때때로 음의 약수를 고려해야 할 때도 있다. 즉, 24는 $2 \times 8 = 16$개의 약수가 있다.)

3. 약수의 합의 계산공식

1보다 큰 자연수 N의 소인수분해가 (I)일 때, N의 모든 (양의) 약수의 합은

$$(1 + p_1 + p_1^2 + \cdots + p_1^{k_1}) \cdots (1 + p_n + p_n^2 + \cdots + p_n^{k_n}) \cdots\cdots\cdots\cdots\cdots (\text{III})$$

> **예** $504 = 2^3 \times 3^2 \times 7$이고 504의 모든 약수의 합은
>
> $(1 + 2 + 2^2 + 2^3)(1 + 3 + 3^2)(1 + 7) = 1560$ 이다.

2 필수예제

1. 소인수분해, (양의)약수의 개수 및 약수의 합을 구하는 법

필수예제 1

2520의 소인수분해, (양의)약수의 개수 및 약수의 합을 구하여라.

[풀이] 작은 것부터 큰 순서대로 소인수를 분해하면

$$2520 = 2 \times 1260 = 2^2 \times 630 = 2^3 \times 315$$
$$= 2^3 \times 3 \times 105 = 2^3 \times 3^2 \times 35$$
$$= 2^3 \times 3^2 \times 5 \times 7$$

2520의 소인수분해는 $2520 = 2^3 \times 3^2 \times 5 \times 7$이고

공식(Ⅱ)를 이용하여 2520의 (양의)약수의 개수를 구하면

$$(3+1)(2+1)(1+1)(1+1) = 48(개)$$

공식(Ⅲ)을 이용하여 2520의 모든 (양의)약수의 합을 구하면

$$(1+2+2^2+2^3)(1+3+3^2)(1+5)(1+7) = 9360$$이다.

📋 $2^3 \times 3^2 \times 5 \times 7$, 48(개), 9360

필수예제 2

2002의 약수 중 100보다 크지 않은 양의 약수의 개수는?

① 10개　　　② 9개　　　③ 8개　　　④ 11개

[풀이] $2002 = 2 \times 7 \times 11 \times 13$이므로 양의 약수는

$$(1+1)(1+1)(1+1)(1+1) = 16개다.$$

여기서 100보다 작은 것은 1, 2, 7, 11, 13, 2×7, 2×11, 2×13, 7×11, 7×13 이렇게 10개이다. 그러므로 ①을 선택해야 한다.

📋 ①

2. 소인수분해에서 (양의)약수의 개수의 응용

필수예제 3

자연수 a, b, c, d, e 모두 1보다 크며, 그것들의 곱 $abcde = 2000$일 때, 그것들의 합 $S = a+b+c+d+e$의 최댓값과 최솟값을 구하여라.

[풀이] $abcde = 2000 = 2^4 \times 5^3$이므로

S가 최댓값이 되려면 $a = 5^3$여야 하고 $b=c=d=e=2$이어야 한다.

이때, $S = 5^3 + 2 + 2 + 2 + 2 = 133$이다.

S가 최솟값이 되려면 $a = b = 2^2$, $c = d = e = 5$이어야 하고

이때, $S = 2^2 + 2^2 + 5 + 5 + 5 = 23$이다.

그러므로 $a+b+c+d+e$의 최댓값은 133이고 최솟값은 23이다.

📋 최댓값: 133, 최솟값: 23

다음을 증명하여라.

(1) 임의의 세 자리 수를 두 번 순서대로 배열하여 만들어진 여섯 자리 수는
7, 11, 13으로 나누어떨어진다.

(2) 임의의 두 자리 수를 세 번씩 순서대로 배열하여 만들어진 여섯 자리 수는
3, 7, 13, 37로 나누어떨어진다.

[풀이] (1) 임의의 세 자리 수를 $\overline{abc}$라고 하고 만들어진 여섯 자리 수를 $\overline{abcabc}$
라고 하면

$$\overline{abcabc} = \overline{abc} \times 10^3 + \overline{abc} = \overline{abc}(10^3+1) = \overline{abc} \times 1001$$

이고, $1001 = 7 \times 11 \times 13$이므로 $\overline{abcabc} = 7 \times 11 \times 13 \times \overline{abc}$이다.

그러므로 $\overline{abcabc}$는 7, 11, 13으로 나누어떨어진다.

🖹 풀이참조

(2) 임의의 두 자리 수를 $\overline{ab}$라고 하고 만들어진 여섯 자리 수를 $\overline{ababab}$라고 하면

$$\overline{ababab} = \overline{ab} \times 10^4 + \overline{ab} \times 10^2 + \overline{ab} = \overline{ab} \times (10^4 + 10^2 + 1) = \overline{ab} \times 10101$$

이고, $10101 = 3 \times 7 \times 13 \times 37$이다.

그러므로 $\overline{ababab}$는 $3 \times 7 \times 13 \times 37$로 나누어떨어진다.

🖹 풀이참조

필수예제 5

a, b는 1보다 큰 자연수이며, $1176a = b^4$일 때, 가장 작은 a의 값을 구하여라.

[풀이] $1176 = 2^3 \times 3 \times 7^2$이므로, $1176a = 2^3 \times 3 \times 7^2 \times a$는 자연수 b의 네제곱
이다.

a가 가장 작을 때, $a = 2 \times 3^3 \times 7^2 = 2646$이다. (이때, $b = 2 \times 3 \times 7$이다.)

🖹 2646

필수예제 6

한 직육면체의 변의 길이는 모두 양의 정수이고 부피는 2002이다. 대응하는 변의 길이가 같은 직육면체를 같은 종류의 직육면체라고 보면 이 직육면체는 몇 가지인지 구하여라.

[풀이] 직육면체의 부피 $= 2002 = 1 \times 2 \times 7 \times 11 \times 13$이기 때문에 직육면체의 변의 길이는 2002의 약수이다. 그와 반대로 2002의 서로 다른 약수 조(3개 약수가 한 조이다. 3개 중 1개만 다르면 다른 약수 조라고 정한다.)로 1개의 직육면체를 구성한다. 변의 길이(가로, 세로, 높이 세 약수 조)는 약수 1의 포함여부에 따라서 분류하고 배열한다. 그것들은 가로, 세로, 높이에서 최소한 1이 하나 있을 때 부피가 2002인 직육면체의 부피는 모두 8가지가 있다.

$1 \times 1 \times 2002$, $1 \times 2 \times 1001$, $1 \times 7 \times (2 \times 11 \times 13)$,

$1 \times 11 \times (2 \times 7 \times 13)$, $1 \times 13 \times (2 \times 7 \times 11)$, $1 \times (2 \times 7) \times (11 \times 13)$,

$1 \times (2 \times 7) \times (11 \times 13)$, $1 \times (2 \times 11) \times (7 \times 13)$, $1 \times (2 \times 13) \times (7 \times 11)$

가로, 세로, 높이에서 1이 하나도 없을 때 4개의 수 2, 7, 11, 13에서 두 개의 수를 취하여 한 변의 길이로 정하고 다른 두 개의 수가 다른 두 개의 변의 길이이다.

부피가 2002인 서로 다른 직육면체는 아래와 같이 6가지 종류가 있다.

$(2 \times 7) \times 11 \times 13$, $7 \times (2 \times 11) \times 13$, $7 \times 11 \times (2 \times 13)$,

$2 \times (7 \times 11) \times 13$, $2 \times 11 \times (7 \times 13)$, $2 \times 7 \times (11 \times 13)$

그러므로 이러한 직육면체는 $8 + 6 = 14$가지이다.

答 14가지

자연수의 (양의)약수의 개수 $A(N) = 8$일 때, 가장 작은 수 N을 구하여라.

[풀이] $A(N) = 8 = 4 \times 2 = 2 \times 2 \times 2$이다.

즉, $8 = (7+1) = (3+1)(1+1) = (1+1)(1+1)(1+1)$이다.

그러므로 N은 아래의 세 가지 종류의 소인수분해가 있다.

$N = p^7$ (단, p는 소수), $N = p_1^3 \cdot p_2$ (또는 $p_1 \cdot p_2^3$) (단, $p_1 < p_2$는 소수)

$N = p_1 \cdot p_2 \cdot p_3$ (단, $p_1 < p_2 < p_3$는 소수)

N이 가장 작다면 이 소인수분해에서 소수가 취하는 값은 가장 작아야 한다. 각각의 경우에 가장 작은 수를 구하면,

$N = 2^7 = 128$, $N = 2^3 \times 3 = 24$(또는 $N = 2 \times 3^3 = 54$),

$N = 2 \times 3 \times 5 = 30$

이다. 그러므로 가장 작은 값은 $N = 24$이다.

답 24

30으로 나누어떨어지고 30개의 서로 다른 양의 약수가 있는 자연수는 총 몇 개인지 구하여라.

[풀이] $30 = 2 \times 3 \times 5$이므로 30으로 나누어떨어지는 자연수 N은 최소한 $2 \times 3 \times 5$의 배수이다.

만약 $N = 2 \times 3 \times 5 \times p^k$(단, p는 2, 3, 5와 다른 소수이고, $k \geq 1$인 자연수)이면, N의 (양의)약수의 개수는

$A(N) = (1+1)(1+1)(1+1)(k+1) = 8(k+1)$이다.

$k \geq 1$인 자연수 k에 대하여 $8(k+1) \neq 30$이므로, N은 $2 \times 3 \times 5 \times p^k$의 꼴이 아니다.

더욱이, N은 $2 \times 3 \times 5 \times p_1^{k_1} \times p_2^{k_2}$ (단, p_1, p_2는 $p_1 \neq p_2$이고, 2, 3, 5와 같지 않은 소수이고, $k_1 \geq 1$, $k_2 \geq 1$은 자연수)의 꼴도 아니다.

그러므로 문제에 맞는 자연수 N은 $2^{k_1} \times 3^{k_2} \times 5^{k_3}$ (단, k_1, k_2, k_3은 1보다 작지 않은 자연수)의 꼴이다. N의 양의 약수의 개수가 30개이므로 $30 = (1+1)(2+1)(4+1)$이다. 그러므로 문제의 맞는 자연수는 아래의 6개의 자연수밖에 없다.

$2 \times 3^2 \times 5^4$, $2 \times 3^4 \times 5^2$, $2^2 \times 3 \times 5^4$,

$2^2 \times 3^4 \times 5$, $2^4 \times 3 \times 5^2$, $2^4 \times 3^2 \times 5$

답 6개

3. 약수의 합의 응용

필수예제 8

360의 모든 (양의)약수의 역수의 합을 구하여라.

[풀이] $360 = 2^3 \times 3^2 \times 5$이기 때문에, 360의 모든 양의 약수는 (작은 수부터 배열)

1, 2, 3, 2^2, 5, 2×3, 2^3, 3^2, 2×5, $2^2 \times 3$, 3×5, 2×3^2, $2^2 \times 5$, $2^3 \times 3$, $2 \times 3 \times 5$, $2^2 \times 3^2$, $2^3 \times 5$, $3^2 \times 5$, $2^2 \times 3 \times 5$, $2^3 \times 3^2$, $2 \times 3^2 \times 5$, $2^3 \times 3 \times 5$, $2^2 \times 3^2 \times 5$, $2^3 \times 3^2 \times 5$ 이다.

즉, 1, 2, 3, 4, 5, 6, 8, 9, 10, 12, 15, 18, 20, 24, 30, 36, 40, 45, 60, 72, 90, 120, 180, 360이다.

총 $(3+1)(2+1)(1+1) = 24$개이고 그들의 역수의 합은

$$S = 1 + \frac{1}{2} + \frac{1}{3} + \frac{1}{4} + \frac{1}{5} + \frac{1}{6} + \frac{1}{8} + \frac{1}{9} + \frac{1}{10} + \frac{1}{12} + \frac{1}{15} + \frac{1}{18}$$
$$+ \frac{1}{20} + \frac{1}{24} + \frac{1}{30} + \frac{1}{36} + \frac{1}{40} + \frac{1}{45} + \frac{1}{60} + \frac{1}{72} + \frac{1}{90}$$
$$+ \frac{1}{120} + \frac{1}{180} + \frac{1}{360}$$

즉, $S = \frac{1}{360}(360 + 180 + 120 + 90 + 72 + 60 + 45 + 40 + 36 + 30$
$$+ 24 + 20 + 18 + 15 + 12 + 10 + 9 + 8 + 6 + 5 + 4 + 3 + 2 + 1)$$

위의 식 중 괄호안의 합은 360의 모든 (양의)약수의 합으로

$$(1 + 2 + 2^2 + 2^3)(1 + 3 + 3^2)(1 + 5) = 1170$$

이다. 따라서 360의 모든 (양의) 약수의 역수의 합은

$S = \frac{1}{360} \times 1170 = \frac{13}{4}$ 이다.

답 $\frac{13}{4}$

[실력다지기]

01 510510의 모든 소인수를 작은 수부터 큰 순서대로 배열하면 a_1, a_2, $\cdots$, a_k이다. (k는 최대 소인수의 번호) $(a_1 - a_2)(a_2 - a_3) \cdots (a_{k-1} - a_k)$의 값을 구하여라.

02 28, 35, 48, 108, 165, 175, 363, 693 이 8개의 수를 4개씩 두 조로 나눌 때, 이 두 조의 각각 네 개의 수들 곱이 같게 하여라.

03 두 자리 수로 2003을 나누었을 때 그 나머지가 8이다. 이런 두 자리 수는 총 몇 개이며, 또 그 중 가장 큰 두 자리 수를 구하여라.

04 50, 72, 157을 각각 양의 정수 a로 나누고 그 나머지의 합이 27일 때, a를 모두 구하여라.

05 (1) 자연수 N 은 5와 49로 나누어떨어지고 1과 N 을 포함하여 10개의 (양의)약수가 있을 때, N 을 구하여라.

(2) 200보다 크지 않고 15개의 (양의)약수가 있는 정수 n을 구하여라.

[실력 향상시키기]

06 갑, 을, 병은 각각 312, 270, 211이다. 양의 정수 A로 이 세 개의 수를 나누면, 갑에서 얻어지는 나머지는 을에서 얻어지는 나머지의 2배이고, 을을 나누어서 얻어지는 나머지는 병에서 얻어지는 나머지의 두 배이다. 이때, 양의 정수 A를 구하여라.

07 자연수 n에 대하여 $2002 \times n$은 완전세제곱수이고, $n \div 2002$는 완전제곱수일 때, 이를 만족하는 n중 가장 작은 수를 구하여라. ($N = a^2$일 때 N 은 완전제곱수, $M = b^3$일 때 M 은 완전세제곱이다. a, b는 자연수이다.)

08 N 은 양의 정수이며 $\dfrac{N}{2}$, $\dfrac{N}{3}$, $\dfrac{N}{5}$ 은 각각 한 양의 정수의 제곱, 세 제곱, 다섯 제곱일 때, $\dfrac{N}{10^6}$ 의 최솟값을 구하여라.

09 2000 보다 작은 네 자리 수 N 은 14개의 (양의)약수가 있다. 이 약수 중 한 소수의 마지막 자리 수는 1일 때, N 을 구하여라.

[응용하기]

10 1997명의 학생이 한 줄로 서서 순서대로 1, 2, 3, …, 1997번까지 번호를 부여한다. 첫 번째로 번호를 부를 때 1, 2로 번호를 불러서 2를 부른 학생들만 남게 한다. 두 번째로 번호를 부를 때 남아있는 학생들에게 1, 2, 3을 부르게 하고 3을 부른 학생을 남게 하고 마지막 한 학생이 남을 때까지 하게 한다. 그렇다면 마지막에 남은 학생이 부여받은 번호는 몇 번인지 구하여라.

11 어느 중학교 3학년 두 졸업반의 학생과 선생님이 계단에 올라서 졸업사진을 찍는다. 사진사는 이 사람들을 아래쪽의 사람은 많고 윗 쪽의 사람은 적은 사다리꼴 모양으로 서게 하고 (행수 ≥ 3) 각 행의 사람 수는 반드시 연속되는 자연수가 되게 하여 이렇게 하여서 뒷 줄의 사람들이 바로 맨 앞 줄의 두 사람 사이의 빈자리에 들어가면 딱 맞는다. 배열 방법은 몇 가지인지 구하여라. (단, 한 반에 선생님을 포함해서 50명이다.)

04강 최대공약수와 최소공배수

1 핵심요점

1. 개념 및 정의

- 최대공약수 : a_1, a_2, $\cdots$, a_n와 d는 모두 양의 정수이다. $d \mid a_i$(각 $i=1$, 2, $\cdots$, n)일 때, d는 a_1, a_2, $\cdots$, a_n의 공약수이다. 공약수 중에서 가장 큰 공약수를 a_1, a_2, $\cdots$, a_n의 **최대공약수**라고 하고, $(a_1$, a_2, $\cdots$, $a_n)$로 표기한다. 또는 $gcd(a_1$ a_2, $\cdots$ $a_n)$라 표기한다.

- 최소공배수 : a_1, a_2, $\cdots$, a_n와 m은 양의 정수이다. $a_i \mid m$(각 $i=1$, 2, $\cdots$, n)일 때, m은 a_1, a_2, $\cdots$, a_n의 공배수라고 한다. 공배수 중에서 가장 작은 공배수를 a_1, a_2, $\cdots$, a_n의 **최소공배수**라고 하고 $[a_1$, a_2, $\cdots$, $a_n]$라고 표기한다. 또는 $1cm(a_1$ a_2, $\cdots$ $a_n)$라 표기한다.

2. 구하는 법

일반적으로 소인수분해를 이용하여 최대공약수와 최소공배수(구체적으로 구하는 법은 필수예제 1의 분석과 해답을 참고)를 구한다.

3. 성질

(1) $(a$, $b)$는 a, b의 공약수의 배수이다.

(2) $(a$, $b)=1$이면 a, b는 서로소이다. 역도 성립된다.

(3) a가 b의 배수이면 $(a$, $b)=b$이다.

(4) $[a$, $b]$는 a, b의 공배수의 약수이다.

(5) $ab=[a$, $b] \cdot (a$, $b)$이므로 $[a$, $b]=\dfrac{ab}{(a, b)}$이고, $(a$, $b)=1$일 때, $[a$, $b]=ab$이다.

2 필수예제

분석 tip

각 수의 소인수분해를 한다. 그것들의 최대공약수는 수 중에서 공통된 소인수의 최저차 내림차순의 곱이다. 그것들의 최소공배수는 수에서 모든(같은 것과 다른 것) 소인수의 최고차 올림차순의 곱이다.

1. 소인수분해를 이용하여 최대공약수와 최소공배수를 구하는 법

필수예제 1

(1) 144, 180, 108의 최대공약수와 최소공배수를 구하여라.

(2) 225, 160, 210의 최대공약수와 최소공배수를 구하여라.

[풀이] (1) $144=2^4 \times 3^2$, $180=2^2 \times 3^2 \times 5$, $108=2^2 \times 3^3$이므로

$(144$, 180, $108)=2^2 \times 3^2$이고, $[144$, 180, $108]=2^4 \times 3^3 \times 5$이다.

답 $2^2 \times 3^2$, $2^4 \times 3^3 \times 5$

(2) $225=3^2 \times 5^2$, $160=2^5 \times 5$, $210=2 \times 3 \times 5 \times 7$이므로

$(225$, 160, $210)=5$이고, $[225$, 160, $210]=2^5 \times 3^2 \times 5^2 \times 7$이다.

답 5, $2^5 \times 3^2 \times 5^2 \times 7$

2. 최대공약수와 최소공배수의 응용

필수예제 2

자연수 a_1, a_2, $\cdots$, a_{49}의 합은 999일 때, 최대공약수가 취할 수 있는 최댓값을 구하여라.

[풀이] $d = (a_1, a_2, \cdots, a_{49})$라고 하면,

$a_1 + a_2 + \cdots + a_{49} = 999$, $d \mid a_i (i = 1, 2, \cdots, 49)$이므로 $d \mid 999$이다.

$999 \div 49 = 20 \cdots 19$이므로 a_1, a_2, $\cdots$, a_{49}의 평균은 21보다 작다.

그러므로 a_1, a_2, $\cdots$, a_{49}의 최대공약수는 반드시 21보다 작다.

$999 = 3^3 \times 37$으로부터 d가 취할 수 있는 최댓값은 $3^2 = 9$이다.

답 9

필수예제 3

양의 정수 m과 n은 1보다 큰 최대공약수가 있고 $m^3 + n = 371$을 만족할 때, mn의 값을 구하여라.

분석 tip

m과 n의 1보다 큰 최대공약수를 구해내는 것이 관건이다.

[풀이] $371 = 7 \times 53$, $m^3 + n = 371$이므로 m과 n의 최대공약수는 371의 약수이다.

$53^3 > 371$이므로 $(m, n) = 7$이다.

또 $371 = 7 \times 53 = 7 \times (7^2 + 4) = 7^3 + 7 \times 4 = 7^3 + 28$이다.

그러므로 $m = 7$, $n = 28$이다.

따라서 구하는 $mn = 7 \times 28 = 196$이다.

답 196

필수예제 4

두 개의 양의 정수의 합은 60이고, 최소공배수는 273일 때, 두 수의 곱을 구하여라.

[풀이] 이 양의 정수를 x, y라고 하고, $d = (x, y)$라고 하자.

그러면, $x = ad$, $y = bd$를 만족하는 $(a, b) = 1$인 양의 정수 a, b가 존재한다.

$x + y = (a + b)d = 60$, $xy = (ab)(bd) = 273d$이다.

즉, $(a + b)d = 60$ $\cdots\cdots\cdots\cdots\cdots\cdots\cdots$ ①

$abd = 273$ $\cdots\cdots\cdots\cdots\cdots\cdots\cdots$ ②

$273 = 3 \times 7 \times 13$이므로, ②에서 d는 13, 7, 3, 1만이 가능하다.

$d = 13$일 때, ①에서 $a + b = 60 \div 13$이고, 이는 정수가 아니므로 $d \neq 13$이다.

$d=7$일 때, ①에서 $a+b=60\div 7$이고, 이는 정수가 아니므로 $d\neq 7$이다.

$d=3$일 때, ①에서 $a+b=20$이고, ②에서 $ab=13\times 7$이다.

그러므로 $a=13$, $b=7(a=7,\ b=13)$이고 서로소이다.

$d=1$일 때, $ab=273$을 만족하는 양의 정수 a, b는 $a+b=60$을 만족시키지 못한다. 그러므로 $d\neq 1$이다.

그러므로 $xy=abd^2=7\times 13\times 3^2=819$뿐이다.

🔲 819

필수예제 5

a는 자연수이고 S_a로 a의 각 자리 수의 합을 나타내고, S_{a+1}은 $a+1$의 각 자리 수의 합을 나타낸다. S_a와 S_{a+1}의 최대공약수는 2보다 큰 소수일 때, a의 최솟값을 구하여라.

[풀이] $(S_a,\ S_{a+1})>2$이기 때문에, S_a와 S_{a+1}의 차는 1이 될 수 없다.
(만약 S_a와 S_{a+1}의 차가 1이라면 이 두 수의 최대공약수$(S_a,\ S_{a+1})=1$이다.)

a를 십진법수로 나타낼 때, 마지막 자리에 n개의 $9(n\geq 0)$인 정수이다. 즉, $S_{a+1}=S_a-9n+1$이다.

$(S_a,\ S_{a+1})=p$라고 하면(주어진 조건에 의하여 $p>2$이고 소수이다.), $p=(S_a,\ 9n-1)$이다. 즉, $p\,|\,(9n-1)$이다. 또, $p>2$인 소수이므로 $n\neq 0,\ 1$이다.

만약 $n=2$(즉, a의 마지막에 2개의 9가 있다.)일 때, 즉, $p\,|\,17$이다. 그러므로 p가 2보다 큰 소수라는 사실로부터 $p=17$이다.

이때, $S_a\geq 18$, $(S_a,\ 17)=17$이므로, S_a의 최솟값은 $2\times 17=34$이다. 그러므로 a의 최솟값은 8899이다.

같은 원리로 만약 $n=3$일 때 $p\,|\,(9\times 3-1)$이고 즉, $p\,|\,26$이다. $p>2$인 소수이므로 $p=13$이다. 이때, S_a의 최솟값은 39이다. 그러므로 a의 최솟값은 48999이다.

만약 $n\geq 4$일 때, p가 존재할 경우에는 $a\geq 9999$이다.

그러므로 구하는 a의 최솟값은 8899이다.

🔲 8899

3. 실제 응용문제

필수예제 6

무게가 같은 기계의 부품이 든 상자가 있다. 각 부품의 무게가 1kg보다 큰 정수의 kg이라면 상자를 빼고 잰 무게가 210kg일 때, 몇 개의 부품을 제거하고 잰 무게가 183kg일 때, 무게가 같은 부품의 무게를 구하여라.

[풀이] 210kg과 183kg은 모두 정수 개의 부품의 무게이다.

그러므로 각 부품의 무게는 210과 183의 공약수이다.

$(210, 183) = 3$은 소수이므로 각 부품의 무게는 3kg이다.

目 3kg

필수예제 7

한 종류의 부품을 가공하는 3개의 공장이 있다. 첫 번째 공장은 한 노동자가 시간당 48개를 가공할 수 있고 두 번째 공장은 한 노동자가 시간당 32개를 가공할 수 있다. 세 번째 공장은 28개를 가공할 수 있을 때, 각 공장 당 최소한 몇 명의 노동자를 보내어야 중복되지 않고 재료의 부족 없이 작업이 진행될 지, 적절하게 배치하여라.

[풀이] 적절하게 배치하기 위하여 시간당 각 가공방법의 부품의 수가 같아야 한다.

그러므로 48, 32와 38의 최소공배수를 구해야 한다.

이 수들을 소인수분해 하면 $48 = 2^4 \times 3$, $32 = 2^5$, $28 = 2^2 \times 7$이다.

그러므로 $[48, 32, 28] = 2^5 \times 3 \times 7 = 672$이다.

672개의 부품을 가공한 것으로 인원을 배치하면

첫 번째 공장에는 $672 \div 48 = 14$명을 배치하고

두 번째 공장에는 $672 \div 32 = 21$명을 배치하고

세 번째 공장에는 $672 \div 28 = 24$명을 배치한다.

目 풀이참조

길이가 1인 선으로 직사각형을 두른다. 직사각형의 가로와 세로의 최대공약수는 7이고 최소공배수는 7×20일 때, 이 직사각형을 두른 길이가 1인 선은 최소 몇 개가 필요한지 구하고 넓이를 구하여라.

[풀이] 직사각형의 가로를 a, 세로를 b라 하자(단, $a > b$이고, 양의 정수이다).

$(a, b) = 7$, $[a, b] = 7 \times 20 = 2^2 \times 5 \times 7$이므로

가로 a와 세로 b는 $a = 5 \times 7$, $b = 2^2 \times 7$ 또는 $a = 2^2 \times 5 \times 7$, $b = 7$이다.

(i) $a = 5 \times 7$, $b = 2^2 \times 7$일 때,

   직사각형의 둘레는 $2(a+b) = 126$이고 넓이는 $ab = 980$이다.

(ii) $a = 2^2 \times 5 \times 7$, $b = 7$일 때,

   직사각형의 둘레는 $2(a+b) = 294$이고 넓이는 $ab = 980$이다.

그런데, $294 > 126$이므로 직사각형의 둘레에 필요한 길이가 1인 선은 126개이고, 직사각형의 넓이는 980이다.

[해설] 다음 방법으로도 해를 구할 수가 있다.

직사각형의 가로가 a이고 세로가 b일 때, $a = 7x$, $b = 7y$ (단, $x > y$이고, 서로소)라 하고, 넓이를 S라고 하자.

그러면, $S = ab = (a, b) \cdot [a, b]$이므로 $7x \times 7y = 7 \times 7 \times 20$이고, 즉, $xy = 20$이다.

그러므로 직사각형의 넓이는 $S = ab = 49xy = 49 \times 20 = 980$이다.

직사각형의 둘레를 L이라 하면 $L = 2(a+b) = 14(x+y)$이다.

L은 가장 작아야 하기 때문에 $x+y$가 가장 작으면 된다.

$(x, y) = 1$, $xy = 20$, $x > y$이므로 x, y가 취할 수 있는 값은 다음과 같다.

$y = 1$, $x = 20$ 또는 $y = 2$, $x = 10$ 또는 $y = 4$, $x = 5$ 이다.

이에 대응하는 $x+y = 21$ 또는 $x+y = 12$ 또는 $x+y = 9$이다.

그러므로 직사각형은 최소한 $14 \times 9 = 126$개의 길이가 1인 선이 필요하고 직사각형의 넓이는 980이다.

目 980

연습문제 04

[실력다지기]

01 48, 84, 120의 최대공약수와 최소공배수를 구하여라.

02 $m^3 + n = 311$을 만족시키는 양의 정수 m과 n의 최대공약수를 K라고 정할 때, K의 값의 합을 구하여라.

03 한 직사각형 방의 길이가 5.25 m 이고 너비가 3.25 m 이다. 정사각형 모양의 타일로 이 직사각형의 방에 깐다면 길이가 최대 얼마인 타일로 깔아야 이 방 전체에 타일을 깔 수 있을지를 구하여라.

04 갑, 을, 병 세 사람이 정기적으로 한 선생님에게 무언가를 배운다. 갑은 6일에 한 번 가서 배우고 을은 8일에 한 번 가서 배우고 병은 9일에 한번 가서 배운다. 4월 17일에 이 세 사람이 이 선생님과 같이 만나게 된다면 그 다음 번에 이 세 사람이 선생님과 같이 만나게 되는 날은 또 언제인지 구하여라.

05 a, b, c, d는 서로 같지 않은 자연수이고 $(a, b) = $ P, $(c, d) = $ Q, $[$P, Q$] = $ X,
$[a, b] = $ M, $[c, d] = $ N, $($M, N$) = $ Y 일 때, 다음 보기 중 옳은 것은?

① X 는 Y 의 배수이지만 X 는 Y 의 약수가 아니다.

② X 는 Y 의 배수나 약수가 될 수 있다. 하지만 X $\neq$ Y 이다.

③ X 는 Y 의 배수이거나 약수 또는 X $=$ Y 중에 하나이다.

④ 위의 결론은 모두 틀리다.

[실력 향상시키기]

06 사과 한 상자(300 개 보다 많고 400 개를 넘지 않는다.)를 회의에 온 사람들에게 나누어주는 데 매번 두 개씩, 세 개씩, 네 개씩, 다섯 개씩, 여섯 개씩 나누어 주면 남는 사과가 한 개 생긴다. 회의에 온 사람에게 한 사람 당 7 개씩 나누어 주면 남는 사과가 없다면 이 상자 안의 사과는 총 몇 개이며 회의에 온 사람들은 총 몇 명인지 구하여라.

07 여러 가지 방법으로 2001 을 25 개의 자연수(같을 수도 있고 다를 수도 있다.)의 합으로 표시한다. 각 표시법에 이 25 개의 자연수에 대응되는 최대공약수가 있을 때, 이 최대공약수 중에서 최댓값을 구하여라.

08 m과 n은 0보다 큰 정수이며 $3m + 2n = 225$이다.

(1) m과 n의 최대공약수가 15일 때, $m + n$의 값을 구하여라.

(2) m과 n의 최소공배수는 45일 때, $m + n$의 값을 구하여라.

09 a, b와 9의 최대공약수는 1이며 a, b와 9의 최소공배수는 72일 때, $a + b$의 최댓값을 구하여라.

[응용하기]

10 자연수 $x > y$, $x + y = 667$일 때, x, y의 최소공배수를 P, 최대공약수를 Q라 할 때, P $=$ 120Q가 성립한다면 $x - y$의 최댓값을 구하여라.

11 양의 정수 a, b의 차는 120이고 그들의 최소공배수는 최대공약수의 105배일 때, a, b 중에서 큰 수를 구하여라.

05강 유리수 쉽게 계산하기

1 핵심요점

유리수 식을 쉽게 계산하는 방법은 많다.

여기서는 분배법칙, 약분, 불변성, 부분분수 등을 이용하는 방법을 주로 소개한다.

실제 응용문제에서 유리수 계산도 하나의 중요한 문제이다.

일반적으로 연산에 대한 실수가 잦은 편이다. 따라서 이 단원을 통해 유리수의 연산을 빠르고 정확하게 하는 다양한 방법을 익혀보자.

1. 나누고 묶기

유리수식의 계산을 쉽게 만들어 빠르고 정확하게 결과를 얻게 한다. 인수분해를 자주 이용하고 공약수를 구하는 등의 방법을 쓴다.

2 필수예제

필수예제 1

다음을 분배법칙을 통해 계산하여라.

(1) $211 \times (-455) + 365 \times 455 - 211 \times 545 + 545 \times 365$

(2) $0.7 \times 1\dfrac{4}{9} + 2\dfrac{3}{4} \times (-15) + 0.7 \times \dfrac{5}{9} + \dfrac{1}{4} \times (-15)$

(3) $\underbrace{99 \cdots 9}_{2015\,개\,9} \times \underbrace{99 \cdots 9}_{2015\,개\,9} + \underbrace{199 \cdots 9}_{2015\,개\,9}$

[풀이] (1) 원식 $= 455 \times (365 - 211) + 545 \times (365 - 211)$

$\qquad = (365 - 211) \times (455 + 545) = 154 \times 1000 = 154000$

$\qquad$ 원식 $= 365 \times (455 + 545) - 211 \times (455 + 545)$

$\qquad = (365 - 211) \times (455 + 545) = 154 \times 1000 = 154000$

답 154000

(2) 원식 $= 0.7 \times \dfrac{13 + 5}{9} - 15 \times \dfrac{11 + 1}{4}$

$\qquad = 0.7 \times 2 - 15 \times 3 = 1.4 - 45 = -43.6$

답 -43.6

(3) 원식 $= (\underbrace{100 \cdots 0}_{2015\,개\,0} - 1) \times \underbrace{99 \cdots 9}_{2015\,개\,9} + \underbrace{100 \cdots 0}_{2015\,개\,0} + \underbrace{99 \cdots 9}_{2015\,개\,9}$

$\qquad = \underbrace{99 \cdots 9}_{2015\,개\,9}\underbrace{00 \cdots 0}_{2015\,개\,0} - \underbrace{99 \cdots 9}_{2015\,개\,9} + \underbrace{100 \cdots 0}_{2015\,개\,0} + \underbrace{99 \cdots 9}_{2005\,개\,9}$

$\qquad = \underbrace{99 \cdots 9}_{2015\,개\,9}\underbrace{00 \cdots 0}_{2015\,개\,0} + \underbrace{100 \cdots 0}_{2015\,개\,0} = 1\underbrace{00 \cdots 0}_{2 \times 2015\,개\,0}$

답 풀이참조

2. 약분

비교적 복잡한 분수 꼴의 유리수 식의 계산식에서 약분을 자주 이용하여 간단히 한다.

필수예제 2

다음을 약분을 통해 계산하여라.

(1) $\dfrac{(-135) \times (-271) + 136}{(-136) \times (-271) - 135}$

(2) $\dfrac{191919}{767676} - \dfrac{7676}{1919}$

[풀이] (1) 원식$= \dfrac{135 \times 271 + (271 - 135)}{136 \times 271 - 135} = \dfrac{(135+1) \times 271 - 135}{136 \times 271 - 135} = 1$

답 1

(2) 원식$= \dfrac{19 \times 10101}{76 \times 10101} - \dfrac{76 \times 101}{19 \times 101} = \dfrac{19}{76} - \dfrac{76}{19} = \dfrac{1}{4} - 4 = -\dfrac{15}{4}$

답 $-\dfrac{15}{4}$

[참고] 일반적으로 $\overline{abab} = \overline{ab} \times 101,\ \overline{ababab} = \overline{ab} \times 10101,\ \cdots,$

$\overline{abcabc} = \overline{abc} \times 1001,\ \overline{abcabcabc} = \overline{abc} \times 1001001,\ \cdots$으로

하는 것이 계산을 간단하게 해준다.

3. 불변성 이용

여기서는 주요하게 이용하는 것이

① 곱의 "불변성" 즉, 만약 $a \cdot b = c$이면 d를 곱하고 나누어도 식이 변하지 않는다.

　즉, $(a \cdot d) \cdot (b \div d) = c(d \neq 0)$이다.

② 나누기의 "불변성" 즉, 만약 $a \div b = c$이면 d를 나누고 나누어도 식이 변하지 않는다.

　즉, $(a \div d) \div (b \div d) = c(d \neq 0)$이다.

　당연히 합의 불변성과 차의 불변성도 있다. 즉, 만약 $a + b = c$이면 $(a+d) + (b-d) = c$이다.

　만약, $a - b = c$이면 $(a+d) - (b+d) = c$이다.

다음을 불변성을 이용하여 계산하여라.

(1) $(13.672 \times 125 + 136.72 \times 12.25 - 1367.2 \times 1.875) \div 17.09$

(2) $3700 \div 125 - 351 \div 25 - 647 \div 25$

[풀이] (1) 원식$= (13.672 \times 12.5 + 136.72 \times 12.25 - 1367.2 \times 1.875) \div 17.09$

$\qquad = 13.672 \times (12.5 + 12.25 - 18.75) \div 17.09$

$\qquad = 13.672 \times 6 \div 17.09$

$\qquad = 8 \times 17.09 \times 6 \div 17.09$

$\qquad = 8 \times 6 = 48$ 　　　　　　　답 48

(2) 원식$= (3700 \times 8) \div (125 \times 8) - (351 \times 4) \div (25 \times 4)$

$\qquad - (647 \times 4) \div (25 \times 4)$

$\qquad = 29600 \div 1000 - 1404 \div 100 - 2588 \div 100$

$\qquad = 29.6 - 14.04 - 25.88 = -10.32$ 　　답 -10.32

4. 부분분수 이용

아래의 부분분수 공식을 이용하여 유리수의 식을 간소화하여 계산한다.

$$\frac{1}{m \cdot n} = \frac{1}{m+n} \cdot \left(\frac{1}{m} + \frac{1}{n}\right) \quad \text{또는} \quad \frac{m+n}{m \cdot n} = \frac{1}{m} + \frac{1}{n} \text{이나} \quad \frac{1}{n(n+1)} = \frac{1}{n} - \frac{1}{n+1}$$

및 일반 형식

$$\frac{1}{n(n+m)} = \frac{1}{m} \times \left(\frac{1}{n} - \frac{1}{n+m}\right) \text{이나} \quad \frac{m}{n(n+m)} = \frac{1}{n} - \frac{1}{n+m}$$

다음을 부분 분수를 이용하여 계산하여라.

(1) $1\frac{1}{3} - \frac{7}{12} + \frac{9}{20} - \frac{11}{30} + \frac{13}{42} - \frac{15}{56} + \frac{17}{72}$

(2) $\frac{1}{56} + \frac{1}{72} + \frac{1}{90} + \frac{1}{110}$

(3) $\frac{1}{1 \times 4} + \frac{1}{4 \times 7} + \frac{1}{7 \times 10} + \dots + \frac{1}{25 \times 28}$

[풀이] (1) 원식 $= \dfrac{1+3}{1\times3} - \dfrac{3+4}{3\times4} + \dfrac{4+5}{4\times5} - \dfrac{5+6}{5\times6} + \dfrac{6+7}{6\times7} - \dfrac{7+8}{7\times8} + \dfrac{8+9}{8\times9}$

$= \left(1 + \dfrac{1}{3}\right) - \left(\dfrac{1}{3} + \dfrac{1}{4}\right) + \left(\dfrac{1}{4} + \dfrac{1}{5}\right) - \left(\dfrac{1}{5} + \dfrac{1}{6}\right)$

$\quad + \left(\dfrac{1}{6} + \dfrac{1}{7}\right) - \left(\dfrac{1}{7} + \dfrac{1}{8}\right) + \left(\dfrac{1}{8} + \dfrac{1}{9}\right)$

$= 1 + \dfrac{1}{9} = \dfrac{10}{9}$

답 $\dfrac{10}{9}$

(2) 원식 $= \dfrac{1}{7\times8} + \dfrac{1}{8\times9} + \dfrac{1}{9\times10} + \dfrac{1}{10\times11}$

$= \left(\dfrac{1}{7} - \dfrac{1}{8}\right) + \left(\dfrac{1}{8} - \dfrac{1}{9}\right) + \left(\dfrac{1}{9} - \dfrac{1}{10}\right) + \left(\dfrac{1}{10} - \dfrac{1}{11}\right)$

$= \dfrac{1}{7} - \dfrac{1}{11} = \dfrac{4}{77}$

답 $\dfrac{4}{77}$

(3) 원식 $= \dfrac{1}{3}\times\left(1 - \dfrac{1}{4}\right) + \dfrac{1}{3}\times\left(\dfrac{1}{4} - \dfrac{1}{7}\right) + \dfrac{1}{3}\times\left(\dfrac{1}{7} - \dfrac{1}{10}\right)$

$\quad + \cdots + \dfrac{1}{3}\times\left(\dfrac{1}{25} - \dfrac{1}{28}\right)$

$= \dfrac{1}{3}\times\left(1 - \dfrac{1}{28}\right) = \dfrac{1}{3}\times\dfrac{27}{28} = \dfrac{9}{28}$

답 $\dfrac{9}{28}$

5. 전체적으로 간단히 하는 방법

식을 전체적인 각도에서 살펴본다. 부분식을 문자로 치환한 후 다시 값을 구한다.

필수예제 5

다음 식을 전체적인 각도에서 살펴본 후 일부 식을 문자로 치환한 후 다시 값을 구하여라.

$$\left(\dfrac{451}{145} + \dfrac{574}{354} - \dfrac{753}{975} + \dfrac{145}{451}\right)\times\left(\dfrac{574}{357} - \dfrac{753}{975}\right) - \left(\dfrac{451}{145} + \dfrac{574}{354} - \dfrac{753}{975}\right)$$

$$\times\left(\dfrac{574}{357} - \dfrac{753}{975} + \dfrac{145}{451}\right)$$

[풀이] $a=\dfrac{451}{145}+\dfrac{574}{354}-\dfrac{753}{975}$, $b=\dfrac{574}{357}-\dfrac{753}{975}$ 이면

즉, 원식 $=\left(a+\dfrac{145}{451}\right)\times b-a\left(b+\dfrac{145}{451}\right)$

$=ab+\dfrac{145}{451}\times b-a\left(b+\dfrac{145}{451}\right)$

$=\dfrac{145}{451}\times(b-a)=\dfrac{145}{451}\times\left(-\dfrac{451}{145}\right)=-1$

답 -1

6. 응용문제

필수예제 6

어떤 편의점에서 고객에게 할인행사를 한다. 규정은 :

㉠ 만약 구매금액이 20000원이 넘지 않을 때는 할인되지 않는다.

㉡ 만약 구매금액이 20000원을 넘고 50000원을 넘지 않을 때는 10% 할인을 한다.

㉢ 만약 구매금액이 50000원을 초과할 때, 그 중 50000원은 ㉡규정에 따라서 할인하고 50000원을 넘는 나머지 금액은 20% 할인을 한다.

이 편의점에서 어떤 두 사람이 물건을 사는데 각각 16800원과 42300원을 지불하였다면 이 두 사람이 한 번에 같이 상품을 구입하였을 때 지불해야하는 돈은 얼마인가?

① 52280원 ② 51040원

③ 56040원 ④ 47280원

[풀이] 비록 16800원은 $20000\times90\%=18000$원 보다 적어서 할인받지 못하였지만, 42300원은 $50000\times90\%=45000$원보다 적고 20000원 보다 크다. 그러므로 42300원은 10% 할인 혜택을 받은 금액이다.

합한 원가는 $16800+42300\div90\%=63800$원이다.

$63800>50000$이므로 만약 두 사람이 한 번에 같은 제품을 구매할 시 ㉢규정에 따라서 $50000\times90\%+(63800-50000)\times80\%=56040$원을 지불하면 된다. 그러므로 답은 ③이다.

답 ③

7. 기타

필수예제 7

올림픽 경기에서 사격대표 선수가 공기총 10발씩을 쏜다. 이 선수가 6번째, 7번째, 8번째, 9번째 사격에서 각각 9.0점, 8.4점, 8.1점, 9.3점을 얻었다. 그가 9발을 사격하여 얻은 평균 점수는 앞의 5발의 평균 점수보다 많았다. 만약 10발을 사격한 후 얻은 평균 점수가 8.8점을 넘는다면 10번째에는 최소 몇 점을 맞춰야 하는지 구하여라. (매번 사격 시 점수는 0.1점까지 정확하게 한다.)

[풀이] 문제에서 설정한 것으로 보아 6～9번째(총 4번)의 평균 점수는
$(9.0 + 8.4 + 8.1 + 9.3) \div 4 = 8.7$(점)이다.

그리고 앞의 5번의 평균 점수는 8.7점보다 적다면 그가 앞서 9발 사격한 총 점수는
$8.7 \times 9 - 0.1 = 78.2$(점)이다.

만약 그가 10발 사격한 평균 점수가 8.8점을 넘는다면(즉, 총점은 8.8×10(점))
즉, 10번째는 최소한 $8.8 \times 10 + 0.1 - 78.2 = 9.9$(점)을 맞춰야 한다.

답 9.9(점)

필수예제 8-1

부등식 $\cdots a^7 < a^5 < a^3 < a < a^2 < a^4 < a^6 \cdots$ 이 성립된다면 유리수 a의 값의 범위로 옳은 것은?

① $0 < a < 1$ ② $a > 1$

③ $-1 < a < 0$ ④ $a < -1$

[풀이] $a < -1$이면, a^{2n-1}에서 n이 클수록 그 값은 작아진다.

즉, $\cdots a^7 < a^5 < a^3 < a$이다. a^{2n}에서 n이 클수록 그 값은 커진다.

즉, $a < a^2 < a^4 < a^6 \cdots$이다. 그러므로 답은 ④이다.

답 ④

a와 b의 합의 역수를 2013번 곱한 수는 1과 같다. $-a$와 b의 합을 2015번 곱한 수는 1과 같다. 이때, $a^{2013}+b^{2014}$의 값은?

① 2^{2015} ② 2

③ 1   ④ 0

[풀이] 주어진 조건으로부터

$$\left(\frac{1}{a+b}\right)^{2013}=1 \quad \cdots\cdots\cdots\cdots\cdots\cdots\cdots① $$

$$(-a+b)^{2015}=1 \quad \cdots\cdots\cdots\cdots\cdots\cdots\cdots② $$

①식에서 2013이 홀수이므로 $a+b=1$이다. $\cdots\cdots$③

②식에서 2015가 홀수이므로 $-a+b=1$이다. $\cdots$④

③+④를 하면, $(a+b)+(-a+b)=1+1$이다. 즉, $2b=2$이고 $b=1$이다.

이를 ③에 대입하면 $a=1-b=1-1=0$이다.

그러므로 $a^{2013}+b^{2014}=0^{2013}+1^{2014}=1$이다.

따라서 답은 ③이다.

답 ③

연습문제 05

▶ 풀이책 p.07

[실력다지기]

01 다음 식을 계산하여라.

(1) $908 \times 501 - \{731 \times 1389 - (547 \times 236 + 842 \times 731 - 495 \times 361)\}$

(2) $\left(1 - \dfrac{1}{2}\right)\left(\dfrac{1}{3} - 1\right)\left(1 - \dfrac{1}{4}\right)\left(\dfrac{1}{5} - 1\right)\cdots\left(1 - \dfrac{1}{2000}\right)\left(\dfrac{1}{2001} - 1\right)$

(3) $\dfrac{2003^2 - 4004 \times 2003 + 2002 \times 4008 - 2003 \times 2004}{2003^2 - 3005 \times 2003 - 2003 \times 2005 + 2005 \times 3005}$

(4) $0.0938 \times 6210 - \{210 \times 0.0068 + (13.9 \times 15.7 + 0.63 \times 278 - 1.57 \times 76) \div 15\}$

02 다음 식을 계산하여라.

(1) $\left(285\dfrac{6}{7}+181\dfrac{10}{11}+153\dfrac{12}{13}\right)\div\left(\dfrac{1}{7}+\dfrac{1}{11}+\dfrac{1}{13}\right)$

(2) $a=\dfrac{1999\times1999-1999}{1998\times1998+1998}$, $b=\dfrac{2000\times2000-2000}{1999\times1999+1999}$, $c=\dfrac{2001\times2001-2001}{2000\times2000+2000}$

이다. 이때, abc의 값을 구하여라.

(3) $\dfrac{3\times2\div5+0.4+9\times4\div10+1.6+21\times6\div15}{7\times10\div25+1.2+8\times14\div35+22\div55}$

[선택문제]

03 다음 물음에 답하여라.

(1) $(-1)^{2013} - (-1)^{2012}$ 의 값은?

① 2   ② 1   ③ 0   ④ -2

(2) 만약 $a^{2013} + b^{2013} = 0$일 때, 다음 보기 중에 옳은 것은?

① $(a+b)^{2013} = 0$ ② $(a-b)^{2013} = 0$

③ $(a \cdot b)^{2013} = 0$ ④ $(|a|+|b|)^{2013} = 0$

(3) a는 유리수일 때, 다음 보기 중 옳은 것은?

① $\left(a + \dfrac{1}{2013}\right)^2$ 은 양수이다.   ② $-\left(a - \dfrac{1}{2013}\right)^2$ 은 음수이다.

③ $a + \left(\dfrac{1}{2013}\right)^2$ 은 양수이다.   ④ $a^2 + \left(\dfrac{1}{2013}\right)^2$ 은 양수이다.

04 학생들이 열기구비행 실험에 참가하였다. 실험을 설계한 설계자의 소개에 의하면 기구의 높이가 1km 상승할 때마다 온도는 6℃ 내려간다. 지금 측정한 지면의 온도는 8℃ 이며, 열기구의 온도는 − 3℃ 이다. 그렇다면 이 열기구가 비행하고 있는 높이를 구하여라.
(소수점 둘째 자리까지 나타내어라.)

05 은행의 정기예금의 1년 이자율은 2.25% 이다. 어떤 사람이 2013년 12월 3일에 1000만원을 입금했다. 2014년 12월 3일에 찾을 때 원금과 이자의 합을 구하여라. 또, 이때 이자세율이 20% 라면, 이자세를 납부한 후 남은 금액을 구하여라.

[실력 향상시키기]

06 다음 식을 계산하여라.

(1) $\dfrac{1}{3} + \dfrac{1}{15} + \dfrac{1}{35} + \dfrac{1}{63} + \cdots + \dfrac{1}{323}$

(2) $\dfrac{1\frac{2}{3} - 4.5}{-\frac{1}{2} \times 1\frac{1}{3}} - \dfrac{(1-2)^2}{\left| -\frac{5}{23} \right|}$

(3) $\dfrac{2 \div 3 \div 7 + 4 \div 6 \div 14 + 14 \div 21 \div 49}{4 \div 7 \div 9 + 8 \div 14 \div 18 + 28 \div 49 \div 63}$

07 다음 물음에 답하여라.

(1) $\dfrac{2^{n+4} - 2(2^n)}{2(2^{n+3})}$ 을 간단히 하여 얻어지는 수는?

① $2^{n+1} - \dfrac{1}{8}$ ② -2^{n+1} ③ $\dfrac{7}{8}$ ④ $\dfrac{7}{4}$

(2) $a = -\dfrac{2014}{2013}$, $b = -\dfrac{2013}{2012}$, $c = -\dfrac{2012}{2011}$ 일 때, 다음 중 성립하는 식은?

① $a < b < c$ ② $c < b < a$ ③ $c < a < b$ ④ $b < a < c$

08 다음 식을 계산하여라.

$$\left(1+\frac{1}{2}+\frac{1}{3}+\cdots+\frac{1}{2017}\right)\left(\frac{1}{2}+\frac{1}{3}+\cdots+\frac{1}{2018}\right)$$

$$-\left(1+\frac{1}{2}+\frac{1}{3}+\cdots+\frac{1}{2018}\right)\left(\frac{1}{2}+\frac{1}{3}+\cdots+\frac{1}{2017}\right)$$

09 다음 물음에 답하여라.

(1) 어떤 상점에서 A 유형의 연습장을 판매한다. 한 권당 가격은 3000원이고 한 세트(12권)의 가격은 30000원이다. 그리고 10세트를 구매하면 한 세트 당 27000원을 받는다.

(a) 중학교 3학년 1반에 57명이 있다. 모든 학생이 A 연습장 1권씩 필요하다. 그렇다면 이 반 학생이 단체로 이 연습장을 사러갈 때, 최소의 비용을 구하여라.

(b) 중학교 3학년에 총 227명이 있다. 모든 학생이 A 연습장이 필요하다 그렇다면 이 학년 학생들이 단체로 이 연습장을 사러갈 때, 최소의 비용을 구하여라.

(2) 재현이는 4번 시험을 쳐서 모두 80점대 점수를 받았다. 민영이는 앞의 3번의 시험에서는 재현이보다 각각 1, 2, 3점 높았다. 이때, 민영이의 4번의 시험결과가 재현이보다 평균점수에서 어떤 경우던지 4점이 높으려면, 민영이는 네 번째 시험에서 최소한 몇 점을 받아야 하는지 구하여라. (정수로 나타내어라.)

[응용하기]

10 어느 텔레비전의 정가에서 20% 할인한 후 할인된 가격에서 다시 10% 할인을 하거나, 연속적으로 두 번 정가에서 20%씩, 즉, 정가의 40% 할인을 하였다면 앞의 할인된 판매가는 뒤의 할인된 판매가보다 어떤 결과가 나타나는지에 대한 설명으로 옳은 것은?

① 20% 적다.   ② 많지도 않고 적지도 않다.

③ 5% 많다.   ④ 20% 많다.

11 다음 물음에 답하여라.

(1) 갑, 을 두 학생이 400 m 의 원형 트랙의 같은 지점에서 동시에 다른 방향으로 출발한다. 갑, 을 각각 초 당 2 m 와 초 당 3 m 의 속력으로 달린다. 6초가 지난 후 경주견 한 마리가 갑이 있는 곳에서 을이 있는 곳으로 초 당 6 m 의 속력으로 달렸다. 경주견은 을을 만난 후 다시 초 당 6 m 의 속력으로 을에서 갑으로 달린다. 경주견은 갑, 을이 처음 만나기 전까지 이렇게 둘 사이를 여러 번 왕복하였다. 경주견의 달린 거리를 구하여라.

(2) 오른쪽 그림에서와 같은 정사각형 ABCD 에서 갑은 A , 을은 C 에서 동시에 정사각형의 변을 따라서 이동하기 시작한다. 갑은 시계방향으로 회전하고 을은 시계반대방향으로 회전한다. 만약 을의 속력이 갑의 속력의 4배라면 둘이 2015 번째 만나는 변의 위치로 옳은 것은?

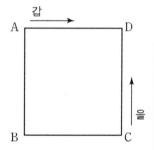

① AB 에서　　　　② BC 에서

③ CD 에서　　　　④ DA 에서

부록 유리수의 4대 특성

유리수는 정수(양의 정수와 음의 정수, 0포함)와 정수가 아닌 유리수(분수꼴)를 포함한다.

유리수에 대해서 다음과 같이 $\dfrac{m}{n}$ 의 형식으로 표현할 수 있다. $(m, \ n$은 정수, $n \neq 0$이다.$)$

유리수는 다음과 같은 4개의 성질이 있다.

1. 순서성

순서성이란 임의의 두 개의 유리수 a, b에 대해서 다음의 $a > b$, $a = b$, $a < b$, 3가지 관계 중 반드시 한 가지의 관계만 성립한다는 원칙이다.

2. 사칙연산에 대해 닫혀있다.

유리수가 사칙연산에 대해 닫혀있다는 것은 임의의 두 개의 유리수 a, b에 대해서 $a + b$, $a - b$, $a \times b$, $a \div b$ 의 연산 결과도 여전히 유리수임을 칭하는 말이다. 유리수는 덧셈, 뺄셈, 곱셈, 나눗셈(0은 나누는 수로 쓰지 않는다.)에 대하여 닫혀있다고 한다.

3. 조밀성

조밀성이란 임의의 서로 다른 두 개의 유리수 사이에 다른 한 유리수가 반드시 존재함을 칭하는 말이다. 즉, 서로 다른 유리수 a, b의 사이(예 $a < b$)에는 반드시 c라는 다른 유리수가 존재한다. 즉, $a < c < b$이다.(여기서 위의 결론을 응용하면 이런 a, b 두 수 사이에는 무수히 많은 수가 존재한다. 이것이 조밀성의 근원이다.)

4. 전달성

전달성이란 임의의 3개의 유리수 a, b, c에 대해서 $a > b$, $b > c$가 성립하면, $a > c$임을 추론할 수 있다는 뜻이다.(반대로 $c < b$, $b < a$이면 $c < a$이다.)

06강 절댓값

1 핵심요점

1. 절댓값의 정의

- 절댓값의 기하학적 의미 : 수 a의 절댓값 $|a|$는 수직선 위에 a로 표시되는 점에서 원점까지의 거리를 의미한다.
- 수 a의 절댓값 $|a|=\begin{cases} a\,(a \geq 0) \\ -a\,(a < 0) \end{cases}$

2. 성질

(1) 모든 a는 $|a| \geq 0$이고, a의 절댓값은 음수의 성질을 가지지 않는다.

(2) 만약 $|a|=|b|$이면 $a=b$이거나 $a=-b$이다. 특히, $|a|=c$, $c>0$이면 $a=\pm c$이다.

3. 영점분리법

절댓값을 제거한 후 간단히하여 값을 구하는 방법이다.

같은 문자로 이루어인 여러 개의 식의 절댓값을 간단히 할 때, 절댓값이 0이 되는 문자의 값을 기준으로 하여 범위(구간)를 몇 개로 나눈다. (분리원칙 : 어느 구간이나 모두 절댓값을 제거해도 무방해야 하며 모든 범위에서 절댓값을 제거한 후 간단히하여 값을 구하는 등의 계산을 진행한다.)

2 필수예제

1. 절댓값의 개념 및 성질

필수예제 1

(1) $a < 0$일 때, $2000a+11|a|$의 값을 구하여라.

(2) m, n, a, b가 $m+n=0$, $ab=-1$을 만족한다. x의 절댓값이 3일 때,

$$x^3 - (1+m+n+ab)x^2 + (m+n)x^{2001} + (-ab)^{2002}$$

의 값을 구하여라.

[풀이] (1) $a<0$이므로 $|a|=-a$이다. 그러므로
$2000a+11|a|=2000a+11\times(-a)=1989a$이다.

답 $1989a$

(2) 원식$=x^3-(1+0-1)x^2-0\cdot x^{2001}+1^{2002}=x^3+1$이다.
$|x|=3$이므로 $x=\pm 3$이다.
그러므로 $x=3$일 때, 원식$=3^3+1=28$이고,
$x=-3$일 때, 원식$=(-3)^3+1=-26$이다.

답 -26, 28

제06강

분석 tip

X의 최댓값과 최솟값의 합을 구하려면 우선 X의 최댓값과 최솟값을 구해야 한다. 여기서 X의 값을 구하는 열쇠는 절댓값을 제거하는 것이다. 여기서는 a와 b의 부호를 고려하여 경우를 나누어야 한다.

필수예제 2

$X = \dfrac{a}{|a|} + \dfrac{b}{|b|} + \dfrac{ab}{|ab|}$ 일 때, X의 최댓값과 최솟값의 합을 구하여라.

[풀이] $a > 0$, $b > 0$일 때, $X = \dfrac{a}{a} + \dfrac{b}{b} + \dfrac{ab}{ab} = 1 + 1 + 1 = 3$이다.

$a > 0$, $b < 0$일 때, $X = \dfrac{a}{a} + \dfrac{b}{-b} + \dfrac{ab}{a(-b)} = 1 - 1 - 1 = -1$이다.

같은 원리로 $a < 0$, $b > 0$일 때, $X = -1 + 1 - 1 = -1$이다

$a < 0$, $b < 0$일 때, $X = -1 - 1 + 1 = -1$이다.

그러면 X의 최댓값은 3이고 X의 최솟값은 -1이다.

따라서 X의 최댓값과 최솟값의 합은 $3 - 1 = 2$이다.

답 2

---

2. 이미 알고 있는 조건으로 간단히 하여 값을 구하기

분석 tip

x의 값을 알고 있으므로 절댓값을 제거하고 간단히 하여 값을 계산한다.

필수예제 3

(1) $1 < x < 3$이다. $\dfrac{|x-3|}{x-3} + \dfrac{|x-1|}{x-1}$의 값을 구하여라.

(2) $x = -0.123$일 때,

$A = |x-1| - |x-2| + |x-3| - |x-4| + |x-5|$
$\qquad - |x-6| + \cdots + |x-2013| - |x-2014|$

의 값을 구하여라.

[풀이] (1) $1 < x < 3$이므로 $|x-3| = -(x-3)$, $|x-1| = x-1$이다.

그러므로 원식 $= \dfrac{-(x-3)}{x-3} + \dfrac{x-1}{x-1} = -1 + 1 = 0$이다.

답 0

(2) $x = -0.123 < 0$이므로

$A = [|x-1| + |x-3| + |x-5| + \cdots + |x-2013|]$
$\quad - [|x-2| + |x-4| + |x-6| + \cdots + |x-2014|]$
$= [-(x-1) - (x-3) - (x-5) - \cdots - (x-2013)]$
$\quad - [-(x-2) - (x-4) - (x-6) - \cdots - (x-2014)]$
$= -x + 1 - x + 3 - x + 5 - \cdots - x + 2013$
$\quad + x - 2 + x - 4 + x - 6 + \cdots + x - 2014$
$= (1-2) + (3-4) + (5-6) \cdots + (2013-2014)$
$= -(2014 \div 2) = -1007$

답 -1007

[주의] x의 범위나 값을 알고 있는 조건에서 절댓값이 포함된 식의 값을 구할 때, 반드시 식을 간단히 한 후 값을 구하여야 한다. 만약 식에 x의 값을 대입한 후 A의 값을 계산한다면 계산이 복잡해진다.

분석 tip

$|a-b|+|b-c|+|c-a|$의 최댓값을 구하려면, 먼저 알고 있는 조건 $a \le b \le c$을 이용하여 절댓값 부호를 제거하고 간단히 한 후 다시 a, b, c가 어떤 수인지를 생각해야 한다. (즉, a는 $1 \sim 9$사이의 수 중 정수이고 b, c는 $0 \sim 9$사이의 수 중 정수이다.) 이렇게 하여 최댓값을 구한다.

필수예제 4

a, b, c는 각각 어떤 세 자리 수의 백의 자리, 십의 자리, 일의 자리 수이고 $a \le b \le c$일 때, $|a-b|+|b-c|+|c-a|$가 가질 수 있는 최댓값을 구하여라.

[풀이] $a \le b \le c$이기 때문에

$$|a-b|+|b-c|+|c-a|=-(a-b)-(b-c)+(c-a)$$
$$=-a+b-b+c+c-a=2(c-a)$$

$2(c-a)$가 최대가 되려면 c가 최대이고 a가 최소여야 한다.

a는 백의 자리 수(첫째 자리 수)이기 때문에 a의 최솟값은 1이고 c는 일의 자리 수로 c의 최댓값은 9이다. 이는 $a \le c$의 조건을 만족한다.

따라서 구하는 최댓값은 $2(9-1)=16$이다.

目 16

---

3. 영점분리법을 사용하여 간단히하여 값을 구하기

문자의 값의 범위 또는 값을 알려주지 않았을 때 많은 절댓값을 포함한 식을 간단히 하거나 값을 구하는 문제에서 영점분리법을 사용한다. 원식을 여러 가지 경우로 나누어 간단히 하고 값을 구한다. (왜냐하면 각 범위(구간)에서 절댓값 부호를 제거할 수 있기 때문이다.)

필수예제 5

$X=|x+1|+|x-2|+|x-3|$일 때,

(1) 영점분리법을 사용하여 식 X를 간단히 하여라.

(2) X의 최솟값을 구하여라.

(3) $|x-1|+|x-2|+\cdots+|x-1997|$의 최솟값을 구하여라.

분석 tip

식 X 중의 문자 x의 값은 제한을 받지 않는다. 그렇기 때문에 우리는 x가 모든 수를 취할 수 있다고 볼 수밖에 없다.(수직선 상에서 표시하는 모든 수를 말한다.)

여기서 $(x+1),(x-2),(x-3)$은 일정한 범위 내에서 일정한 부호를 유지할 수 없기 때문에 절댓값을 제거할 수 없다. 그렇기 때문에 영점분리법을 반드시 사용해야 한다.(자세한 내용은 뒤의 해법을 참고하시오.) 분리한 후 나누어서 절댓값 부호를 제거하고 간소화하여 최솟값을 계산해야 한다.

[풀이] (1) (1단계) 영점은 $x+1=0$, $x-2=0$, $x-3=0$일 때,

즉, $x=-1$, $x=2$, $x=3$이다.

(2단계) 영점을 경계로 하여 수를 네 개의 구간으로 나누면

$x \le -1$, $-1 < x \le 2$, $2 < x \le 3$, $3 < x$이다.

(아래 그림과 같이 나눈다.)

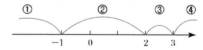

(3단계) 각각의 구간에 따라 식을 간단히 한다.

① $x \le -1$일 때,

원식$=-(x+1)+[-(x-2)]+[-(x-3)]=-3x+4$이다.

② $-1 < x \le 2$일 때,

원식$=(x+1)+[-(x-2)]+[-(x-3)]=-x+6$이다.

③ $2 < x \le 3$일 때,

원식$=(x+1)+(x-2)+[-(x-3)]=x+2$이다.

④ $x > 3$일 때,

원식$= (x+1)+(x-2)+(x-3) = 3x-4$이다.

📋 풀이참조

(2) (1)의 결과와 x의 값의 범위에 의하여

$x \leq -1$일 때, $X = -3x+4 \geq -3 \times (-1)+4 = 7$이다.

$-1 < x \leq 2$일 때, $X = -x+6 \geq -2+6 = 4$이다.

$2 < x \leq 3$일 때, $X = x+2 > 2+2 = 4$이다.

$x > 3$일 때, $X = 3x-4 > 3 \times 3-4 = 5$이다.

따라서 결과에서 비교하여 보면 X가 취할 수 있는 최솟값은 4이다.

($x = 2$일 때 얻을 수 있다.)

📋 4

(3) 식의 영점은 1, 2, ⋯, 1997이고 총 1997개(홀수)가 있으므로

영점의 중간 수는 $(1997+1) \div 2 = 999$이다. $x = 999$일 때,

원식이 최솟값을 가지므로

$|999-1|+|999-2|+\cdots+|999-997|+|999-998|+$

$|999-999|+|999-1000|+|999-1001|+\cdots$

$+|999-1996|+|999-1997|$

$= 998+997+\cdots+0+1+2+\cdots+997+998$

(서로 더하면 998개의 999의 합이다.)

$= 998 \times 999 = 998000-998 = 997002$

📋 997002

[해설]

① 영점분리법을 사용하여 구간을 나눌 때, 구간의 양 끝 어느 쪽이나 영점은 가능하다. 단, 양쪽 모두 영점을 포함하지는 않는다. 예를 들어, 이 예제의 4개의 범위를 $x \leq -1$, $-1 < x \leq 2$, $2 < x \leq 3$, $x > 3$로 나누어도 된다.

② (2)의 해법 중에 수직선을 이용한 방법이 있다. 오른쪽 그림처럼 수직선 위에 x를 표시하고, x와 영점 -1, 2, 3과의 거리의 합 X를 구한다. 여기서는 $x = 2$

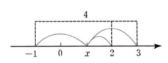

일 때, X$=4$ (영점 -1부터 3까지의 거리)임을 바로 알 수 있다. 그런데, $x \neq 2$일 때, X의 값(3개의 거리의 합 : 위의 그림에서는 곡선으로 표시된 부분)은 4보다 크므로 X의 최솟값은 4이다.

③ (3)에서 n개의 x의 1차식의 절댓값의 합과 (2)에서 식 X의 최솟값문제에서 하나의 일반적인 결론을 얻을 수 있다.

(영점 개수) n이 홀수일 때, X는 이 n개의 수(영점)의 중간 수(영점)에서 최솟값을 갖는다. (필수예제 (2)에서 $x = 2$일 때, 최솟값인 4이고, (3)의 중간지점의 영점(즉, $x = 999$)일 때, 최솟값은 997002이다.)

(영점 개수) n이 짝수일 때, X는 n개의 수 가운데 두 수(영점)의 사이(의 모든 수의 자리)에서 최솟값을 갖는다. 최솟값 $[2-(-1)]+[3-(-2)] = 8$을 갖는다.

예를 들면 식 X$= |x+2|+|x+1|+|x-2|+|x-3|$은 -1에서 2 사이의 어느 자리에나 최솟값 $[2-(-1)]+[3-(-2)] = 8$을 갖는다.

아래 그림처럼 -1에서 2까지의 수 중 임의로 x_0, x_1라고 하고, 이 점들과 -1과 2와의 거리의 합은 -1과 2사이의 거리 3과 같고, 이 점들과 -2와 3과의 거리의 합은 -2와 3사이의 거리 5와 같다. 따라서 X의 최솟값은 8이다.

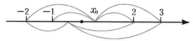

[주의] 이 일반적인 결론은 지금 증명을 완벽하게 하기는 쉽다. [해설]의 ②와 같이 절댓값의 기하학적 의미를 사용하여 이해하고, 증명하는 것이 최선이다.

4. 수직선 이용 문제

필수예제 6-1

수직선 위의 점 A, B, C 는 각각 0, -1, x와 대응된다. C 와 A 의 사이의 거리는 C 와 B 의 사이의 거리보다 클 때, 다음 중 옳은 것은?

① $x > 0$ ② $x > -1$ ③ $x < -\dfrac{1}{2}$ ④ $x < -1$

[풀이] 아래 그림과 같이 점 A, B 및 그에 두 대응되는 수 0, -1을 수직선 위에 표시한다. 절댓값의 기하학적 의미와 주어진 조건 AC > BC 으로부터 점 C 는 선분 BA의 중점 D(대응되는 수는 $\dfrac{-1+0}{2} = -\dfrac{1}{2}$)의 왼쪽에 있으므로 $x < -\dfrac{1}{2}$이다.

그러므로 답은 ③이다.

답 ③

분석 tip

처음에 관계식만 봐서는 복잡해 보이고 문제해결의 실마리를 찾기 어렵다. 하지만 주어진 조건과 절댓값의 기하학적 의미를 바탕으로 문제에서 언급한 수를 수직선 위에 나타내면 문제는 쉽게 해결할 수 있다.

필수예제 6·2

$x < y < 0$, M$=|x|$, N$=|y|$, P$=\dfrac{|x+y|}{2}$이면 M, N, P

대소 관계를 바르게 나타낸 것은?

① M $<$ N $<$ P   ② M $<$ P $<$ N

③ N $<$ P $<$ M   ④ N $<$ M $<$ P

[풀이] $x < y < 0$이므로 M$=|x|=-x$, N$=|y|=-y$,

$$P=\frac{|x+y|}{2}=\frac{-(x+y)}{2}=\frac{(-x)+(-y)}{2}$$이다.

아래 그림과 같이 수 x, y, M, N, P를 수직선 위에 표시하면,

N $<$ P $<$ M이다. 그러므로 답은 ③이다.

[주의] 점 P는 NM의 중점이다.

[해설] 필수예제 6-1, 6-2는 모두 객관식문제이다. 문제에서 주어진 사실로부터
수직선을 이용하는 방법 외에 객관식문제를 푸는 기본적이고 특별한 풀이가
있다.

필수예제 6-2를 예로 하여 간단하게 소개하면 다음과 같다.

첫 번째, 특수법을 이용하여 푼다. 이 특수법은 문제의 조건에 맞는 한 쌍의
특별한 값(보통 특수값이라고 부름) $x=-4$, $y=-3$을 대입하면,

M$=|x|=4$, N$=|y|=3$이고, P$=\dfrac{|x+y|}{2}=\dfrac{|-4-3|}{2}=\dfrac{7}{2}=3.5$이다.

이 특수값에 대해서 N $<$ P $<$ M이다. 즉, ③을 만족한다.

①, ②, ④은 모두 만족하지 않는다. 그러므로 일반적인 상황에서
①, ②, ④은 반드시 성립되지 않는다. 그러므로 답은 ③이다.

두 번째, 배제법을 이용하여 푼다.

$x < y < 0$이므로 $-x > -y > 0$이고 M$=|x|=-x$, N$=|y|=-y$이다.

그러므로 M $>$ N이고, ①, ②은 성립되지 않는다. (즉, (①, ②을 배제한다.)

또 P$=\dfrac{|x+y|}{2}=\dfrac{-(x+y)}{2}=\dfrac{(-x)+(-y)}{2}<\dfrac{(-x)+(-x)}{2}=-x=$M

이다.

즉, ④도 성립되지 않는다. (즉, ④을 배제한다.)

그러므로 ③만 성립할 수 있으므로, 답으로 ③을 선택해야 한다.

세 번째, 직접법을 이용하여 푼다.

$x < y < 0$이므로, M$=|x|=-x$, N$=|y|=-y$,

P$=\dfrac{|x+y|}{2}=\dfrac{-(x+y)}{2}=\dfrac{(-x)+(-y)}{2}$이다.

또, $x < y < 0$이므로, $-x > -y > 0$이고,

$$-y=\frac{(-y)+(-y)}{2}<\frac{(-x)+(-y)}{2}<\frac{(-x)+(-x)}{2}=-x$$

이다. 즉, N $<$ P $<$ M이다. 그러므로 답은 ③이다.   답 ③

5. 음이 아닌 수의 성질의 응용

분석 tip
음이 아닌 수의 성질을 직접 사용하여 해를 구한다.

필수예제 7·1

$|a-1|+|2-b|=0$이다. a^2-2b의 값을 구하여라.

[풀이] $|a-1|+|2-b|=0$에서, $|a-1|\geq 0$, $|2-b|\geq 0$이므로
$a-1=0$, $2-b=0$이다. 즉, $a=1$, $b=2$이다.
그러므로 $a^2-2b=1^2-2\times 2=-3$이다.

답 -3

필수예제 7·2

$|x+y-1|+|x-y+3|=0$ 일 때, $(x+y)^{2015}$의 값을 구하여라.

[풀이] $|x+y-1|+|x-y+3|=0$에서 $|x+y-1|\geq 0$, $|x-y+3|\geq 0$이므로
$x+y-1=0$, $x-y+3=0$이다. 즉, $x+y=1$이다.
그러므로 $(x+y)^{2015}=1^{2015}=1$이다.

답 1

6. 기타

필수예제 8·1

아래 그림과 같이 세 수 a, b, c의 수직선 위의 대응점을 A, B, C 라고 하면, $|OA|=|OB|$이다.

이때, $|a|-|a+b|+|c-a|+|c-b|$를 간단히 하여라.

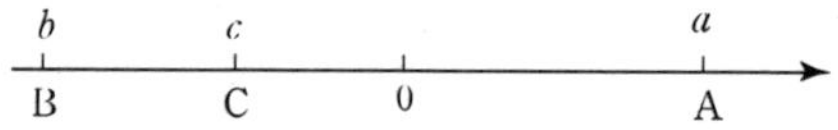

[풀이] $|OA|=|OB|$이므로 $a=-b>0$, $b<c<0$이다.
그러므로 $a+b=0$, $c-a<0$, $c-b>0$이다.
따라서 원식$=a-0-(c-a)+(c-b)=2a-b$ 또는 $3a$이다. ($\because a=-b$)

답 $2a-b$ 또는 $3a$

필수예제 8·2

아래 그림에서 a의 절댓값이 b의 절댓값의 3배일 때, 수직선 위의 원점을 A, B, C, D 중에서 고르시오.

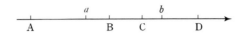

[풀이] $|a|=3|b|$이고, $a<b$이므로, 0과 a, b의 위치 관계를 3가지 상황($b<0$, $a>0$, $a<0<b$)으로 나누어 살펴보자.

① $b<0$일 때, 즉, $a<b<0$일 때, 원점으로 가능한 점은 D점뿐인데, D점은 $|a|=3|b|$를 만족한다.

② $a>0$일 때, 즉, $0<a<b$일 때, 원점으로 가능한 점은 A점뿐인데, A점은 $a=3b$를 만족하지 않는다. 그러므로 이때는 원점이 존재하지 않는다.

③ $a<0<b$일 때, 원점으로 가능한 점은 C점뿐인데, C점은 $|a|=3|b|$를 만족한다.

따라서 조건 $|a|=3|b|$를 만족하는 원점은 D점이나 C점이다.

🖹 D점이나 C점

제9강

[실력다지기]

01 다음 물음에 답하여라.

(1) 다음 설명 중 옳은 것은?

    ① $|-a|$는 양수이다.   ② $|-a|$는 음수가 아니다.

    ③ $-|a|$는 음수이다.   ④ $-a$는 양수가 아니다.

(2) 두 개의 조건이 있다.

    ㉠ $|a-b|=|b-a|$

    ㉡ $-\dfrac{1}{2}>-\dfrac{1}{3}$

다음 중 옳은 것은?

    ① ㉠만 정확하다.   ② ㉡만 정확하다.

    ③ ㉠과 ㉡은 모두 정확하다.   ④ ㉠과 ㉡은 모두 정확하지 않다.

(3) a, b는 0이 아닌 유리수이고 $|a|=-a$, $|b|=b$, $|a|>|b|$일 때 수직선 위에 a, b를 점으로 표시할 때 바르게 나타낸 것은?

①    ②

③    ④

(4) 만약 m, n이 서로 반수라면 $|m-1+n|$의 값을 구하여라.

    (단, 반수는 절댓값의 크기는 같고, 부호가 반대인 수를 말한다.)

02 (1) $1 < x < 4$일 때, $|x-4|+|x-1|$을 구하여라.

(2) $|2x+3|+|2x-1|-|x-3|$을 구하여라.

03 (1) 아래 그림은 유리수 a, b, c를 수직선 위에 대응되는 위치를 표시한 것이다.
$|c-1|+|a-c|+|a-b|$의 값은?

① $b-1$　　　　　　　　　② $2a-b-1$

③ $1+2a-b-2c$　　　　④ $1-2c+b$

(2) 아래 그림은 유리수 a, b, c를 수직선 위에 대응되는 위치를 표시한 것이다.

$m=|a+b|-|b-1|-|a-c|-|1-c|$일 때, $1000m$의 값을 구하여라.

04 a, b는 서로 반수이고 $|a-b|=\dfrac{4}{5}$일 때, $\dfrac{a-ab+b}{a^2+ab+1}$의 값을 구하여라.

(단, 반수는 절댓값의 크기는 같고, 부호가 반대인 수를 말한다.)

05 (1) $-1 \le x \le 2$일 때, $|x-2|-\dfrac{1}{2}|x|+|x+2|$의 최댓값과 최솟값의 차를 구하여라.

(2) $a < b < c$, $ac < 0$, $|c| < |b| < |a|$일 때, $|x-a|+|x-b|+|x+c|$의 최솟값을 구하여라.

[실력 향상시키기]

06 a, b, c가 정수이고 $|a-b|^{19}+|c-a|^{99}=1$일 때, $|c-a|+|a-b|+|b-c|$의 값을 구하여라.

07 (1) $|a-b|=|a|+|b|$이 성립되는 조건으로 옳은 것은?

① $ab > 0$ ② $ab < 1$

③ $ab \leq 0$ ④ $ab \leq 1$

(2) $a > 0$, $b < 0$일 때, $|x-a|+|x-b|=a-b$가 성립되는 x의 범위를 구하여라.

08 a, b, c의 수직선 위의 위치는 아래의 그림과 같을 때, 다음 중 옳은 것은?

① $\dfrac{1}{c-a} > \dfrac{1}{c-b} > \dfrac{1}{a-b}$ ② $\dfrac{1}{b-c} > \dfrac{1}{c-a} > \dfrac{1}{b-a}$

③ $\dfrac{1}{c-a} > \dfrac{1}{b-a} > \dfrac{1}{b-c}$ ④ $\dfrac{1}{a-b} > \dfrac{1}{a-c} > \dfrac{1}{b-c}$

09 a, b, c, d는 모두 정수이고 $|a+b|+|b+c|+|c+d|+|d+a| = 2$일 때, $|a+d|$의 값을 구하여라.

[응용하기]

10 a, b, c, d는 모두 유리수이고 $|a-b| \leq 9$, $|c-d| \leq 16$, $|a-b-c+d| = 25$일 때, $|b-a| - |d-c|$의 값을 구하여라.

힌트
임의의 유리수 x, y에 대하여 $|x+y| \leq |x| + |y|$가 성립한다.

11 $(|x+1|+|x-2|)(|y-2|+|y+1|)(|z-3|+|z+1|) = 36$일 때, $x+2y+3z$의 최댓값 과 최솟값을 구하여라.

Part II 문자와 식

07강 식

1 핵심요점

문자, 수와 연산기호로 구성된 식을 대수식이라고 하고 줄여서 식이라고 한다.

일반적으로 두 가지 상황에서 식을 구한다.

(1) 문제에서 수를 대표하는 문자를 주고 다른 조건을 이용하여 필요로 하는 양을 이 문자들로 표시하여 식을 구한다.

(2) 문제에서 식을 포함하지 않은 상태에서 문자를 이용하여 식을 구한다.

식에서 문자가 특정한 값을 가질 때, 이것을 식의 값이라고 한다.

2 필수예제

1. 문자가 주어진 상황에서 식을 구하는 문제

필수예제 1·1

a의 2배와 b의 반의 합의 제곱에서 두 수 a, b의 제곱의 합의 4배를 뺀 식을 바르게 표시한 것은?

① $2a + \left(\dfrac{1}{2}b^2\right) - 4(a+b)^2$ 　　　② $\left(2a + \dfrac{1}{2}b\right)^2 - a + 4b^2$

③ $\left(2a + \dfrac{1}{2}b\right)^2 - 4(a^2 + b^2)$ 　　　④ $\left(2a + \dfrac{1}{2}b\right)^2 - 4(a^2 + b^2)^2$

[풀이] 문제에서 주어진 상황에 맞는 연산순서에 주의한다.

"a의 2배"는 $2a$, "b의 반"은 $\dfrac{1}{2}b$이다. 이 둘의 합은 $\left(2a + \dfrac{1}{2}b\right)$이다.

이 둘의 합의 제곱은 $\left(2a + \dfrac{1}{2}b\right)^2$이다.

또 두 수 a, b의 제곱의 합은 $(a^2 + b^2)$이다. 그것의 4배는 $4(a^2 + b^2)$이다.

따라서 전자에서 후자를 빼면 $\left(2a + \dfrac{1}{2}b\right)^2 - 4(a^2 + b^2)$이다.

그러므로 답은 ③이다.

답 ③

필수예제 1·2

어떤 상점에서 셔츠를 판매한다. 들어오는 돈은 한 벌 당 m 원이고 판매가는 들어오는 돈보다 $a\%$ 더 높다. 이 상점이 판매가를 원래 판매가의 $b\%$ 로 판매한다면 가격을 조정한 후 이 셔츠의 한 벌 당 판매가를 식으로 표시한 것은?

① $m(1+a\%)(1-b\%)$ 원   ② $m \cdot a\%(1-b\%)$ 원

③ $m(1+a\%)b\%$ 원   ④ $m(1+a\% \cdot b\%)$ 원

[풀이] 원래의 판매가는 $m+m \cdot a\% = m(1+a\%)$ 이다.

그러므로 조정 후의 판매가는 $m(1+a\%) \cdot b\%$ 원이다. 따라서 답은 ③이다.

답 ③

필수예제 1·3

x_1, x_2, x_3의 평균은 a이고 y_1, y_2, y_3의 평균은 b이다. 이때, $2x_1 + 3y_1$, $2x_2 + 3y_2$, $2x_3 + 3y_3$의 평균을 식으로 바르게 나타낸 것은?

① $2a + 3b$ ② $\dfrac{2}{3}a + b$

③ $6a + 9b$ ④ $2a + b$

[풀이] 주어진 조건으로부터 $x_1 + x_2 + x_3 = 3a$, $y_1 + y_2 + y_3 = 3b$이다.

그러므로 구하는 평균은

$$\frac{(2x_1+3y_1)+(2x_2+3y_2)+(2x_3+3y_3)}{3}$$
$$= \frac{2}{3}(x_1+x_2+x_3) + \frac{3}{3}(y_1+y_2+y_3)$$
$$= \frac{2}{3} \times 3a + \frac{3}{3} \times 3b = 2a + 3b$$

따라서 답은 ①이다.

답 ①

필수예제 2·1

어떤 상품의 가격은 원가보다 $p\%$ 높다. 이 상품의 가격을 내려서 판매할 때, 손해를 보지 않기 위하여 판매가의 할인금액의 백분율이 $d\%$ 를 초과해서는 안 된다. 이때, d를 p에 관한 식으로 나타내어라.

[풀이] 이 상품의 원가가 1이라면, 이 상품의 가격은 $\dfrac{100+p}{100}$ 이다.

그러면, $\dfrac{100+p}{100}\left(1-\dfrac{d}{100}\right)=1$이다.

이를 정리하면, $d = \dfrac{100p}{100+p}$ 이다.

[주의] 이 상품의 원가를 a로 정하여도 된다.

답 $d = \dfrac{100p}{100+p}$

길이가 a 미터인 선으로 정삼각형을 만든다. 이 정삼각형의 넓이가 b 이다. 지금 이 정삼각형의 내부의 임의의 한 점을 P 라고 하자. 이때, 점 P 에서 삼각형의 세 변까지의 거리의 합을 문자를 써서 나타내어라.

[풀이] 오른쪽 그림과 같이

$$\frac{1}{2}h_1 \cdot \frac{a}{3} + \frac{1}{2}h_2 \cdot \frac{a}{3} + \frac{1}{2}h_3 \cdot \frac{a}{3} = b \text{이므로}$$

즉, $\dfrac{1}{2} \cdot \dfrac{a}{3}(h_1 + h_2 + h_3) = b$ 이다.

따라서 $h_1 + h_2 + h_3 = \dfrac{6b}{a}$ 이다.

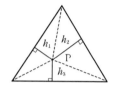

답 $\dfrac{6b}{a}$

아래 왼쪽 그림과 같이 가로가 a 이고 세로가 b 인 직사각형($a > b$)을 점선을 따라 자른 후, 아래 오른쪽 그림과 같이 옮겨서 일부분(작은 정사각형)이 부족한 큰 정사각형으로 만들 때, 부족한 부분의 작은 정사각형의 한 변의 길이를 문자 a, b 를 써서 나타내어라.

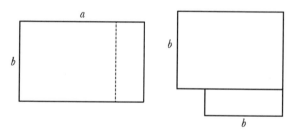

[풀이] 작은 정사각형의 한 변의 길이를 x 라 하자.
    왼쪽 그림과 오른쪽 그림을 비교하면, $a - x = b + x$ 이다.
    이를 풀면 $x = \dfrac{a-b}{2}$ 이다. 따라서 부족한 부분의 작은 정사각형의 한 변의 길이는 $\dfrac{a-b}{2}$ 이다.

답 $\dfrac{a-b}{2}$

2. 식을 포함하지 않은 상태에서 문자를 이용하여 식을 구하는 문제

문제에서 식을 포함하지 않은 상태에서 문자를 이용하여 식을 구한다. 이런 유형의 식을 구하는 기본 순서는 다음과 같다.

① 문제에서 관련된 많은 양 중 하나나 여러 개의 기본량을 확정하여 문자로 표시한다. 기본량을 확정하는 기준은 그것으로 인하여 더욱 쉽게 문제 중 관련된 수량관계를 표시할 수 있겠는가 하는 것이다.
② 설정된 문자로 문제 중의 관련된 수량을 표시한다.
③ 문제 중의 중요한 단어(응용문제에서는 이미 알고 있는 내용)를 이용하여 관계를 나열해보고 식으로 정리한다.

필수예제 3·1

두 수 x, y의 곱에서 y의 사분의 일을 뺀 식을 나타내어라.

[풀이] 식은 $xy - \frac{1}{4}y$ 이다.

> $xy - \frac{1}{4}y$

필수예제 3·2

두 수 x, y의 제곱의 합에서 다른 수 a를 뺀 것을 식으로 나타내어라.

[풀이] 식은 $x^2 + y^2 - a$ 이다.

> $x^2 + y^2 - a$

[해설]
① 설정된 기본량(즉, 문자)은 여러 가지 상황이 있을 수 있다. 필수예제 3-1에서처럼 두 개의 수를 대표하는 문자 x, y로 나타낼 수도 있고 필수예제 3-2에서처럼 세 개의 수를 대표하는 문자 x, y, a로 나타낼 수도 있다.
② "중요한 단어" 필수예제 3-1에서의 "곱", "차", 필수예제 3-2의 "제곱", "합", "차")의 응용에 주의하고 문제에서 연산순서 필수예제 3-2의 3가지 연산 "제곱", "합", "차"의 순서는 : x^2, y^2(제곱을 구한다.) → $x^2 + y^2$(합을 구한다.) → $x^2 + y^2 - a$(차를 구한다.))에 주의한다.
③ 수를 대표하는 문자는 같은 문제 중에서 다른 수는 다른 문자로 표시하고 다른 문제에서는 같은 문자로 다른 수를 표시할 수 있다.(예를 들면 문자 x, y는 필수예제 3-1, 필수예제 3-2에서 각각 다른 수를 나타낸다.)

자기부상열차는 속력도 빠르고 오르막을 잘 오르며 에너지를 적게 사용한다는 장점이 있다. 이것이 한 좌석 당 소모하는 에너지의 평균 양은 비행기가 한 좌석 당 소모하는 에너지의 평균 양의 $\frac{1}{3}$이며 자동차가 한 좌석 당 소모하는 에너지의 평균 양의 70%이다. 그렇다면 자동차가 한 좌석 당 소모하는 에너지의 평균 양은 비행기가 한 좌석 당 소모하는 에너지의 평균양의 몇 배인지를 구하여라.

[풀이] 비행기와 자동차의 한 좌석 당 소모되는 평균 양을 a, b라 하면,

$$\frac{a}{3} = b \cdot 70\% \text{이고, 이는 } b = \frac{a}{3} \div 70\% = \frac{10}{21}a \text{이다.}$$

이 식이 의미하는 것은 자동차의 한 좌석 당 소모되는 평균 양은 비행기에서 한 좌석 당 소모되는 평균 양의 $\frac{10}{21}$배이다.

답 $\frac{10}{21}$배

해변에 쌓여있는 사과 한 더미는 원숭이 3마리의 먹이다. 첫 번째 원숭이가 와서 이 사과더미를 똑같이 3더미로 나눴고 거기에 1개가 남았다. 이 원숭이는 남은 1개의 사과를 바다에 버리고 자기가 한 더미를 가져갔다. 두 번째 원숭이가 와서 남은 사과더미를 다시 똑같이 3더미로 나눴고 또 한 개의 사과가 남았다. 이 원숭이도 남은 사과를 바다에 버리고 한 더미를 가져갔다. 세 번째 원숭이도 이와 같이 했다. 그렇다면 원래 사과의 최소 개수를 구하여라.

[풀이] 처음에 n개의 사과가 있었다고 하자. 매번 남은 사과를 각각 순서대로 y_1, y_2, y_3이라고 하면,

$$y_1 = \frac{2}{3}(n-1) = \frac{2}{3}(n+2) - 2$$

$$y_2 = \frac{2}{3}\left[\left\{\frac{2}{3}(n+2) - 2\right\} - 1\right] = \left(\frac{2}{3}\right)^2(n+2) - 2$$

$$y_3 = \frac{2}{3}\left[\left\{\left(\frac{2}{3}\right)^2(n+2) - 2\right\} - 1\right] = \left(\frac{2}{3}\right)^3(n+2) - 2$$

이다. y_3의 식에서 y_3가 자연수가 되려면 $n+2$는 반드시 3^3의 배수여야 한다. 또, $n = 25$일 때, $n+2$는 3^3의 최소공배수이다.

원래 최소한 25개의 사과가 있어야 한다.

답 25

[해설] 이 예제의 두 문제는 우선 관련된 식을 먼저 식을 세운 후 답을 구한 것이다. 필수예제 3-2에서 y_1, y_2, y_3을 정리한

$$\left[\left(\frac{2}{3}\right)^m (n+2)-2\right] \quad (m=1,2,3)$$ 의 형식은

n의 값이 어느 값을 취할 때 (최소) 정수를 가지는지를 편리하게 계산하기 위해 만든 것이다. 이와 같은 형태로 정리하지 않아도 되지만, 다른 형태는 나올 경우는 계산하는데 복잡할 뿐이다.

필수예제 5

아래 그림에서 빗금 친 부분의 넓이를 구하여라.

(단, 원주율을 π라고 한다. 또 정사각형의 한 변의 길이를 a, 또는 원의 반지름을 r이라 두고 구하여라.)

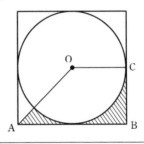

분석 tip
그림 중 빗금 친 부분은 정사각형 면적에서 원의 넓이를 뺀 부분의 차의 한 부분이다.(대칭성에서 알 수 있는 것은 구하는 값이 정사각형에서 원의 넓이를 뺀 부분의 $\frac{3}{8}$이다.) 그러므로, 해법1을 얻을 수 있다. 또 부채꼴 넓이를 구하는 공식을 통해 해법2를 얻을 수 있다.

[해법1] 원의 지름(즉, 정사각형의 한 변의 길이)을 a라 하고 빗금 친 부분의 넓이 $S_{음영}$은 정사각형의 넓이 a^2과 원 넓이 $\pi\left(\frac{a}{2}\right)^2$의 차의 $\frac{3}{8}$이다. 그러므로

$$S_{음영} = \left[a^2 - \pi\left(\frac{a}{2}\right)^2\right] \times \frac{3}{8} = \frac{3}{8}a^2 - \frac{3}{32}\pi a^2 \text{이다.}$$

[해법2] 원의 반지름을 r이라 하면 빗금 친 부분의 넓이 $S_{음영}$은 사다리꼴 ABCO의 넓이에서 원의 중심각이 $135°$인 부채꼴의 넓이를 빼면

$$S_{음영} = \frac{1}{2}(r+2r) \cdot r - \frac{135}{360}\pi r^2 \text{이다.}$$

📄 풀이참조

[해설] 어떤 문자를 사용하여 기본 양을 표시하는가는 중요하지 않다. 중요한 것은 어느 양을 기본 양으로 정하는 것이다. 이 예제는 원의 반지름이나 정사각형의 한 변의 길이(즉, 원의 지름)을 기본 양으로 정하여 비교적 쉽게 관련된 수치를 구하는 것이다. :
원, 정사각형, 부채꼴, 사다리꼴의 넓이, 필요한 식을 비교적 쉽게 구해낼 수 있다.
이 예제에서 알 수 있듯이 정하는 기본양은 유일하지 않다. 그러므로 구하는 식의 형식도 유일하지 않다.

3. 식의 값

식에서 문자가 대표하는 값이 취하는 범위에서 문자들이 지정된 값을 취할 때 그 식은 그에 상응되는 값을 취하고 그것을 **식의 값**이라고 한다. (이 문자들을 미지수라고 한다.)

필수예제 6·1

$x = 0.5$, $y = 2$일 때 식 $\dfrac{4x+3y}{xy}$의 값을 구하여라.

[풀이] 직접 대입하여 구한다. : $x = 0.5$, $y = 2$일 때,

$$\frac{4x+3y}{xy} = \frac{4 \times 0.5 + 3 \times 2}{0.5 \times 2} = 8 \text{이다.}$$

답 8

필수예제 6·2

아름이가 하나의 계산시스템을 만들었다. 한 유리수를 임의로 입력하면 표시화면의 결과는 그 유리수의 제곱과 1의 합이다. 만약 −1을 입력하고 그 결과를 다시 입력한다면 화면에 표시되는 결과를 구하여라.

[풀이] 우선 입력하는 식을 먼저 구한다. 그 후에 다시 −1을 대입할 때의 값을 구한다. 입력해야 하는 임의의 유리수를 x라고 정하고 표시화면의 결과는 (즉, 표시하는 식)은 $x^2 + 1$이다.

$x = -1$일 때, $x^2 + 1 = (-1)^2 + 1 = 2$이고

(다시 2를 입력하면 즉,) $x = 2$일 때, $x^2 + 1 = 2^2 + 1 = 5$이다.

답 5

필수예제 6-3

$x = 1\dfrac{7}{11}$ 일 때, $2(x-1)(11x-7) + 3\left(x + \dfrac{4}{11}\right)^3$ 의 값을 구하여라.

[풀이] 이 문제에서는 $x = 1\dfrac{7}{11}$ 을 직접 대입하여 계산하면 계산이 복잡해진다.

그러므로 약간의 기교를 이용하여 계산한다.

$x = 1\dfrac{7}{11}$ 이므로 $x - 1 = \dfrac{7}{11}$, $x + \dfrac{4}{11} = 2$ 이다.

그러므로 $x = 1\dfrac{7}{11}$ 일 때,

$2(x-1)(11x-7) + 3\left(x + \dfrac{4}{11}\right)^3$

$= 2 \times \dfrac{7}{11} \times \left(11 \times 1\dfrac{7}{11} - 7\right) + 3 \times 2^3$

$= 2 \times \dfrac{7}{11} \times 11 + 3 \times 8 = 38$

답 38

필수예제 7-1

$a - b = 1$, $c - a = 2$ 일 때, 식 $S = (a-b)^3 + (c-b)^3 + (c-a)^3$ 의 값을 구하여라.

[풀이] $a - b = 1$, $c - a = 2$ 이므로 $c - b = 3$ 이다.

그러므로 $S = 1^3 + 3^3 + 2^3 = 36$ 이다.

답 36

분석 tip

이 두 개의 문제는 이미 알고 있는 조건에서 기본량의 값(즉, 필수예제 7-1 중에서 a, b, c 예제 7-2 중에서 x, y, z)을 구해낼 수 없다. 그러므로 필수예제 7-1, 7-2에서 직접 기본량의 문자를 대입하여 식 S나 Q의 값을 구해낼 수 없다.

하지만 필수예제 7-1에서 이미 알고 있는 두 개의 등식을 구하면(두 등식을 서로 합하여 구하면) $c - b = 3$ 이다. 이렇게 하면 $a - b = 1$, $c - a = 2$, $c - b = 3$ 을 이용하여 식 S에 대입하여 식의 값을 구하고 필수예제 7-2에서는 Q의 분자 분모가 모두 기본량(즉 문자 x, y, z)인 일차식으로 우리는 이미 알고 있는 조건 중에서 비율을 사용하여 전환하는 방법을 이용하여 값을 구해낸다.

필수예제 7-2

$\dfrac{x}{3} = \dfrac{y}{4} = \dfrac{z}{7}$ 이고 $Q = \dfrac{3x + y + z}{y}$ 일 때 식 Q 의 값을 구하여라.

[풀이] $\dfrac{x}{3} = \dfrac{y}{4} = \dfrac{z}{7} = k$ 라고 하면 $x = 3k$, $y = 4k$, $z = 7k$ 이다.

그러므로 $Q = \dfrac{3 \times 3k + 4k + 7k}{4k} = \dfrac{20k}{4k} = 5$ 이다.

답 5

이미 알고 있는 조건에서 먼저 p, q의 값을 구해내고 다시 대수식의 값을 구해야 한다.

p, q는 모두 소수이다. x가 미지수인 방정식 $px + 5q = 97$의 근이 1일 때, $40p + 101q + 14$의 값을 구하여라.

[풀이] 주어진 조건으로부터 $p \times 1 + 5q = 97$이고, 또, p, q가 소수이고 5, 97은 홀수이므로 p, q의 중 하나는 반드시 짝수인 소수 2이다.

$p = 2$일 때, $q = (97 - 2) \div 5 = 19$로 문제의 조건에 맞는다.

$q = 2$일 때, $p = 97 - 5 \times 2 = 87 = 3 \times 29$이어서 합성수이다.

즉, 문제의 조건에 맞지 않는다.

그러므로 $p = 2$, $q = 19$이다.

따라서 $40p + 101q + 14 = 40 \times 2 + 101 \times 19 + 14 = 2013$이다.

답 2013

[실력다지기]

01 다음 물음에 답하여라.

(1) 조끼 한 벌의 가격이 a원이다. 현재 원래 가격의 7할의 가격으로 판매한다. 이때, 판매가를 a에 관한 식으로 나타내어라.

(2) 단가가 a인 n개의 온도계를 사는데 b원을 지불하였다. (단, $b > an$) 이때, 거스름돈을 a, b, n을 써서 나타내어라.

(3) 만약 $(m+n)$명의 사람이 어떤 일을 m일 동안 완성한다. n명의 사람이 이 일을 완성하는 데 며칠이 걸리는지 m, n을 써서 나타내어라. (단, 모든 사람의 작업효율이 같다고 가정한다.)

02 다음 물음에 답하여라.

(1) $x = 1$일 때, $ax^2 + bx + 1$의 값이 3이다. $(a+b-1) \times (1-a-b)$의 값을 구하여라.

(2) $x = -1$일 때, 식 $-2ax^2 - 3bx + 8$의 값은 18이다. $9b - 6a + 2$의 값을 구하여라.

(3) $x^2 + 3x - 1 = 0$일 때, $x^3 + 5x^2 + 5x + 18$의 값을 구하여라.

03 오른쪽 그림에서 직각 부채꼴 ABC에서 각각 AB와 AC를 지름으로 하여 반원을 만든다. 두 개의 반원 호는 D점에서 만나고 이 도형의 면적을 S_1, S_2, S_3, S_4 등 네 부분으로 나눈다. 이때, S_2와 S_4의 대소관계로 옳은 것은?

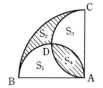

① $S_2 < S_4$ ② $S_2 = S_4$

③ $S_2 > S_4$ ④ 확정할 수 없다.

04 (1) 세 수 a, b, c의 평균은 8이다. 이때, $a+1$, $b+1$, $c+1$의 평균을 구하여라.

(2) 세 수 a, b, c 중 a와 b의 평균은 127이고, b와 c의 합의 3분의 1은 78이고, c와 a의 합의 4분의 1은 52이다. 이때, a, b, c의 평균을 구하여라.

05 $\dfrac{x}{3} = y = \dfrac{z}{2} \neq 0$일 때, $\dfrac{xy + yz + zx}{x^2 - 3y^2 + 4z^2}$의 값을 구하여라.

[실력 향상시키기]

06 (1) 한 배가 잔잔한 물(속력 = 0인 물) 위에서 운행하는 속력은 v이다. 이 배가 $u(u < v)$의 속력으로 흐르는 강의 상류 A에서 하류 B로 운행하고 다시 A로 돌아간다. 이때 걸린 시간이 T라고 한다. 잔잔한 물 위에서 배가 AB를 왕복한 시간이 t라고 할 때, T와 t의 대소관계로 옳은 것은?

① $T = t$ ② $T < t$

③ $T > t$ ④ T와 t의 크기를 결정할 수 없다.

(2) 여객열차와 화물열차가 있고 그 열차의 길이를 $l_{여객}$, $l_{화물}$이라고 한다면 속력은 $v_{여객}$, $v_{화물}(v_{여객} > v_{화물})$이다. 두 열차가 같은 방향으로 달릴 때, 화물열차가 여객열차 보다 앞서 달리는 경우 여객열차가 화물열차를 완전히 지나치는 시간을 $t_{초}$라 하고, 두 열차가 반대 방향으로 달릴 때, 만나서 지나치는 시간을 $t_{만}$이라고 한다면 $t_{초} - t_{만}$을 구하여라.

07 x, y는 모두 양수이며 서로 반비례한다. 만약 x가 $p\%$ 증가했다면 y가 감소한 백분율은 $q\%$라고 할 때, q의 값을 구하여라. (단, xy가 일정할 때, x와 y는 서로 반비례한다고 한다.)

08 아래 그림에서 술병의 높이는 h이다. 술병 안의 술의 높이는 a이다. 만약 술병을 뒤집었을 때 술의 높이는 a'이다. 이때, 술병의 부피와 술병 안의 술의 부피의 비율로 옳은 것은?
(단, $a' + b = h$)

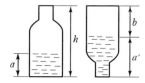

① $1 + \dfrac{b}{a'}$

② $1 + \dfrac{a'}{b}$

③ $1 + \dfrac{b}{a}$

④ $1 + \dfrac{a}{b}$

09 어느 항공사에서는 승객에게 $a\,\mathrm{kg}$의 화물을 무상으로 들고 갈 수 있도록 결정하였다. 만약 $a\,\mathrm{kg}$을 넘으면 일정한 비용을 지불해야 한다. 휴대물품의 무게가 $b\,\mathrm{kg}\,(b > a)$일 때 지불해야 하는 비용은 $Q = 10b - 200$(단위 : 천 원)이다.

(1) 상민이는 $35\,\mathrm{kg}$의 화물을 휴대하였고 무게는 $a\,\mathrm{kg}$을 초과하였다. 이때 그가 지불해야 하는 비용을 구하여라.

(2) 진영이가 십만 원을 지불하였다면 그는 몇 kg의 화물을 휴대하였는가?

(3) 만약 지불기준을 정할 때 $a\,\mathrm{kg}$ 초과되는 부분의 무게를 m이라고 한다면 지불금액 Q가 변하지 않는다는 조건 아래에서 m을 이용하여 Q를 구하여라.

[응용하기]

10 (1) 용기 A 에 농도가 $a\%$ 인 약품이 m 리터가 있다. 용기 B 에 농도가 $b\%$ 인 같은 종류의 약품이 m 리터가 있다. A 에 있는 약품의 $\frac{1}{4}$ 을 B 에 옮겨 놓고 잘 혼합하여 다시 B 에서 A 로 옮겨 놓고 A 중의 약품의 양이 m 리터가 되게 한다. 이렇게 서로 섞은 후 두 용기안의 약품의 양이 서로 섞기 전보다 몇 리터나 줄어들었는지를 구하여라. $(a > b)$

(2) 오른쪽 그림에서 A 와 B 는 높이가 서로 같은 원기둥용기이며, 각각 아랫면의 반지름은 r 과 R 이다. 한 수도꼭지를 사용하여 A 쪽에만 물을 채운다면 T 분 동안 A 를 가득 채울 수 있다. 그림에서 보면 용기의 높이의 반쯤 되는 곳에 얇은 관을 사용하여 뒤 통을 연결한다. 그리고 여전히 A 쪽에만 물을 채운다면 2T 가 지난 후에 A 안의 물의 높이를 구하여라. (단, $r <$ R 이며, 연결 관의 용적은 고려하지 않는다.)

(주의 : 원기둥에서 밑면의 반지름을 R, 높이를 h 라고 하면 부피는 V이다. $V = \pi R^2 h$)

11 $\dfrac{a}{b} = \dfrac{b}{c} = \dfrac{c}{d} = \dfrac{d}{a}$ 일 때, $\dfrac{a-b+c-d}{a+b-c+d}$ 의 값을 구하여라.

08강 식의 연산

1 핵심요점

식은 단항식과 다항식으로 나눌 수 있다.

1. 단항식

수와 문자의 곱으로 된 식이다. 하나의 수나 문자도 **단항식**이라고 할 수 있다. **예** 7, $2x$, $3xy^2$

단항식의 계수는 단항식의 숫자인 수를 가리킨다. **예** $3xy$에서 계수는 3, $2x^2$에서 계수는 2, $8xyz$에서 계수는 8

단항식의 차수는 단항식 중 모든 문자가 가리키는 지수의 합을 말한다.

> **예** $4x^3y^2z^5$는 $3+2+5=10$, 따라서 10차 단항식이다.

수로 이뤄진 단항식의 차수는 0차이다.

2. 다항식

몇 개의 단항식으로 이루어진 대수의 합이 **다항식**이다. **예** $3xy^2+2y^3$

다항식의 항수는 그 식의 단항식의 개수이다. 다항식 중 각 단항식은 모두 그 다항식의 한 항이다.

다항식의 차수는 그의 항들 중 가장 높은 차수항의 차수를 따라 간다. **예** $8x^4+2x^2$의 **차수**는 4

다항식이 만약 어떤 문자의 차수가 큰 수부터 작은 수(또는 작은 수부터 큰 수)의 순서대로 정리되어 있다면 이 다항식을 어떤 문자의 내림차순 정리(또는 올림차순 정리)가 되어 있다고 한다.

> **예** $0.2a^3b-2a^2b^3-5$는 5차 3항식이다. 이 식은 문자 a에 대한 내림차순으로 정리가 되어 있다.

3. 동류항

포함하는 문자가 같고 같은 문자의 차수도 같은 항을 **동류항**이라고 한다.

4. 동류항의 합

동류항 합은 여러 동류항의 계수의 대수합을 말한다. 동류항의 문자 각 문자의 차수 등은 모두 변하지 않는다.

식의 합과 차의 연산은 동류항의 합이다. 만약 괄호가 있으면 괄호를 제거하여 다시 동류항을 합한다. 마지막으로 각항은 어떤 문자의 올림차순(또는 내림차순)으로 배열한다.

2 필수예제

1. 개념의 응용

필수예제 1

다음 문제에 대해 맞으면 ○표시를 하고 틀리면 ×표시를 하여라.

(1) $\dfrac{x+b}{3}$ 는 단항식이다. (　　　)

(2) $y + \dfrac{1}{x}$ 은 다항식이다. (　　)

(3) 다항식에서 문자가 같고 차수가 같은 항을 동류항이라고 한다. (　　)

(4) 다항식 $4x^3y - y^2 - 3$의 차수는 4이고 계수도 4이고 그리고 항수는 2개다. (　　)

(5) $2x^5 - 3x^4y - x^3y^2 + 5xy^4 - 3y^5$은 내림차순 배열의 다항식이다. (　　)

[풀이] (1) 2항 다항식이 맞다.

$\quad$ 답 ○

(2) 틀림. 왜냐하면 $\dfrac{1}{x}$은 단항식이 아니다. 그러므로 이것은 다항식이 아니다.

$\quad$ 답 ×

(3) 틀림. 그것은 동류항의 정의에 맞지 않는다. 문자가 같고 차수가 같은 항이라고 같은 문자의 차수도 같다고 할 수 없다.

$\quad$ 답 ×

(4) 틀림. 다항식 문자에 대한 언급 없이 다항식의 계수가 4라는 말은 틀렸다. 그리고 이 다항식은 3항이므로 2항이 아니다.

$\quad$ 답 ×

(5) 틀림. 이 다항식의 문자 x에 대해서는 내림차순 배열이고 y에 대해서는 올림차순 배열이다.

$\quad$ 답 ×

필수예제 2

$\dfrac{1}{2}a^{3x}b^{2y}$와 $a^3 b^{2-x}$는 동류항일 때, x, y의 값으로 옳은 것은?

① $x = 1$, $y = \dfrac{1}{2}$　　　　② $x = \dfrac{1}{2}$, $y = 1$

③ $x = 1$, $y = \dfrac{1}{3}$　　　　④ $x = -1$, $y = 1$

[풀이] 동류항의 정의로부터 $3x = 3$이다. 이를 정리하면, $x = 1$이다.

$\quad$ 또 $2y = 2 - x$이다. 즉, $2y = 2 - 1$이다. 이를 정리하면, $y = \dfrac{1}{2}$이다.

$\quad$ 따라서 답은 ①이다.

$\quad$ 답 ①

2. 식의 덧셈과 뺄셈

필수예제 3

$\dfrac{1}{3}a - \left(\dfrac{1}{2}a - 4b - 6c\right) + 3(-2c + 2b)$ 를 간단히 하여라.

[풀이] 괄호를 없애고 동류항을 계산한다.

$$\text{원식} = \dfrac{1}{3}a - \dfrac{1}{2}a + 4b + 6c - 6c + 6b$$

$$\text{원식} = \left(\dfrac{1}{3} - \dfrac{1}{2}\right)a + (4+6)b + (6-6)c$$

$$\text{원식} = -\dfrac{1}{6}a + 10b$$

답 $-\dfrac{1}{6}a + 10b$

필수예제 4·1

$x = 2 - t$, $y = 3 + 2t$ 일 때, y를 x에 관한 식으로 나타낸 것은?

  ① $y = -2x + 7$ ② $y = -2x + 5$

  ③ $y = -x + 7$ ④ $y = 2x - 1$

[풀이] $x = 2 - t$이므로 $t = 2 - x$이다. 이를 $y = 3 + 2t$에 대입하면
$y = 3 + 2(2-x)$이고 즉, $y = -2x + 7$이다.
따라서 답은 ①이다.

답 ①

필수예제 4·2

어떤 다항식에 $-2ab + \dfrac{1}{4}b^2$을 빼서 얻어낸 값과 $a^2 + ab$의 합이 0일 때, 이 다항식을 구하여라.

[풀이] 구해야 하는 다항식을 F라고 하면 $F - \left(-2ab + \dfrac{1}{4}b^2\right) + (a^2 + ab) = 0$이다.
그러면,

$$F = \left(-2ab + \dfrac{1}{4}b^2\right) - (a^2 + ab)$$

$$= -2ab + \dfrac{1}{4}b^2 - a^2 - ab = \dfrac{1}{4}b^2 - 3ab - a^2$$

이다.
따라서 이 다항식은 $\dfrac{1}{4}b^2 - 3ab - a^2$이다.

답 $\dfrac{1}{4}b^2 - 3ab - a^2$

3. 값을 구하기

필수예제 5

$x=5$, $m=1$, $y=2$일 때, 다음 다항식의 값을 구하여라.

$$0.375x^2y + 5m^2x$$
$$- \left[-\frac{7}{16}x^2y + \left\{ -\frac{1}{4}xy^2 + \left(-\frac{3}{16}x^2y - 3.475xy^2 \right) \right\} - 6.275xy^2 \right]$$

분석 tip

괄호를 제거하고 다시 동류항을 계산하여 식을 간단히 한 후 다시 대입하여 값을 구한다. 계산하기 편하기 위하여 소수를 분수로 바꾼다.

$0.375 = \dfrac{3}{8}$,

$3.475 + 6.275 = 9.75 = \dfrac{39}{4}$

[풀이] 원식 $= \dfrac{3}{8}x^2y + 5m^2x + \dfrac{7}{16}x^2y + \dfrac{1}{4}xy^2 + \dfrac{3}{16}x^2y + \dfrac{39}{4}xy^2$

$= \left(\dfrac{3}{8} + \dfrac{7}{16} + \dfrac{3}{16} \right)x^2y + 5m^2x + \left(\dfrac{1}{4} + \dfrac{39}{4} \right)xy^2$

$= x^2y + 5m^2x + 10xy^2$

$x=5$, $m=1$, $y=2$을 위 식에 대입하면,

$5^2 \times 2 + 5 \times 1^2 \times 5 + 10 \times 5 \times 2^2 = 275$

이다.

답 275

필수예제 6-1

$4y^2 - 2y + 5$의 값이 7일 때, $2y^2 - y + 1$의 값은?

① 2　　　　② 3　　　　③ -2　　　　④ 4

[풀이] $4y^2 - 2y + 5 = 7$이기 때문에 즉, $4y^2 - 2y = 2$이고

또 $2y^2 - y = 1$이다. 그러므로 $2y^2 - y + 1 = 1 + 1 = 2$이다.

따라서 답은 ①이다.

답 ①

필수예제 6-2

a, b, c의 평균이 8일 때, $a+1$, $b+1$, $c+1$의 평균을 구하여라.

[풀이] $\dfrac{a+b+c}{3} = 8$이므로 $a+1$, $b+1$, $c+1$의 평균은

$\dfrac{(a+1) + (b+1) + (c+1)}{3} = \dfrac{(a+b+c)}{3} + 1 = 8 + 1 = 9$

이다.

답 9

분석 tip

이 문제는 a, b, c의 값을 알고 있을 때 식의 값을 구하는 문제이다.

우선 a, b, c의 값을 구한 후 다시 대입하여 값을 구하여야 한다. 이것은 어려운 문제이고, 여기서는 불가능할 수도 있다.

이런 문제를 풀 때 쓰는 기본 방법은 전체를 대입하는 방법이다. 우선 구해야 하는 식을 이미 알고 있는 식으로 바꾸어 정리하면 좀더 쉽게 구할 수 있다.

필수예제 7

$a^2 + bc = 14$, $b^2 - 2bc = -6$ 일 때, $3a^2 + 4b^2 - 5bc$의 값을 구하여라.

[풀이] 원식 $= 3(a^2 + ab) + 4(b^2 - 2bc)$이다.

그러므로 $a^2 + bc = 14$, $b^2 - 2bc = -6$일 때,

원식 $= 3 \times 14 + 4 \times (-6) = 42 - 24 = 18$이다.

目 18

분석 tip

이 문제의 가장 중요한 부분은 a, b의 값을 정하는 것이다. 그리고 이 고정된 두 문자의 값을 구하려면 문제에서 두 개의 조건이 주어져야 한다. 이 문제에서는 명확한 하나의 조건을 제시했다. $x = -1$일 때 식의 값이 7이다. 그렇다면 다른 하나의 조건은 무엇일까? 다른 하나의 조건은 이차다항식 내에 숨겨져 있다 : 표면적으로 볼 때 이 식은 3차식이다. 하지만 x^3의 계수는 (상수로 보이는 문자 a, b를 포함한다.)는 반드시 0과 같다. 이것이 다른 하나의 조건이다.

필수예제 8

x의 이차다항식 $a(2x^3 + x^2 - 3x) + b(3x^2 + x) + 2 - x^3$에 대해 $x = -1$일 때, 식의 값이 7이면, $x = 2$일 때, 다항식의 값을 구하여라.

[풀이] 주어진 식을 문자 x의 내림차순으로 배열하면,

원식 $= (2a - 1)x^3 + (a + 3b)x^2 + (b - 3a)x + 2$

이다. 위 식은 이차다항식이므로 $2a - 1 = 0$이고, 즉, $a = \dfrac{1}{2}$이다.

또 $x = -1$일 때, 원식 $= 7$이므로

$0 + \left(\dfrac{1}{2} + 3b\right) \times (-1)^2 + \left(b - 3 \times \dfrac{1}{2}\right) \times (-1) + 2 = 7$

이다. 즉, $1 + 6b - 2b + 3 + 4 = 14$, $b = \dfrac{3}{2}$이다.

그러므로 $x = 2$일 때, 이 다항식의 값은

$\left(2 \times \dfrac{1}{2} - 1\right) \times 2^3 + \left(\dfrac{1}{2} + 3 \times \dfrac{3}{2}\right) \times 2^2 + \left(\dfrac{3}{2} - 3 \times \dfrac{1}{2}\right) \times 2 + 2$

$= \dfrac{1 + 9}{2} \times 2^2 + 2 = 22$

이다.

[해설] 문제를 풀 때 숨겨져 있는 조건들에 대해 주의하고 그것들을 찾아내 이용한다.

특별히 문제를 풀 때 조건이 하나 부족하다고 생각될 때, 이 점을 주의한다.

目 22

▶ 풀이책 p.13

[실력다지기]

01 다음 빈칸을 채우시오.

(1) 다항식 $x^2y - 3x^4 - x^3y^2 - 2xy^5 - 1$은 ( )차 ( )항식이다. 최고항의 계수는 ( )이다.

(2) x, y, z의 다항식 $\left(\dfrac{mx}{7}\right) \cdot \left(\dfrac{n}{9}axz\right) \cdot bx^2y$의 계수는 ( )이고 차수는 ( )이다.

(3) $a - (b - c + d)$에서 괄호를 푼 식은 ( )이다.

(4) $x - (2x - y)$에서 괄호를 푼 식은 ( )이다.

(5) $(-a - b + c)(a - b + c) = -\{a + ( )\}\{a - ( )\}$.

02 $a=2$, $b=3$일 때, 다음 중 옳은 것은?

① ax^3y^2과 bm^3n^2은 동류항이다.

② $3x^ay^3$과 bx^3y^3은 동류항이다.

③ $bx^{2a+1}y^4$과 ax^5y^{b+1}은 동류항이다.

④ $5m^{2b}n^{5a}$과 $6n^{2b}m^{5a}$은 동류항이다.

03 $A=2x^3-xyz$, $B=y^3-z^2+xyz$, $C=-x^3+2y^2-xyz$일 때, $A-\{2B-3(C-A)\}$를 구하여라.

04 $x=-\dfrac{1}{6}$일 때, $2(3x^3-4x^2+5x-6)-7(3x^2-5x-7)+10(-3x^3+2x^2-4x-5)$의 값을 구하여라.

05 $a-b=5$, $ab=-1$일 때, 다항식 $(2a+3b-2ab)-(a+4b+ab)-(3ab+2b-2a)$의 값을 구하여라.

[실력 향상시키기]

06 (1) $x^2 - 3kxy - 3y^2 + \dfrac{1}{3}xy - 8$에서 xy항을 포함하고 있지 않을 때, k의 값을 구하여라.

(2) $x = 1999$일 때, $\left|4x^2 - 5x + 9\right| - 4\left|x^2 + 2x + 2\right| + 3x + 7$의 값을 구하여라.

07 $\dfrac{xy}{x+y} = 2$ 일 때, $\dfrac{3x - 5xy + 3y}{-x + 3xy - y}$ 의 값을 구하여라.

08 $x = 2$, $y = -4$, $ax^3 + \dfrac{1}{2}by + 5 = 1997$ 성립할 때, $x = -4$, $y = -\dfrac{1}{2}$ 일 때

$3ax - 24by^3 + 4986$ 의 값을 구하여라.

09 a, b, c 문자를 동시에 포함하고 계수가 1인 7차 다항식은 모두 몇 개인가?

① 4개　　　　② 12개　　　　③ 15개　　　　④ 25개

[응용하기]

10 오른쪽 그림은 어떤 직사각형을 11개의 작은 정사각형으로 나눈 그림이다. 그 중 가장 작은 정사각형의 변의 길이는 9㎜ 일 때, 직사각형의 가로와 세로의 길이를 구하여라.

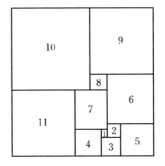

11 2014에서 그들의 $\dfrac{1}{2}$을 빼고, 다시 그들의 $\dfrac{1}{3}$을 빼고, 또 그들의 $\dfrac{1}{4}$을 빼고, 또 그들의 $\dfrac{1}{5}$을 빼고, ……, 이런 식으로 계속 구하여 마지막에 남은 수의 $\dfrac{1}{2014}$을 뺄 경우 마지막에 얻어지는 수를 구하여라.

09강 문자계수를 포함하는 일차방정식

1 핵심요점

1. 방정식의 같은 근 문제

(1) 정의 : 해가 완전히 같은 두 개의 방정식을 같은 근 방정식이라고 한다.

(단, 두 개의 방정식이 모두 해가 없어도 같은 근 방정식이라 한다.)

(2) 방정식의 같은 근의 두 가지 원리

- **같은 근 원리 1** : 방정식의 양쪽에 같은 수나 같은 식을 더하거나 뺀다. 이러한 과정을 거쳐 얻어지는 방정식과 원 방정식은 같은 근이다.
- **같은 근 원리 2** : 방정식의 양쪽에 0이 아닌 같은 수를 곱하거나 나눈다. 이러한 과정을 거쳐서 얻어지는 방정식과 원 방정식은 같은 근이다.

2. 문자계수를 포함하는 일차방정식

(1) 정의 : 미지수 x (또는 기타 미지수문자)의 일차방정식의 계수에 다른 문자를 포함한다면 이러한 방정식을 문자를 포함하는 **일차방정식**이라고 한다. (또는 매개변수를 포함하는 일차방정식이라고 한다. 계수가 포함하는 문자를 **매개변수**라고 한다.)

(2) 표준형 : 문자를 포함하는 계수가 있는 일차방정식을 등식의 성질, 분배법칙, 이항 등을 통해서 마지막에는 표준형으로 간단히 할 수 있다. $ax = b$ (또는 $ax - b = 0$)

이 중 x는 미지수이고 a, b는 상수이거나 문자를 포함하는 계수이다.

(3) 표준형 방정식 $ax = b$에 대해서 해는 다음과 같이 분류할 수 있다.

① $a \neq 0$일 때 얻을 수 있는 유일한 해는 $x = \dfrac{b}{a}$이다. (역도 성립한다.)

② $a = 0$이고 $b \neq 0$일 때, 해가 없다. (역도 성립한다.)

③ $a = 0$, $b = 0$일 때, 무수히 많은 해가 있다. (역도 성립한다.)

2 필수예제

1. 같은 근 방정식 문제

필수예제 1

다음과 같이 미지수를 x로 하는 방정식이 있다.

㉠ $x - 2 = -1$　　　㉡ $(x-2) + (x-1) = -1 + (x-1)$

㉢ $x = 0$　　　㉣ $(x-2) + \dfrac{1}{x-1} = -1 + \dfrac{1}{x-1}$

이 중 같은 근 방정식은?

① ㉠과 ㉡　　　　　② ㉠과 ㉢

③ ㉠과 ㉣　　　　　④ ㉡과 ㉣

[풀이] ㉠의 해는 $x = 1$, ㉡의 해는 $x = 1$, ㉢의 해는 $x = 0$, ㉣은 해가 없다.

(왜냐하면 분모는 $x \neq 1$이다.)

그러므로 답은 ①이다.

[해설] 이 문제는 다음 방식으로도 해결할 수 있다.

같은 근 원리 1로 ㉠과 ㉡을 같은 근으로 얻어낼 수 있다.

그러므로 답은 ①이다.
　　　　　　　　　　　　　　　　　　　　　　　　답 ①

필수예제 2

방정식 $2x - 3 = 3$과 방정식 $1 - \dfrac{3a - x}{3} = 0$은 같은 근 방정식일 때,

a의 값은?

① -2　　　　　② 2　　　　　③ 1　　　　　④ -1

[풀이] 방정식 $2x - 3 = 3$의 해는 $x = 3$이다.

이를 $1 - \dfrac{3a - x}{3} = 0$에 대입하면, $1 - \dfrac{3a - 3}{3} = 0$이고, 이를 풀면 $a = 2$이다.

따라서 답은 ②이다.

[해설] 다음 방법으로 해를 구할 수도 있다.

방정식 $1 - \dfrac{3a - x}{3} = 0$에서 $x = 3a - 3$이다. (해를 구하는 과정 중 a를 상수로 가정할 수 있다. 분모를 없애면 $3 - (3a - x) = 0$이고 괄호를 제거하면 $3 - 3a + x = 0$이고 이항하면 $x = 3a - 3$이다.) $2x - 3 = 3$과 같은 근이고 이 방정식의 해가 $x = 3$이므로 $3a - 3 = 3$으로 $a = 2$이다. 따라서 답은 ②이다.

　　　　　　　　　　　　　　　　　　　　　　　　답 ②

필수예제 3

아래의 각 방정식에서 매개변수 a가 어떤 조건을 만족해야 같은 근 방정식이 성립하는지 구하여라.

(1) x의 방정식 $a(a-1)x = a^2$과 $(a-1)x = a$

(2) x의 방정식 $ax - 2 = 0$과 $bx - 2 = 0$

(3) x의 방정식 $x - 1 = 0$과 $x - 1 + a(x + 1) = 0$

[풀이] (1) $a \neq 0$일 때, 같은 근 원리 2에 근거하여

방정식 $a(a-1)x = a^2$과 $(a-1)x = a$는 같은 근이다.

[주의] $a = 1$일 때, 두 방정식은 모두 해가 없다.

하지만 정의에 의하면 해가 없어도 같은 근이다.

　　　　　　　　　　　　　　　　　　　　　　　　답 $a \neq 0$

(2) (i) $a = b \neq 0$일 때, 두 방정식은 모두 같은(유일한) 해가 있다.

(ii) $a = b = 0$일 때, 두 방정식은 모두 해가 없다.

정의에 의하면, 해가 없어도 같은 근이다.

따라서 $a = b$일 때, 주어진 두 방정식은 같은 근 방정식이 된다.

　　　　　　　　　　　　　　　　　　　　　　　　답 $a = b$

(3) (i) $a=0$일 때, 두 방정식은 완전히 같아진다.

그러므로 두 방정식은 같은 근 방정식이다.

(ii) $a \neq 0$일 때, $x-1+a(x+1)=0$을 표준형으로 바꾸면

$(1+a)x = 1-a$이다.

① $a \neq -1$일 때, 해는 $x = \dfrac{1-a}{1+a}$이다.

(즉, $a \neq 0$이므로 $\dfrac{1-a}{1+a} \neq 1$이다.)

② $a = -1$일 때, 해가 없지만, 첫 번째 방정식 $x-1=0$의 해는 $x=1$이다.

그러므로 $a \neq 0$일 때, 두 방정식은 서로 다른 해를 가진다.

따라서 $a=0$일 때, 주어진 두 방정식은 같은 근 방정식이 된다.

답 $a=0$

2. 문자계수를 포함하는 일차방정식에 대하여

필수예제 4

x의 방정식 $(a-1)(a+1)x = a-1$을 풀어라.

[풀이] $a = \pm 1$일 때, 방정식은 유일한 하나의 해 $x = \dfrac{1}{a+1}$을 갖는다.

$a=1$일 때, 방정식은 무수히 많은 해를 갖는다. (즉, 모든 수가 해이다.)

$a = -1$일 때, 방정식에는 해가 없다.

[해설] 문자계수를 포함하는 일차방정식은 방정식을 해결할 때 우선 방정식의 문자 중에 어떤 수가 미지수이고 매개변수인지 명확히 구분해야 한다.

x의 방정식은 방정식의 미지수가 x이고 다른 문자는 매개변수이다. 만약 문제에서 매개변수의 범위에 대하여 정하지 않았을 때, 방정식의 해가 나올 수 있는 범위의 값을 분류하여 해를 구한다.

특별히 주의 할 것 : 양 쪽의 $(a-1)$을 나눈 후에 풀어서는 안 된다. $a=1$인 경우 나눌 수 없기 때문이다.

답 풀이참조

필수예제 5

a는 임의의 유리수일 때, 아래의 내용 중 항상 맞는 내용의 개수는?

㉠ 방정식 $ax = 1$의 해는 $x = 0$이다.

㉡ 방정식 $ax = 0$의 해는 $x = 1$이다.

㉢ 방정식 $ax = 1$의 해는 $x = \dfrac{1}{a}$이다.

㉣ 방정식 $|a|x = a$의 해는 $x = \pm 1$이다.

① 0   ② 1   ③ 2   ④ 3

[풀이] a가 유리수 이므로 ㉠, ㉡, ㉢, ㉣의 모든 내용은 다 정확하지 않다. 따라서 답은 ①이다.

[해설] ㉢의 예를 들면 방정식 $ax = 1$을 구할 때 경우를 나누어 해를 구하여야 한다. $a \neq 0$일 때, 해는 $x = \dfrac{1}{a}$이고, $a = 0$일 때, 방정식에는 해가 없다.

🖹 ①

3. 매개변수의 값을 구하기

분석 tip

만약 문자를 포함하는 일차방정식에서 무한개의 해가 있다면 이 방정식을 간단히 하면 반드시 "$0 \cdot x = 0$"의 형식이 된다. 즉, x의 계수와 상수항이 반드시 0이어야 한다.

필수예제 6

x의 일차방정식에서 $\dfrac{2(kx+3)}{3} + \dfrac{1}{2} = \dfrac{5(2x+3)}{6}$에서 해가 무수히 많을 때, k의 조건을 구하여라.

[풀이] 원 방정식을 간단히 하면 $4(kx+3) + 3 = 5(2x+3)$이다.

다시 괄호를 없애고 이항하여 정리하면 $(4k-10)x = 0$이다.

이 방정식의 해가 무수히 많으므로 $4k - 10 = 0$이다. 즉, $k = \dfrac{5}{2}$이다.

🖹 $k = \dfrac{5}{2}$

필수예제 7

k가 정수이고, 방정식 $(k - 1999)x = 2001 - 2000x$의 해가 정수일 때, 이를 만족하는 k의 개수는?

① 4개   ② 8개   ③ 12개   ④ 16개

[풀이] 원 방정식을 간단히 정리하면 $(k+1)x = 2001$이다.

$k + 1 = 0$일 때, 해가 없으므로 $k + 1 \neq 0$이다.

따라서 원 방정식의 해는 $x = \dfrac{2001}{k+1}$이다.

k가 정수라는 조건 아래에서 x도 정수이므로 $k+1$은 반드시 2001의 약수여야 한다. $2001 = 1 \times 3 \times 23 \times 29$이므로 2001의 양의 약수는 모두 8개이고, 음의 약수도 모두 8개이다. 즉, 모두 16개의 약수가 있다. 따라서 답은 ④이다.

[주의] 모든 약수를 직접 나열하는 것도 하나의 방법이다. :

± 1, ± 3, ± 23, ± 29, $\pm 3 \times 23$, $\pm 3 \times 29$, $\pm 23 \times 29$, $\pm 3 \times 23 \times 29$, 총 16개의 약수

답 ④

4. 응용문제

필수예제 8

영재 중학교에서 같은 종류의 큰 버스를 몇 대 빌려서 모든 학생들이 같이 봄 소풍을 간다. 만약 한 버스에 22명씩 앉는다면 한 사람이 남는다. 만약 버스 한 대를 그냥 떠나보내면 선생님과 학생이 남은 버스에 각각 같은 인원으로 탈 수 있다면 원래 버스를 몇 대 빌렸고 학생과 선생님이 총 몇 명인지 구하여라. (단, 버스 한 대에 탈 수 있는 최대 인원수는 32명이다.)

[풀이] 원래 빌렸던 버스의 수를 x라고 하고, 버스 한 대를 떠나보낸 후 버스 안에 평균적으로 k명의 사람이 앉는다고 하면,

$22x + 1 = (x-1)k$, (단, $23 \le k \le 32$)

이다. 이를 정리하면, $(k-22)x = k+1$이다.

이를 풀면, $x = \dfrac{k+1}{k-22} = 1 - \dfrac{23}{k-22}$ (단, $23 \le k \le 32$)이다.

x는 양의 정수이므로 $k - 22 = 1$이나 23만 가능하다. 즉, $k = 23$ 또는 45이다. 그런데, $23 \le x \le 32$이므로 $k = 23$이다. 그러므로 $x = 24$이다.

원래는 24대의 버스를 빌렸고 선생님과 학생 수는 $(24-1) \times 23 = 529$명이다.

[해설] 다음방법으로 해를 구할 수도 있다.

방정식 $22x + 1 = (x-1)k$에서 $x = \dfrac{k+1}{k-22} = 1 - \dfrac{23}{k-22}$이고

(이때, x는 하나의 매개변수로 보고 k를 미지수로 본다.) 그리고 k는 양의 정수이므로 $\dfrac{23}{x-1}$은 반드시 정수여야 한다. 이때, x가 양의 정수이면 $x - 1 = 1$ 또는 23이고, 즉, $x = 2$이나 24이다. 하지만 $x = 2$이면 문제의 조건에 맞지 않으므로 $x = 24$이다. 따라서 $k = 23$이다.

답 24대, 529명

연습문제 09

▶ 풀이책 p.14

[실력다지기]

01 다음 물음에 답하여라.

(1) 아래의 방정식이 각각 같은 근을 갖는지 판별하여라.

① $\dfrac{x-1}{2}=0$ 과 $x-1=0$

② $x(x-1)=0$ 과 $x-1=0$

③ $\dfrac{x-1}{x}=0$ 과 $x-1=0$

(2) x의 방정식 $x-1=0$ 과 $a(x-1)=0$ 은 같은 근을 갖는가?

(3) 아래의 판단 중에서 정확한 것은?

① 방정식 $2x-3=1$ 과 방정식 $x(2x-3)=x$ 는 같은 근을 갖는다.

② 방정식 $2x-3=1$ 과 방정식 $x(2x-3)=x$ 는 공통인 근이 없다.

③ 방정식 $x(2x-3)=x$ 의 해는 모두 방정식 $2x-3=1$ 의 해이다.

④ 방정식 $2x-3=1$ 의 해는 모두 방정식 $x(2x-3)=x$ 의 해이다.

02 x의 방정식 $(3ax-b)(a+b)=0$ 을 풀어라.

03 (1) x의 방정식 $2(x-1)-a=0$의 해는 3일 때, a의 값은?

① 4   ② -4 ③ 5   ④ -5

(2) $a+2=b-2=\dfrac{c}{2}=2014$일 때, $a+b+c=2014k$가 성립할 때 k의 값은?

① $\dfrac{1}{4}$ ② 4   ③ $-\dfrac{1}{4}$ ④ -4

04 (1) x의 방정식 $9x-17=kx$의 해는 양의 정수일 때, 정수 k의 값을 구하여라.

(2) x의 방정식 $(3a+8b)x+7=0$이 해가 없을 때, ab는 어떤 수인가?

① 양수   ② 양수가 아닌 수

③ 음수   ④ 음수가 아닌 수

05 (1) A 팀에 원래 96 명이 있었다. 16 명을 뽑아서 B 팀으로 보내고 남은 A 팀의 인원수는 B 팀의
인원수의 k배보다 6 명이 많다면 B 팀 원래 인원수를 구하여라. (단, k는 1 이 아닌 양의 정수)

(2) 한 무리의 원숭이들이 복숭아를 서로 나눌 때, 만약 모든 원숭이들에게 똑같은 수의 복숭아를
나누어 준다면 마지막에 14 개의 복숭아가 남고, 또 원숭이들에게 9 개씩 나누어 주면 마지막
원숭이에게는 복숭아를 6 개를 나눠주게 된다면 원숭이는 총 몇 마리인지 구하여라.

06 (1) a는 0이 아닌 정수일 때, x의 방정식 $ax = 2a^3 - 3a^2 - 5a + 4$는 정수해를 갖는다면 가능한 a의 값은 총 몇 개인가?

① 1개   ② 3개   ③ 6개   ④ 9개

(2) x의 방정식 $\dfrac{x}{3} + a = \dfrac{|a|}{2} x - \dfrac{1}{6}(x - 6)$에서 다음 ①, ② 조건을 만족시키는 a의 값을 각각 구하여라.

① 방정식의 해가 없다.

② 방정식의 해가 무수히 많다.

07 a, b가 유리수이고, x의 방정식 $\dfrac{2kx + a}{3} = 2 - \dfrac{x - bk}{6}$에서 k가 어떤 값을 가져도 그 근이 항상 1이 될 때, a, b의 값을 구하여라.

08 x의 방정식 $ax + 3 = 2x - b$는 두 개의 다른 해가 있다면 x의 방정식 $(a+b)^{2015} x + \dfrac{ab}{a+b} x = a - b + 5$의 해를 구하여라.

09 x의 방정식 $a(a-1)x = a^2$의 해가 양수이거나, 음수이거나 존재하지 않거나 또는 무수히 많을 때, a의 값을 각각 구하여라.

[응용하기]

10 $\dfrac{x^2(ax^5 + bx^3 + cx)}{x^4 + dx^2}$에서 $x = 1$일 때, 식의 값이 1이다. $x = -1$일 때, 식의 값은?

① 1   ② −1   ③ 0   ④ 2

11 $ax - b - 4x = 3$이 x값에 상관없이 항상 성립할 때, ab의 값을 구하여라.

10강 절댓값을 포함하는 일차방정식

1 핵심요점

절댓값 부호에서 미지수를 포함하는 일차방정식을 절댓값을 포함하는 일차방정식이라 하며, 줄여서 **절댓값 방정식**이라고 한다. $|ax+b|=c(c \geq 0)$인 형태를 **기본 절댓값 방정식**이라고 한다.

절댓값 방정식을 해결하는 기본적인 내용은 절댓값의 정의와 성질 및 같은 근 방정식 변형을 이용한다. 우선, 이 방정식을 기본 절댓값 방정식으로 전환하고 그 후 다시 한 개나 몇 개의 일반적인 일원 일차방정식으로 바꾸어 최종적으로 해를 구한다. 그 기본유형은 다음 두 가지가 있다.

(1) $|ax+b|=c(c \geq 0)$ 같은 **기본 절댓값 방정식**

　　이 유형의 절댓값 방정식은 아래와 같이 두 개의 일반적인 보통 일차방정식으로 바꾼다.

　　$ax+b=c$ 또는 $ax+b=-c$

(2) 몇 개의 중복된 절댓값 부호가 있는 비교적 복잡한 **절댓값 방정식**

　　이 유형의 절댓값 방정식은 영점분리점을 사용하여 계산하고 방정식으로 바꾸거나 기본 절댓값 방정식으로 바꾸어 해를 구한다.

또 다른 방법으로 절댓값 방정식을 풀 때, 절댓값의 기하학적인 의미를 자주 이용하여 절댓값 부호를 제거하는 법칙과 절댓값의 기본성질 등 절댓값과 관련된 지식과 기교와 방법을 이용하기도 한다.

2 필수예제

1. (매개변수를 포함하지 않는)일반적인 절댓값을 포함하는 방정식의 풀이문제

필수예제 1·1

다음의 방정식을 풀어라.

$|x-1|=3$

[풀이] $|x-1|=3$은 $x-1=\pm 3$이고, 이를 계산하면

　　　$x-1=3$에서 $x=4$, $x-1=-3$에서 $x=-3$을 얻는다.

　　　따라서 방정식의 해는 $x=4$ 또는 $x=-2$이다.

　　　　　　　　　　　　　　　　　　🔑 $x=4$ 또는 $x=-2$

필수예제 1·2

다음의 방정식을 풀어라.

$|3x-2|=1$

[풀이] $|3x-2|=1$은 $3x-2=\pm 1$이고, 이를 계산하면

　　　$3x-2=1$에서 $x=1$, $3x-2=-1$에서 $x=\dfrac{1}{3}$이다.

　　　따라서 방정식의 해는 $x=1$ 또는 $\dfrac{1}{3}$이다.

　　　　　　　　　　　　　　　　　　🔑 $x=1$ 또는 $\dfrac{1}{3}$

필수예제 1-3

다음의 방정식을 풀어라.

$||2x-1|-3|=2$

[풀이] $||2x-1|-3|=2$는 $|2x-1|-3=\pm 2$이다.

(i) $|2x-1|-3=2$일 때, $|2x-1|=5$이고, 즉, $2x-1=\pm 5$이다.

이를 정리하면, $x=3$ 또는 $x=-2$이다.

(ii) $|2x-1|-3=-2$일 때, $|2x-1|=1$이고, 즉, $2x-1=\pm 1$이다.

이를 정리하면, $x=1$ 또는 0이다.

그러므로 방정식의 해는 $x=3$, -2, 1, 0이다.

답 $x=3$, -2, 1, 0

[해설] 이런 유형의 기본 절댓값의 방정식은 모두 직접적으로 절댓값의 정의를 이용하여 두 개의 일반적인 방정식으로 전환한 후 각각 해를 구한다.

필수예제 2-1

다음의 방정식을 풀어라.

$|x+3|-|x-1|=x+1$

[풀이] 영점은 $x+3=0$, $x-1=0$일 때, 즉, $x=-3$, 1이다.

(i) $x<-3$일 때, 원 방정식은 $-(x+3)-[-(x-1)]=x+1$이고,

이를 풀면, $x=-5$이다. 이는 $-5<-3$이므로 원 방정식의 해가 된다.

(ii) $-3 \le x < 1$일 때, 원 방정식은 $(x+3)-[-(x-1)]=x+1$이고,

이를 풀면, $x=-1$이다. $-3 \le -1 < 1$이므로 원 방정식의 해가 된다.

(iii) $x \ge 1$일 때, 원 방정식은 $(x+3)-(x-1)=x+1$이고,

이를 풀면, $x=3$이다. $3>1$이므로 원 방정식의 해가 된다.

따라서 원 방정식의 해는 $x=-5$, -1, 3이다.

답 $x=-5$, -1, 3

필수예제 2-2

다음의 방정식을 풀어라.

$|x-|3x+1||=4$

[풀이] $|x-|3x+1||=4$에서 $x-|3x+1|=\pm 4$이다.

① $x-|3x+1|=4$일 때, $|3x+1|=x-4$이다.

영점은 $3x+1=0$일 때, 즉, $x=-\dfrac{1}{3}$이다.

(i) $x \le -\dfrac{1}{3}$일 때, $-(3x+1)=x-4$이고, 이를 풀면, $x=\dfrac{3}{4}$이다.

$\dfrac{3}{4}>-\dfrac{1}{3}$이므로 $x=\dfrac{3}{4}$는 원 방정식의 해가 아니다.

분석 tip

이런 유형의 절댓값을 포함하는 방정식은 필수예제 1과는 다르다. 영점분리법을 이용하여 일반적인 방정식으로 바꾼 후 해를 구하는 게 비교적 편리하다.

제10강

(ii) $x>-\dfrac{1}{3}$일 때, $3x+1=x-4$이고, 이를 풀면 $x=-\dfrac{5}{2}$이다.

$-\dfrac{5}{2}<-\dfrac{1}{3}$이므로 $x=-\dfrac{5}{2}$는 원 방정식의 해가 아니다.

② $x-|3x+1|=-4$일 때, $|3x+1|=x+4$이다.

(i) $x\le-\dfrac{1}{3}$일 때, $-(3x+1)=x+4$이고, 이를 풀면, $x=-\dfrac{5}{4}$이다.

이는 $-\dfrac{5}{4}\le-\dfrac{1}{3}$이므로 $x=-\dfrac{5}{4}$는 원 방정식의 해이다.

(ii) $x>-\dfrac{1}{3}$일 때, $3x+1=x+4$이고, 이를 풀면 $x=\dfrac{3}{2}$이다.

이는 $\dfrac{3}{2}>-\dfrac{1}{3}$이므로 $x=\dfrac{3}{2}$는 원 방정식의 해이다.

따라서 원 방정식의 해는 $x=-\dfrac{5}{4}$, $\dfrac{3}{2}$이다.

[해설] 필수예제 2-2는 아래와 같은 방법으로 해를 구할 수 있다.

원 방정식에서 얻을 수 있는 것은 $x-|3x+1|=\pm4$이고

즉, $|3x+1|=x\pm4$이다.

① $|3x+1|=x-4$일 때, 분명히 $x\ge4$이고 절댓값을 계산하면

$3x+1=\pm(x-4)$.

그러므로 이를 풀면 $x=-\dfrac{5}{2}$, $x=\dfrac{3}{4}$이다.

그러나, $x\ge4$인 것을 만족하지 않으므로, 해가 아니다.

② $|3x+1|=x+4$일 때, 분명히 $x\ge-4$이고 절댓값을 계산하면

$3x+1=\pm(x+4)$.

그러므로 이를 풀면 $x=\dfrac{3}{2}$, $x=-\dfrac{5}{4}$이고, 모두 $x\ge-4$를 만족한다.

따라서 원 방정식의 해는 $x=\dfrac{3}{2}$, $x=-\dfrac{5}{4}$이다.

답 $x=-\dfrac{5}{4}$, $x=\dfrac{3}{2}$

필수예제 3

$|x+1|+|x-3|=4$의 정수해는 몇 개인가?

① 2개　　　　② 3개　　　　③ 5개　　　　④ 무수히 많다.

[풀이] 영점은 $x+1=0$, $x-3=0$일 때, 즉, $x=-1$, 3이다.

(i) $x\le-1$일 때, 원 방정식은 $-(x+1)-(x-3)=4$이고,

이를 풀면 $x=-1$이다.

(ii) $-1<x\le3$일 때, 원 방정식은 $(x+1)-(x-3)=4$, 즉 $4=4$로

항등식이 된다. 따라서 원 방정식을 만족하는 정수 $x=0$, 1, 2, 3이다.

(iii) $x>3$일 때, 원 방정식은 $(x+1)+(x-3)=4$이고,

이를 풀면, $x=3$인데, $x>3$을 만족하지 않으므로 해가 아니다.

분석 tip

이 유형의 방정식의 일반적인 해법은 영점분리법을 사용하여 절댓값 부호를 제거하고 일반적인 방정식을 만들어 해를 구한다. 그 특수한 해법은 수직선을 이용하면 매우 간편하다. 평가와 해설 중에서 소개할 것이다.

그러므로 원 방정식을 만족시키는 정수는 -1, 0, 1, 2, 3으로 모두 5개이다. 따라서 답은 ③이다.

[해설] 이 유형의 방정식은 수직선을 이용하여 해결할 수 있다.

원 방정식은 $|x-(-1)|+|x-3|=4$이다. 이는 수직선 위에 정수점 x에서 점 -1과 점 3의 거리의 합은 4임을 의미한다. 따라서 아래 그림과 같이 이러한 정수점 x는 -1, 0, 1, 2, 3으로 모두 5개의 점이다. 따라서 답은 ③이다.

만약 문제에서 방정식 $|x+1|+|x-3|=4$의 해를 구한다면 수직선을 이용하면, 쉽게 -1부터 3까지의 (-1, 3을 포함하는) 모든 수를 원 방정식의 해라고 할 수 있다.

즉, 해는 $-1 \leq x \leq 3$이다.   답 ③

2. 매개변수를 포함하는 절댓값 부호의 방정식의 해

필수예제 4

a, b는 유리수이고, $|a| > 0$일 때, 방정식 $||x-a|-b| = 3$은 3개의 서로 다른 해를 가질 때, b를 구하여라.

[풀이] 원 방정식에서 $|x-a|-b = \pm 3$이다. 그러므로

$$|x-a| = b+3 \quad \cdots\cdots\cdots\cdots\cdots\cdots① $$

또는 $|x-a| = b-3 \quad \cdots\cdots\cdots\cdots\cdots\cdots② $

원 방정식이 3개의 서로 다른 해를 가지므로, 원 방정식의 공통 근 방정식 ①, ②에도 총 3개의 서로 다른 해가 있어야 한다.

또 $b+3 > b-3 \geq 0$이므로, 반드시 $b+3 > 0$, $b-3 = 0$이어야만 ①, ②는 총 3개의 서로 다른 해가 있게 된다. (만약 $b+3 = 0$, $b-3 = -6$일 때, ①에는 해가 있고 $x = a$이다. ②에는 해가 없으므로, 원 방정식은 한 개의 해만 있다.) 그러므로 $b = 3$이다.

[주의] 주어진 조건 $|a| > 0$은 문제를 푸는데 큰 의미는 없다.   답 $b = 3$

필수예제 5

x의 방정식 $|x| = ax+1$가 양수의 근 하나와 음수의 근 하나를 가질 때, 정수 a의 값을 구하여라.

분석 tip
하나의 양수의 근이 있을 때의 상황과 하나의 음수의 근이 있을 때의 상황을 나누어 a가 취하는 값의 범위를 분석해야 한다.

[풀이] (i) 원 방정식에 하나의 양수의 근이 있을 때,

즉, $x > 0$일 때, 원 방정식은 $x = ax+1$, 이를 풀면 $x = \dfrac{1}{1-a}$이다.

또 $x > 0$이므로 $1-a > 0$이고, 즉, $a < 1$이다.

(ii) 원 방정식에 하나의 음수의 근이 있을 때,

즉, $x < 0$일 때, 원 방정식은 $-x = ax + 1$, 이를 풀면 $x = \dfrac{1}{-1-a}$이다.

또, $x < 0$이므로 $\dfrac{1}{-1-a} < 0$이고, 즉, $a > -1$이다.

그러므로 원 방정식에 양수의 근 하나와 음수의 근 하나가 있으므로 $-1 < a < 1$이다.

따라서 구하는 정수 $a = 0$이다.

[주의] $a = 0$일 때, 원 방정식의 해 $x = \pm 1$이다.　　　　　　　　답 0

필수예제 6

방정식 $|x-1| - |x-2| + 2|x-3| = c$에서 두 개의 해가 있을 때, c의 값 또는 범위를 구하여라.

[풀이] 영점은 $x-1 = 0$, $x-2 = 0$, $x-3 = 0$일 때, 즉, $x = 1$, 2, 3이다.

(i) $x \leq 1$일 때, 원 방정식은 $-(x-1) - \{-(x-2)\} - 2(x-3) = c$이다.

즉 $c = -2x + 5$이다. 이때 $x \leq 1$이므로 $c \geq -2 \times 1 + 5$이고, 즉, $c \geq 3$이다.

반대로 $c \geq 3$일 때, $-2x + 5 = c$이고, 이를 풀면

$x = \dfrac{5-c}{2} \leq \dfrac{5-3}{2} = 1$이다.

(이것이 설명하는 것은 $c \geq 3$일 때, 원 방정식은 $x \leq 1$의 범위에서 유일한 해를 가진다.)

(ii) $1 < x \leq 2$일 때, 원 방정식은 $x - 1 + (x-2) - 2(x-3) = c$이다.

즉, $c = 3$이다. 그러므로 $c = 3$일 때, 원 방정식은 무수히 많은 해가 있다.

$1 < x \leq 2$를 만족하는 모든 x는 모두 원 방정식의 해이다.

(iii) $2 < x \leq 3$일 때, 원 방정식은 $x - 1 - (x-2) - 2(x-3) = c$이다.

즉, $c = -2x + 7$이다. 이때, $2 < x \leq 3$이므로,

$-2 \times 3 + 7 \leq c < -2 \times 2 + 7$이고, 즉, $1 \leq c < 3$이다.

반대로 $1 \leq c < 3$일 때, $-2x + 7 = c$에서 구한 x는 $2 < x \leq 3$을 만족한다.

그러므로 $1 \leq c < 3$일 때, $2 < x \leq 3$에서 유일한 해를 가진다.

(iv) $x > 3$일 때, $c > 1$이면, $x > 3$이므로 유일한 해를 가진다.

따라서 $c > 1$, $c \neq 3$일 때, 원 방정식은 두 개의 해($c = 3$일 때, 원 방정식은 무수히 많은 해를 갖는다.)가 있다.

[해설] $c > 1$, $c \neq 3$일 때, 원 방정식에는 두 개의 해를 갖는 상황에서

$c > 3$일 때, 하나의 해는 $x < 1$에 있고 다른 한 해는 $x > 3$에 있다.

$1 \leq c < 3$일 때, 하나의 해는 $2 < x \leq 3$에 있고, 다른 한 해는 $x > 3$에 있다.

답 $c > 1$, $c \neq 3$

3. 음이 아닌 수를 이용한다.

필수예제 7

a, b, c는 정수이며 $|a-b|^{19}+|c-a|^{99}=1$일 때,
$|c-a|+|a-b|+|b-c|$의 값을 구하여라.

[풀이] a, b, c가 정수이므로 $|a-b|^{19}$, $|c-a|^{99}$은 음수가 아닌 정수이다.

또 $|a-b|^{19}+|c-a|^{99}=1$이므로 다음 두 가지 상황이 가능하다.

$|a-b|^{19}=1$, $|c-a|^{99}=0$ 또는 $|a-b|^{19}=0$, $|c-a|^{99}=1$

즉, $a-b=1$, $c-a=0$ ·······························①

또는 $a-b=0$, $c-a=1$ ·······························②

①에서 알 수 있는 것은 $c-b=1$ $(a=c)$이다.

또 ②에서 알 수 있는 것도 $c-b=1$ $(a=b)$이다.

그러므로 ① 또는 ② 모두 $|c-a|+|a-b|+|b-c|=2$이다.

답 2

4. 토론 분석

필수예제 8

x의 방정식 $||x-2|-1|=a$일 때, 해를 a에 대한 식으로 나타내어라.

[풀이] $a<0$일 때, 원 방정식은 해가 없다.

$a=0$일 때, 원 방정식은 $|x-2|-1=0$이고, $|x-2|=1$이다.

이를 풀면, $x-2=\pm1$이다. 즉, $x=1$, 3이다.

$a>0$일 때, 원 방정식은 $|x-2|-1=\pm a$이다.

즉, $|x-2|=1+a$ ·······················①

또는 $|x-2|=1-a$ ·················②

①에서 두 개의 해 $x=2\pm(1+a)$를 얻는다.

②에서는 세 개의 상황으로 나눌 수 있는데,

$1-a<0$(즉, $a>1$)일 때, ②는 해가 없다.

$1-a=0$(즉, $a=1$)일 때, ②는 $x=2$이다.

$1-a>0$(즉, $a<1$)일 때, ②는 $x=2\pm(1+a)$이다.

따라서 원 방정식에서

(ⅰ) $a<0$일 때, 해가 없다.

(ⅱ) $a=0$, $a>1$일 때, 해가 두 개가 있다.

　　($a=0$일 때 $x=1$, 3이고, $a>1$일 때 $x=3+a$, $1-a$)

(ⅲ) $a=1$일 때, 3개의 해 $x=0$, 2, 4가 있다.

(ⅳ) $0<a<1$일 때, 4개의 해 $x=3+a$, $1-a$, $3-a$, $1+a$가 있다.

답 풀이참조

[실력다지기]

01 다음 방정식의 해를 구하여라.

(1) $|3x| = 1$

(2) $|2x - 1| = 0$

(3) $3|2x - 1| = 4$

(4) $|2 - 3x| = 1$

02 다음 물음에 답하여라.

(1) 방정식 $|5x + 6| = 6x - 5$의 해를 구하여라.

(2) 방정식 $||2x - 1| - 1| = 2$의 해를 구하여라.

(3) $|x - 2| + x - 2 = 0$ 일 때, x가 취하는 범위는?

① $x > 2$ ② $x < 2$ ③ $x \geq 2$ ④ $x \leq 2$

(4) 방정식 $3(|x| - 1) = \dfrac{1}{5}|x| + 1$의 해를 구하여라.

03 다음 물음에 답하여라.

(1) 방정식 $|x-1|+|x-3|=2$의 해를 구하여라.

(2) 방정식 $|x+3|+|3-x|=\dfrac{9}{2}|x|+5$의 해를 구하여라.

04 다음 물음에 답하여라.

(1) x의 방정식 $mx+2=2(m-x)$의 해가 $\left|x-\dfrac{1}{2}\right|-1=0$을 만족할 때, m의 값은?

① 10 또는 $\dfrac{2}{5}$ ② 10 또는 $-\dfrac{2}{5}$

③ -10 또는 $\dfrac{2}{5}$ ④ -10 또는 $-\dfrac{2}{5}$

(2) x의 방정식 $|m^2x|+x+1=0$에 음수의 근만 가질 때, m이 취하는 범위는?

① $m<1$ ② $m>-1$

③ $-1<m<1$ ④ $-1\leq m\leq 1$

05 다음 물음에 답하여라.

(1) ① x의 방정식 $|a|x = |a+1| - x$의 해가 1일 때, 유리수 a가 취하는 범위를 구하여라.

② x의 방정식 $|a|x = |a+1| - x$의 해는 0일 때, 유리수 a의 값을 구하여라.

(2) x의 방정식 $|2x-3| + m = 0$은 해가 없고, $|3x-4| + n = 0$의 해가 하나이며,

$|4x-5| + k = 0$의 해가 두 개일 때, m, n과 k의 대소관계로 옳은 것은?

① $m > n > k$　　　② $n > k > m$　　　③ $k > m > n$　　　④ $m > k > n$

[실력 향상시키기]

06 방정식 $|x| + |x-2002| = |x-1001| + |x-3003|$의 정수해의 개수는?

① 1002　　　　② 1001　　　　③ 1000　　　　④ 2002

07 x의 방정식 $|1 - x| = mx$가 해를 가질 때, m이 취하는 범위를 구하여라.

08 x의 방정식 $||x - 12| - a| = 3$이 3개의 서로 다른 해를 가질 때, 유리수 a의 값을 구하여라.

09 방정식 $249x + \dfrac{9a}{8}|x| - 1 = 0$의 해가 0보다 작을 때, a의 범위를 구하여라.

[응용하기]

10 방정식 $||x| - 5| = a$이 두 개의 해를 가질 때. a의 값을 구하여라.

11 다음 물음에 답하여라.

(1) x의 방정식 $|x-2|+|x-1|=a$의 해를 분류하여라.

(2) 방정식 $2|x|-k=kx-3$이 음수인 해가 없다면 k의 범위는?

(단, 음수인 해가 없다는 것은 해가 존재하지 않는 경우도 포함한다.)

① $-2 \leq k \leq 3$ ② $2 < k \leq 3$

③ $2 \leq k \leq 3$ ④ $k \geq 3$이나 $k \leq -2$

11강 일차방정식의 응용(Ⅰ)
– 시장경제에서의 몇 가지 응용문제

1 핵심요점

방정식을 세워서 실생활 문제를 풀 때의 절차는 일반적으로 6단계이다.

1. 자세히 문제를 이해한다.

문제를 이해할 때 우선 문제에서 어느 것이 이미 알고 있는 양이고 어느 것이 알고 있지 않은 양이며, 구해야할 양을 잘 살펴야 한다. 그 다음은 분석하고 문제의 유형을 판별하여 그중에서 이미 알고 있는 양과 알고 있지 않은 양 사이의 수량적인 관계를 찾아야 한다.

2. 미지수를 설정한다.

문제에서 요구하는 것과 알고 있는 양과 알고 있지 않은 양 사이의 수량관계를 근거로 하여 우선 알맞은 미지수를 하나 설정하여 문자 하나로 표시한 뒤, 설정한 기준으로 아직 알지 못하는 양들을 설정한 문자 또는 설정한 기준에 따라서 식으로 나타내어, 문제에서 양들을 간단한 문자로 표시한다.

미지수를 설정할 때 일반적으로 두 가지 방법이 있다.

① 직접법 : 문제에서 어떤 양을 요구하면 그 양을 미지수로 정하는 것이다.

② 간접법 : 설정한 미지수는 문제에서 요구하는 양이 아니다. 하지만 이 설정으로 인하여 해법이 간단해질 수 있다.

3. 방정식을 열거한다.

특정문제유형(농도문제와 연령문제 참고)의 등량관계를 이용하여 미지수를 포함한 등식을 만들고 어떤 변하지 않는 양의 두 가지 다른 식을 통하여 하나의 등식을 만든다. (필수예제 1, 2 참고)

4. 해를 구한다.

이 방정식을 정확하게 풀이하고 관련 있는 다른 미지(알지 못하는)의 양을 구해낸다.

5. 검사한다.

구해낸 해가 방정식을 만족시키는지 검사하고, 이 해가 문제의 조건에 맞는지 검사한다.

(이 단계는 일반적으로 쓰지 않는다. 문제의 조건에 맞지 않을 때는 "맞지 않는다" 또는 "버린다"를 쓴다.)

6. 답안을 알맞게 써낸다.

일반적으로 "답 : ⋯⋯" 또는 "그러므로, ⋯⋯", "∴" 를 이용하여 문제에서 구하는 결과를 쓴다.

아래에는 3개의 소부분으로 나누어서 몇 가지 전형적인 일차방정식으로 해결하는 실제문제를 소개한다.

(Ⅰ) 할인, 가격조정, 이윤

상점에서의 영업전략 중의 하나는 정가(즉, 판매가)를 조정하는 것이다.

가격을 조절할 때 일반적으로 3가지 형식을 쓴다.

① 할인, ② 가격을 몇 퍼센트씩 올리거나 내리는 방법, ③ 가격에 일정액을 내리거나 올리는 방법

> **예** ① 일반적으로 말하는 6할은 원가의 60%를 말한다. 즉, 새로운 가격=원가×60%
>
> ② 일반적으로 말하는 8할 5푼(또는 8.5할은 원가의 85%를 말한다. 즉, 새로운 가격=원가×85%
>
> ③ "$a\%$를 위로 조절한다." 거나 "$a\%$를 위로 올린다." 는 것은 "새로운 가격이 원가의 $(1+a\%)$"이라는 뜻이다. 즉, 새로운 가격=원가×$(1+a\%)$
>
> ④ "$b\%$를 아래로 조절한다." 거나 "$b\%$를 아래로 내린다." 는 것은 "새로운 가격이 원가의 $(1-b\%)$"이라는 뜻이다. 즉,

상품을 판매할 때 자주 쓰는 계산공식은

- 이윤(이익) =판매가 − 원가[주)]

- 이윤율 $=\dfrac{판매가-원가}{원가}\times100\%$(즉, 이윤율 $=\dfrac{이윤}{원가}\times100\%$)

- 식을 변형하면 판매가 = 원가×$(1+이윤율)$
  원가 = 판매가 ÷ $(1+이윤율)$

2 필수예제

분석 tip

만약 (직접법을 이용하여) 상품의 하나 당 정가를 미지수 x원이라고 한다면 한 개 당 원가를 $(x-450)$로 표시한다. 그리고 "8.5할로 할인하여 8개의 상품을 팔아서 얻은 이윤"은 $8\times\{85\%\cdot x-(x-450)\}$원이고,

"350원을 깎아서 12개를 팔아 얻은 이윤"은 $12\times\{(x-350)-(x-450)\}$원이다.

이렇게 두 가지 판매방식에서의 이윤이 같다는 사실을 이용하여 방정식을 세워서 푼다.

필수예제 1

어떤 상품을 정가로 판매하면, 이 상품은 한 개당 450원의 이윤을 얻을 수 있다. 만약 8.5할로 할인하여 8개의 상품을 팔아서 얻은 이윤과 350원을 할인하여 12개를 팔아 얻은 이윤이 같다면 이 상품의 한 개의 정가를 구하여라.

[풀이] 이 상품의 정가를 x원 이라고 하면, 한 개당 원가는 $(x-450)$원이다.

두 가지 판매법에서 얻는 이윤이 같으므로
$$8\times\{85\%\times x-(x-450)\}=12\times\{(x-350)-(x-450)\}$$
위 방정식을 풀면 $x=2000$이다. 따라서 이 상품의 하나당 정가는 2000원이다.

답 2000원

---

1) [주] 특별히 세후의 순 이윤이라는 것을 밝히지 않는 이상 여기서 뒤에 말하는 이윤은 모두 세전이윤을 말하며 판매수입이다. 순 이윤(세후이윤)을 말하는 것이 아니다. 판매가는 매매가를 가리키며, 정가라고 부르기도 한다.

원가는 상점에 대해서는 매입개(들어오는 가격)를 가리키고, 공장의 생산자에 대해서는 생산원가를 말한다.

필수예제 2·1

어떤 상점에서 어떤 상품의 정가를 매입가보다 35% 올려서 정하고, "9할에 판매하고 500원의 교통비를 준다."라고 광고를 했다. 이렇게 하여 하나의 상품을 팔아 2080원의 이윤을 얻었다. 이때, 이 상품의 매입가를 구하여라.

[풀이] 이 상품의 매입가를 x원이라 하면,

$$(1+35\%) \times x \times 90\% - 500 - x = 2080$$

이다. 이를 풀면 $x = 12000$이다.

따라서 이 상품의 매입가는 12000원이다.

답 12000원

필수예제 2·2

어떤 상품을 20%의 가격을 내린 후 다시 원래의 가격으로 돌아오려 한다면 값을 올려야 하는 비율은?

① 18%　　　② 20%　　　③ 25%　　　④ 30%

[풀이] 가격을 20% 내린 후 다시 내린 가격의 $x\%$의 가격을 올려야 다시 원래의 가격으로 돌아간다고 하고, 이 제품의 원가를 a원이라고 하자. 그러면,

$$(1-20\%) \times a \times (1+x\%) = a \quad 즉, \quad (1-20\%) \times (1+x\%) = 1$$

이다. 이 방정식을 풀면 $x\% = 25\%$이다.

따라서 답은 ③이다.

[해설] 필수예제 2-2에서 일반적으로 원가를 1이라 하고, x를 올려야 원래의 가격이 된다고 하면, $(1-20\%) \times (1+x) = 1$이다. 이를 풀면 $x = 0.25$이다. 따라서 퍼센트로 바꾸면 25%이다.

답 ③

필수예제 3

어떤 가전제품 쇼핑몰에서 두 대의 다른 브랜드의 텔레비전을 판매한다. 그 중한 대는 12%를 더 벌었고 다른 한 대는 12%를 손해 봤다. 그리고 이 텔레비전이 판매된 가격은 모두 3080000원이다. 그렇다면 이 쇼핑몰의 이윤은?

① 손해를 보지도 않고 이윤을 얻지도 못했다.

② 90000원을 벌었다.

③ 90000원을 손해 봤다.

④ 60000원을 벌었다.

분석 tip

이 문제를 해결할 때 가장 중요한 문제는 두 대의 텔레비전의 원가를 계산해내는 것이다 (또는 매입가). 원가를 계산해내면 얼마를 벌었는지 아니면 얼마를 손해 봤는지 알 수 있다. 그렇기 때문에 여기서는 원가를 미지수로 한다.

[풀이] 이익을 얻은 텔레비전의 원가를 x원이라 하면,

$3080000 - x = 12\% \times x$ (또는 $(1+12\%) \times x = 3080000$)

이를 풀면 $x = 2750000$이다.

이 텔레비전에서 이익을 얻은 돈은 $3080000 - 2750000 = 330000$원이다.

손해를 본 텔레비전의 원가를 y원이라 하면,

$y - 3080000 = 12\% \times y$ (또는 $(1-12\%) \times y = 3080000$)

이를 풀면, $y = 3500000$이다.

이 텔레비전에서 손해를 본 돈은 $3500000 - 3080000 = 420000$원이다.

따라서 $420000 - 330000 = 90000$이므로 이 거래에서 쇼핑몰은 90000원의 손해를 봤다.

그러므로 답은 ③이다. 　　　　　　　　　　　　　　　　　　　　 답 ③

필수예제 4

어떤 상품의 매입가는 5% 줄어들었지만 정가는 변하지 않아서 이윤율이 $a\%$에서 $(a+15)\%$로 증가했을 때, a의 값은?

① 185　　　　② 175　　　　③ 155　　　　④ 145

[풀이] 상품의 매입가를 b라고 하면 5%를 내린 후의 원가는 $(1-5\%) \times b = 0.95b$원이다. 그러면, $(1+a\%) \times b = [1+(a+15)\%] \times 0.95b$이다.

즉, $(1+a\%) = 0.95[1+(a+15)\%]$　…………(*)

이를 풀면, $a = 185$이다.

그러므로 답은 ①이다.

[해설] 풀이 과정에서 설정한 문자 b는 문제에서 요구하는 미지수가 아니다. 그것은 잠깐 중간 작용을 할 뿐이다. 원래 매입가와 5% 내려간 매입가를 편하게 표시하기 위해서였고, 또 미지수 a의 방정식 (*)을 만들기 쉽게 하기 위해서이다.

답 ①

필수예제 5

한 제품이 있다. 갑 상점의 매입가(원가)는 을 상점의 매입가보다 10% 싸다. 또 갑 상점에서는 이윤율을 20%로 정했고, 을 상점에서는 이윤율을 15%로 정했다. 갑 상점의 정가가 을 상점의 정가보다 1120원 쌀 때 갑과 을 두 상점의 매입가를 각각 구하여라.

[풀이] 을 상점의 매입가를 x원이라 하면, 갑 상점의 매입가는 $(1-10\%) \times x$원이다. 그러면, 갑 상점의 정가는 $(1-10\%) \times x \times (1+20\%)$원이고,

을 상점의 정가는 $(1+15\%) \times x$원이다.

또 갑 상점의 정가가 을 상점의 정가보다 1120원 싸므로

$(1+15\%) \times x - (1-10\%) \times x \times (1+20\%) = 1120$이다.

이를 풀면, $x = 16000$이다.

또 $(1 - 10\%) \times x = (1 - 10\%) \times 16000 = 14400$이다.

따라서 을 상점의 매입가는 16000원이고 갑 상점의 매입가는 14400원이다.

[해설] 만약 갑 상점의 매입가를 x원이라 하면, 을 상점의 매입가는

$x \div (1 - 10\%)$원이다. 이 점에 주의해야 한다. 이것은 갑 상점의 매입가가 을 상점의 매입가보다 10% 저렴하다라는 것을 근거로 하기 때문이다. 즉, "$x =$을 상점의 매입가$- 10\% \times$ 을 상점의 매입가"이다.

이를 계산하면, 을 상점의 매입가$= x \div (1 - 10\%)$이다.

그러면, $[x \div (1 - 10\%)] \times (1 + 15\%) - (1 + 20\%) \times x = 1120$이다.

이를 풀면 $x = 14400$이다. 또 $14400 \div (1 - 10\%) = 16000$이다.

위의 문제해결방법과 결과가 일치한다.

🔖 을 상점 매입가 16000원, 갑 상점 매입가 14400원

필수예제 6

현주는 피겨스케이팅 선수이다. 현주가 이번에 피겨스케이팅 대회에서 동상을 받아 얼마의 상금을 받았다. 현주 어머니는 이 상금을 은행에 저금하려 한다. 1년 정기예금은 은행의 정기예금 1년의 이율은 2.25%이고 이자세는 20%이다. 현주 어머니가 1년 후에 받을 수 있는 세후이자를 계산하면 10800원일 경우, 현주 어머니가 저금한 금액을 구하여라. (단, 세후이자란 세금을 제외한 이자를 말한다.)

[풀이] 현주 어머니가 저금한 상금을 x원이라 하면,

1년 후에 얻는 세전이자(세금을 내기 전의 이자)는 $2.25\% \times x$원이고,

납부해야 하는 이자세는 $(2.25\% \times x) \times 20\%$원이다.

따라서 $2.25\% \times x - (2.25\% \times x) \times 20\% = 10800$이다.

이를 풀면, $x = 600000$이다.

그러므로 현주 어머니가 저금한 상금은 600000원이다.

🔖 600000원

(Ⅲ) 납세와 세율

세율은 납세의 백분율이다.

: 세율 = $\dfrac{\text{납세금액}}{(\text{납세해야 하는})\text{소득금액}}$ (약칭 $\dfrac{\text{세금}}{\text{소득액}}$)

: 세금 = 소득액 × 세율, 소득액 = 세금 ÷ 세율

필수예제 7

어느 나라에서 자영업자들에게 아래의 표에 있는 규정상의 세율에 따라서 개인소득세를 납부하도록 규정하고 있다.

계급별	납부해야하는 소득금액	세율(%)
1	500만원이 넘지 않는 금액	5
2	500만원에서 2000만원까지의 금액	10
3	2000만원에서 5000만원까지의 금액	15
…	…	…

2013년에 규정한 내용 중 위의 표에서 납부해야 하는 소득금액은 모든 수입에서 800만원을 빼고 남은 금액을 말한다. 예를 들면 어떤 사람이 매달 수입이 1020만원이라면 여기서 800만원을 빼면 납부해야하는 소득금액은 220만원이며, 개인소득세는 11만원이다.

자영업자 A는 매월 소득이 같고 2013년 4분기에 납부한 개인소득세는 99만원일 때, 자영업자 A의 매달 수입을 구하여라.

[풀이] 자영업자 A가 매달 납부한 소득세는 $99 \div 3 = 33$만원이다.

$500 \times 5\% < 33 < 500 \times 5\% + (2000 - 500) \times 10\%$이므로 자영업자 A의 수입은 $800 + 500 = 1300$만원에서 $800 + 2000 = 2800$만원 사이이다.

A의 매달 수입을 x만원이라 하면, $(x - 1300) \times 10\% + 500 \times 5\% = 33$이다. 이를 풀면 $x = 1380$이다.

따라서 자영업자 A의 매달수입은 1380만원이다.

답 1380만원

(Ⅳ) 몇 할 생산증가

생산량을 예측할 때 생산량이 '작년보다 1할 증가했다'는 말을 종종 쓴다. 이것은 작년보다 생산량이 10% 증가했다는 뜻이다. '작년보다 2할 증가했다'는 '작년보다 생산량이 20%증가했다'는 뜻이다.

'작년보다 1할 반 증가했다'는 '작년보다 15% 생산량이 증가했다'는 뜻이다. '작년보다 1할 감소했다', '작년보다 2할 감소했다'는 말의 의미는 작년보다 10%, 20% 생산량이 감소했다는 뜻이다.

필수예제 8

1994년 한·중·일(한국, 중국, 일본) 곡식의 총생산량은 4500억kg이다. 조사결과에 의하면 한·중·일의 현재 경작지는 1.39억ha이다. 그 중 반이 산지나 언덕이다. 평지 지역의 평균생산량은 4000kg/ha이다. 2030년이 되면 한·중·일의 인구가 17억이 된다고 가정하자. 그 때 1인당 연 소비곡식량이 400kg이고 평지 지역의 생산량이 1994년보다 7할 증가한다고 하면 산지나 언덕 지역의 생산량은 경작지를 숲으로 돌리지 않는다는 가정 아래 대략 몇 할이 증가해야하는지 구하여라.

[풀이] 평지와 산지언덕지역은 각각 $1.39 \div 2 = 0.695$(억ha)이다. 그러므로 1994년의 평지지역의 연 생산량은 $4000 \times 0.695 = 2780$(억kg)이다. 1994년 산지 언덕지역의 연 생산량은 $4500 - 2780 = 1720$(억kg)이다. 산지와 언덕지역의 연 생산량에서(1994년의 기준) x%증가해야 한다고 하면, 2030년의 생산량과 수요량이 같으므로

$2780 \times (1 + 70\%) + 1720 \times (1 + x\%) = 17 \times 400$이다.

이를 풀면, $x = 20.58 \cdots$이다.

그러므로 산지와 언덕지역의 생산량은 약 2할 증가해야 한다.

답 2할

[실력다지기]

01 다음 물음에 답하여라.

(1) 어떤 상품의 가격은 1100원이다. 이것을 할인하여 8할로 팔고 이윤을 10% 얻는다면, 이 상품의 원가를 구하여라.

(2) 어떤 상품의 매입가는 500원이고, 정가는 750원이다. 이 상품의 이윤율을 5% 이하가 되지 않게 판매가를 책정하여 판매한다면, 이 상품은 정가의 몇 할에 판매가능한지 구하여라.

(3) 한 상점에서 어떤 상품의 정가의 9할로 팔아도 20% 이윤율을 얻는다. 이 상품의 매입가가 하나당 30만원일 때, 이 상품의 정가를 구하여라.

(4) 어떤 약국에서 항바이러스약품을 판매하는데, 약의 공급이 부족하여 가격이 100% 오르자, 정부의 단속으로 이 상품의 정가의 범위를 처음 가격의 10%까지로 한정시켰을 때, 가격 하락의 폭을 구하여라.

02 다음 물음에 답하여라.

(1) 추석 기간에 어떤 상점에서 고객이 직접 추첨을 통하여 정가의 몇 할에 구입하는 행사를 하였다. 소정이가 갑, 을 두 가지의 상품을 구매하면서 7할과 9할을 뽑아 38600원을 지불했으며, 두 상품의 원래 판매가의 합은 50000원이다. 이때, 이 제품의 원래 판매가를 각각 구하여라.

(2) 통신 시장의 경쟁이 심화됨에 따라 A 통신회사의 핸드폰 시내통화요금을 분당 a원씩 내린 후 다시 25%를 내렸을 때 요금이 분당 b원이다. 이때, 원래의 분당 시내통화요금을 구하여라.

03 다음 물음에 답하여라.

(1) 용산 컴퓨터 축제에서 갑은 28800원의 이익을 포기하고, 다시 8할의 가격으로 판매하여 판매가격을 528000원으로 정했을 때, 이 컴퓨터의 원래 판매가를 구하여라.

(2) 어떤 출판사에서 수학사전을 출판할 때 고정비용은 8백만 원이며 수학사전을 출판할 때마다 비용이 2백만 원씩 들어간다. 이 수학사전의 정가가 1만원일 때, 3할을 판매상에게 주고, 출판사는 10%의 이익을 남기려면 이 수학사전의 최소 출판 권수는?
(출판은 최소 천 권이 기본단위이다.)

① 2천권   ② 3천권   ③ 4천권   ④ 5천권

04 김 선생님은 2008년 7월 8일 한국은행에서 2008년에 발행한 5년 만기 국고채 1000만원을 구입했다. 2013년 7월 8일에 이 국고채가 만기가 되어 받게 되는 이자가 390만원이라고 예금증명서 뒤에 기재됐다면 김 선생님의 계산이 틀리지 않을 경우, 이 국고채의 연이율을 구하여라. (단, 연이율은 원금에만 이자가 붙는다.)

05 주민들의 전기절약을 장려하기 위해 어느 시의 전기공사에서는 전기세의 계산방법을 정했다.

> 매달 전기를 100KW까지는 전기가격을 KW당 300원으로 계산한다.
> 매달 전기를 100KW를 초과하여 사용하여 부분은 KW당 500원으로 계산한다.

갑의 집에서 2014년 1월에 전기세를 68000원을 납부했다면 갑의 집에서 1월 달에 사용한 전기는 몇 KW인지 구하여라.

06 을의 공장에서 몇 가지 겨울옷을 생산한다. 9월 달에 판매한 겨울옷의 이윤은 공장출고가의 25%이다. 10월 달에 겨울옷의 공장출고가를 10% 낮추자 판매수가 9월 달보다 80% 증가하였다. 이때, 공장에서 10월 달 이 겨울옷을 판매한 이윤총액은 9월 달의 이윤총액 보다 몇 % 증가하였는가? (단, 겨울 옷 한 벌의 이윤=공장출고가 −생산비용, 한 벌 당 생산비용은 변함이 없다.)

① 2%　　　　　② 8%　　　　　③ 40.5%　　　　　④ 62%

07 어떤 상품을 정가의 8할에 판매하고 20%의 이익을 얻었다면 원래의 정가대로 판매하였을 때, 몇 %의 이익을 얻겠는가?

① 25%　　　　　② 40%　　　　　③ 50%　　　　　④ 66.7%

08 미정이는 갑, 을 두 종류의 상품을 판매한다. 갑 상품은 하나당 이윤율이 40%이고, 을 상품은 하나당 이윤율이 60%이다. 을의 판매 수량이 갑의 판매 수량보다 50% 많을 때, 미정이가 얻는 총 이윤율은 50%이다. 갑, 을 두 상품의 수량이 같을 때 미정이가 얻는 이윤율을 구하여라.

09 어느 저축은행에서 매년 급여로 10억 원을 인출하고, 기타 고정 지출이 매년 17억 원이다. 이미 들어온 예금에 대해서는 2.25%의 이자를 주고, 들어온 예금을 모두 상급은행으로 보내 4.05%의 이율을 내부 수입으로 정산한다. 이 저축은행의 내부수입이 정산에서 손해가 없다면 매년 유지해야 할 최소의 예금을 구하여라.

10 A 쇼핑몰에서 B 상품을 하나 판매한다. B 상품을 5% 낮은 가격으로 들여와 판매했을 때, 6%의 이윤율이 증가하였다. 이때, 이 상품을 판매할 때, 원래의 이윤율을 구하여라.

11 어떤 공책의 원가는 한 개당 800원이다. 갑 상점에서는 아래와 같은 방법으로 판매를 한다.

구매권수	1 ~ 5권	6 ~ 10권	11 ~ 15권	16 ~ 20권	20권 이상
한 권당 가격	760원	720원	680원	640원	600원

을 상점에서는 아래와 같은 방법으로 판매한다.

> 1 ~ 8권을 구매할 때 9할로 가격을 내리고 9 ~ 16권을 구매할 때 8.5할의 가격으로 내리고 17 ~ 24권을 구매할 때 8할로 가격을 내려준다. 24개 이상을 구매하였을 때 7.5할의 가격으로 내려준다.

(1) 갑 상점의 판매 표를 참고하여 을 상점에서 공책의 판매 개수와 한 개당 가격의 판매 표를 만들어라.

(2) A, B, C 세 회사에서 공책을 구매하려 한다. A회사는 10권의 공책을 사려고 하고, B회사는 16권의 공책을 사려고 하며 C회사는 20권의 공책을 사려고 할 때, 어느 상점을 이용하는 것이 비교적 저렴할지 구하여라.

12강 일차방정식의 응용(Ⅱ)
– 거리, 시계, 나이문제의 응용

1 핵심요점

이번 강의에서는 일차방정식의 응용문제 중 많이 출제되는 거리, 시계, 나이 문제들을 소개한다.

(Ⅰ) 거리문제

① 거리문제 ─ 만나는 문제 : 같은 선분(또는 직선) 위에서 마주 보는 방향 문제
           └ 따라잡는 문제 : 같은 선분(또는 직선) 위에서 돌아보는 방향 문제
           └ 원형에서 문제 : 원형에서 만나거나 따라잡는 문제

② 만나거나 따라잡는 문제 ─ 운동한 물체의 길이를 따지지 않는 문제 : 예 사람이나 자동차
                      └ 운동한 물체의 길이를 따지는 문제 : 예 기차

③ 거리문제 기본공식
    거리=속력×시간

2 필수예제

1. 만나는 문제

만나는 문제는 ① 같은 직선 위에서 ② 두 개의 운동하는 물체가 양쪽에서 서로 마주 보고 출발하고 ③ 일정한 시간을 지나 어느 지역에서 만나는 문제를 말한다.

두 운동하는 물체의 속력을 각각 v_1, v_2라고 하고 출발시간과 만나는 시간은 각각 t_1, t_2라고 하며 다음 등식이 성립한다.

(1) 두 지역의 거리(즉, 만날 때 총 운동한 거리)=$v_1 t_1 + v_2 t_2$

(2) 특별히 동시에 출발할 때 만나는 시간을 t라고 한다면

    (만날 때 총 운동한 거리)거리=$(v_1 + v_2)t$

분석 tip

기차의 앞부분과 맨 앞의 학생이 만나서 기차의 끝부분과 맨 뒤의 학생이 만나는 것 사이의 길이는

"기차의 길이+500m" 이다.

그리고 기차의 속력은 분 당 $120000 \div 60 = 2000$m 이다.

그리고 학생대열의 속력은 분 당 $4500 \div 60 = 75$m 이다.

필수예제 1

영재 중학교 학생이 소풍을 간다. 직선의 철도와 나란히 있는 도로를 따라서 일정한 속력으로 앞으로 걷는다. 학생들은 시간당 4500m 로 걷고, 한 기차는 시간당 120km 의 속력으로 마주보고 달려온다. 기차의 앞부분과 맨 앞줄의 학생과 만난 시간에서 기차의 끝 부분과 맨 마지막 학생이 만난 시간을 측정했는데 60초가 지났다. 학생대열의 길이가 500m 일 때, 기차의 길이를 구하여라.

[풀이] 기차의 길이를 x 라고 하면 즉, 만나는 거리=속력의 합× 만나는 시간이므로

$x + 500 = (2000 + 75) \times 1$ (60초=1분)이다.

이를 풀면 $x = 1575$ 이다.

[해설] 만나는 문제(서로 마주보는 방향)를 해결할 때 우선 동시에 출발하여 두 운동물체가 서로 만나서 서로를 향하여 운동한 거리는 어느 것(알고 있거나 알지 못하는 것은 상관하지 않는다.)인지를 알아야 한다. 만약 운동물체에 길이가(하나 또는 두 개) 있다면 총 운동한 거리는 일반적으로 운동물체의 길이(필수예제 1과 같이 한 기차와 맞은편에서 달려오는 자동차(또는 걸어오는 사람)의 만남문제처럼 자동차나 사람은 길이가 없는 것으로 본다.)를 포함한다.

그 다음으로 두 운동물체의 속력을 검사한다. : 두 운동물체는 모두 0이 아닌 속력일 때도 있고(필수예제 1처럼) 한 물체의 속력을 0으로 볼 때도 있다.(기차의 맨 앞부분이 터널에 들어가서 맨 뒷부분이 터널에서 나올 때까지의 문제처럼, 터널의 길이를 0으로 본다. 당연히 이때의 거리는 기차의 길이+ 터널의 길이이다. 만약 터널을 길옆에 서있는 한 사람으로 본다면 이때 사람의 속력과 길이는 모두 0으로 본다.)

마지막으로 거리(길이), 속력, 시간이 각자 관련된 단위는 서로 통일 되어야 한다. 이것은 모든 방정식 문제를 풀 때 반드시 주의해야 하는 문제이다.(필수예제 1의 분석 중에서 이 점을 다루었다.) 답 1575m

2. 따라잡는 문제

따라잡는 문제는 ① 같은 직선 위에서 ② 두 개의 운동물체는 같은 방향을 향하여 운동하고 ③ 일정한 시간이 지나서 빠르게 운동하는 한 물체(뒤의)가 다른 느리게 운동하는 물체를 따라 잡는다.

두 개의 운동물체의 속력을 각각 v_1 과 v_2 라고 한다.($v_1 > v_2$) 두 물체는 출발해서 따라잡을 때 까지 걸린 시간을 각각 t_1 와 t_2 라고 한다.

(1) 빠른 편에서 느린 편에서 쫓은 거리 :

$s = v_1 t_1 - v_2 t_2$

(2) 같은 직선 위에서 두 물체의 거리는 s 로 동시에 같은 방향으로 운동할 때, 후자가 전자를 쫓은 시간이 t 일 때(빠른 쪽 속력 : v_1, 느린 쪽 속력 : v_2)

$s - (v_1 - v_2)l$, (추격한)거리=속력의 차이 × (따라잡는데 걸린)시간

분석 tip

운동의 상태에서 알 수 있는 것은 걸어가는 사람(또는 자전거를 탄 사람)과 기차는 같은 직선 위에서 같은 방향으로 따라잡는 운동을 한다.

따라잡는 거리는 기차의 맨 앞부분에서 맨 뒷부분까지의 거리이다.(즉, 기차의 길이는 알지 못하는 것이다.)

따라잡는데 걸린 시간은 각각 22초, 26초이다. 따라잡는 속력은 걸어가는 사람은 초 당
$(3.6 \times 1000) \div (60 \times 60) = 1\,\mathrm{m}$
이다.

자전거 탄 사람은 초 당
$(10.8 \times 1000) \div (60 \times 60) = 3\,\mathrm{m}$
이다.

기차속력(알지 못하는)을 구하는 따라잡는 문제의 계산공식은 Hint와 같다.

그래서 두 개의 모르는 변량 중에서 하나를 미지수로 설정하고 다른 한 변량은 표시하면 된다. 확실히 여기서 보면 기차의 속력을 미지수로 설정해야 한다. 다른 변량인 기차의 길이를 표시할 수 있다. 그리고 기차와 걸어가는 사람, 자전거를 탄 사람의 두 따라잡는 문제에서 동일한 양을 얻어낼 수 있다.

필수예제 2

철도와 나란히 있는 한 도로 위에서 걸어가는 사람과 자전거를 탄 사람이 동시에 남쪽을 향해서 전진한다. 걸어가는 사람의 속력은 시간당 $3.6\,\mathrm{km}$ 이고 자전거를 탄 사람의 속력은 시간당 $10.8\,\mathrm{km}$ 이다. 만약 한 기차가 이들의 뒤에서 달려올 때 걸어가는 사람을 통과한 시간은 22초이고 자전거를 탄 사람을 통과한 시간은 26초이다. 이때, 이 기차의 길이를 구하여라.

HINT 기차의 길이(즉, 거리)=[기차속력−걸어가는 사람(또는 자전거를 탄 사람)속력]×따라잡는 시간
(알지 못하는)　　(알지 못하는)　　(알고 있는)　　(알고 있는)

[풀이] 기차의 속력을 매 초당 $x\,\mathrm{m}$ 이라 하면,

기차와 걸어가는 사람의 따라잡는 문제에서

기차의 길이$= (x-1) \times 22 \,(\mathrm{m})$ 이다.

기차와 자전거를 탄 사람의 따라잡는 문제에서

기차의 길이$= (x-3) \times 26 \,(\mathrm{m})$ 이다.

그러므로 $(x-1) \times 22 = (x-3) \times 26$ 이다.

이를 풀면, $x = 14$ 이다.

따라서 기차의 길이는 $(14-1) \times 22 = 286\,\mathrm{m}$ 이다.

[해설] 따라잡는 문제를 풀 때에 가장 중요한 것은 따라잡는 거리를 확정하는 것이다. 만약 운동물체(기차 등을 말한다. 사람이나 자동차의 길이는 0으로 본다. 길이가 없는 것의 운동물체로 본다.)즉, 문제의 의도를 근거로 하여 이 따라잡는 거리에서는 운동물체의 길이를 포함하는 지를 고려해야 한다. 동시에 거리, 속력, 시간의 3개의 양의 단위를 통일하는 것에 주의해야 한다.

📋 286m

3. 원형문제

원형문제는 두 개의 운동하는 물체가 밀폐된 원형노선 위의 운동문제로서
① (원형에서) 만나는 문제 또는 ② (원형에서) 따라잡는 문제이다.

(1) 원형에서 만나는 문제

오른쪽 그림에서 운동하는 두 물체 갑, 을이 각각 원형 노선 위의 A, B의 자리에서 동시에 서로를 향해서(또는 반대방향으로) 운동하고 C점(처음)에서 만난다.

만약 갑, 을 두 물체가 처음 만난 후, 계속 전진하면, 다시 한 바퀴를 돈 후 두 번째로 만난다. 또 다시 한 바퀴 돌면 세 번째 만난다. n번째 만날 때 갑, 을이 총 운동한 거리는

$$\{(n-1)\text{개 원의 둘레 } \overset{\frown}{ABC}\}$$

원형 만나는 문제의 기본계산공식은 선분 위에서 만나는 문제와 같다.

∴(만나서 함께 간)거리 = 속력의 합 × (만나는데 걸린)시간

(2) 원형 위에서 따라잡는 문제

오른쪽 그림에서 두 운동하는 물체 갑과 을이 원형 위의 A, B 점에서 동시에 같은 방향으로 운동한다. 빠른 쪽 갑 (따라가는 사람, 속력은 v_1)이 느린 쪽 을(쫓기는 사람, 속력은 v_2)를 따라 잡는다. 즉, 시간 t가 지나고 어떤 점 E 에서 갑이 을을 따라잡았다고 하자.

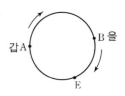

그러면, 따라 잡은 거리는 $v_1 t - v_2 t = (v_1 - v_2)t$이다.

∴ (따라잡은)거리 = 속력의 차 × (걸린)시간

만약 갑과 을이 원형노선 위에서 계속 따라 잡는 운동을 할 때 갑이 을보다 1바퀴 더 돌았을 때 갑은 두 번째로 을을 추격하고 갑이 n번째 을을 따라 잡았을 때 총 추격거리는 다음과 같다.

[$(n-1)$개의 원의 둘레 + 따라 잡은 거리]

특히, 오른쪽 그림에서처럼 갑, 을 두 물체가 동시에 같은 지역에서 같은 방향으로 운동한다면 빠른 쪽 갑이 처음 느린 쪽 을을 따라잡았을 때 갑은 을 보다 한 바퀴를 더 돌았고 갑이 을을 두 번째 따라잡았을 때 갑은 을보다 2바퀴를 더 돌았다. 갑이 n번째 을을 따라잡았을 때, 갑은 을보다 n바퀴를 더 돌았다.

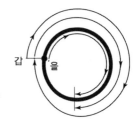

(즉, 따라잡은 거리는 n바퀴의 총 둘레이다.)

분석 tip

이것은 원형트랙에서 만나는 문제와 따라잡는 문제의 결합문제이다. 이미 알고 있는 조건은 같은 곳에서 출발하고 방향을 반대방향으로 바꿀 때 $48초 = \dfrac{48}{60}$

에 두 사람은 한 바퀴를 돌아서 만났고 방향이 같을 때 10분 동안 빠른 쪽 갑은 느린 쪽 을보다 한 바퀴를 더 돌아서 (따라잡았다.) 그러므로 알지 못하는 속력(미지수로 설정하고), 두 명이 한 바퀴를 돌았다는 조건을 이용하여 방정식을 만든다. 지금 을의 속력을 미지수로 설정하여 방정식을 계산한다.

필수예제 3

갑, 을 두 사람이 원형트랙에서 달리기를 한다. 그들은 동시에 같은 곳에서 출발한다. 방향이 반대방향일 때 48초 마다 한번 씩 만나고 방향이 같을 때 10분마다 한 번 씩 만난다. 갑의 분 당 속력이 을보다 40 m 빠를 때, 갑, 을 두 사람의 속력을 구하여라.

[풀이] 을의 속력은 분 당 x m 이다. 즉, 갑의 속력은 분 당 $(x+40)$ m 이다.

반대방향으로 운동하여 만날 때,

$$\text{한 바퀴를 운동한 거리} = \left\{ (x+40) + x \right\} \times \frac{48}{60} \, (\text{m})$$

같은 방향으로 운동하여 만날 때,

$$\text{한 바퀴를 운동한 거리} = \left\{ (x+40) + x \right\} \times 10 \, (\text{m})$$

따라서 $\left\{ (x+40) + x \right\} \times \dfrac{48}{60} = \left\{ (x+40) + x \right\} \times 10$이다.

이를 풀면, $x = 230$이다. 또 $x + 40 = 230 + 40 = 270$이다.

따라서 갑, 을 두 사람의 속력은 각각 분 당 270m, 230m 이다.

답 갑 : 분 당 270m, 을 : 분 당 230m

(Ⅱ) 시계문제

시계문제는 특수한 거리문제이다. 운동 물체는 시침, 분침, 초침이고 속도는 각속도(단위시간 내에 운동한 속도)이며 거리는 각도이다.

① 시침의 한 바퀴는 12시간(12개 큰 부분)
② 분침의 한 바퀴는 60분(60개 작은 부분)
③ 시침이 한 시간에 움직이는 각은 $360° ÷ 12 = 30°$
④ 1 분당 움직이는 각은 $360° ÷ 60 = 0.5°$
⑤ 시침의 속도는 시간당 $30°$, 분당 $0.5°$
⑥ 분침의 속도는 시간당 $360°$, 분당 $6°$
⑦ 초침의 속도는 분당 $360°$

분석 tip

위의 그림과 같이, 이것은 시계 문제의 따라 잡는 문제이다. 분침과 시침이 이루는 각이 $90°$가 되었을 때부터 다음번에 시침과 분침이 이루는 각이 직각이 될 때 까지 따라 잡는다. 이때 추격한 거리는 $2 × 90° = 180°$이고 시침의 속도는 분당 $0.5°$이고 분침의 속도는 분당 $6°$이다. 따라잡는 문제의 계산공식에 의하면 $(6° - 0.5°) × 추격시간 = 180°$ 그러므로 만약 따라잡는데 걸린 시간(즉 총 몇 분이 걸렸는지를 말한다.)을 미지수로 정하고 방정식을 만들어 해를 구한다.

필수예제 4

4분 후 시침과 분침이 이루는 각이 처음으로 $90°$가 되었다면 시침과 분침이 이루는 각이 두 번째로 $90°$가 될 때까지 몇 분이 지나야 하는지 구하여라.

[풀이] 분석에서 알려준 조건에 의해서 총 x분이 지났다고 하자.

그러면, $(6° - 0.5°) × x = 180°$, 즉, $5.5x = 180$이다.

이를 풀면, $x = \dfrac{360}{11}$이다.   답 $\dfrac{360}{11}$ 분

필수예제 5

시계가 12를 가리키고 있을 때 시침, 분침, 초침이 모두 합쳐진다. x분이 지난 후에 초침이 처음 분침과 시침이 만든 예각을 반으로 나눌 때, x의 값을 구하여라.

[풀이] 12시에 침이 모두 합쳐질 때부터 가기 시작하면 역시 초침이 제일 먼저 앞으로 가고 분침이 가운데 오고 시침이 마지막에 온다. 초침이 한 바퀴(즉, 1분) 돈 후에야 분침과 시침과 생기는 각이 예각이 될 수 있다. 문제에 의해서 이때, 경과된 시간을 x분이라고 설정한다면 이때, 분침이 앞이고 시침이 뒤에 있다.(초침은 가운데 있고), 또 초침, 분침, 시침과 12시는 각각 $(x - 1) × 360°$, $6°x$, $0.5°x$이다.

초침이 분침과 시침이 이룬 예각이 반으로 나눌 때 즉, 초침과 시침이 이룬 사이의 각 $[(x - 1) × 360° - 0.5°x]$이고 분침과 초침이 이룬 사이의 각 $[6°x - (x - 1) × 360°]$으로 방정식을 만들면

$(x - 1) × 360° - 0.5°x = 6°x - (x - 1) × 360°$

즉, $(x - 1) × 360 - 0.5x = 6x - (x - 1) × 360$

문제를 풀어서 얻은 값이 $x = \dfrac{1440}{1427}$이다.

그러므로 x의 값은 $\dfrac{1440}{1427}$이다.   답 $\dfrac{1440}{1427}$

필수예제 6

5시에서 6시 사이에 시침과 분침이 60° 각을 이룰 때, 5시 몇 분인지 구하여라.

[풀이] 5시에서 x분이 경과했을 때, 시침과 분침이 이루는 각이 60°라고 하자.

즉, x분 동안 시침이 회전한 각도는 $0.5°x$이고,

분침이 회전한 각도는 $6°x$이다.

① 만약 시침이 앞에 분침이 뒤에 있을 때

$(150° + 0.5°x) - 6°x = 60°$, 즉, $150 + 0.5x - 6x = 60$이다.

이를 풀면 $x = 16\dfrac{4}{11}$이다.

② 만약 분침이 앞에 시침이 뒤에 있을 때

$6°x - (150° + 0.5°x) = 60°$, 즉, $6x - 150 + 0.5x = 60$이다.

이를 풀면 $x = 38\dfrac{2}{11}$이다.

그러므로 5시와 6시 사이에 시침과 분침이 이루는 각이 60°일 때의 시간은

5시 $16\dfrac{4}{11}$분, 5시 $38\dfrac{2}{11}$분이다.

[해설] 이 예는 일반적인 형태는 n시와 $n+1$시 사이에 시침과 분침이 $k°$를 이룰 때 n시 m분인가? 이 문제의 답은 두 가지 상황을 나누어 풀어야 한다. 특별히 $k=0$일 때 시침과 분침이 일치하고, $k=180$일 때 시침과 분침이 일직선으로 서로 반대방향을 향하게 되는데, 이 특별한 경우에만 답이 하나이다.

답 5시 $16\dfrac{4}{11}$분, 5시 $38\dfrac{2}{11}$분

분석 tip

5시 정각에 시침은 앞에 있고 분침이 뒤에 있다. 두 침이 150°의 각을 이룬다. 두 바늘이 60°일 때 두 가지 상황이 있다.
① 시침이 분침 앞에 있고, 60° 각을 이룰 때
② 분침이 시침 앞에 있고 60° 각을 이룰 때.
그러므로 두 가지 경우로 나눠 해를 구한다.

(Ⅲ) 나이문제

나이문제는 두 가지 조건을 숨기고 있다.

① 두 사람의 나이 차는 하나의 정해진 숫자이다.

② n년 전 두 사람의 나이가 같을 때 동시에 n세를 빼고 n년 후 두 사람 나이가 같을 때 동시에 n세를 더한다.
　　(n은 임의의 양의 정수)

이 두 조건을 이용하는 것이 나이문제를 해결하는 가장 중요한 열쇠이다.

필수예제 7

올해의 아버지의 나이와 오누이 두 명의 나이의 합이 같고 오빠가 여동생보다 4살 많다. 24년 전에 아버지의 나이는 오누이의 나이의 합에 5배이다. 그렇다면 올해 아버지와 오누이의 나이는 각각 몇 살인지 구하여라. (여기서, 오누이는 오빠와 여동생을 말한다.)

[풀이] 올해 여동생의 나이를 x세라고 하면, 올해 오빠의 나이는 $(x+4)$세이고, 아버지의 나이는 $x+(x+4)=2x+4$(세)이다.

24년 전 아버지의 나이는 $\{(2x+4)-24\}$세, 오빠의 나이는 $\{(x+4)-24\}$세, 여동생 $(x-24)$세이다.

그러므로 "24년 전 아버지의 나이는 오누이 나이의 5배"라는 조건으로부터 $(2x+4)-24=5\{(x-24)+(x+4)-24\}$이다.

이를 풀면 $x=25$이다.

따라서 아버지의 나이는 54세, 오빠의 나이는 29세, 여동생의 나이는 25세이다.

📋 아버지의 나이 54세, 오빠의 나이 29세, 여동생의 나이 25세

필수예제 8

갑, 을 두 사람이 올해 나이의 합이 63세이다. 갑의 나이가 을의 현재의 나이의 절반이었을 때, 을의 나이는 갑의 현재의 나이이다. 그렇다면 갑과 을 이 두 사람의 올해 나이를 각각 구하여라.

[풀이] 갑이 올해 x세라고 하면, 을의 올해의 나이는 $(63-x)$세이다.

또, 갑이 $\dfrac{63-x}{2}$일 때 을은 x세이다.

따라서 $(63-x)-x=x-\dfrac{63-x}{2}$ 이다.

이를 풀면 $x=27$이고, 즉, $63-x=63-27=36$이다.

그러므로 올해 갑은 27세이고, 을은 36세이다.

답 갑 27세, 을 36세

연습문제 12

[실력다지기]

01 **다음 물음에 답하여라.**

(1) 고속도로에서 길이가 4 m 이고 속력이 시간당 110 km 인 자동차가 길이가 12 m 이고 속력이 시간당 100 km 인 트럭을 추월하려고 한다. 이때, 자동차가 출발하여 트럭을 추월하려고 할 때 필요한 시간은 얼마인가?

① 1.6초   ② 4.32초   ③ 5.76초   ④ 345.6초

(2) 어떤 학생이 걸어서 학교로 갈 때, 속력은 시간당 6 km 이며, 또 학교에서 돌아올 때, 속력은 시간당 4 km 이다. 이때, 이 학생이 집에서 학교를 왕복할 때 평균속력을 구하여라.

(3) 어떤 자전거 클럽에서 단체훈련을 한다. 운동선수들이 클럽에서 출발하여 시간당 30 km 의 속력으로 도로를 따라서 자전거를 타고 간다. 출발 후 48분 후에 선수 갑은 멈추라는 연락을 받고 대기하였고 (나머지 선수들의 대열은 여전히 가고 있다.) 동시에 통신원은 오토바이로 센터에서 시간당 72 km 의 속력으로 와서 갑에게 편지를 전해주고 다시 돌아갔다. 이때, 선수 갑은 이 자전거를 타고 25분 내에 대열과 합류하기 위해선 최소한 시간당 몇 km 로 달려야 하는지 구하여라. (단, 대열의 길이는 생각하지 않는다.)

02 오른쪽 그림처럼 갑, 을 두 배가 동시에 B 항에서 각각 C 항과 A 항으로 향하여 운행한다. 갑의 속력은 을의 속력의 $\frac{6}{5}$ 배이다. A 항에서 B 항의 사이가 54㎞ 떨어져 있고, 갑의 배가 3시간을 운행하여 C 항에 도착한 뒤, A 항으로 방향을 돌려 운행한다. 마지막에 을의 배와 동시에 A 항을 도착한다면 을의 배의 속력은 시간당 몇 ㎞ 인지를 구하여라.

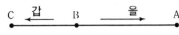

03 1시에서 2시 사이의 어떤 시간에 분침과 시침의 각이 12에 대해 대칭일 때, 그 시간은 몇 시 몇 분인지 구하여라.

04 **다음 물음에 답하여라.**

(1) 오전 9시에 시침과 분침의 이루는 각이 직각이다. 다음 번에 시침과 분침이 이루는 각이 직각이 되는 시간을 구하여라.

(2) 12시 정각에 시침과 분침이 합쳐진(일치한) 후, 두 번째로 시침과 분침이 겹쳐지는 시각을 구하여라. 또한, 세 번째, 네 번째, ⋯, n번째는 언제 겹쳐지는지 구하여라. $(n = 1,\ 2,\ \cdots,\ 12)$

05 우혁이의 4년 전의 나이는 은비의 5년 후의 나이이다. 우혁이의 6년 후의 나이와 은비의 3년 전 나이를 합하면 32세이다. 올해 우혁이와 은비의 나이를 각각 구하여라.

[실력 향상시키기]

06 시골 초등학교 선생님과 학생이 도시로 견학을 간다. 버스는 도시에서 출발하고 오전 7시에 학교에 도착하여 선생님과 학생을 태우고 도시로 출발한다. 버스는 학교로 가는 도중에 고장을 일으켜서 어쩔 수 없이 수리를 맡겼다. 학생들은 7시 10분까지 기다렸지만 버스가 오지 않아서 걸어서 도시로 향하였다. 걸어서 가는 도중에 수리한 버스를 만나 차를 타고 도시로 향했다. 결국 정해진 도착시간보다 30분 늦게 도착하였다. 버스의 속력이 걷는 속력보다 6배 빠를 때, 버스가 고장을 일으켜서 수리하는데 소모된 시간을 구하여라.

07 유리와 서현이가 계단 오르기 시합을 한다. 이 두 사람은 고층의 지면(1층)에서 출발하여 28층에 도착한 후 다시 지면으로 돌아온다. 유리가 4층에 도착했을 때 서현이는 3층에 도착했다. 만약 이 둘이 일정한 속력을 유지한다면 유리가 28층에 도착한 후 다시 지면으로 돌아가는 도중에 서현이와 몇 층에서 만날지 구하여라. (단, 1층과 2층 사이를 1층으로 간주하며, 다른 층도 동일하게 간주한다.)

08 진우네 집의 시계는 정상이지만 약간 빠르다. 아침에 그의 집의 시계가 8시 4분일 때, 그가 집을 나서 학교에 도착하자 학교시계(표준시간)로 8시를 가리켰다. 학교시계가 12시를 가리켜서 출발하여 집으로 돌아왔을 때, 시계가 가리키는 시간은 12시 반이였다. 진우가 학교에 갈 때와 집에 돌아올 때 걸린 시간이 같다면 진우의 시계는 표준시간보다 얼마가 빠른지 구하여라.

09 올해 형제 둘의 나이의 합은 55세이다. 형이 어느 해의 나이와 동생이 올해의 나이가 같다. 또한 그 어느 해의 형의 나이는 동생의 나이의 2배였다. 형은 올해 몇 살인지 구하여라.

[응용하기]

10 이 선생님은 파티에서 학생들에게 수학이야기를 시작할 때, 시계의 시침과 분침이 이루는 각이 90°이었으며, 7시가 넘은 시간이었다. 이야기가 끝났을 때, 시침과 분침이 이루는 각이 90°이었으며 8시가 넘은 시간이었다. 그가 또 발견한 것은 이야기 중에 시침과 분침이 이루는 각이 90°일 때가 한 번 더 있었다. 이때, 이야기하는데 소요된 시간을 구하여라. (답안은 반올림해서 30초까지 계산한다. 예를 들면 3시간 17분 18초이면, 3시간 17.5분(또는 3시간 17분 30초), 3시간 17분 12초이면, 3시간 17분이다.)

11 12명이 학교에서 40㎞ 떨어진 기차역까지 기차를 타러간다. 그들이 걷는 속력은 시간당 4㎞이다. 하지만 기차가 출발하는 시간까지 3시간 밖에 남지 않았다. 그들의 유일한 교통수단은 택시 한 대 뿐인데 5명이 정원이며 속력은 시간당 60㎞이다. 12명이 모두 기차에 탈 수 있는지 그 여부와 이유를 설명하여라. (단, 택시에서 타고 내리는 시간은 계산하지 않는다. 택시에는 택시 기사를 제외하고 한 번에 최대 4명만이 탈 수 있다.)

일차방정식의 응용(Ⅲ)
– 분배, 농도와 작업(일) 문제

1 핵심요점

(Ⅰ) 분배 문제

어떤 것을 갑, 을(또는 더욱 많은 것들)에게 분배하는 분배문제의 형식은 비교적 복잡하다.
더하기, 빼기, 곱하기, 나누기의 관계에 의해서 분배를 하고 비례에 따라서 분배를 한다. 하지만 분배방법이 어떻든지
분배의 기본량은 존재하며 이를 미지수로 설정할 수 있다. 이것을 알고 나면 나머지는 순서대로 구해낼 수 있다.

2 필수예제

필수예제 1

갑, 을 두 정미소에 총 4800kg의 곡식이 있었다. 만약 갑 정미소에서 을 정미소에게 을 정미소의 곡식의 1배의 양을 나누어주고 그 다음에 을 정미소에서 다시 갑 정미소에게 갑 정미소의 현재 남은 곡식의 1배를 나누어주었을 때, 두 정미소의 곡식의 양이 같았다. 이때 갑, 을 두 정미소의 원래 곡식의 양을 각각 구하여라.

[풀이]

	"갑 정미소	을 정미소
원래의 곡식의 양(kg)	x	$4800 - x$
갑이 공급한 곡식의 양(kg)	$x - (4800 - x)$	$2(4800 - x)$
을이 공급한 곡식의 양(kg)	$2[x - (4800 - x)]$ ···①	$2(4800 - x)$ $- [x - (4800 - x)]$ ···②

두 정미소에서 서로 나누어 준 ①, ②의 양이 같다는 사실로 부터 방정식을 만들어 해를 구한다.

갑 정미소에 원래 있던 곡식의 양을 x kg이라고 한다면 서로 나누어준 후 양이 같다는 사실로 부터

$2\{x - (4800 - x)\} = 2(4800 - x) - \{x - (4800 - x)\}$ 이다.

이를 풀면 $x = 3000$ 이다. 또 $4800 - x = 4800 - 3000 = 1800$ 이다.

그러므로 갑 정미소에는 원래 3000kg이 있었고 을 정미소에는 180kg이 있었다.

[해설] 다음과 같이 방정식을 만들 수도 있다.

$2 \times 2\{x - (4800 - x)\} = 4800$ 또는

$2 \times 2 (4800 - x) - \{x - (4800 - x)\} = 4800$

이를 풀면 $x = 3000$ 이다.

📋 갑 정미소 : 3000kg, 을 정미소 : 180kg

분석 tip

원래의 금메달과 은메달의 분배 상황에서 알 수 있는 것은 원래의 금메달이나 은메달을 받은 학생 중 한 쪽의 메달을 받은 학생 수를 알면 다른 한 쪽의 메달을 받은 학생 수와 80점 이하를 받은 학생 수를 알 수 있다. 그리고 다시 메달을 분배한 상황에 대한 이미 알고 있는 조건을 통해서 각 점수대의 학생 수를 알 수 있다. 그렇게 하여 금메달, 은메달을 받은 학생의 총점이 같다는 조건을 통해서 방정식을 만들어 해를 구할 수 있다.

필수예제 2

영재 중학교에서 수학경시대회를 개최하였다. 120점 만점이고 100점 이상인 학생에게는 금메달을, 80~99점의 학생에게는 은메달을 수여했다. 그 결과 금메달을 받은 학생 수는 은메달을 받은 학생 수보다 8명 적고, 상을 받은 학생 수는 상을 받지 못한 학생 수보다 9명 적었다. 나중에 규정을 바꿔 90점 이상인 학생에게 금메달, 70~89점인 학생에게 은메달을 수여할 때 금메달과 은메달을 받은 학생 수가 각각 5명씩 늘어났으며, 금메달을 받은 학생과 은메달을 받은 학생의 총점이 같고 평균은 각각 95점과 75점이었다. 이 경시대회에 참가한 학생의 총 인원을 구하여라. (단, 점수는 모두 자연수이다.)

[풀이] 100점 이상의 점수를 받은 학생 수를 x명이라고 하자.

처음 메달을 수여한 상황에서, 80~99점의 학생 수는 $(x+8)$명이고, 80점 이하의 학생 수는 $x+(x+8)+9=2x+17$명이다.

다시 메달을 분배한 상황에서,

90~99인 학생 수는 5명이고, 70~79점인 학생 수는 $2\times5=10$명이다.

그러므로 80~89점인 사람은 $(x+8)-5=x+3$(명)이다.

69점 이하의 사람은 $(2x+17)-10=2x+7$(명)이다.

금메달을 받은 학생과 은메달을 받은 학생의 총점이 같다는 조건으로부터 $95(x+5)=75\{(x+3)+10\}$이다. 이를 풀면, $x=25$이다.

따라서 경시대회에 참가한 학생 수는

$(x+5)+\{(x+3)+10\}+(2x+7)=4x+25=4\times25+25=125$(명)이다.

🖺 125(명)

필수예제 3

중학생 체육대회의 남녀 선수의 비는 19:12이다. 조직위원회에서 여자 리듬 체조 항목을 추가할 경우 남녀 선수의 비는 20:13으로 변했다. 다시 남자 체조 항목을 추가하자, 30:19로 변했다. 남자 체조 선수가 여자 리듬 체조 선수보다 30명 더 많다면, 마지막으로 계산된 선수의 총 인원을 구하면?

① 7000명 　　② 6860명 　　③ 6615명 　　④ 6370명

[풀이] 원래의 남자 선수와 여자 선수의 수를 각각 $19x$, $12x$명이라고 하자.

처음 증가된 항목인 여자 리듬체조 선수의 수를 y명이라고 하고 비례식을 만들면 $19x:(12x+y)=20:13$이다. 이를 풀면 $y=\dfrac{7}{20}x$이다.

다시 추가된 남자 체조선수를 z명이라고 하고 비례식을 만들면

$(19x+z):(12x+\dfrac{7}{20}x)=30:19$이다. 이를 풀면, $z=\dfrac{1}{2}x$이다.

남자 체조선수가 여자 리듬체조선수보다 30명이 더 많으므로

$\dfrac{1}{2}x - \dfrac{7}{20}x = 30$이다. 즉, $x = 200$이다. 따라서 선수의 총 인원수는

$19x + 12x + \dfrac{7}{20}x + \dfrac{1}{2}x = \left(19 + 12 + \dfrac{7}{20} + \dfrac{1}{2}\right) \times 200 = 6370$(명)이다.

따라서 답은 ④이다.

[해설] 비례식을 배웠다면 이 문제에서는 아래와 같이 더 간단하게 풀 수 있다.

$19 \times 20 = 380$, $12 \times 20 = 240$, $30 \times 13 = 390$, $19 \times 13 = 247$을 이용하자.

원래 남녀 선수의 비례 $19 : 12 = 380 : 240$가 $20 : 13 = 380 : 247$과

$30 : 19 = 390 : 247$로 바꾸어지므로 처음 남녀 선수가 각각 $380x$, $240x$

명 있었다고 하면, 나중에 남녀 선수는 각각 $390x$명, $247x$명이다.

그러므로 $(390x - 380x) - (247x - 240x) = 30$이다.

이를 풀면, $x = 10$이다. 그러므로 선수의 총 수는 $(390 + 247) \times 10 = 6370$

명이다.

답 ④

(Ⅱ) 농도 문제

*. 기본계산 공식

용액 : 어떤 물질에 다른 물질이 녹아 섞인 액체(예를 들어, 소금물, 설탕물 등)

용질 : 용액에 녹아있는 물질(예를 들어, 소금, 설탕 등)

① 농도 $= \dfrac{\text{용질질량}}{\text{용액질량}} \times 100\%$

② 용질질량 = 용액질량 × 농도

③ 용액질량 = 용질질량 ÷ 농도

*. 농도 문제는 다음과 같이 크게 3가지로 분류할 수 있다.

① 물을 넣어 희석하는 문제

② 용질을 추가해 농도를 높이는 문제

③ 농도가 서로 다른 용액을 서로 혼합하는 문제

*. 농도 문제의 핵심은 등량관계이다.(혼합하기 전 후의 용질의 질량이 동일하다는 조건이다)

필수예제 41

농도가 15%인 소금물 100 g 을 농도가 2%인 소금물로 만들려면 물 몇 g 을 추가해야 하는지를 구하여라.

[풀이] (희석 문제)

 x g 의 물을 추가한다고 하면,

 $(100+x) \times 2\% = 100 \times 15\%$ 이다.

 이를 풀면, $x = 650$ 이다.

 따라서 650 g 의 물을 추가해야 한다.

🖪 650g

필수예제 4-2

농도가 15% 인 설탕물 300 g 을 농도가 20% 인 설탕물로 만들려면 설탕 몇 g 을 더 추가해야 하는지 구하여라.

[풀이] (용질 추가)

 설탕을 x g 추가한다고 하면,

 $300 \times 15\% + x = (300+x) \times 20\%$ 이다.

 이를 풀면 $x = 18.75$ 이다.

 따라서 설탕 18.75 g 을 추가해야 한다.

🖪 18.75g

필수예제 4-3

농도가 5% 인 용액 200 g 에 농도가 8% 인 용액과 물을 추가하여, 농도가 6% 인 용액 700 g 을 만들려고 한다. 이때, 추가한 농도가 8% 인 용액의 양과 물의 양을 구하여라.

[풀이] (서로 다른 농도의 용액의 혼합문제)

 추가한 농도가 8%의 용액을 x g 이라 하면, 추가한 물은

 $[700-(200+x)]$ g 이다.

 그러므로 $x \cdot 8\% + 200 \times 5\% = 700 \times 6\%$ 이다.

 이를 풀면, $x = 400$ 이다. 또 $700-(200+x) = 700-(200+400) = 100$ 이다.

 따라서 추가한 농도가 8% 인 용액은 400 g 이고, 물은 100 g 이다.

🖪 400 g , 100 g

필수예제 4-4

농도가 20%인 소금물과 농도가 5%인 소금물을 혼합하여 농도가 15%인 소금물 900 g을 만든다면, 사용한 농도가 20%와 5%의 소금물을 각각 구하여라.

[풀이] (서로 다른 농도의 용액의 혼합문제)

농도가 20%인 소금물을 x g 사용한다고 하면, 농도가 5%인 소금물은 $(900-x)$ g 사용한다.

그러므로 $20\% \cdot x + 5\% \cdot (900-x) = 900 \times 15\%$ 이다.

이를 풀면, $x = 600$이다. 또 $900 - x = 900 - 600 = 300$이다.

그러므로 농도가 20%인 소금물은 600 g, 농도가 5%인 소금물 300 g을 사용한다.

📋 600g, 300g

필수예제 5

A, B, C의 시험관에 물을 몇 g을 채우고 현재 농도가 12%인 소금물 10 g을 A시험관에 넣고 섞은 후 다시 10 g을 꺼내어 B시험관에 넣고 다시 섞은 후 다시 10 g에서 C시험관에 넣었다. 결국 A, B, C이 3개 시험관의 농도는 각각 6%, 2%, 0.5%이다. 3개 시험관의 원래 물을 채웠을 때 가장 많았던 시험관을 구하고, 채운 물의 양을 구하여라.

[풀이] A시험관에 채운 물의 양을 x g이라 하면,

$(x+10) \times 6\% = 10 \times 12\%$이다. 이를 풀면, $x = 10$이다.

그러므로 A시험관에 물 10g을 채워야 한다.

B시험관에 채운 물의 양을 y g이라 하면,

$(y+10) \times 2\% = 10 \times 6\%$이다. 이를 풀면, $y = 20$이다.

그러므로 B시험관에는 물 20 g을 채워야 한다.

C시험관에 채운 물의 양을 z g이라 하면,

$(z+10) \times 0.5\% = 10 \times 2\%$이다. 이를 풀면, $z = 30$이다.

그러므로 C시험관에는 물 30 g을 채워야 한다.

따라서 물을 가장 많이 채우는 시험관은 C시험관이고, 물 30 g을 채워야 한다.

📋 C시험관, 30g

(Ⅲ) 작업(일) 문제

*. 작업(일) 문제의 기본수량관계

작업 효율 = $\dfrac{\text{작업 총량}}{\text{작업 시간}}$ (작업효율을 줄여서 공률(또는 일률)이라고 한다.)

작업 총량 = 작업 시간 × 공률

작업 시간 = 작업 총량 × 공률

*. 작업(일) 문제에서 구체적인 작업 총량(숫자)을 나타내지 않기 때문에 일반적으로 한 일의 작업 총량을 1로 본다.(또는 1로 설정한다) 그래서, 작업시간과 공률은 서로 역수이다.

공률 = $\dfrac{1}{\text{작업시간}}$

작업시간 = $\dfrac{1}{\text{공률}}$ (또는 1 ÷ 공률)

*. 많은 사람이 함께 일하는 일 문제 중에서는

(많은 사람이 함께 일하는)공률 = 각 사람의 공률의 합

작업 총량 = 각 사람이 완성한 작업량의 합

필수예제 6

어떤 작업에서 갑, 을, 병이 각자 혼자서 이 일을 완성할 때 40일, 30일, 24일이 걸린다. 갑, 을, 병이 함께 3일을 일한 후 을, 병이 사정이 있어 먼저 떠난다. 을이 떠난 일수는 병이 떠난 일수보다 3일이 더 많았으며, 이 일은 결국 총 14일이 걸려서 완성하게 되었다. 이때, 을과 병은 각각 이 작업에서 며칠 동안 떠나 있었는지 구하여라.

[풀이] 이 일의 총량을 1이라 하면 갑, 을, 병의 공률은 각각 $\dfrac{1}{40}$, $\dfrac{1}{30}$, $\dfrac{1}{24}$이다.

갑은 총 14일 일했으므로 갑이 완성한 작업량은 $\dfrac{14}{40}$이다.

병이 x일 동안 작업을 떠났다고 하면, 병은 $(14-x)$일을 작업했고, 병의 작업량은 $\dfrac{14-x}{24}$이다.

또, 을은 $(x+3)$일 동안 작업 떠났고, 을은 $\{14-(x+3)\}$일을 작업했고 을의 작업량은 $\dfrac{14-(x+3)}{30}$이다.

그러므로 $\dfrac{14}{40} + \dfrac{14-(x+3)}{30} + \dfrac{14-x}{24} = 1$이다.

이를 풀면, $x=4$이다. 또 $x+3=4+3=7$이다.

그러므로 을은 7일 동안을 떠났고 병은 4일 동안을 떠났다.

[해설] 만약 을이 y일 동안 작업을 떠났다면

$$\frac{14}{40} + \frac{14 - (y-3)}{24} + \frac{14-y}{30} = 1$$

이다. 이를 풀면 $y = 7$, 또 $y - 3 = 7 - 3 = 4$이다. 위의 풀이결과와 같다.

답 을 7일, 병 4일

필수예제 7

어떤 일에서 20일 전에 일을 완성해야 한다면 원래의 작업효율보다 25%의 효율을 높여야 한다. 원래의 계획대로 이 일을 완성한다면 며칠이 걸리는지 구하여라.

[풀이] 일의 총량을 "1"이라 하고, 원래의 계획대로 일을 완성하는 데 x일이 필요하다고 하면, 원래의 공률은 $\frac{1}{x}$이다.

$(x-20)$일에 이 일을 완성할 때, 이 공률은 $\frac{1}{x-20}$이다.

이것은 원래의 공률을 25% 올린 결과이다.

그러므로 $\dfrac{1}{x-20} = (1+25\%) \cdot \dfrac{1}{x}$이다, 즉 $\dfrac{1}{x-20} = \dfrac{5}{4x}$이다.

이를 정리하면, $4x = 5(x-20)$이다. 이를 풀면 $x = 100$이다.

그러므로 원래의 계획대로 이 일을 완성할 때 100일이 필요하다.

답 100일

(Ⅳ) 기타

일차방정식을 이용하여 해를 구하는 응용문제의 종류는 비교적 많은 편이라 모두 소개할 수는 없다.
일차방정식 중 기하 응용에서 넓이와 관련된 문제는 20강에서 다룰 것이다. 이처럼 계속해서 다른 강에서 언급되므로 여기서는 한 가지 예로 설명을 마친다.

필수예제 8

길이가 같고 굵기가 다른 두개의 양초가 있다. 하나는 다 타는데 3시간이 걸리고, 다른 하나는 다 타는데 4시간이 걸린다. 두 개의 양초를 동시에 점화하여 하나의 길이가 다른 하나의 3배가 될 때, 양초는 몇 시간 동안 탔는지 구하여라.

[풀이] 양초의 길이는 a이고, 주어진 조건을 만족할 때까지 x시간 동안 탔다고 하자.

그러면, $a - \dfrac{a}{4}x = 3\left(a - \dfrac{a}{3}x\right)$ 이다. 즉, $1 - \dfrac{x}{4} = 3 - x$ 이다.

이를 풀면 $x = \dfrac{8}{3}$ 이다. 그러므로 양초는 $\dfrac{8}{3}$ 시간 동안 탔다.

[해설] 여기서도 양초의 길이를 1로 정할 수 있다.

답 $\dfrac{8}{3}$ 시간

제13강

[실력다지기]

01 다음 물음에 답하여라.

(1) 해정이가 한 자루의 탱탱볼을 샀다. 그 중 $\dfrac{1}{4}$ 은 녹색이고 $\dfrac{1}{8}$ 은 노란색이며, 남은 공의 $\dfrac{1}{5}$ 이 파란색이었다. 파란색 공이 12개일 때, 해정이가 산 한 자루는 몇 개의 공이 들어 있었는지 구하여라.

(2) 갑, 을 두개의 약품창고에 약품을 총 45톤 보관하였다. 지금 갑 창고에서 창고안의 약품의 60% 을 꺼내고 을 창고의 창고안의 약품 40% 를 꺼냈다. 그 결과 을 창고에서 남은 약품은 갑 창고의 남은 약품보다 3톤이 많았다. 갑, 을 창고의 원래의 있던 약품의 양을 각각 구하여라.

02 다음 물음에 답하여라.

(1) 한 컴퓨터회사에서 갑, 을 두 사람이 두 대의 컴퓨터를 가지고 각각 택시를 타고 동일한 손님에게 배달을 갔다. 그중 한 택시는 4 km 까지는 3000 원이고 그 다음 부터는 1 km 당 1500 원이다. 다른 택시는 3 km 까지 5000 원이고 그 다음부터는 1 km 당 2000 원이다. 그들이 도착하여 지불한 차비는 18500 원이었다. 컴퓨터회사와 손님의 집까지의 거리를 구하여라.

(2) 우리가 일반적으로 축구경기장에서 사용하는 축구공은 여러 개의 검정색 과 하얀색의 가죽을 봉합하여 만든다. (오른쪽 그림) 중학교 1학년인 용 재와 진영이가 축구를 하다가 축구공의 검정색과 하얀색에 대하여 연구 하기 시작한 결과 검정색은 오각형이었고 흰색은 육각형이었다. 용재는 검정색 가죽을 12개를 세어 냈지만 진영이는 흰색 가죽을 제대로 세지 못했다. 흰색 가죽의 개수를 구하여라.

03 **다음 물음에 답하여라.**

(1) 1 : 200의 비율로 소독약(물+소독원액) 4000 g 을 만들 때, 소독원액은 몇 g 이 필요한지 구하여라.

(2) 농도가 30% 인 소금물 60kg 을 저울에 올린 채 일정시간 증발시킨 소금물에서 40%의 소금 을 추출했다면 일정시간 증발시킨 상태에서 소금물이 올려진 저울의 눈금을 구하여라.

04 다음 물음에 답하여라.

어떤 학생이 농도가 60% 의 450 g 인 황산암모늄을 농도가 40% 인 황산암모늄으로 만들려고 다른 것을 고려하지 않은 채 300 g 의 물을 추가했다.

(1) 학생이 추가한 물의 양이 초과임을 보여라.

(2) 이때, 몇 g 의 황산암모늄을 추가해야 농도가 40% 인 황산암모늄이 되는지 구하여라.

05 어느 작업을 갑은 혼자서 20 일에 완성했고 을은 12 일에 완성했다. 이 일을 갑이 며칠 동안 한 다음 을이 이 일을 연결하여 마쳤더니 14 일이 걸렸다. 이때, 갑, 을 두 사람은 각각 일한 일자를 구하여라.

[실력 향상시키기]

06 올해 수학경시대회에 참가하는 사람은 작년보다 30 % 증가했다. 올해 남학생은 20 %, 여학생은 50 % 증가하였다. 올해 경시대회에 참가하는 총 인원을 a 명, 그 중 여학생의 수를 b 명이라 할 때, $\dfrac{b}{a}$ 의 값을 구하여라.

07 갑 종류의 철광석의 철 함량은 을 종류의 철광석보다 1.5배 많다. 갑, 을 두 종류의 철광석을 4 : 3 의 비율로 혼합하여 만든 철광석의 철 함량이 55.8 % 일 때, 두 철광석의 철 함량을 백분율로 구하여라.

08 탁구공이 점 A 점에서 지면에 닿은 후 다시 B 점까지 튕겨 온 후 20㎝ 높이의 평평한 곳에 닿은 후 다시 C 점까지 튕겨온 후 지면에 떨어졌다. 매번 돌아온 높이는 낙하한 높이의 80% 이다. A 점에서 지면까지의 높이가 C 점에서 지면까지의 높이보다 68㎝ 높을 때, C 점에서 지면까지의 높이를 구하여라.

09 갑, 을 두 사람이 타자를 친다. 갑은 한 페이지 당 500자를 치고 을은 한 페이지 당 600자를 친다. 매일 갑은 8페이지를 치고 을은 7페이지를 친다. 갑이 2페이지까지 타자를 친 후 을이 타자를 치기 시작했다면 갑과 을이 친 타자의 수가 같을 때, 을이 몇 페이지를 쳤는지 구하여라.

[응용하기]

10 다음 물음에 답하여라.

(1) 한 저수지에 갑과 을이라는 두 수송관을 설치하였다. 갑 관 만 열고 1.5시간이 지나면 빈 저수지가 물로 꽉 찬다. 을 관만 열면 0.8시간 동안 저수지의 물을 모두 배출한다. 저수지에 물이 꽉 찬 상태에서 두 관을 동시에 연다면 몇 시간이 지나야 이 저수지의 물을 모두 배출할 수 있는지 구하여라.

(2) 갑, 을, 병 3개의 수도관이 있다. 갑 관 만 5시간을 열면 5시간 동안 수조를 가득 채울 수 있다. 갑과 을 두 관을 동시에 2시간을 열면 수조를 가득 채울 수 있다. 갑과 병 두 관을 동시에 3시간을 열면 수조를 가득 채울 수 있다. 갑, 을, 병 세 개의 관을 동시에 열고, 어느 정도 시간이 지나 갑 관을 잠그고 2시간이 지나 수조를 가득 채웠다면, 3개의 관을 동시에 열고 몇 시간이 경과했는지 구하여라.

11 농도가 각각 3%, 8%, 11%인 갑, 을, 병 3가지의 소금물이 50kg, 70kg, 60kg이 있다. 갑, 을, 병 소금물을 섞어서 농도 7%인 소금물 100kg을 만들려고 할 때, 병 소금물을 최대 몇 kg을 사용해야 할 지 구하여라.

Part Ⅲ 함수

14강 함수 (I)

1 핵심요점

1. 대응

두 변수 x, y가 있을 때, 변수 x의 각각에 대하여 변수 y를 하나하나 짝지어 주는 것

2. 정비례와 반비례

(1) 정비례 관계

① 정비례 : 변하는 두 양 x와 y에 대하여 $y=ax\,(a \neq 0)$인 관계가 있을 때,

y는 x에 **정비례**한다고 한다.

② y가 x에 정비례할 때, x에 대한 y의 비의 값 $\dfrac{y}{x}$는 일정하다.

(2) 반비례 관계

① 반비례 : 변하는 두 양 x와 y에 대하여 $y=\dfrac{a}{x}\,(a \neq 0)$인 관계가 있을 때,

y는 x에 **반비례**한다고 한다.

② y가 x에 반비례할 때, x와 y의 곱 xy의 값은 일정하다.

2 필수예제

필수예제 1

y가 x에 정비례할 때, x의 값이 2에서 8로 변하면 y의 값은 $\dfrac{3}{2}$에서 k로 변한다고 한다. 이때, k의 값을 구하여라.

[풀이] y가 x에 정비례하므로 x의 값이 2에서 8로 4배 변하면

y의 값도 4배로 변한다.

따라서 $k=\dfrac{3}{2}\times 4 = 6$ 이다.

답 6

필수예제 2

y가 x에 반비례할 때, $x=2$이면, $y=8$이다. $x=-6$일 때, y의 값을 구하여라.

[풀이] $y=\dfrac{a}{x}$ 에 $x=2$, $y=8$을 대입하면 $8=\dfrac{a}{2}$, $a=16$이다.

$y=\dfrac{16}{x}$ 에 $x=-6$을 대입하면 $y=\dfrac{16}{-6}$, $y=-\dfrac{8}{3}$이다.

따라서 $x=-6$일 때, $y=-\dfrac{8}{3}$이다.

답 $-\dfrac{8}{3}$

3. 함수의 정의
변하는 두 변수 x, y에 대하여 x의 값이 결정됨에 따라 y의 값이 오직 하나 결정될 때, y를 x의 함수라고 한다. 이것을 기호로 $y=f(x)$와 같이 나타낸다.

4. 함숫값
함수 $y=f(x)$에서 x의 값에 따라 하나로 정해지는 y의 값인 $f(x)$를 x의 **함숫값**이라고 한다.
즉, $x=a$에 대응하는 y의 값이 b일 때, $f(a)=b$로 나타내고 b를 a의 함숫값이라고 한다.

필수예제 3

x에 대한 함수 $f(x)$가 임의의 x, y에 대하여
$$f(x)f(y)=f(x+y)+f(x-y),\ f(1)=1$$
을 만족할 때, $2f(0)+f(2)$의 값을 구하여라.

[풀이] $f(x)f(y)=f(x+y)+f(x-y)$ 에
$x=1, y=0$ 을 대입하면 $f(1)\cdot f(0)=f(1)+f(1)$ 이다.
$f(1)=1$ 이므로 $f(0)=2$ 이다.
$x=1, y=1$ 를 대입하면 $f(1)\cdot f(1)=f(2)+f(0)$ 이다.
$f(1)=1, f(0)=2$ 이므로 $f(2)=-1$ 이다.
따라서 $2f(0)+f(2)=2\times2+(-1)=3$ 이다.

답 3

2이상의 자연수 p, s, t에 대하여 함수 f가 다음을 만족한다.

(Ⅰ) p가 소수이면, $f(p) = p$이다.
(Ⅱ) $f(st) = f(s) + f(t)$

이때, $f(360)$의 값을 구하시오.

[풀이] $360 = 2^3 \times 3^2 \times 5$ 이므로
$$f(360) = f(2^3 \times 3^2 \times 5) = f(2^3) + f(3^2) + f(5)$$
$$= 3f(2) + 2f(3) + f(5) = 3 \times 2 + 2 \times 3 + 5 = 17이다.$$

답 17

음이 아닌 정수 n에 대하여 함수 f가
$$f(0) = 0, \quad f(10n+k) = f(n) + k \, (k = 0, 1, \cdots, 9)$$
를 만족할 때, $f(2014)$의 값을 구하여라.

[풀이] $f(2014) = f(10 \times 201 + 4)$
$$= f(201) + 4$$
$$= f(10 \times 20 + 1) + 4$$
$$= f(20) + 1 + 4$$
$$= f(10 \times 2 + 0) + 1 + 4$$
$$= f(2) + 0 + 1 + 4$$
$$= 2 + 0 + 1 + 4$$
$$= 7$$

답 7

필수예제 6

음이 아닌 두 정수 x, y 에 대하여 식 $f(x, y)$ 가 아래의 세 조건을 만족할 때, $f(1, 1)$ 의 값을 구하여라.

(i) $f(0, y) = y + 1$

(ii) $f(x+1, 0) = f(x, 1)$

(iii) $f(x+1, y+1) = f(x, f(x+1, y))$

[풀이] $x = 0$일 때, (ii)에 의해서 $f(1, 0) = f(0, 1)$이다.

(i)에 의해서 $f(1, 0) = f(0, 1) = 2$이다.

$x = 0$, $y = 0$일 때, (iii)에 의해서 $f(1, 1) = f(0, f(1, 0)) = f(0, 2) = 3$이다.

답 3

[실력다지기]

01 함수 f가 $f\left(\dfrac{x+3}{2}\right) = 2x+1$을 만족할 때, $f(2x+1)$을 구하여라.

02 함수 f 를

$$f(x) = (x \text{의 (양의)약수의 개수)}$$

로 정의할 때, $f(8) + f(18)$ 의 값을 구하여라.

03 함수 f 가 임의의 정수 a, b 에 대하여 $f(a+b) = f(a) + f(b) + 3$을 만족시킬 때, $f(3) + f(-3)$ 의 값을 구하여라.

04 함수 f 가 임의의 두 양의 유리수 x, y 에 대하여 $f(xy) = f(x) + f(y)$ 를 만족한다. $f(8) = 6$ 일 때, $f\left(\dfrac{1}{8}\right) + f(1) + f(4)$ 의 값을 구하여라.

05 임의의 양의 유리수 x, y 에 대하여 함수 f 가

$$f(xy) = f(x) + f(y) - 2$$

를 만족하고 $f(2) = 3$ 일 때, $f\left(\dfrac{1}{2}\right)$ 의 값을 구하여라.

06 임의의 자연수에 대하여 함수 f 가 다음 두 조건을 만족할 때,
$f(1) + f(2) + f(3) + \cdots + f(2014)$ 의 값을 구하여라.

> (가) $f(1) = 1$, $f(2) = 2$
> (나) $f(x+1) = f(x+2) + f(x)$

[실력 향상시키기]

07 2 이상인 자연수에 대하여 함수 f가
$$f(x) = x \times \ll x \gg$$
일 때, $f(200)$의 값을 구하여라. (단, $\ll x \gg$는 x의 약수 중 자기 자신을 제외한 가장 큰 약수이다.)

08 양의 유리수에 대하여 함수 $f(x)$가 $f(x) + 2f\left(\dfrac{1}{x}\right) = 2x + \dfrac{3}{x}$ 을 만족시킬 때, $f(2)$의 값을 구하여라.

09 양의 정수의 순서쌍 (x, y)에 대하여 정의된 함수 f가 다음을 세 가지 조건을 만족한다고 하자.

(i) $f(x, x) = x + 2$,
(ii) $f(x, y) = f(y, x)$,
(iii) $(x + y) \cdot f(x, y) = y \cdot f(x, x + y)$

이때, $f(9, 7)$을 구하여라.

[응용하기]

10 $f(1) = 14$이고, 2이상인 자연수 n에 대하여 $f(n)$을 $f(n-1)$의 각 자리 "숫자들의 세제곱의 합" 이라 할 때, $f(2014)$를 구하여라.

11 함수 $f(x)$가 다음 두 조건을 만족할 때

> (i) $f(11) = 11$
>
> (ii) 모든 유리수 x에 대하여 $f(x+3) = \dfrac{f(x)-1}{f(x)+1}$

(1) $f(14)$와 $f(23)$을 구하여라.

(2) $f(2015)$를 구하여라.

12 자연수 x의 일의 자리의 수를 $f(x)$로 나타낼 때, $f(7^{2013} + 7^{2014})$을 구하여라.

15강 함수 (Ⅱ)

1 핵심요점

1. 순서쌍과 좌표

(1) 순서쌍 : 순서를 생각하여 두 수를 짝지어 나타낸 쌍

(2) 좌표축 : 두 수직선이 점 O에서 만날 때, 가로축을 x축, 세로축을 y축이라 하고, 이 두 축으로 통틀어 좌표축이라 한다. 이때, 기준이 되는 두 좌표축의 교점을 원점이라 한다.

(3) 좌표평면 : 좌표축이 그려져 있는 평면

(4) 좌표 : 좌표평면에서 점의 위치를 순서쌍 (x좌표, y좌표)로 나타낸 것

(5) 사분면 : 좌표평면은 좌표축에 의하여 다음 그림과 같이 네 부분으로 나누어진다.

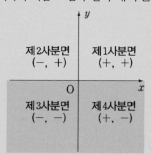

(6) 대칭인 점의 좌표 : 점 $P(a, b)$에 대하여

   ① x축에 대하여 대칭인 점의 좌표 : $(a, -b)$

   ② y축에 대하여 대칭인 점의 좌표 : $(-a, b)$

   ③ 원점에 대하여 대칭인 점의 좌표 : $(-a, -b)$

   ④ $y=x$에 대하여 대칭인 점의 좌표 : (b, a)

   ⑤ $y=-x$에 대하여 대칭인 점의 좌표 : $(-b, -a)$

(7) 좌표축 위의 점은 어느 사분면에도 속하지 않는다.

2 필수예제

필수예제 1

점 $A\left(\dfrac{b}{a}, a-b\right)$가 제 2사분면의 점일 때, 점 $B\left(a^2, \dfrac{a-b}{4}\right)$는 몇 사분면의 점인지 구하여라.

[풀이] 점 $A\left(\dfrac{b}{a}, a-b\right)$가 제 2사분면의 점이므로 $\dfrac{b}{a}<0$, $a-b>0$이므로 $a>0$, $b<0$이다.

$a^2>0$, $\dfrac{a-b}{4}>0$이므로 점 $B\left(a^2, \dfrac{a-b}{4}\right)$는 제 1사분면의 점이다.

답 제 1사분면의 점

2.좌표평면 위에서의 성질

(1) 좌표평면 위의 세 점 $A(x_1, y_1)$, $B(x_2, y_2)$, $C(x_3, y_3)$라 할 때,

삼각형 ABC의 넓이는 $\dfrac{1}{2} \times |(x_2-x_1)(y_3-y_1) - (x_3-x_1)(y_2-y_1)|$이다.

(2) 좌표평면상의 $A(x_1, y_1)$, $B(x_2, y_2)$이 있을 때,

① 선분 $\overline{AB}$를 $m : n$으로 내분하는 점 $P(x, y)$는

$$x = \frac{mx_2 + nx_1}{m+n}, \ y = \frac{my_2 + ny_1}{m+n} \qquad (\overline{PA} : \overline{PB} = m : n)$$

② 선분 $\overline{AB}$를 $m : n$으로 외분하는 점 $Q(x, y)$는

$$x = \frac{mx_2 - nx_1}{m-n}, \ y = \frac{my_2 - ny_1}{m-n} \, (m \neq n) \ \ (\overline{QA} : \overline{QB} = m : n)$$

③ 선분 $\overline{AB}$의 중점 $M(x, y)$는

$$x = \frac{x_1 + x_2}{2}, \ y = \frac{y_1 + y_2}{2} \ (\overline{MA} : \overline{MB} = 1 : 1)$$

필수예제 2

좌표평면 위의 세 점 $A(6, 2)$, $B(-2, 4)$, $C(-4, -6)$과 각각 x축, y축, 원점에 대하여 대칭인 점을 각각 A', B', C'이라 할 때, 삼각형 $A'B'C'$의 넓이를 구하여라.

[풀이] 점 $A(6, 2)$와 x축에 대하여 대칭인 점 $A'(6, -2)$이다.
점 $B(-2, 4)$와 y축에 대하여 대칭인 점 $B'(2, 4)$이다.
점 $C(-4, -6)$과 원점에 대하여 대칭인 점 $C'(4, 6)$이다.
삼각형 $A'B'C'$의 넓이는
$\dfrac{1}{2} \times |(2-6) \times (6+2) - (4-6) \times (4+2)| = \dfrac{1}{2} \times 20 = 10$이다.   冒 10

필수예제 3

좌표평면 위의 두 점 $A(1, -1)$, $B(6, 9)$에 대하여 다음을 구하여라.

(1) $\overline{AB}$를 $3 : 2$로 내분하는 점 P의 좌표
(2) $\overline{AB}$를 $3 : 2$로 외분하는 점 Q의 좌표
(3) $\overline{AB}$의 중점 M의 좌표

[풀이] (1) $\overline{AB}$를 $3 : 2$로 내분하는 점 $P(x, y)$의 좌표는

$$x = \frac{3 \cdot 6 + 2 \cdot 1}{3+2} = 4, \ y = \frac{3 \cdot 9 + 2 \cdot (-1)}{3+2} = 5 \ \ \therefore P(4, 5)$$

   冒 P(4, 5)

(2) $\overline{AB}$를 $3 : 2$로 외분하는 점 $Q(x, y)$의 좌표는

$$x = \frac{3 \cdot 6 - 2 \cdot 1}{3-2} = 16, \ y = \frac{3 \cdot 9 - 2 \cdot (-1)}{3-2} = 29$$

$\therefore Q(16, 29)$ 冒 Q(16, 29)

(3) $\overline{AB}$의 중점 $M(x, y)$의 좌표는

$$x = \frac{1+6}{2} = \frac{7}{2}, \ y = \frac{(-1)+9}{2} = 4 \ \therefore M\left(\frac{7}{2}, 4\right)$$ 冒 $M\left(\frac{7}{2}, 4\right)$

3. 함수의 그래프

(1) 함수 $y = ax\,(a \neq 0)$의 그래프

	$a > 0$일 때	$a < 0$일 때
그래프		
그래프의 모양	오른쪽 위로 향하는 직선	오른쪽 아래로 향하는 직선
증가, 감소	x가 증가하면 y도 증가한다. ⇨ 증가함수	x가 증가하면 y는 감소한다. ⇨ 감소함수
지나는 사분면	제 1, 3사분면	제 2, 4사분면
성질	① 원점을 지나는 직선이다. ② $|a|$가 클수록 y축에 가까워진다.	

(2) 함수 $y = \dfrac{a}{x}\,(a \neq 0)$의 그래프

	$a > 0$일 때	$a < 0$일 때
그래프		
그래프의 모양	오른쪽 아래로 향하는 직선	오른쪽 위로 향하는 직선
증가, 감소	x가 증가하면 y는 감소한다. ⇨ 감소함수	x가 증가하면 y도 증가한다. ⇨ 증가함수
지나는 사분면	제 1, 3사분면	제 2, 4사분면
성질	① 원점에 대하여 대칭인 한 쌍의 곡선이다. ② $|a|$가 클수록 원점에서 멀어진다.	

필수예제 4

함수 $y = \dfrac{36}{x}$ 의 그래프를 그렸을 때, x 좌표와 y 좌표가 모두 자연수인 점은 몇 개인지 구하여라.

[풀이] $y = \dfrac{36}{x}$ 이므로 y 의 값이 자연수가 되려면 x 의 값은 36의 약수이어야 한다.

$36 = 2^2 \times 3^2$ 이므로 36의 약수의 개수는 $(2+1) \times (2+1) = 9$(개)이다.

따라서 x 좌표와 y 좌표가 모두 자연수인 점은 9개이다.

답 9(개)

필수예제 5

다음 그림에서 직사각형 ABCD 의 네 변은 x 축 또는 y 축에 평행하고, 점 A, C 는 직선 $y = \dfrac{1}{3}x$ 의 그래프 위의 점이며, 점 B 는 직선 $y = x$ 의 그래프 위의 점이고, 점 A 의 x 좌표가 18일 때, $\square$ABCD 의 넓이를 구하여라.

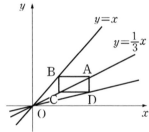

[풀이] 점 A의 x 좌표가 18이므로 y 좌표는 $y = \dfrac{1}{3} \times 18 = 6$ 이다.

그러므로 A$(18, 6)$ 이다.

점 B의 y 좌표가 6이므로 점 B의 좌표는 $(6, 6)$ 이다.

점 C의 x 좌표가 6, y 좌표가 2이므로 점 C의 좌표는 $(6, 2)$ 이다.

따라서 $\square$ABCD $= \overline{AB} \times \overline{BC} = (18-6) \times (6-2) = 48$ 이다.

답 48

[실력다지기]

01 점 $P\left(-a+b,\ -\dfrac{b}{2a}\right)$ 가 제 2사분면의 점일 때, $Q(a,\,b)$ 는 몇 사분면의 점인지 구하여라.

02 좌표평면 위에서 점 $P(-4,\,3)$ 의 x 축, 원점에 대하여 대칭인 점을 각각 Q , R 이라 할 때, $\triangle PQR$ 의 넓이를 구하여라.

03 세 점 $O(0,0)$, $A(4,0)$, $B(0,3)$일 때, $\triangle OAB$ 의 넓이를 이등분하는 직선이 $y = ax$라고 한다. a 의 값을 구하여라.

04 두 점 $A(-2, 1)$, $B(3, 4)$에 대하여 선분 AB 를 $(3+k):(3-k)$로 내분하는 점 P 가 제 1 사분면에 존재할 때, 정수 k 의 개수를 구하여라.

05 좌표평면 위의 네 점 A$(-2,\ 2)$, B$(1,\ -2)$, C$(3,\ -1)$, D$(4,\ 6)$을 꼭짓점으로 하는 사각형 ABCD에서 변 AD의 중점을 M이라 할 때, 삼각형 BCM의 넓이를 구하여라.

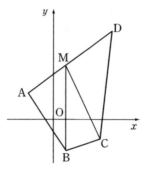

06 다음 그래프는 점 A$(2,\ 6)$과 점 B$(a,\ 3)$을 지나는 함수 $y = \dfrac{b}{x}\ (x > 0)$의 그래프이다. 원점을 지나는 직선 $y = kx$의 그래프는 선분 AB를 반드시 지난다고 할 때, 상수 k의 값의 범위를 구하여라.

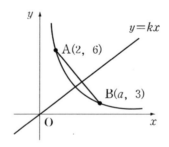

[실력 향상시키기]

07 함수 $f(x) = -3x + 4$에 대하여 방정식 $f(f(x)) + x = 0$을 만족시키는 x의 값을 구하여라.

08 세 점 $A(1, 4)$, $B(a, 8)$, $C(-3, b)$가 직선 $y = mx$ 위에 있을 때, a, b, m을 구하여라.

09 함수 $f(x) = ax + b\,(a \neq 0)$가 모든 x에 대하여 $f(f(x)) = x$이고 $f(2) = 3$일 때, $f(2014)$를 구하여라.

[응용하기]

10 다음은 픽의 정리에 대한 설명이다.

> 좌표평면 위의 세 점 $A(x_1, y_1)$, $B(x_2, y_2)$, $C(x_3, y_3)$의 x좌표와 y좌표가 모두 정수이고, 삼각형 ABC의 내부의 정수점의 개수가 a개, 세 변 $\overline{AB}$, $\overline{BC}$, $\overline{CA}$ 위의 정수점의 개수의 합이 b개일 때, 삼각형 ABC의 넓이는 $a + \dfrac{b}{2} - 1$이다. (단, 정수점이란 x좌표와 y좌표가 모두 정수인 점을 말한다.)

픽의 정리를 이용하여, 세 점 $A(1, 4)$, $B(-2, -2)$, $C(5, 0)$으로 이루어진 삼각형의 넓이를 구하여라.

11 다음 그림에서 두 점 A와 B는 $y = \dfrac{16}{x}$ 의 그래프 위에 있으며, 선분 AB는 원점 O를 지나고, 선분 BC와 AC는 각각 x축과 y축에 평행이다.

점 A의 x좌표가 a일 때, 삼각형 ABC의 넓이를 구하여라.

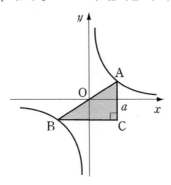

부록 모의고사

＊모든 문제는 서술형이고 답만 맞으면 0점 처리합니다.

1 두 양의 정수 a, b의 공약수의 개수를 $< a, b >$로 나타낸다. 예를 들어, $< 8, 12 > = 3$이다. $< 160, x > = 5$를 만족하는 x의 최솟값을 구하여라.

2 양의 정수 x의 양의 약수의 합이 186이고, 양의 약수의 역수의 합이 2.325일 때, x를 구하여라.

3 3으로 나누면 나머지가 1이고, 7로 나누면 나머지가 2가 되는 양의 정수 중 2014에 가장 가까운 수를 구하여라.

4 두 양의 정수 a, b에 대하여 $a * b$를 a를 b로 나눈 나머지와 b의 곱으로 나타낸다. 예를 들어, $15 * 4 = 3 \times 4 = 12$, $21 * 7 = 0 \times 7 = 0$이다. 이때, $12 * x$가 최대가 되는 x를 구하여라. (단, x는 12이하의 양의 정수이다.)

5 $\frac{14}{17}$를 네 개의 서로 다른 단위분수의 합으로 나타내어라. (단, 단위분수는 분자가 1이고, 분모가 2이상인 분수이다. 또, 답은 한 가지 경우만 구해도 된다.)

6 두 개의 세 자리 수가 있는데, 그것의 합에 1을 더하면 1000이 된다. 둘 중에 큰 수를 작은 수의 왼쪽에 놓고, 중간에 소수점을 찍은 수는 작은 수를 큰 수의 왼쪽에 놓고, 중간에 소수점을 찍어 얻은 수의 6배가 된다. 이 수를 구하여라.

7 x, y는 2이상 100이하의 정수이고, x의 약수 중 두 번째로 작은 약수를 $\{x\}$라고 하자. 예를 들어, $\{2\} = 2$, $\{35\} = 5$이다. 이때, 다음 물음에 답하여라.

(1) $\{x\} = 3$을 만족하는 x의 개수를 구하여라.

(2) $\{x\} + \{y\} = 10$을 만족하는 x, y의 순서쌍 (x, y)의 개수를 구하여라.

8 x는 1부터 200까지의 200개의 자연수이다. $[x]$를 x의 각 자리 수의 합을 생각하자. 예를 들어, $[2] = 2$, $[34] = 7$, $[156] = 12$이다. 이때, $[1] + [2] + [3] + \cdots + [199] + [200]$를 구하여라.

9 자연수 1부터 순서대로 일렬로 다음과 같이 나열한다.

  1, 2, 3, 4, 5, 6, 7, 8, 9, 10, 11, 12, 13, 14, $\cdots$

이 중에서 2의 배수, 3의 배수, 5의 배수를 지운다. 이때, 다음 물음에 답하여라.

(1) 지우고 남은 수들 중에서 31은 몇 번째 수인지 구하여라.

(2) 31번째 수는 무엇인지 구하여라.

10 다음과 같이 1부터 100까지의 자연수로 표로 나타낸다. 3행 2열의 직사각형에 있는 수들 중 가장 작은 수를 a라 할 때, 이 직사각형 안에 있는 수들의 합을 $[a]$로 나타낸다. 예를 들어, $[34] = 34 + 35 + 44 + 45 + 54 + 55 = 267$이다. 이때, 다음 물음에 답하여라.

1	2	3	4	5	6	7	8	9	10
11	12	13	14	15	16	17	18	19	20
21	22	23	24	25	26	27	28	29	30
31	32	33	34	35	36	37	38	39	40
41	42	43	44	45	46	47	48	49	50
51	52	53	54	55	56	57	58	59	60
61	62	63	64	65	66	67	68	69	70
71	72	73	74	75	76	77	78	79	80
81	82	83	84	85	86	87	88	89	90
91	92	93	94	95	96	97	98	99	100

(1) $[a] - [43] = 66$을 만족하는 a를 구하여라.

(2) $[a] - [b] = 66$이 되는 a와 b의 순서쌍 (a, b)의 개수를 구하여라.

11 둘레의 길이가 240cm 인 정삼각형이 있다. 다음 그림과 같이 이 삼각형의 각 변의 중점을 이어 4개의 작은 정삼각형으로 만든 후 가운데 있는 삼각형에 색칠을 한다. 다음 단계에서는 색칠하지 않은 작은 정삼각형 각각에 대하여 이와 같은 방법을 계속한다. 이와 같은 작업을 5단계까지 할 때, 5단계에서 색칠한 삼각형의 둘레의 길이의 합을 구하여라.

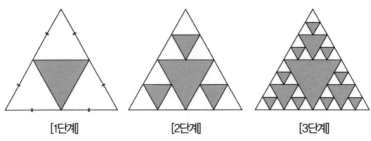

[1단계]　　　　　[2단계]　　　　　[3단계]

12 $x = 1 + \dfrac{1}{y}$, $y = 1 + \dfrac{1}{x}$ $(xy \neq 0)$일 때, $x - y$의 값을 구하여라.

13 서로 다른 두 유리수 x, y에 대하여 두 수 중 작지 않은 수를 $\max(x, y)$, 크지 않은 수를 $\min(x, y)$로 나타내기로 한다.

이때, 연립방정식 $\begin{cases} \max(x, y) = 2x + 3y - 1 \\ \min(x, y) = -2x - y + 6 \end{cases}$ 을 만족하는 x, y에 대하여 $x + 2y$의 값을 구하여라.

14 새마을호 열차와 무궁화호 열차의 길이는 각각 150 m, 200 m이다. 서로 마주쳐 지나갈 때, 무궁화호 열차에 탄 사람이 새마을호 열차가 창 옆을 지나가는 것을 본 시간이 6초라면 새마을호 열차에 탄 사람이 무궁화호 열차가 창 옆을 지나가는 것을 보는 데 걸리는 시간은 얼마인지 구하여라.

15 n^3 뒤의 세 자리 수가 888이 되는 제일 작은 자연수 n을 구하여라.

16 자연수 n을 소인수 분해하였을 때 $n = 2^p \cdot 3^q$이고 n의 (양의)약수의 개수가 $3(p+q)$개일 때, n의 (양의)약수의 총합을 구하여라. (단, p, q는 소수, $p > q$)

17 다음 그림에서 $\angle ABC + \angle CFE = 180\,^\circ$ 이고, $\overline{BC} = \overline{CF}$ 일 때, 삼각형 ABC와 사각형 CDEF의 넓이의 합을 구하여라. (단, $\angle CDE = 90\,^\circ$ 이다.)

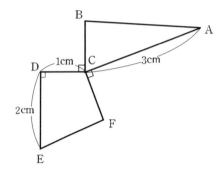

18 완전제곱수 n^2 에 대하여, $\left[\dfrac{n^2}{100} \right]$ 이 완전제곱수가 되는 가장 큰 완전제곱수 n^2 을 구하여라. (단, n 은 자연수이고, n^2 의 십의 자리 수와 일의 자리 수는 모두 0이 아니다. 또, $[x]$ 는 x 를 넘지 않는 최대의 정수이다.)

19 다음 그림과 같은 직육면체에서 삼각형 ABC의 넓이를 구하여라.

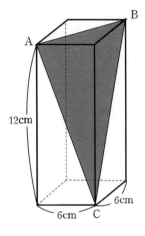

20 승우와 교순이는 동시에 원형 트랙의 동일한 점에서 출발하여 시계 방향으로 달렸다. 승우의 속력은 교순이보다 빠르다. 일정한 시간이 지난 후 승우는 처음으로 뒤에서 교순이를 따라잡았다. 이때, 승우는 즉시 등을 돌려 원래의 속력으로 시계 반대 방향으로 달려갔다. 이 두 사람이 다시 만날 때까지 교순이는 모두 2.4바퀴를 달렸다. 승우의 속력은 교순이의 속력의 몇 배인지 구하여라.

제2회 영재모의고사

제한시간 : 120분

＊모든 문제는 서술형이고 답만 맞으면 0점 처리합니다.

1 20^n은 $2014 \times 2013 \times 2012 \times 2011 \times \cdots \times 3 \times 2 \times 1$의 약수이다. 자연수 n의 최댓값을 구하여라.
(단, $20^n = \underbrace{20 \times 20 \times \cdots \times 20}_{20\text{이 } n \text{개}}$이다.)

2 어떤 3개의 수를 더하면 555인데, 이 3개의 수는 각각 3, 5, 7로 나누어떨어지고, 몫이 모두 같다. 이때, 3개의 수 가운데 가장 큰 수를 구하여라.

3 10개의 연속한 두 자리 자연수가 있다. 작은 수부터 순서대로 왼쪽에서 오른쪽으로 나열할 때, 각각의 두 자리 수의 두 숫자의 합은 모두 그 수의 순서번호로 나누어떨어진다. (즉, 순서번호 n은 n번째 두 자리 수의 합을 나누어떨어지게 한다.) 그렇다면 이 10개의 두 자리 수 가운데 가장 큰 두 자리 수의 숫자 2개의 합이 얼마인지 구하여라.

4   1234123412341234 ··· 라는 수에서 맨 앞에서부터 연속한 수를 골라 새로운 자연수를 만든다. 예를 들어 1234, 1234123 등이 있다. 그러면 36으로 나누어떨어지는 자연수를 만들려면 최소한 앞에서 몇 개의 수를 골라야 하는지 구하여라.

5   같은 수로 이루어진 여섯 자리 수를 같은 수로 이루어진 네 자리 수로 나누면 몫이 233이고 나머지가 존재한다. 피제수(나누어지는 수)와 제수(나누는 수)에서 각각 한 개의 수를 없앤 후 나누어도 몫이 변하지 않으며 나머지는 1000이 줄어든다. 피제수와 제수를 구하여라.

6   양의 정수 a, b, c, d를 다음과 같이 정의하자.

a는 1보다 큰 정수, $b = (a \times a) - (a + a)$, $c = (b \times b) - (b + b)$, $d = (c \times c) - (c + c)$.

이때, 다음 물음에 답하여라.

(1) $a = 4$일 때, d를 구하여라.

(2) a, b, c, d가 모두 같을 때, 양의 정수 a를 구하여라.

7 여섯 자리 수 $\overline{1abcde}$ 에 3을 곱하면 $\overline{abcde1}$ 이 된다. 이 수를 구하여라.

8 첫째 자리 수는 6이고 이 수의 첫째 자리 수는 6을 지우고 나서 얻은 수가 원래 수의 $\dfrac{1}{25}$ 이 되는 모든 양의 정수를 구하여라.

9 네 자리 수의 각 자리 수를 반대로 하여 배열하여 만든 네 자리 수는 원래 수의 4배가 된다. 이 원래 수를 구하여라.

10 각 자리 숫자가 서로 다른 두 자리 수 $\overline{AB}$ 가 $\left(\overline{AB}\right)^2 - \left(\overline{BA}\right)^2 = k^2$ (k는 자연수)를 만족시킨다. 이 두 자리 수를 구하여라.

11 1, 2, 3, 4, 5, 6, 7, 8, 9의 9개의 숫자를 마음대로 배열하여 362880개의 서로 다른 9자리 수를 만들 수 있다. 이 9자리 수들의 최대공약수를 구하여라.

12 갑, 을, 병, 정 네 수의 합은 43이다. 갑의 두 배에 8을 더하고 을의 세 배, 병의 네 배, 정의 다섯 배에서 4를 빼면 이 네 수는 같아진다. 갑, 을, 병, 정은 각각 얼마인지 구하여라.

13 자동차가 평평한 길에서 시속 30km로 가는데 오르막길에서는 시속 28km로 가고 내리막길에서는 시속 35km로 간다. 전체 142km의 거리를 갈 때는 4시간 30분이 걸리고 올 때는 4시간 42분이 걸렸다. 이 구간의 평평한 길을 갈 때 오르막길과 내리막길은 각각 몇 km인지 구하여라.

14 소수인 네 자리 수 중 각 자리 숫자가 모두 다른 소수로 이루어진 가장 큰 자연수를 구하여라.

15 강의 옆 언덕에 12km 떨어져 갑, 을 두 마을이 있다. 한 사람이 갑에서 을로 오는데 절반의 거리는 원래 걷는 속력으로 걷고 나머지 거리는 배를 타고 역행하여 2시간 지나 도착하였다. 돌아올 때도 절반은 걷고 나머지는 배를 탔다. 그러나 강물이 흘러 내려가는 방향으로 항해하는 것은 강물을 거슬러 올라가는 방향으로 항해하는 것보다 매시간 3km 빠르다. 걷는 속력은 원래 걷는 속력의 $\frac{3}{4}$ 이다. 그러므로 24분이 더 지나 갑에 돌아왔다. 원래 걷는 속력과 고요한 물에서의 배의 속력을 구하여라.

16 네 자리 수 $\overline{(a+1)a(a+2)(a+3)}$이 완전제곱수이다. 이 네 자리 수를 구하여라. (단, $0 \le a \le 6$, a는 정수이다.)

17 자연수 n에 대하여, n^2을 1000으로 나눈 나머지가 $\overline{aaa}$(a는 한 자리 자연수)일 때, 이를 만족하는 n의 최솟값을 구하여라.

18 다음 그림에서 색칠한 부분의 넓이를 구하여라.

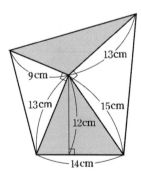

19 다음 방정식을 만족하는 양의 정수 x, y의 순서쌍을 모두 구하여라.

$$y = x + \frac{4}{x-1}$$

20 다음 그림은 직육면체에서 어떤 평면에 의하여 잘린 후의 입체도형을 나타낸 것이다. 다음 물음에 답하여라.

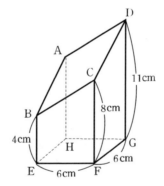

(1) AH의 길이를 구하여라.

(2) 이 입체도형의 부피를 구하여라.

10000 이하의 소수표

더 많은 소수들을 보고 싶은 독자는 다음 홈페이지를 참고하기 바란다.

http://www.utm.edu/research/primes

2	3	5	7	11	13	17	19	23	29
31	37	41	43	47	53	59	61	67	71
73	79	83	89	97	101	103	107	109	113
127	131	137	139	149	151	157	163	167	173
179	181	191	193	197	199	211	223	227	229
233	239	241	251	257	263	269	271	277	281
283	293	307	311	313	317	331	337	347	349
353	359	367	373	379	383	389	397	457	409
419	421	431	433	439	443	449	457	461	463
467	479	487	491	499	503	509	521	523	541
									100개
547	557	563	569	571	577	587	593	599	601
607	613	617	619	631	641	643	647	653	659
661	673	677	683	691	701	709	719	727	733
739	743	751	757	761	769	773	787	797	809
811	821	823	827	829	839	853	857	859	863
877	881	883	887	907	911	919	929	937	941
947	953	967	971	977	983	991	997	1009	1013
1019	1021	1031	1033	1039	1049	1051	1061	1063	1069
1087	1091	1093	1097	1103	1109	1117	1123	1129	1151
1153	1163	1171	1181	1187	1193	1201	1213	1217	1223
									200개
1229	1231	1237	1249	1259	1277	1279	1283	1289	1291
1297	1301	1303	1307	1319	1321	1327	1361	1367	1373
1381	1399	1409	1423	1427	1429	1433	1439	1447	1451
1453	1459	1471	1481	1483	1487	1489	1493	1499	1511
1523	1531	1543	1549	1553	1559	1567	1571	1579	1583
1597	1601	1607	1609	1613	1619	1621	1627	1637	1657
1663	1667	1669	1693	1697	1699	1709	1721	1723	1733
1741	1747	1753	1759	1777	1783	1787	1789	1801	1811
1823	1831	1847	1861	1867	1871	1873	1877	1879	1889
1901	1907	1913	1931	1933	1949	1951	1973	1979	1987
									300개
1993	1997	1999	2003	2011	2019	2027	2029	2039	2053
2063	2069	2081	2083	2087	2089	2099	2111	2113	2129
2131	2137	2141	2143	2153	2161	2179	2203	2207	2213
2221	2237	2239	2243	2251	2267	2269	2273	2281	2287
2293	2297	2309	2311	2333	2339	2341	2347	2351	2357
2371	2377	2381	2383	2389	2393	2399	2411	2417	2423
2437	2441	2447	2459	2467	2473	2477	2503	2521	2531
2539	2543	2549	2551	2557	2579	2591	2593	2609	2617
2621	2633	2647	2657	2659	2663	2671	2677	2683	2687
2689	2693	2699	2707	2711	2713	2719	2729	2731	2741
									400개
2749	2753	2767	2777	2789	2791	2797	2801	2803	2819
2833	2837	2843	2851	2857	2861	2879	2887	2897	2903
2909	2917	2927	2939	2953	2957	2963	2969	2971	2999
3001	3011	3019	3023	3037	3041	3049	3061	3067	3079
3083	3089	3109	3119	3121	3137	3163	3167	3169	3181
3187	3191	3203	3209	3217	3221	3229	3251	3253	3257
3259	3271	3299	3301	3307	3313	3319	3323	3329	3331
3343	3347	3359	3361	3371	3373	3389	3391	3407	3413
3433	3449	3457	3461	3463	3467	3469	3491	3499	3511
3517	3527	3529	3533	3539	3541	3547	3557	3559	3571
									500개
3581	3583	3593	3607	3613	3617	3623	3631	3637	3643
3659	3671	3673	3677	3691	3697	3701	3709	3719	3727
3733	3739	3761	3767	3769	3779	3793	3797	3803	3821
3823	3833	3847	3851	3853	3863	3877	3881	3889	3907
3911	3917	3919	3923	3929	3931	3943	3947	3967	3989
4001	4003	4007	4013	4019	4021	4027	4049	4051	4057
4073	4079	4091	4093	4099	4111	4127	4129	4133	4139
4153	4157	4159	4177	4201	4211	4217	4219	4229	4231
4241	4243	4253	4259	4261	4271	4273	4283	4289	4297
4327	4337	4339	4349	4357	4363	4373	4391	4397	4409
									600개

4421	4423	4441	4447	4451	4457	4463	4481	4483	4493
4507	4513	4517	4519	4523	4547	4549	4561	4567	4583
4591	4597	4603	4621	4637	4639	4643	4649	4651	4657
4663	4673	4679	4691	4703	4721	4723	4729	4733	4751
4759	4783	4787	4789	4793	4799	4801	4813	4817	4831
4861	4871	4877	4889	4903	4909	4919	4931	4933	4937
4943	4951	4957	4967	4969	4973	4987	4993	4999	5003
5009	5011	5021	5023	5039	5051	5059	5077	5081	5087
5099	5101	5107	5113	5119	5147	5153	5167	5171	5179
5189	5197	5209	5227	5231	5233	5237	5261	5273	5279
									700개
5281	5297	5303	5309	5323	5333	5347	5351	5381	5387
5393	5399	5407	5413	5417	5419	5431	5437	5441	5443
5449	5471	5477	5479	5483	5501	5503	5507	5519	5521
5527	5531	5557	5563	5569	5573	5581	5591	5623	5639
5641	5647	5651	5653	5657	5659	5669	5683	5689	5693
5701	5711	5717	5737	5741	5743	5749	5779	5783	5791
5801	5807	5813	5821	5827	5839	5843	5849	5851	5857
5861	5867	5869	5879	5881	5897	5903	5923	5927	5939
5953	5981	5987	6007	6011	6029	6037	6043	6047	6053
6067	6073	6079	6089	6091	6101	6113	6121	6131	6133
									800개
6143	6151	6163	6173	6197	6199	6203	6211	6217	6221
6229	6247	6257	6263	6269	6271	6277	6287	6299	6301
6311	6317	6323	6329	6337	6343	6353	6359	6361	6367
6373	6379	6389	6397	6421	6427	6449	6451	6469	6473
6481	6491	6521	6529	6547	6551	6553	6563	6569	6571
6577	6581	6599	6607	6619	6637	6653	6659	6661	6673
6679	6689	6691	6701	6703	6709	6719	6733	6737	6761
6763	6779	6781	6791	6793	6803	6823	6827	6829	6833
6841	6857	6863	6869	6871	6883	6899	6907	6911	6917
6947	6949	6959	6961	6967	6971	6977	6983	6991	6997
									900개
7001	7013	7019	7027	7039	7043	7057	7069	7079	7103
7109	7121	7127	7129	7151	7159	7177	7187	7193	7207
7211	7213	7219	7229	7237	7243	7247	7253	7283	7297
7307	7309	7321	7331	7333	7349	7351	7369	7393	7411
7417	7433	7451	7457	7459	7477	7481	7487	7489	7499
7507	7517	7523	7529	7537	7541	7547	7549	7559	7561
7573	7577	7583	7589	7591	7603	7607	7621	7639	7643
7649	7669	7673	7681	7687	7691	7699	7703	7717	7723
7727	7741	7753	7757	7759	7789	7793	7817	7823	7829
7841	7853	7867	7873	7877	7879	7883	7901	7907	7919
									1000개
7927	7933	7937	7949	7951	7963	7993	8009	8011	8017
8039	8053	8059	8069	8081	8087	8089	8093	8101	8111
8117	8123	8147	8161	8167	8171	8179	8191	8209	8219
8221	8231	8233	8237	8243	8263	8269	8273	8287	8291
8293	8297	8311	8317	8329	8353	8363	8369	8377	8387
8389	8419	8423	8429	8431	8443	8447	8461	8467	8501
8513	8521	8527	8537	8539	8543	8563	8573	8581	8597
8599	8609	8623	8627	8629	8641	8647	8663	8669	8677
8681	8689	8693	8699	8707	8713	8719	8737	8737	8741
8747	8753	8761	8779	8783	8803	8807	8819	8821	8831
									1100개
8837	8839	8849	8861	8863	8867	8887	8893	8923	8929
8933	8941	8951	8963	8969	8971	8999	9001	9007	9011
9013	9029	9041	9043	9049	9059	9067	9091	9103	9109
9127	9133	9137	9151	9157	9161	9173	9181	9187	9199
9203	9209	9221	9227	9237	9241	9257	9277	9281	9283
9293	9311	9319	9323	9337	9341	9343	9349	9371	9377
9391	9397	9403	9413	9419	9421	9431	9433	9437	9439
9461	9463	9467	9473	9479	9491	9497	9511	9521	9533
9539	9547	9551	9587	9601	9613	9619	9623	9629	9631
9643	9649	9661	9677	9679	9689	9697	9719	9721	9733
									1200개
9739	9743	9749	9767	9769	9781	9787	9791	9803	9811
9817	9829	9833	9839	9851	9857	9859	9871	9883	9887
9901	9907	9923	9929	9931	9941	9949	9967	9973	10007
									1230개

중학생을 위한

新 영재수학의 지름길 **1**단계 **-상**

중학 G&T 1-1

연습문제 정답과 풀이

중국 사천대학교 지음

G&T MATH

'지앤티'는 영재를 뜻하는 미국·영국식
약어로 Gifted and talented의 줄임말로 '축복
받은 재능'이라는 뜻을 담고 있습니다.

씨실과 날실

씨실과 날실은 도서출판 세화의 자매브랜드입니다.

연습 문제
정답과 풀이

중학 1단계-상

Chapter 1 수와 연산

01강 정수와 나누어떨어짐

연습문제 실력다지기

01. 답 (1) 222 (2) 451

[풀이] (1) 여섯 개의 서로 다른 세 자리수를 더하면 $222(a+b+c)$이므로 $a+b+c$로 나눈 몫은 222이다.

(2) 백의 자리 수가 일의 자리 수의 4배이므로 가능한 세 자리 수는 $4\square1$, $8\square2$인데, 십의 자리 수가 백의 자리 수와 일의 자리 수의 합이므로 451만 가능하다.

02. 답 6개

[풀이] $M = \overline{ab}$라 하면 $N = \overline{ba}$이고,
$M - N = (10a+b) - (10b+a) = 9(a-b)$이므로 9의 배수이다. 두 자리 이하의 제곱수 중 9의 배수는 27뿐이다. 그러므로 $a-b = 3$이다. 이를 만족하는 수는 $M = 41, 52, 63, 74, 85, 96$ 이렇게 여섯 개 뿐이다.

03. 답 (1) 3, 6, 9 (2) 94599

[풀이] (1) $\overline{k459k}$가 3으로 나누어떨어지므로 $2k+18$이 3의 배수이다. 그러므로 $k = 0, 3, 6, 9$가 가능한데 $k = 0$이면, 다섯 자리 수가 안 되므로 k는 3, 6, 9만 가능하다.

(2) $\overline{k459k}$가 3으로 나누어떨어지므로 $2k+18$이 9의 배수이다. 그러므로 $k = 9$이다. 따라서 94599이다.

04. 답 19

[풀이] $173\square$가 9로 나누어떨어지면, $\square = 7$이다.
$173\square$가 11로 나누어떨어지면, $\square = 8$이다.
$173\square$가 6으로 나누어떨어지면, $\square = 4$이다.
따라서 $7+8+4 = 19$이다.

05. 답 $a = 8$, $b = 0$

[풀이] $192 = 2 \times 9 \times 11$이므로 $a+b+19$가 9의 배수이고, $(a+11) - (b+8)$이 11의 배수이다. $a+b = 8$ 또는 17이고, $a-b+3 = 0$ 또는 11이다. 이를 풀면, $a = 8$, $b = 0$만 가능하다.

실력 향상시키기

06. 답 3

[풀이] 세 개의 연속되는 정수를 $n-1$, n, $n+1$이라고 한다. 그러면 세 수의 합은 $3n$이므로 임의의 n에 대하여 $3n$을 나눌 수 있는 가장 큰 정수는 3이다.

07. 답 최대 9988, 최소 8899

[풀이] $34 \div 4 = 8 \cdots 2$이다. 따라서 9 세 개, 7 한 개이거나 9 두 개, 8 두 개이다. 이 중 가장 큰 11의 배수는 9988, 가장 작은 11의 배수는 8899이다.

08. 답 15

[풀이] A와 B의 곱이 최대가 되도록 세로셈의 □ 안에 들어갈 숫자를 구하면 다음과 같이 계산 결과가 1053 또는 1035일 때이다.

```
          7                    7
        8 4                  8 6
    +   9 6 2            +   9 4 2
    ───────────          ───────────
      1 0 5 3              1 0 3 5
```

따라서 $A \times B = 15$이다.

09. 답 495

[풀이] $\overline{abc}$가 가장 크다고 정하면 $\overline{cba}$는 가장 작다. $\overline{abc} - \overline{cba} = 99(a-c)$이다. 그렇다면 구하려는 세 자리 수는 99의 배수이고 $99 \times 5 = 495$만 문제의 의도에 맞는다.

응용하기

10 답 2997

[풀이] 구하려는 네 자리 수를 $111 \times n$(간단히, $111n$라 쓴다.)이라 하면 n은 두 자리 수이다. $n = \overline{ab}$라 하자. 그러면
$$111n = 1110a + 111b$$
$$= 1000a + 100(a+b) + 10(a+b) + b.$$
만일 $a+b < 10$이라면, 네 자리 수는 각각 a, $a+b$, $a+b$, b이다. 그러므로
$$a + (a+b) + (a+b) + b = 10a + b.$$
즉, $7a = 2b$. a, b는 한 자리 자연수이므로 $a = 2$, $b = 7$. 즉, $111 \times 27 = 2997$.
$a+b \geq 10$이라면 네 자리 수는 각각 $a+1$, $a+b+1-10 = a+b-9$, $a+b-10$, b이다.
그러므로

$(a+1)+(a+b-9)+(a+b-10)+b.$

$= 10a+b.$

즉, $7a-2b=-18$.

한편, $b \leq 9$이므로

$-18 \leq -2b < 7a-2b = -18$이므로 모순이다.

즉, 해가 없다.

그러므로 답은 2997뿐이다.

11. 답 2002

[풀이] $2A = B$를 두 번째 식에 대입하고 정리하면,

$22A^2 \times \overline{CA} = 2002A + 110D$.

즉, $A^2 \times \overline{CA} = 91A + 5D$.

그러므로 $5D$가 A의 배수이다.

$5D = A^2 \times \overline{CA} - 91A$

$\quad = 10A^2C + A^3 - 90A - A$

$\quad = 10(A^2C - 9A) + (A^3 - A)$.

따라서 $A^3 - A$가 5의 배수이다.

이를 만족하는 A는 1, 4, 5, 6, 9이다. 그리고

$45 \geq 5D = 10(A^2C - 9A) + (A^3 - A) \geq A^3 - A$

이므로 $A = 1$만이 이 부등식을 만족한다.

실제로 $A = 1$이면 $B = 2$, $5D = 10(C-9)$,

즉, $D = 2(C-9)$이고, $D \geq 0$, $C \leq 9$에 의해

$0 \leq D = 2(C-9) \leq 0$이므로 모두 등호 성립.

즉, $D = 0 < C = 9$이다.

따라서 $\overline{BDDB} = 2002$이다.

02강 소수와 합성수

연습문제 실력다지기

01. 답 (1) ① (2) -1

[풀이] (1) $a = 2004 + 15 = 2019 = 3 \times 673$이므로 합성수이다. 그러므로 답은 ①이다.

(2) $p + q = n - 1$, $m + k = n$이므로

$(q-m) + (p-k)$

$= (p+q) - (m+k) = -1$이다.

02. 답 (1) 2 (2) 3998

[풀이]

(1) 세 내각의 크기가 모두 홀수라면, 세 각의 합의 크기도 홀수가 되는데 이는 $180°$임에 모순이다. 따라서 짝수인 각이 반드시 존재해야 하고, 이는 소수이어야 하므로 $2°$는 반드시 포함해야 한다.

(2) 만일 두 소수가 모두 홀수라면 합이 짝수인데 2001이 홀수이므로 모순. 따라서 짝수인 소수가 존재하고 그것은 2이다. 따라서 $2001 = 2 + 1999$이고, 1999도 소수이다.

따라서 구하는 답은 $2 \times 1999 = 3998$.

03. 답 (1) 2000 (2) (a) $a = 7$, $b = 5$, $c = 2$, (b) 19

[풀이]

(1) 만일 p가 홀수인 소수라면, $p^6 + 3$은 2보다 큰 짝수가 되므로 합성수이다. 즉, 소수가 안 되므로 $p = 2$일 수밖에 없다.

$p^{11} - 48 = 2048 - 48 = 2000$.

(2) a, b의 마주보는 면의 수는 짝수이고 c는 마주보는 면의 수가 홀수이다. 그러므로 a, b는 홀짝성이 같고 c만 홀짝성이 다르다.

그러므로 $c = 2$, a, b는 홀수인 소수이다.

$15 + c = 17$이므로 $a = 7$, $b = 5$이다.

04. 답 $p = 53$, $q = 2$

[풀이] p, q가 모두 홀수라면 $pq + 1$은 2보다 큰 짝수가 되므로 소수임에 모순. 따라서 둘 중 하나는 짝수이어야 한다. $p - q > 0$이므로 $q = 2$이어야 한다.

이제 p와 $2p + 1$이 둘 다 소수이면서 $p > 42$임을 만족하는 가장 작은 p는 53이다.

05. 답 34

[풀이] 만일 a, b, c 모두 홀수인 소수이면 $a + b + c + abc$는 짝수이므로 99임에 모순.

만일 a, b, c 중 하나만 짝수인 소수이면

$a + b + c$와 abc가 각각 짝수이므로

$a + b + c + abc$도 짝수. 즉, 모순이나.

만일 a, b, c 모두 짝수이면 $a + b + c + abc$도 짝수.

즉, 모순이다.

따라서 a, b, c 중 두 개가 짝수이어야 한다. $a = b = 2$라고 하자. 그러면 $4 + c + 4c = 99$. 그러므로 $c = 19$이다.

따라서 $|a - b| + |b - c| + |c - a|$
$= |2 - 2| + |2 - 19| + |19 - 2| = 34$이다.

실력 향상시키기

06. 답 $\dfrac{31}{3}$

[풀이] $q = mn$인데, q의 약수는 1과 q뿐이므로 $(m, n) = (q, 1)$ 또는 $(1, q)$. $m = 1$, $n = q$라 하자. 그러면 $p = m + n = q + 1$.

q, p는 연속된 두 소수인데 이는 2, 3뿐이다. 그러므로 $p = 3$, $q = 2$, $m = 1$, $n = 2$이다.

따라서 $\dfrac{3^3 + 2^2}{1^2 + 2^1} = \dfrac{31}{3}$이다.

07. 답 17

[풀이] p, q가 둘 다 홀수이면 $7p + q$는 2보다 큰 짝수이므로 소수가 아니다. 그러므로 둘 중 하나는 2이어야 한다. $p = 2$이면, $14 + q$, $2q + 11$이 소수이어야 한다. 만일 q를 3으로 나눈 나머지가 1이라면, $14 + q$가 2라면 $2q + 11$이 각각 3보다 큰 3의 배수가 되어 합성수가 된다.

그러므로 q는 3의 배수이므로 $q = 3$. 실제로 $14 + 3 = 17$, $2 \times 3 + 11 = 17$이므로 소수가 된다.

$q = 2$이면, $7p + 2$, $2p + 11$이 소수이어야 한다. 만일 p를 3으로 나눈 나머지가 1이라면 $7p + 2$가, 2라면 $2p + 11$이 각각 3보다 큰 3의 배수가 되어 합성수가 된다.

그러므로 p는 3의 배수이므로 $p = 3$. 실제로 $7 \times 3 + 2 = 23$, $3 \times 2 + 11 = 17$이므로 소수가 된다.

그러므로 원식 $= 2^3 + 3^2 = 17$이다.

08. 답 직각삼각형

[풀이] p, q가 홀짝성이 같다면 좌변은 짝수가 되므로 모순. 따라서 홀짝성이 다르고, 둘 중 하나는 2이어야 한다. 만일 $q = 2$이면 $5p^2 = 53$인데, 이를 만족하는 소수 p는 없다. 그러므로 $p = 2$.

이때, $3q = 39$이므로 $q = 13$. 삼각형의 세 변의 길이는 5, 12, 13이므로 직각삼각형이다.

09. 답 갑을 선택한다.

우선 주어진 수를 다음과 같이 조를 나눈다.
$(2, 3)$, $(4, 5)$, $(6, 7)$, $\cdots$, $(2012, 2013)$, 2014

그러면 갑이 우선 2014를 택하면 을이 어떤 수를 택하든 같은 조에 있는 수를 갑이 지우면 된다. 그러면 맨 마지막에 남는 수는 연속한 두 수이므로 서로소가 된다. 즉, 갑이 이길 수 있는 방법이 있으므로 갑을 선택해야 한다.

응용하기

10. 답 (1) 할 수 있다.   (2) 할 수 없다.

[풀이]
(1) 할 수 있다.
   예 1, 40, 3, 38, 5, 36, 7, 34, $\cdots$, 8, 35, 6, 37, 4, 39, 2, 41
(2) 할 수 없다.
   이유는 41이 홀수이므로 홀수가 짝수보다 하나 많은데, 원으로 서면, 홀수인 두 사람이 이웃한 경우가 분명히 존재한다. 이 두 사람의 번호의 합은 2보다 큰 짝수이므로 합성수이다. 즉, 항상 합성수가 되는 두 선수가 존재하므로 조건대로 할 수 없다.

연습문제 실력다지기

01. 답 128

[풀이] $510510 = 2 \times 3 \times 5 \times 7 \times 11 \times 13 \times 17$

원식 $= 1 \times 2 \times 2 \times 4 \times 2 \times 4 = 128$

02. 답 28, 108, 175, 363과 35, 48, 165, 693

[풀이] $28 = 2^2 \times 7$, $35 = 5 \times 7$, $48 = 2^4 \times 3$,

$108 = 2^2 \times 3^3$, $165 = 3 \times 5 \times 11$, $175 = 5^2 \times 7$,

$363 = 3 \times 11^2$, $693 = 3^2 \times 7 \times 11$이므로 이 8개의

수를 곱한 수를 소인수분해하면,

$2^8 \times 3^8 \times 5^4 \times 7^4 \times 11^4$이다. 그러므로 각 조의 네 수

들의 곱은 $2^4 \times 3^4 \times 5^2 \times 7^2 \times 11^2$이다.

따라서 두 조를 28, 108, 175, 363과 35, 48, 165,

693로 나누면 된다.

03. 답 6개, 95

[풀이] 그 두 자리 수는 $2003 - 8 = 1995$의 약수이고,

8보다 크다. 이런 수는 15, 19, 21, 35, 57, 95뿐이다.

즉, 6개. 그 중 가장 큰 값은 95이다.

04. 답 18, 21, 36

[풀이] $(50 + 72 + 157) - 27 = 252$는 a의 배수이다.

한편, 나머지의 합이 27이므로 적어도 한 나머지는 9이상

이다. 그러므로 a는 9보다 크다. 그리고 a가 50보다 크면

50을 a로 나눈 나머지가 50이 되는데 이는 나머지의 합이

27임에 모순된다. 따라서 $9 < a < 50$.

252의 약수 중 9보다 크고 50보다 작은 수는 12,

14, 18, 21, 28, 36, 42들이고, 이 중 조건을 만족

하는 수는 18, 21, 36뿐이다.

05. 답 (1) 12005 (2) 144

[풀이]

(1) $N = 5^x \cdot 7^y \cdot p^s \cdot \cdots$ 라고 한다면

$x \geq 1$, $y \geq 2$, $s \geq 0$, $\cdots$이고 정수이다.

또 p는 5와 7이 아닌 소수이다.

분석한 결과 $x = 1$, $y = 4$, $s = \cdots = 0$

$N = 5 \times 7^4 = 12005$

(2) $15 = 1 \times 15 = 5 \times 3$이기 때문

$n = p^{14}$이나 $p_1^4 \times p_2^2$만 가능하다.

그 중 p, p_1, p_2는 모두 소수이다.

$2^{14} > 200$이기 때문에 $n = p^{14}$은 맞지 않다.

그러므로 $n = 2^4 \times 3^2 = 144$이다.

실력 향상시키기

06. 답 19

[풀이] 211을 A로 나눈 나머지를 r이라 하면,

270, 312를 나눈 나머지는 각각 $2r$, $4r$이 된다.

그러므로 $A \mid (211 - r)$, $A \mid (270 - 2r)$,

$A \mid (312 - 4r)$.

$(211 - r) \times 2 - (270 - 2r) = 152$,

$(270 - 2r) \times 2 - (312 - 4r) = 228$이 모두 A의

배수이다.

그러므로 $A \mid 76$이다.

76의 약수 중에서 문제의 조건을 만족하는 수는

19뿐이다.

07. 답 2002^5

[풀이] $2002 = 2 \times 7 \times 11 \times 13$이므로 가장 작은 수는

$n = 2^a \times 7^b \times 11^c \times 13^d$꼴이다.

$2002n = 2^{a+1} 7^{b+1} 11^{c+1} 13^{d+1}$,

$n \div 2002 = 2^{a-1} 7^{b-1} 11^{c-1} 13^{d-1}$

$m + 1$이 3의 배수이고, $m - 1$이 2의 배수인 수 중

가장 작은 수는 5이다.

따라서 n의 최솟값은

$2^5 \times 7^5 \times 11^5 \times 13^5 = 2002^5$이다.

08. 답 $2^9 \times 3^{10}$

[풀이] $N = 2^a \times 3^b \times 5^c$이라 하자. 그러면,

$\dfrac{N}{2}$이 제곱수이므로 $a - 1$, b, c는 짝수이다.

$\dfrac{N}{3}$이 세 제곱수이므로 a, $b - 1$, c는 3의 배수이다.

$\dfrac{N}{5}$이 다섯 제곱수이므로 a, b, $c - 1$는 5의 배수이다.

따라서 a의 최솟값은 15, b의 최솟값은 10, c의 최솟값

은 6이다. 즉, N의 최솟값은 $2^{15} \times 3^{10} \times 5^6$이다.

그러므로 $\dfrac{N}{10^6}$의 최솟값은 $2^9 \times 3^{10}$이다.

09. 답 $2^6 \times 31 = 1984$

[풀이] (양의) 약수의 개수가 14개이므로 $N = p_1^6 \times p_2$

또는 p_1^{13}꼴인데, $11^{13} > 2000$이므로 가능한 경우는

$N = p_1^6 \times p_2$뿐이다. (단, p_1, p_2는 소수이다.)

따라서 $N = 2^6 \times 31 = 1984$이다.

10. 답 1458

[풀이] 첫 번째 2번을 불러서 남은 학생들의 번호는 2의 배수이다.

두 번째로 3을 불러서 남은 학생들의 번호는 2×3의 배수이다.

세 번째로 3을 불러서 남은 학생들의 번호는 2×3^2의 배수이다.

이와 같이 계속하면 남은 학생들의 번호는 2×3^k (k는 3을 부른 횟수)이다.

$2 \times 3^6 = 1458 < 1997$, $2 \times 3^7 = 4374 > 1997$이므로 마지막 남은 학생의 번호는 1458이다.

11. 답 2

[풀이] 마지막 줄에 k명이 있다고 하면 총 n개의 줄이 있을 때, $kn + \dfrac{n(n-1)}{2} = 100$이고

즉, $n[2k + (n-1)] = 200$이다.

N과 $2k + (n-1)$의 홀짝성이 다르기 때문에 $n = 5$ 또는 $n = 8$이다.

따라서 2가지 배열방법이 있다.

04강 최대공약수와 최소공배수

연습문제 실력다지기

01. 답 12, 1680

[풀이] $48 = 2^4 \times 3$, $84 = 2^2 \times 3 \times 7$,
$120 = 2^3 \times 3 \times 5$이므로 최대공약수는 $2^2 \times 3 = 12$,
최소공배수 $2^4 \times 3 \times 5 \times 7 = 1680$이다.

02. 답 6

[풀이] m과 n의 쌍을 구하면
$(m, n) = (1, 310), (2, 303), (3, 284),$
$\qquad (4, 247), (5, 186), (6, 95)$
이다. m과 n의 최대공약수 K는 모두 1이다.
따라서 K의 값의 합은 6이다.

03. 답 25cm

[풀이] 525와 325의 최대공약수가 25이다.
따라서 방에 깔 수 있는 정사각형 모양의 타일의 길이의 최댓값은 25㎝이다.

04. 답 6월 28일

[풀이] 6, 8, 9의 최소공배수가 72이므로 4월 17일에서 72일(4월은 13일, 5월은 31일, 6월은 28일 모두 합하면 72일)이 지난 날은 6월 28일이다.

05. 답 ④

[풀이] $a = 2$, $b = 3$, $c = 4$, $d = 9$이라 하면 P = 1, Q = 1이므로 X = 1이고, M = 6, N = 36이므로 Y = 6이다. 즉, X는 Y의 약수이지만, 배수가 아니다. 그러므로 ①은 거짓이다.

$a = 2$, $b = 3$, $c = 5$, $d = 7$이라 하면 P = 1, Q = 1이므로 X = 1이고, M = 6, N = 35이므로 Y = 1이다. 즉, X = Y이다. 그러므로 ②는 거짓이다.

$a = 35$, $b = 5$, $c = 21$, $d = 3$이라 하면 P = 5, Q = 3이므로 X = 15이고, M = 35, N = 21이므로 Y = 7이다. 즉, X, Y는 약수배수 관계도 아니고 같지도 않다. 즉, ③은 거짓이다.
그러므로 답은 ④이다.

실력 향상시키기

06. 답 301개, 43명

[풀이] 사과 한 상자에 들어있는 사과의 개수를 x라 하면, $x - 1$은 2, 3, 4, 5, 6의 공배수이다. 즉, $x - 1$은 60의 공배수이다. 그러므로 $x - 1$은 300 또는 360이다.

즉, $x = 301$ 또는 361인데, 이 중에서 7의 배수는 301이다. 따라서 사과 한 상자에 들어있는 사과의 개수는 301개이고, 회의에 온 사람은 $301 \div 7 = 43$명이다.

07. **답** 69

[풀이] $2001 = 3 \times 23 \times 29$이고, 25이상의 2001의 약수 중 가장 작은 값이 29이므로 최대공약수의 가장 큰 값은 $\dfrac{2001}{29} = 69$이다.

08. **답** (1) 105 (2) 90

[풀이]

(1) $m = 15a$, $n = 15b$, $(a, b) = 1$이라고 하자. 그러면, $3m + 2n = 225$에서 $3a + 2b = 15$이다. 이를 만족하는 $(a, b) = (1, 6)$뿐이다. 따라서 $m + n = 15 \times (1 + 6) = 105$이다.

(2) $m \le 45$, $n \le 45$이므로 $3m + 2n \le 225$이다. 그런데, $3m + 2n = 225$이므로 $m = n = 45$이다. 따라서 $m + n = 90$이다.

09. **답** 80

[풀이] a와 b는 소인수로 2 또는 3을 갖고 있다. 3의 지수의 최댓값은 2이고, 이는 a, b 중 어느 하나만 갖고 있다. 그리고 2의 지수의 최댓값은 3이고, 이는 a, b 둘 다 가져도 된다.

따라서 a, b의 최댓값은 각각 2^3, $2^3 \times 3^2$이고 더하면 80이다.

응용하기

10. **답** 437

[풀이] $xy = PQ$, $P = 120Q$이므로 $xy = 120Q^2$이다. 또, $667 = 23 \times 29$, $120 = 2^3 \times 3 \times 5$이므로 $(x, y) = (24 \times 23, 5 \times 23)$, $(15 \times 29, 8 \times 29)$이다. 그러므로 $x - y = 19 \times 23$, 7×29이다. 따라서 구하는 $x - y$의 최댓값은 $437(= 19 \times 23)$이다.

11. **답** 225

[풀이] $a > b$, $d = (a, b)$, $a = md$, $b = nd$라 하자. 그러면 $(m - n)d = 120$, $mn = 105$, $(m, n) = 1$. 이를 만족하려면 (m, n)의 순서쌍은 $(105, 1)$, $(35, 3)$, $(21, 5)$, $(15, 7)$이다. 이 중 $m - n$이 120의 약수인 것은 $(15, 7)$뿐이다. 즉, $m = 15$, $n = 7$이다.

그러므로 $d = \dfrac{120}{15 - 7} = 15$이다.

따라서 $a = 15 \times 15 = 225$이다.

05강 유리수 쉽게 계산하기

연습문제 실력다지기

01. **답** (1) 5448 (2) $\dfrac{1}{2001}$ (3) $\dfrac{667}{668}$ (4) 562.8

[풀이] (1) 원식

$= 908 \times 501 - 731 \times 1389 + 547 \times 236 + 842 \times 731 - 495 \times 361$

$= 908 \times 501 - 731 \times (1389 - 842) + 547 \times 236 - 495 \times 361$

$= 908 \times 501 - 731 \times 547 + 547 \times 236 - 495 \times 361$

$= 908 \times 501 - 547 \times (731 - 236) - 495 \times 361$

$= 908 \times 501 - 547 \times 495 - 495 \times 361$

$= 908 \times 501 - 495 \times (547 + 361)$

$= 908 \times 501 - 495 \times 908$

$= 908 \times (501 - 495)$

$= 908 \times 6$

$= 5448$

(2) 원식

$= \dfrac{1}{2} \times \left(-\dfrac{2}{3}\right) \times \dfrac{3}{4} \times \left(-\dfrac{4}{5}\right) \times \cdots \times \dfrac{1999}{2000} \times \left(-\dfrac{2000}{2001}\right)$

$= \dfrac{1}{2001}$

(3) 원식의 분자

$= 2003^2 - 4004 \times 2003 + 2002 \times 4008 - 2003 \times 2004$

$= 2003 \times (2003 - 4004) + 2004 \times (4004 - 2003)$

$= -2003 \times 2001 + 2004 \times 2001$

$= 2001$

원식의 분모

$= 2003^2 - 3005 \times 2003 - 2003 \times 2005 + 2005 \times 3005$

$= 2003 \times (2003 - 3005) - 2005 \times (2003 - 3005)$

$= -2003 \times 1002 + 2005 \times 1002$

$= 2004$

따라서 원식 $= \dfrac{2001}{2004} = \dfrac{667}{668}$이다.

(4) 원식에서

$(13.9 \times 15.7 + 0.63 \times 278 - 1.57 \times 76) \div 15$

$= \{15.7 \times (13.9 - 7.6) + 0.63 \times 278\} \div 15$

$= (15.7 \times 6.3 + 0.63 \times 278) \div 15$

$= 0.63 \times (157 + 278) \div 15$

$= 0.63 \times 435 \div 15$

$= 0.63 \times 29$ 이므로

원식

$= 0.0938 \times 6210 - 210 \times 0.0068 - 0.63 \times 29$

$= 562.8$

02. 탑 (1) 2001　(2) 1　(3) 2

[풀이] (1) 원식

$= \left(\dfrac{2001}{7} + \dfrac{2001}{11} + \dfrac{2001}{13} \right) \div \left(\dfrac{1}{7} + \dfrac{1}{11} + \dfrac{1}{13} \right)$

$= 2001$

(2) a, b, c를 간단히 하면, 모두 $a = b = c = 1$이다.

따라서 $abc = 1$이다.

(3) 원식의 분자$= 15.2$, 원식의 분모$= 7.6$이므로

원식$= 2$이다.

03. 탑 (1) ④　(2) ①　(3) ④

[풀이]

(1) $(-1)^{2013} - (-1)^{2012} = -1 - 1 = -2$이다.

그러므로 답은 ④이다.

(2) $a^{2013} + b^{2013} = 0$이므로 $a + b = 0$이다.

따라서 $(a + b)^{2013} = 0$이다. 답은 ①이다.

(3) $a = -\dfrac{1}{2013}$이면, $\left(a + \dfrac{1}{2013} \right)^2 = 0$이 되어

①은 거짓이다.

$a = \dfrac{1}{2013}$이면, $-\left(a - \dfrac{1}{2013} \right)^2 = 0$이 되어

②은 거짓이다.

$a = -\left(\dfrac{1}{2013} \right)^2$이면, $a + \left(\dfrac{1}{2013} \right)^2 = 0$이 되어

③은 거짓이다.

$a^2 \geq 0$이므로 $a^2 + \left(\dfrac{1}{2013} \right)^2$은 양수이다. 그러

므로 답은 ④이다.

04. 탑 1.83km

[풀이] 열기구가 비행하고 있는 높이를 $x\,\mathrm{km}$라고 하면,

$8 - 6x = -3$이다. 이를 풀면, $x = \dfrac{11}{6}$이다.

그러므로 구하는 답은 $1.83\,\mathrm{km}$이다.

05. 탑 1022만 5천원, 1018만원

[풀이] 원금과 이자의 합은

$1000 \times (1 + 2.25\%)$

$= 1000 \times 1.0225 = 1022$만 5천원이고,

이자세를 납부하고 남은 금액은

$1000 \times (1 + 2.25\% \times 80\%)$

$= 1000 \times 1.018 = 1018$만원이다.

실력 향상시키기

06. 탑 (1) $\dfrac{9}{19}$　(2) $-\dfrac{7}{20}$　(3) $\dfrac{3}{2}$

[풀이]

(1) $\dfrac{1}{3} + \dfrac{1}{15} + \dfrac{1}{35} + \dfrac{1}{63} + \cdots + \dfrac{1}{323}$

$= \dfrac{1}{2}\left(1 - \dfrac{1}{3}\right) + \dfrac{1}{2}\left(\dfrac{1}{3} - \dfrac{1}{5}\right) + \dfrac{1}{2}\left(\dfrac{1}{5} - \dfrac{1}{7}\right)$

$\quad + \dfrac{1}{2}\left(\dfrac{1}{7} - \dfrac{1}{9}\right) + \cdots + \dfrac{1}{2}\left(\dfrac{1}{17} - \dfrac{1}{19}\right)$

$= \dfrac{1}{2}\left(1 - \dfrac{1}{19}\right) = \dfrac{9}{19}$

(2) $\dfrac{1\frac{2}{3} - 4.5}{-\frac{1}{2} \times 1\frac{1}{3}} - \dfrac{(1-2)^2}{\left| -\frac{5}{23} \right|}$

$= \dfrac{\frac{5}{3} - \frac{9}{2}}{-\frac{1}{2} \times \frac{4}{3}} - \dfrac{23}{5} = -\dfrac{17}{6} \times \left(-\dfrac{3}{2}\right) - \dfrac{23}{5}$

$= \dfrac{17}{4} - \dfrac{23}{5} = -\dfrac{7}{20}$

(3) $\dfrac{2 \div 3 \div 7 + 4 \div 6 \div 14 + 14 \div 21 \div 49}{4 \div 7 \div 9 + 8 \div 14 \div 18 + 28 \div 49 \div 63}$

$= \dfrac{2 \div 3 \div 7}{4 \div 7 \div 9} = \dfrac{2}{21} \times \dfrac{63}{4} = \dfrac{3}{2}$

07. 탑 (1) ③　(2) ②

[풀이] (1) 분자분모를 2^n으로 나누면

$\dfrac{2^{n+4} - 2(2^n)}{2(2^{n+3})} = \dfrac{16 - 2}{16} = \dfrac{7}{8}$이므로 답은 ③이다.

(2) $a = -\dfrac{2014}{2013} = -1 - \dfrac{1}{2013}$,

$b = -\dfrac{2013}{2012} = -1 - \dfrac{1}{2012}$,

$c = -\dfrac{2012}{2011} = -1 - \dfrac{1}{2011}$이므로 $c < b < a$이다.

따라서 답은 ②이다.

08. 답 $\dfrac{1}{2018}$

[풀이] $1 + \dfrac{1}{2} + \dfrac{1}{3} + \cdots + \dfrac{1}{2017} = a$,

$1 + \dfrac{1}{2} + \dfrac{1}{3} + \cdots + \dfrac{1}{2018} = b$ 라고 하면

원식 $= a(b-1) - b(a-1)$

$\qquad = b - a$

$\qquad = \dfrac{1}{2018}$ 이다.

09. 답 (1) (a) 14만 7천원 (b) 54만원 (2) 99

[풀이]

(1) (a) 연습장의 권당 가격이 한 권당 구매할 때 3000원, 1세트 씩 구매할 때 한 권당 2500원, 10세트씩 구매할 때 한 권당 2250원이고, 총 학생 수가 57명이므로 $57 = 12 \times 4 + 9$에서 4세트와 낱개로 9권을 구매할 때의 가격은 14만 7천원이고 이것이 가장 저렴함을 알 수 있다.

(b) 총 학생 수가 227명이므로 $227 = 120 \times 1 + 12 \times 8 + 11$에서 우선 10세트로 하나를 사면 27만원이고 나머지 107권의 노트만 사면 된다. 그런데 1세트짜리 8개, 낱개로 11개를 구매할 때의 가격보다 1세트짜리 9개를 구매하는 것이 더 저렴하므로 이렇게 구매하게 되면 총 구매액은 27만원이 추가되어 54만원이 됨을 알 수 있다.

(2) 최악의 경우를 생각해야한다. 재현이가 모두 89점을 받았다면, 민영이는 세 번의 시험에서 90점, 91점, 92점을 받았고, 네 번째 시험에서 최소한 99점을 받아야 평균점수에서 4점이 높게 된다.

응용하기

10. 답 ④

[풀이] 텔레비전의 원가가 a라고 할 때, 20% 세일 후 10% 세일 하면 판매가는 $a \times 0.8 \times 0.9 = 0.72a$이고 연속적으로 20% 두 번 세일할 경우에는 $0.6a$가 된다. 따라서 앞의 판매가가 뒤의 판매가보다 20% 많은 것을 알 수 있다. 답은 ④이다.

11. 답 (1) 444 m (2) ①

[풀이]

(1) 갑과 을을 400m 직선트랙의 양 끝에 놓고 생각하여 보자. 둘의 속력이 각각 초당 2 m, 3 m 이므로 둘이 만나는 시간은 $\dfrac{400}{2+3} = 80$초이다.

경주견은 6초 후부터 초당 6 m 로 달리기 시작해서 속 달리므로 총 달린 거리는 $6 \times 74 = 444$ m 이다.

(2) 을의 속력이 갑의 속력의 4배이므로 처음 만나는 지점은 정사각형의 한 변 길이를 a라고 했을 때, A 에서 D 쪽으로 $\dfrac{2}{5}a$만큼 떨어진 지점이다. 두 번째부터 두 사람이 다시 만나는 지점은 두 사람이 다시 만날 때까지 움직이는 거리를 $4a$로 보고(정사각형의 둘레) 을의 속력이 갑의 속력의 4배이므로 갑이 $4a$ 중 $\dfrac{1}{5}$ 만큼을 간 $\dfrac{4}{5}a$ 만큼씩이다.

따라서 두 번째 지점은 A 에서 D 방향으로 $\dfrac{2}{5}a + \dfrac{4}{5}a$만큼 떨어진 지점임을 알 수 있다.

2015번째 만나는 지점은 A 에서 D 방향으로 만큼 떨어진 지점이고 이는 $\dfrac{2}{5}a + \dfrac{4}{5}a \times 2000 - \dfrac{4}{5}a$와 같으므로 AB 에서 만남을 알 수 있다.

따라서 답은 ①이다.

06강 절댓값

연습문제 실력다지기

01. 🔑 (1) ② (2) ① (3) ③ (4) 1

(1) $a=0$이면, $|-a|=0$, $-|a|=0$이 되어 ①, ③은 틀렸고, a가 음수이면, $-a$는 양수가 되어 ④은 틀렸다. 따라서 답은 ②이다.

(2) $|a-b|=|b-a|$는 항상 참이다. 즉, ㉠은 참이다. $-\frac{1}{2}<-\frac{1}{3}$이므로 ㉡은 거짓이다. 따라서 답은 ①이다.

(3) $|a|=-a$이므로 $a<0$이고, $|b|=b$이므로 $b>0$이다. 또, $|a|>|b|$이므로 $a<-b<b<-a$이다. 따라서 답은 ③이다.

(4) m과 n이 서로 반수이므로 $m+n=0$이다. 따라서 $|m-1+n|=1$이다.

02. 🔑 (1) 3 (2) 풀이참조

[풀이]

(1) $x-4<0$, $x-1>0$이므로 원식$=-(x-4)+x-1=3$이다.

(2) $x\le-\frac{3}{2}$일 때, 원식$=-3x-5$이다.

$-\frac{3}{2}<x\le\frac{1}{2}$일 때, 원식$=x+1$이다.

$\frac{1}{2}<x\le3$일 때, 원식$=5x-1$이다.

$x>3$일 때, 원식$=3x+5$이다.

03. 🔑 (1) ④ (2) $2000c$

[풀이]

(1) $c-1<0$, $a-c>0$, $a-b<0$이므로 원식$=-(c-1)+a-c-(a-b)=1-2c+b$이다. 따라서 답은 ④이다.

(2) $a+b>0$, $b-1>0$, $a-c>0$, $1-c>0$이므로 $m=a+b-(b-1)-(a-c)-(1-c)=2c$이다. 따라서 $1000m=2000c$이다.

04. 🔑 $\frac{4}{25}$

[풀이] 주어진 조건에 의해서 $a=-b$, $a=\pm\frac{2}{5}$, $b=\mp\frac{2}{5}$ (복부호동순)이다.

그러므로 $a+b=0$, $a^2+ab=0$이다. 따라서 원식$=\frac{4}{25}$이다.

05. 🔑 (1) 1 (2) $-c-a$

[풀이]

(1) (i) $-1\le x\le0$일 때, 원식$=-(x-2)+\frac{1}{2}x+x+2=4+\frac{1}{2}x$이다.

그러므로 $\frac{7}{2}\le4+\frac{1}{2}x\le4$이다.

(ii) $0<x\le2$일 때, 원식$=-(x-2)-\frac{1}{2}x+x+2=4-\frac{1}{2}x$이다.

그러므로 $3\le4-\frac{1}{2}x<4$이다.

따라서 $3\le$원식≤4이다. 즉, 최댓값과 최솟값의 차는 3이다.

(2) $a<b<0<c$, $b<-c$이므로 $x=b$일 때, 최솟값을 갖는다. 따라서 $|x-a|+|x-b|+|x-c|=-a-c$이다.

실력 향상시키기

06. 🔑 2

[풀이] (i) $|a-b|=1$, $c-a=0$인 경우, 원식$=2$이다.

(ii) $|c-a|=1$, $a-b=0$인 경우, 원식$=2$이다. 따라서 원식$=2$이다.

07. 🔑 (1) ③ (2) $b\le x\le a$

[풀이]

(1) 주어진 등식이 성립하는 조건은 a와 b의 부호가 서로 다르거나, a와 b중 적어도 하나가 0일 때이다. 따라서 $ab\le0$이다. 즉, 답은 ③ 이다.

(2) $b\le x\le a$일 때, $|x-a|+|x-b|=a-b$가 성립한다.

08. 🔑 ②

[풀이] 특수한 경우를 이용한다. $a=2$, $b=-1$, $c=-2$라 하고, 부등식을 만족하는 식을 찾으면, 옳은 식은 ②이다.

09. 답 0 또는 1

[풀이] $|a+b|$, $|b+c|$, $|c+d|$, $|d+a|$중 두 개는 0 이고, 두 개는 1이어야 한다.

따라서 $|a+d|$의 값은 0 또는 1이다.

응용하기

10. 답 -7

[풀이] $|a-b| \le 9$, $|c-d| \le 16$이므로

$|a-b|+|c-d| \le 25$이다. 또,

$25 = |(a-b)-(c-d)| \le |a-b|+|c-d|$이다.

따라서 $|a-b| = 9$, $|c-d| = 16$이다.

그러므로 $|b-a|-|d-c| = 9-16 = -7$이다.

11. 답 최댓값은 15, 최솟값은 -6

[풀이] $-1 \le x \le 2$일 때, $|x+1|+|x-2|$는 최솟값 3을 갖는다.

$-1 \le y \le 2$일 때,

$|y-2|+|y+1|$는 최솟값 3을 갖는다.

$-1 \le z \le 3$일 때 $|z-3|+|z+1|$는 최솟값 3을 갖는다.

또 $36 = 3 \times 3 \times 4$이므로

$|x+1|+|x-2| = 3$, $|y-2|+|y+1| = 3$, $|z-3|+|z+1| = 4$가 동시에 성립될 때 주어진 등식은 모두 성립된다.

이때, $-1 \le x \le 2$, $-1 \le y \le 2$, $-1 \le z \le 3$이다.

그러므로 $x+2y+3z$의 최댓값은

$2+2 \times 2 + 3 \times 3 = 15$이고 최솟값은

$-1+2 \times (-1) + 3 \times (-1) = -6$이다.

Chapter 2 문자와 식

07강 식

연습문제 실력다지기

01. 답 (1) $0.7a$　(2) $b-na$　(3) $\dfrac{m(m+n)}{n}$

[풀이] (1) $a \times 0.7 = 0.7a$

(2) $b - n \times a = b - na$

(3) n명의 사람이 이 일을 완성하는데, x일 걸린다고 하면, $n \times x = (m+n) \times m$이므로

$x = \dfrac{m(m+n)}{n}$일 걸린다.

02. 답 (1) -1　(2) 32　(3) 20

[풀이] (1) $a+b+1 = 3$, 즉 $a+b = 2$이므로

$(a+b-1) \times (1-a-b)$

$= (2-1) \times (1-2) = -2$이다.

(2) $-2a+3b+8 = 18$, 즉, $3b-2a = 10$이므로

$9b-6a+2 = 3 \times 10 + 2 = 32$이다.

(3) $x^2+3x-1 = 0$이므로

$x^3 + 5x^2 + 5x + 18$

$= (x+2)(x^2+3x-1) + 20$

$= 20$

03. 답 ②

[풀이] $\overline{AB} = 2$라고 하면

$\pi - (S_3 + S_4) = \pi - \dfrac{1}{2}\pi = \dfrac{1}{2}\pi = S_1 + S_2$이다.

즉, $S_3 + S_4 = S_1 + S_2$이다.

$S_1 = S_3$이므로 $S_2 = S_4$이다.

따라서 답은 ②이다.

04. 답 (1) 9　(2) 116

[풀이]

(1) $a+b+c = 24$이므로

$\dfrac{(a+1)+(b+1)+(c+1)}{3} = \dfrac{27}{3} = 9$이다.

(2) $a+b = 254$, $b+c = 234$, $c+a = 208$이므로

$a+b+c = 348$이다.

따라서 $\dfrac{a+b+c}{3} = 116$이다.

05. 답 $\dfrac{1}{2}$

[풀이] $x = 3k$, $y = k$, $z = 2k$ (단, $k \neq 0$)라고 하면

원식 $= \dfrac{3k \times k + k \times 2k + 2k \times 3k}{9k^2 - 3k^2 + 16k^2} = \dfrac{1}{2}$ 이다.

실력 향상시키기

06. 답 (1) ③   (2) $\dfrac{l_{여객} + l_{화물}}{v_{여객} - v_{화물}} - \dfrac{l_{여객} + l_{화물}}{v_{여객} + v_{화물}}$

[풀이]

(1) A에서 B까지의 거리는 $\dfrac{1}{2}vt$ 이므로

$$T = \dfrac{\frac{1}{2}vt}{v + u} + \dfrac{\frac{1}{2}vt}{v - u} = \dfrac{v^2 t}{v^2 - u^2} = \dfrac{t}{1 - \left(\dfrac{u}{v}\right)^2} > t$$

이다. 따라서 답은 ③이다.

(2) $t_초 - t_만 = \dfrac{l_{여객} + l_{화물}}{v_{여객} - v_{화물}} - \dfrac{l_{여객} + l_{화물}}{v_{여객} + v_{화물}}$ 이다.

07. 답 $\dfrac{100p}{100 + p}$

[풀이] $xy = k$라고 하면 즉,

$(1 + p\%)x \cdot (1 - q\%)y = k$

이고 $(1 + p\%)(1 - q\%)k = k$이다.

그러므로 $(1 + p\%)(1 - q\%) = 1$이다.

즉, $\left(1 + \dfrac{p}{100}\right)\left(1 - \dfrac{q}{100}\right) = 1$이다.

이를 정리하면, $q = \dfrac{100p}{100 + p}$ 이다.

08. 답 ③

[풀이] 술병 밑면의 반지름을 1이라 하면,

술병 안의 술의 부피는 πa이다.

술병을 뒤집었을 때, 술병 안의 술이 없는 부분(공기가 찬 부분)의 부피는 πb이다.

그러므로 술병의 부피는 $\pi(a + b)$이다.

따라서 술병의 부피와 술병 안의 술의 부피의 비율은

$\dfrac{\pi(a + b)}{\pi a} = 1 + \dfrac{b}{a}$ 이다. 즉, 답은 ③이다.

09. 답 (1) 150000원   (2) 30kg (3) $10m$

[풀이]

(1) $Q = 10 \times 35 - 200 = 150$(천원)이다.

그러므로 지불해야하는 비용은 150000원이다.

(2) $100 = 10b - 200$을 풀면, $b = 30$이다.

그러므로 화물의 무게는 30kg이다.

(3) $10a - 200 = 0$에서 $a = 20$이다.

즉, $b = m + 20$이다. 따라서 $Q = 10m$이다.

응용하기

10. 답 (1) $\dfrac{2}{5}(a - b)m\%$ (2) 풀이참조

[풀이]

(1) $(a - b)m\% - \dfrac{3}{5}(a - b)m\%$

$\qquad = \dfrac{2}{5}(a - b)m\%$

(2) (i) $\dfrac{3}{2}V_A \leq \dfrac{1}{2}V_B$일 때, 즉, $V_B < 3V_A$

(즉, $R^2 < 3r^2$)일 때, 물의 높이는 $\dfrac{h}{2}$ 이다.

(ii) $\dfrac{3}{2}V_A > \dfrac{1}{2}V_B$ 일 때,

즉, $V_B \geq 3V_A$(즉, $R^2 \geq 3r^2$)일 때,
물의 높이를 x라 하면,
$2\pi r^2 h = \pi r^2 x + \pi R^2 x$이다.

이를 정리하면, $x = \dfrac{2r^2 h}{r^2 + R^2}$ 이다.

즉, 물의 높이는 $\dfrac{2r^2 h}{r^2 + R}$ 이다.

11. 답 0 또는 -2

[풀이] $\dfrac{a}{b} = \dfrac{b}{c} = \dfrac{c}{d} = \dfrac{d}{a} = k$라고 한다면,

$a = bk$, $b = ck$, $c = dk$, $d = ak$이고

$a = bk = ck^2 = dk^3 = ak^4$ 을 얻는다.

따라서 $k = 1$, -1이고 각각의 값을 대입하여

$\dfrac{a - b + c - d}{a + b - c + d}$ 의 값을 계산하면 0 또는 -2를 얻는다.

08강 식의 연산

연습문제 실력다지기

01. 탭 (1) $6, 5, -2$ (2) $\dfrac{mnab}{63}$, 6차

(3) $a - b + c - d$ (4) $-x + y$

(5) $b - c$, $b - c$

[풀이]

(1) 다항식 $x^2y - 3x^4 - x^3y^2 - 2xy^5 - 1$은 6차 5항
식이다. 최고차 항 $-2xy^5$에서 계수는 -2이다.

(2) $\left(\dfrac{mx}{7}\right) \cdot \left(\dfrac{n}{9}axz\right) \cdot bx^2y = \dfrac{mnab}{63}x^4yz$에서

계수는 $\dfrac{mnab}{63}$이고, 차수는 6차이다.

(3) $a - (b - c + d) = a - b + c - d$이다.

(4) $x - (2x - y) = -x + y$이다.

(5) $(-a - b + c)(a - b + c)$
$= -\{a + (b - c)\}\{a - (b - c)\}$이다.

02. 탭 ③

[풀이]

① $2x^3y^2$과 $3m^3n^2$은 동류항이 아니다.

② $3x^2y^3$과 $3x^3y^3$은 동류항이 아니다.

③ $3x^5y^4$과 $2x^5y^3$은 동류항이다.

④ $5m^6n^{10}$과 $6n^6m^{10}$은 동류항이 아니다.

03. 탭 $-7x^3 - 3xyz - 2y^3 + 6y^2 + 2z^2$

[풀이]

원식 $= A - 2B + 3C - 3A$
$= -2A - 2B + 3C$
$= -2(2x^3 - xyz) - 2(y^3 - z^2 + xyz)$
$\qquad\qquad + 3(-x^3 + 2y^2 - xyz)$
$= -4x^3 + 2xyz - 2y^3 + 2z^2 - 2xyz$
$\qquad\qquad - 3x^3 + 6y^2 - 3xyz$
$= -7x^3 - 3xyz - 2y^3 + 6y^2 + 2z^2$

04. 탭 $-13\dfrac{35}{36}$

[풀이]

원식 $= -24x^3 - 9x^2 + 5x - 13$이다.

위 식에 $x = -\dfrac{1}{6}$을 대입하면, $-\dfrac{503}{36} = -13\dfrac{35}{36}$이다.

05. 탭 21

[풀이] 원식 $= 3(a - b) - 6ab = 15 + 6 = 21$이다.

실력 항상시키기

06. 탭 (1) $\dfrac{1}{9}$ (2) -19982

[풀이]

(1) $x^2 - 3\left(k - \dfrac{1}{9}\right)xy - 3y^2 - 8$에서 xy항이 포함하
고 있지 않으므로 $k = \dfrac{1}{9}$이다.

(2) $x = 1999$일 때, 절댓값 안의 값이 모두 양수이므로
원식 $= 4x^2 - 5x + 9 - 4x^2 - 8x - 8 + 3x + 7$
$= -10x + 8 = -19982$이다.

07. 탭 $-\dfrac{7}{5}$

[풀이]

원식 $= \dfrac{2 - 5\dfrac{xy}{x+y}}{-1 + 3\dfrac{xy}{x+y}} = \dfrac{2 - 5 \times 2}{-1 + 3 \times 2} = -\dfrac{7}{5}$이다.

08. 탭 1998

[풀이] $x = 2$, $y = -4$를 $ax^3 + \dfrac{1}{2}by + 5 = 1997$에
대입하면, $8a - 2b + 5 = 1997$이다.
즉, $4a - b = 996$이다.
$x = -4$, $y = -\dfrac{1}{2}$를 $3ax - 24by^3 + 4986$에
대입하면,
$3ax - 24by^3 + 4986$
$= -12a + 3b + 4986$
$= -3(4a - b) + 4986$
$= -3 \times 996 + 4986 = 1998$

09. 탭 ③

[풀이] $a^m b^n c^p$에서 $m + n + p = 7$이므로 이를 만족하
는 자연수쌍 (m, n, p)는 $(5, 1, 1)$, $(4, 2, 1)$,
$(4, 1, 2)$, $(3, 3, 1)$, $(3, 2, 2)$, $(3, 1, 3)$,
$(2, 4, 1)$, $(2, 3, 2)$, $(2, 2, 3)$, $(2, 1, 4)$,
$(1, 5, 1)$, $(1, 4, 2)$, $(1, 3, 3)$, $(1, 2, 4)$,
$(1, 1, 5)$로 모두 15개이다. 따라서 답은 ③이다.

응용하기

10. 🖪 가로는 177mm, 세로는 176mm

[풀이] 2번 정사각형의 한 변의 길이는 x라 하면,
직사각형의 가로의 길이는

9번 + 10번 = 11번 + 4번 + 3번 + 5번

이다. 즉, $15x - 63 = 6x + 81$이다.

이를 계산하면, $x = 16$이다. 그러므로 직사각형의 가로의
길이는 $15 \times 16 - 63 = 177\text{mm}$이고, 세로의 길이는
$(9 \times 16 - 45) + (2 \times 16 + 45) = 176\text{mm}$이다.

11. 🖪 1

[풀이] $a = 2014$일 때, 순서대로 하면

$$a - \frac{1}{2}a = \frac{1}{2}a, \ \frac{1}{2}a - \frac{1}{3}\left(\frac{1}{2}a\right) = \frac{1}{3}a,$$

$$\frac{1}{3}a - \frac{1}{4}\left(\frac{1}{3}a\right) = \frac{1}{4}a, \ \cdots,$$

$$\frac{1}{2013}a - \frac{1}{2014}\left(\frac{1}{2013}a\right) = \frac{1}{2014}a$$
$$= \frac{1}{2014} \times 2014 = 1$$

연습문제 실력다지기

01. 🖪 (1) ① 같은 근을 갖는다.

　　② 같은 근을 갖지 않는다.

　　③ 같은 근을 갖는다.

(2) $a \neq 0$일 때, 같은 근을 갖고 $a = 0$일 때,
　　같은 근을 갖지 않는다.

(3) ④

[풀이] (1) ① 모두 $x = 1$이므로 같은 근을 갖는다.

② 왼쪽 방정식은 $x = 0$ 또는 $x = 1$이고, 오른쪽 방정식
은 $x = 1$이므로 같은 근을 갖지 않는다.

③ 모두 $x = 1$이므로 같은 근을 갖는다.

(2) $a \neq 0$일 때, 같은 근 $x = 1$을 갖는다.

$a = 0$일 때, 왼쪽 방정식은 $x = 1$,

오른쪽 방정식은 모든 수를 해로 가지므로 같은 근을 갖
지 않는다.

(3) ① 왼쪽 방정식은 $x = 2$, 오른쪽 방정식은 $x = 0$
　　또는 $x = 2$이므로 같은 근을 갖지 않는다.

② 공통인 근 $x = 2$가 있으므로 거짓이다.

③ 왼쪽 방정식은 $x = 0$ 또는 $x = 2$이고, 오른쪽 방정식
은 $x = 2$이므로 거짓이다.

④ 왼쪽 방정식은 $x = 2$, 오른쪽 방정식은 $x = 0$ 또는
$x = 2$이므로 참이다.

02. 🖪 풀이참조

[풀이]

(i) $a + b = 0$일 때, 무수히 많은 해가 있고,

(ii) $a + b \neq 0$일 때,

　① $a \neq 0$일 때, 해는 $x = \dfrac{b}{3a}$이고 $a + b \neq 0$,

　② $a = 0$일 때, 해는 없다.

03. 🖪 (1) ①　(2) ②

[풀이]

(1) $2(3 - 1) - a = 0$이므로 $a = 4$이다.

(2) $a = 2012$, $b = 2016$, $c = 4028$이므로
　　$a + b + c = 2014 \times 4 = 2014k$
　　이다. 따라서 $k = 4$이다.

04. 🖪 (1) 8 또는 -8　(2) ②

[풀이]

(1) $x = \dfrac{17}{9 - k}$이므로 $9 - k$는 17의 양의 약수이다.

따라서 $9 - k = 1$ 또는 17이다. 즉, $k = 8$ 또는 -8이다.

(2) $3a + 8b = 0$이면, 방정식의 해가 없다. 그러므로 $ab \leq 0$이다. ab는 양수가 아닌 수이다.

05. 📖 (1) 21   (2) 17

[풀이]

(1) 을 팀에 원래 x명이 있었다고 하면,

$96 - 16 = k(x + 16) + 6$이다.

이를 풀면, $x = \dfrac{74 - 16k}{k}$ 이고 이는 양의 정수이므로 가능한 k는 2, 3, 4 뿐이다.

$k = 2$일 때만, $x = 21$로 양의 정수이다.

(2) 원숭이가 원래 x마리 있었다고 하면

$kx + 14 = 9(x - 1) + 6$이다.

이를 정리하면, $(9 - k)x = 17$이다.

17은 소수이므로 원숭이는 17마리가 있었다.

실력 향상시키기

06. 📖 (1) ③   (2) ① $a = -1$ ② $a = 1$

[풀이]

(1) $x = 2a^2 - 3a - 5 + \dfrac{4}{a}$이므로

x가 정수가 되기 위해서는 a는 4의 약수이다.

즉, a가 될 수 있는 수는 ± 1, ± 2, ± 4로 모두 6개이다.

(2) $\dfrac{2 - 3|a| + 1}{6}x = 1 - a$에서

① $a = -1$일 때 해가 없다.

② $a = 1$일 때 무수히 많은 해가 있다.

07. 📖 $a = 5.5$, $b = 4$

[풀이] 원식에 $x = 1$을 대입하고 k에 대한 방정식으로 정리하면, $(4 - b)k = 11 - 2a$이다. 이 방정식의 해가 무수히 많아야 하므로 $b = 4$, $a = \dfrac{11}{2} = 5.5$이다.

08. 📖 2

[풀이] 일차 방정식 $ax + 3 = 2x - b$

즉, $(a - 2)x = -b - 3$은 두 개의 서로 다른 해가 있다.

즉, 무수히 많은 해가 있다는 의미이므로 $a - 2 = 0$, $-b - 3 = 0$이다. 그러므로 $a = 2$, $b = -3$이다.

따라서 $-x + 6x = 10$을 풀면, $x = 2$이다.

응용하기

09. 📖 풀이참조

[풀이] $a > 1$이나 $a < 0$일 때, 해는 양수이고

$0 < a < 1$일 때, 해는 음수이고

$a = 1$일 때, 해가 없으며

$a = 0$일 때, 해는 무수히 많다.

10. 📖 ②

[풀이]

$\dfrac{x^2(ax^5 + bx^3 + cx)}{x^4 + dx^2}$에 $x = 1$을 대입하면

$a + b + c = 1 + d$이다.

$\dfrac{x^2(ax^5 + bx^3 + cx)}{x^4 + dx^2}$에 $x = -1$을 대입하면,

$\dfrac{-(a + b + c)}{1 + d} = -1$이다.

11. 📖 -12

[풀이] x가 어떤 값을 가져도 $ax - b - 4x = 3$은 항상 성립해야 하므로 x에 관하여 식을 정리하면

$(a - 4)x = 3 + b$이고, $a - 4 = 0$, $3 + b = 0$이다.

즉, $a = 4$, $b = -3$이다. 그러므로 $ab = -12$이다.

연습문제 실력다지기

01. 답 (1) $\pm\dfrac{1}{3}$ (2) $\dfrac{1}{2}$ (3) $\dfrac{7}{6}$ 또는 $-\dfrac{1}{6}$ (4) 1 또는 $\dfrac{1}{3}$.

[풀이] (1) $3x=\pm1$이므로 $x=\pm\dfrac{1}{3}$이다.

(2) $2x-1=0$이므로 $x=\dfrac{1}{2}$이다.

(3) $2x-1=\pm\dfrac{4}{3}$이므로 $x=\dfrac{7}{6}$ 또는 $-\dfrac{1}{6}$이다.

(4) $2-3x=\pm1$이므로 $x=1$ 또는 $\dfrac{1}{3}$이다.

02. 답 (1) 11 (2) 2 또는 -1 (3) ④ (4) $\pm\dfrac{10}{7}$

[풀이]

(1) $x\le-\dfrac{6}{5}$일 때, $-5x-6=6x-5$이고,

$x=-\dfrac{1}{11}$인데, $x>-\dfrac{6}{5}$이므로 해가 되지 않는다.

$x>-\dfrac{6}{5}$일 때, $5x+6=6x-5$이고, $x=11$인

데, 이는 $x>-\dfrac{6}{5}$이므로 해가 된다.

(2) $|2x-1|-1=\pm2$이다.

즉, $|2x-1|=3$ (절댓값은 항상 0이상이므로)이다.

이를 정리하면, $2x-1=\pm3$이다.

따라서 $2x=4$ 또는 $2x=-2$이다.

즉, $x=2$ 또는 $x=-1$이다.

(3) $x-2=a$라 하면, $|a|=-a$이다.

이는 $a\le0$일 때, 즉, $x\le2$일 때 성립한다.

(4) 원식을 정리하면 $|x|=\dfrac{10}{7}$이다.

따라서 $x=\pm\dfrac{10}{7}$이다.

03. 답 (1) $1\le x\le3$ (2) $\pm\dfrac{2}{9}$

[풀이]

(1) (i) $x\le1$일 때, $x=1$이다.

(ii) $1<x\le3$일 때, x는 모든 수이다.

(iii) $x>3$일 때, 해가 없다.

따라서 구하는 해는 $1\le x\le3$이다.

(2) (i) $x\le-3$일 때, 해가 없다.

(ii) $-3<x\le0$일 때, $x=-\dfrac{2}{9}$이다.

(iii) $0<x\le3$일 때, $x=\dfrac{2}{9}$이다.

(iv) $x>3$일 때, 해가 없다.

따라서 구하는 해는 $\pm\dfrac{2}{9}$이다.

04. 답 (1) ① (2) ③

[풀이]

(1) $\left|x-\dfrac{1}{2}\right|-1=0$의 해는 $x=\dfrac{1}{2}\pm1$이다.

즉, $x=\dfrac{3}{2}$ 또는 $x=-\dfrac{1}{2}$이다.

$x=\dfrac{3}{2}$일 때, $m\times\dfrac{3}{2}+2=2\left(m-\dfrac{3}{2}\right)$이다.

이를 풀면, $m=10$이다.

$x=-\dfrac{1}{2}$일 때, $m\times\left(-\dfrac{1}{2}\right)+2=2\left(m+\dfrac{1}{2}\right)$

이다. 이를 풀면, $m=\dfrac{2}{5}$이다.

따라서 $m=10$ 또는 $\dfrac{2}{5}$이다. 즉, 답은 ①이다.

(2) $x<0$이므로 $-m^2x+x+1=0$이다.

이를 정리하면 $x=\dfrac{1}{m^2-1}$이다.

$x<0$이므로 $m^2<1$이다. 즉, $-1<m<1$

이다. 그러므로 답은 ③이다.

05. 답 (1) ① $a\ge0$, ② $a=-1$ (2) ①

[풀이]

(1) ① $|a|+1=|a+1|$이다.

이를 만족하는 a의 범위는 $a\ge0$이다.

② $|a+1|=0$이다. 이를 만족하는 $a=-1$이다.

(2) $|2x-3|+m=0$이 해가 없으므로 $m>0$이다.

$|3x-4|+n=0$의 해가 한 개이므로 $n=0$이다.

$|4x-5|+k=0$의 해가 두 개이므로 $k<0$이다.

따라서 $m>n>k$이다. 즉 답은 ①이다.

06. 답 ①

[풀이] $0\le x\le2002$일 때,

$|x|+|x-2002|=2002$이다.

또, $1001\le x\le3003$일 때,

$|x-1001|+|x-3003|=2002$이다.

따라서 주어진 방정식의 정수해는 1001부터 2002까

지의 정수이다. 따라서 모두 1002개이다.

즉, 답은 ①이다.

07. 답 $m \geq 0$ 또는 $m < -1$

[풀이] $mx \geq 0$이므로 $m \geq 0$일 때와 $m < 0$일 때로 나누어 생각한다.

(i) $m \geq 0$일 때,

$1 - x = \pm mx$, 즉 $(1 \pm m)x = 1$이다.

이를 풀어서 얻은 해 중 $x = \dfrac{1}{1+m}$는 0보다 크므로 해가 된다.

(ii) $m < 0$일 때,

$1 - x = \pm mx$, 즉 $(1 \pm m)x = 1$이다.

이를 풀어서 얻은 해 중 $x = \dfrac{1}{1+m}$는 $m < -1$일 때, 0보다 작으므로 해가 된다.

따라서 주어진 방정식이 해를 가질 때, m의 범위는 $m \geq 0$ 또는 $m < -1$이다.

08. 답 3

[풀이] $|x - 12| = a \pm 3$ 이므로

$|x - 12| = a + 3$ 이 해를 가지려면 $a \geq -3$이고,

$|x - 12| = a - 3$이 해를 가지려면 $a \geq 3$이다.

따라서 $a = 3$일 때 원래의 방정식에는 3개의 있다.

09. 답 $a > \dfrac{664}{3}$

[풀이] $x < 0$이므로 $\left(249 - \dfrac{9a}{8}\right)x = 1$이다.

즉, $249 - \dfrac{9a}{8} < 0$이다.

이를 풀면, $a > \dfrac{664}{3}$이다.

응용하기

10. 답 $a = 0$ 또는 $a > 5$

[풀이] (i) $a < 0$일 때, 해가 없다.

(ii) $0 < a < 5$일 때, 해는

$x = \pm(5 + a)$, $x = \pm(5 - a)$

로 모두 4개이다.

(iii) $a = 5$일 때, 해는

$x = 0$, $x = \pm(5 + a) = \pm 10$

으로 모두 3개이다.

(iv) $a = 0$일 때, 해는 $x = \pm 5$로 2개이다.

(v) $a > 5$일 때, 해는 $x = \pm(a + 5)$로 2개이다.

그러므로 두 개를 해를 가질 때, $a = 0$ 또는 $a > 5$이다.

11. 답 (1) 풀이참조   (2) ①

[풀이]

(1) (i) $a < 1$일 때, 해가 없다.

(ii) $a = 1$일 때, 무수히 많은 해가 있다.

(iii) $a > 1$일 때 두 개의 해가 있다.

(2) 만약 음수인 해가 있다면, 즉, $x < 0$일 때,

$x = -\dfrac{k-3}{k+2}$이다. 따라서 $k < -2$ 또는 $k > 3$이다.

그러므로 음수인 해가 없다면, $-2 \leq k \leq 3$이다.

즉, 답은 ①이다.

연습문제 실력다지기

01. 답 (1) 800원   (2) 7할   (3) 40만원   (4) 45%

[풀이]

(1) $1100 \times 0.8 = 880$이고 이는 원가의 110%이므로 원가는 800원이다.

(2) 500원의 이윤율 5%는 25원이고, $\dfrac{525}{750} = \dfrac{7}{10}$이므로 정가의 7할에 판매가능하다.

(3) 30만원의 이윤율 20%는 6만원이고, 36만원이 정가의 9할이므로 정가는 $36 \div \dfrac{9}{10} = 40$만원이다.

(4) 처음 가격을 x원이라고 하면, 오른 가격은 $2x$원이고, 내린 가격이 $1.1x$원이다. 그러므로 가격 하락폭은 $\dfrac{0.9}{2} = 45\%$이다.

02. 답 (1) 갑 : 32000원, 을 : 18000원   (2) $\dfrac{4}{3}b + a$

[풀이]

(1) 갑, 을 두 상품의 원래 판매가를 각각 x원, y원이라고 하면,
$x + y = 50000$, $0.7x + 0.9y = 38600$이다.
이를 연립하여 풀면, $x = 32000$, $y = 18000$이다.

(2) 원래 시내통화요금이 분당 x원이라고 하면,
$(x - a) \times \dfrac{75}{100} = b$이다. 이를 정리하면,
$x = \dfrac{4}{3}b + a$이다.

03. 답 (1) 688800원   (2) ①

(1) 컴퓨터의 원래 판매가를 x원이라고 하면,
$(x - 28800) \times 0.8 = 528000$이다.
이를 풀면, 688800원이다.

(2) 최소 출판 권수를 x권이라고 하면,
$800 + 200 \times \dfrac{x}{1000} = 0.6 \times x$이다.
이를 풀면 $x = 2000$이다.

04. 답 7.8%

[풀이] $390 \div 5 \div 1000 = 0.078$이므로 7.8%이다.

05. 답 176KW

[풀이] 사용한 전기를 xKW라 하면,
$100 \times 300 + (x - 100) \times 500 = 68000$이다.
이를 풀면, $x = 176$이다.

실력 향상시키기

06. 답 ②

[풀이1] 9월에 겨울 옷 한 벌당 판매된 공장가를 x라고 한다면 그 원가는 $0.75x$원이다. 그러므로 10월의 옷 한 벌당 판매된 이윤은 $(1 - 10\%)x - 0.75x = 0.15x$원이다.

$\dfrac{0.15x \times 1.8 - (25\% \cdot x)}{(25\% \cdot x)} = 8\%$이다.

즉, 8% 증가하였다.

[풀이2] 한 벌당 출고가를 a원이라고 하고, 9월 달 판매량을 b개라고 하면, 한 벌당 원가는 $0.75a$원이고,
9월 달 이윤은 $0.25ab$원이고,
10월 달 이윤은 $0.15 \times 1.8ab$원이다.

그러므로 $\dfrac{0.27 - 0.25}{0.25} = 0.08$이다.

즉, 8% 증가하였다.

07. 답 ③

[풀이] 이 상품의 매입가를 x원, 정가를 y원이라 하면,
$\dfrac{80\% \cdot y - x}{x} = 20\%$이다. 이를 풀면 $\dfrac{y}{x} = 15$이다.

그러므로 $\dfrac{y - x}{x} = \dfrac{y}{x} - 1 = 0.5 = 50\%$이다.

08. 답 48%

[풀이] 갑의 매입가를 a원이라 하면 판매가는 $1.4a$원이다. 을의 매입가를 b원이라 하면 판매가는 $1.6b$원이다. 만약 갑을 x개 판매하고 을을 $(1 + 50\%)x = 1.5x$개를 판매하였을 때 총 이윤이 50%라면 즉,
$\dfrac{(1.4a - a) + (1.6b - b) \times 1.5x}{ax + b \times 1.5x} = 50\%$이고
$a = 1.5b$이므로 갑, 을 두 상품이 판매된 수량이 같을 때 총 이윤은 $\dfrac{(1.4a - a)y + (1.6b - b)y}{ay + by} = 48\%$
($a = 1.5b$를 대입한다.)이다.

09. 답 1500억 원

[풀이] $390 \div 5 \div 1000 = 0.078$이므로 7.8%
매년 유지해야할 최소한의 예금액을 x억원이라고 하면,
$4.05\% \cdot x = 10 + 17 + 2.25\% \cdot x$이다.
이를 풀면, $x = 1500$이다.

응용하기

10. 답 14%

[풀이] 매입가를 x원, 판매가를 y원이라 하면
$$\frac{y - 0.95 \times x}{0.95 \times x} \times 100 = \frac{y - x}{x} \times 100 + 6 \text{이다.}$$
이를 정리하면 $y = 1.14x$이다.
따라서 원래 이윤율은 14%이다.

11. 답 (1) 풀이참조   (2) 풀이참조

[풀이] (1)

구매 권수	1 ~ 8권	9 ~ 16권	17 ~ 24권	24권 이상
한권 당 가격	720원	680원	640원	600원

(2) A 회사에서는 을 상점에서 사고, B 회사에서는 갑 상점에서 사고, C 회사에서는 갑 상점에서 사야 한다.

연습문제 실력다지기

01. 답 (1) ③   (2) 시간당 4.8km   (3) 54km

[풀이]

(1) 필요한 시간을 x시간이라고 하면,
$(110 - 100)x = 0.016$이다.
그러므로 $x = 0.0016$시간이다.
즉, $0.0016 \times 3600 = 5.76$초이다.

(2) 집에서 학교까지의 거리를 x km 라 하면,
평균속력은 시간당 $\dfrac{2x}{\dfrac{x}{6} + \dfrac{x}{4}} = \dfrac{2 \times 6 \times 4}{6 + 4} = 4.8$
km 이다.

(3) 운동선수가 대기한 곳은 클럽으로부터
$30 \times \dfrac{48}{60} = 24$ km 떨어진 곳이고, 이 거리를 통신원이 오는데 걸린 시간은 $\dfrac{24}{72} = \dfrac{1}{3}$ 시간이고, $\dfrac{1}{3}$ 시간 동안 대열이 이동한 거리는 $30 \times \dfrac{1}{3} = 10$ km 이다.
이제, 운동선수가 대열에 합류하기 위해 시간당 x km 로 달렸다고 하면, $\dfrac{25}{60} x = 10 + 30 \times \dfrac{25}{60}$ 이다.
이를 풀면, $x = 54$이다.

02. 답 15km

[풀이] 을 배의 속력을 시간당 x km 라고 하면, 걸린 시간은 $\dfrac{540}{x}$ 이다.

그러므로 $\dfrac{540}{x} = 3 + 3 + 540 \div \dfrac{6}{5} x$ 이다.
이를 풀면, $x = 15$이다.

03. 답 1시 $50\dfrac{10}{13}$ 분

[풀이] 1시 x분에 12에 대하여 대칭된다고 하면,
$30° + 0.5° x = 360° - 6° x$이다.
이를 풀면, $x = \dfrac{660}{13}$ 이다.

04. 답 (1) 9시 $32\frac{8}{11}$분   (2) 풀이참조

[풀이]

(1) 9시 x분이라 하면,

$$30°\times 9 + 0.5°\times x - 6°x = 90°$$ 이다.

이를 풀면, $x = \dfrac{360}{11}$이다.

(2) 12시간 동안 11번 만나므로 $1\frac{1}{11}$시간, 즉, 1시간

$5\frac{5}{11}$분마다 겹친다.

따라서 두 번째로 겹쳐진 시간은 1시 $5\frac{5}{11}$분이고,

세 번째로 겹쳐진 시간은 2시 $10\frac{10}{11}$분이고, $\cdots$,

n번째로 겹쳐진 시간은 $(n-1)$시 $(n-1)\times 5\frac{5}{11}$

분이다.

05. 답 우혁이는 19세 은비는 10세이다.

[풀이] 우혁이의 올해 나이를 x세라고 하면,

$(x+6)+(x-9-3) = 32$이다.

이를 풀면, $x = 19$이다.

따라서 우혁이는 19세, 은비는 10세이다.

실력 향상시키기

06. 답 $\dfrac{19}{30}$시간 (또는 38분)

[풀이] 버스가 고장을 일으켜서 소모된 시간을 x시간, 정해진 도착시간을 8시라고 하고, 학생과 버스의 속력을 각각 시간당 $y\,\mathrm{km}$, $6y\,\mathrm{km}$라고 하면, 학교와 도시 사이의 거리를 $6y\,\mathrm{km}$이다. 또, 학생들이 걸어간 거리를 $a\,\mathrm{km}$라고 하자.

학생들이 도시까지 가는데 걸린 시간을 기준으로 방정식을 세우면,

$$\frac{a}{y} + \frac{6y-a}{6y} = \frac{4}{3}, \ \text{즉,} \ a = \frac{2}{5}y \ \cdots \text{①이다.}$$

버스가 도시에서 출발하여 고장이 나서 수리한 후 다시 도시에 도착한 시간을 기준으로 방정식을 세우면,

$$\frac{6y-a}{6y}\times 2 + x = \frac{5}{2} \qquad \cdots \text{②이다.}$$

식 ①을 식 ②에 대입하여 풀면, $x = \dfrac{19}{30}$이다.

따라서 버스가 고장을 일으켜서 소모된 시간은 $\dfrac{19}{30}$시간(또는 38분)이다.

07. 답 22

[풀이] 유리가 지면으로 돌아가는 도중 서현이와 x층에서 만난다고 하면, 유리가 3개층을 올라갈 때, 서현이는 2개층을 올라가므로 유리가 28층에 도착할 때, 서현이는 19층에 도착한다. 그러므로

$$(28-x):(x-19) = (4-1):(3-1)$$

이다. 이를 풀면, $x = 22.6$이다.

따라서 22층과 23층 사이로 22층으로 간주한다고 했으므로 유리는 서현이와 22층에서 만난다.

08. 답 17분

[풀이] 진우의 집의 시계가 x분 빠르다고 하고, 집에서 학교에 갈 때 걸린 시간을 y분이라고 하자.

학교에 도착해서 학교시계가 8시이므로

집에서 출발할 때, 학교시계는 7시 $(60-y)$분이고, 집의 시계는 8시 4분이다.

즉, $x = y+4 \ \cdots$ ①이다.

또, 집에 돌아왔을 때, 학교시계는 12시 y분이고, 집의 시계는 12시 30분이다.

즉, $30-y = x \ \cdots$ ②이다.

식 ①, ②를 연립하여 풀면, $x = 17$이다.

09. 답 33세

[풀이] 형의 올해 나이를 x세라고 하면,

$$55-x = 2[(55-x)-\{x-(55-x)\}]$$

이다. 이를 풀면 $x = 33$이다.

응용하기

10. 답 1시간 5.5분

[풀이] 이 선생님은 7시반 전에 강의를 시작하여 8시반 전에 끝날 수 밖에 없다.

이 선생님이 7시 x분에 강의를 시작한다고 하면

$$(7\times 30° + 0.5°x)-6°x = 90° \ (x<30)$$

이다. 이를 풀면, $x = \dfrac{240}{11}$이다.

같은 방법으로 끝나는 시간은 8시 $\dfrac{300}{11}$분이다.

따라서 $\dfrac{300}{11} - \dfrac{240}{11} \approx 5.5$분이다.

즉, 소요된 시간은 1시간 5.5분이다.

11. 답 할 수 있다.

[풀이] 형의 12명의 사람을 4명씩 3개 조로 나누어 차를 타고 가는 시간도 같게 하고, 걸어가는 시간도 같게 하면 약 평균 2.53시간이면 기차역에 도착할 수 있다.

13$^\text{강}$ 일차방정식의 응용 (Ⅲ)

연습문제 실력다지기

01. 답 (1) 96개   (2) 갑 24톤, 을 21톤

[풀이]

(1) 한 자루에 들어있는 공이 x개 라고 하면,

$$x \times \left(1 - \frac{1}{4} - \frac{1}{8}\right) \times \frac{1}{5} = 12 \text{이다.}$$

이를 풀면, $x = 96$이다.

(2) 갑, 을 창고에 있던 약품의 양을 각각 x톤, y톤 이라고 하면,

$$x + y = 45, \quad 0.6y - 0.4x = 3$$

이다. 이를 연립하여 풀면, $x = 24$, $y = 21$이다.

02. 답 (1) $\dfrac{45}{7}$ km   (2) 20개

[풀이]

(1) 컴퓨터회사와 손님의 집까지의 거리를 x km 라고 하면,

$$3000 + (x - 4) \times 1500 + 5000 + (x - 3) \times 2000 = 18500 \text{이다.}$$

이를 풀면, $x = \dfrac{45}{7}$이다.

(2) 검정색 가죽 하나마다 5개의 흰색 가죽이 붙어 있고, 흰색 가죽 하나마다 3개의 검정색 가죽이 붙어 있다.

그러므로 흰색 가죽은 $\dfrac{12 \times 5}{3} = 20$개이다.

03. 답 (1) 20g   (2) 45kg

[풀이] (1) 소독원액이 x g 이 필요하다고 하면,

$$\frac{1}{200} = \frac{x}{4000} \text{이다. 이를 풀면, } x = 20 \text{이다.}$$

(2) 일정시간 증발된 물의 양을 $x$kg이라 하면,

$$\frac{30 \times 60}{100} = \frac{40 \times (60 - x)}{100} \text{이다.}$$

이를 풀면, $x = 15$이다.

그러므로 일정시간 증발시킨 상태에서 소금물이 올려진 저울의 눈금은 45kg이다.

04. 답 (1) 풀이참조   (2) 50g

[풀이]

(1) $\dfrac{270}{750} \times 100 = 36\% < 40\%$ 이다.

(2) 추가해야 할 황산암모늄을 x g 이라 하면,

$$\frac{270+x}{750+x}\times100=40$$ 이다.

이를 풀면, $x=50$ 이다.

05. 답 갑 5일, 을 9일

[풀이] 갑, 을이 일한 일자를 각각 x 일, y 일 이라 하면,

$x+y=14$, $\dfrac{x}{20}+\dfrac{y}{12}=1$

이다. 이를 연립하여 풀면, $x=5$, $y=9$ 이다.

실력 향상시키기

06. 답 $\dfrac{5}{13}$

[풀이] 작년 경시대회에 참가한 남학생이 x 명, 여학생이 y 명이라면 올해에 참가한 남학생 $(1+20\%)x=1.2x$ 명, 여학생 $1.5y$ 명이다. 그러므로 $1.2x+1.5y=(1+30\%)(x+y)$ 에서 $x=2y$ 이다. 즉, $a=1.2x+1.5y=3.9y$, $b=1.5y$ 이다.

따라서 $\dfrac{b}{a}=\dfrac{1.5y}{3.9y}=\dfrac{5}{13}$ 이다.

07. 답 갑 : 65.1%, 을 : 43.4%

[풀이] 갑, 을의 철 함량을 각각 $1.5a\%$, $a\%$ 라 하면,

$1.5a\times\dfrac{4}{7}+a\times\dfrac{3}{7}=55.8$ 이다.

이를 풀면, $a=43.4$ 이다.

그러므로 갑, 을 두 철광석의 철 함량은 각각 65.1%, 43.4% 이다.

08. 답 $132\,\text{cm}$

[풀이] 점 C에서 지면까지의 거리를 $x\,\text{cm}$ 라고 하면

$\left(\dfrac{x-20}{80\%}+20\right)\div80\%-68=x$ 이다.

이를 풀면, $x=132$ 이다.

09. 답 35페이지

[풀이] 갑, 을이 치는 타자 수가 같을 때 을은 x 페이지를 친다고 하면 을이 x 페이지를 쳤을 때 갑은 $\left(\dfrac{8}{7}x+2\right)$ 페이지를 치므로

$600x=\left(\dfrac{8}{7}x+2\right)\times500$ 이다.

이를 풀면, $x=35$ 이다.

응용하기

10. 답 (1) $\dfrac{12}{7}$ 시간 (2) $\dfrac{4}{19}$ 시간

[풀이]

(1) 갑 관의 공률은 $\dfrac{2}{3}$, 을 관의 공률은 $\dfrac{5}{4}$ 이므로

$1+\dfrac{2}{3}x=\dfrac{5}{4}x$ 이다. 이를 풀면, $x=\dfrac{12}{7}$ 이다.

(2) 세 개의 관을 동시에 x 시간동안 열었다고 하면,

$\dfrac{1}{5}x+\left(\dfrac{1}{2}-\dfrac{1}{5}\right)\times(x+2)+\left(\dfrac{1}{3}-\dfrac{1}{5}\right)\times(x+2)=1$

이다. 이를 풀면, $x=\dfrac{4}{19}$ 이다.

11. 답 $50\,\text{kg}$

[풀이] 병 소금물을 최대로 사용하려면 을 소금물을 하나도 사용하지 말아야 한다. 즉, 병 소금물을 $x\,\text{kg}$ 사용한다고 하면, 갑 소금물은 $(100-x)\,\text{kg}$ 을 사용하게 된다. 그러므로

$\dfrac{11\times x}{100}+\dfrac{3\times(100-x)}{100}=7$ 이다.

이를 풀면, $x=50$ 이다.

따라서 갑 $50\,\text{kg}$, 병 $50\,\text{kg}$ 일 때, 7% 농도 $100\,\text{kg}$ 이 된다.

14^{강} 함수 (I)

연습문제 실력다지기

01. 답 $8x-1$

[풀이] $f\left(\dfrac{x+3}{2}\right)=2x+1$ 에서 $\dfrac{x+3}{2}=t$ 로 놓으면

$x=2t-3$ 이다.

이를 $f\left(\dfrac{x+3}{2}\right)=2x+1$ 에 대입하면

$f(t)=2(2t-3)+1,\ \ \therefore\ f(t)=4t-5$

이때, t 대신 $2x+1$ 을 대입하면

$f(2x+1)=4(2x+1)-5=8x-1$ 이다.

02. 답 10

[풀이] 8의 양의 약수는 $1,\ 2,\ 4,\ 8$ 이므로

$f(8)=4$ 이다.

18의 양의 약수는 $1,\ 2,\ 3,\ 6,\ 9,\ 18$ 이므로

$f(18)=6$ 이다.

$\therefore\ f(8)+f(18)=4+6=10$

03. 답 -6

[풀이] $f(a+b)=f(a)+f(b)+3\quad\cdots\cdots\ \text{㉠}$

㉠에 $a=b=0$을 대입하면

$f(0)=f(0)+f(0)+3$

$\therefore f(0)=-3$

㉠에 $a=3,\ b=-3$을 대입하면

$f(3-3)=f(3)+f(-3)+3$

$f(0)=f(3)+f(-3)+3=-3$

$\therefore f(3)+f(-3)=-6$

04. 답 -2

[풀이] $f(xy)=f(x)+f(y)$ 에 $x=1,\ y=1$ 을

대입하면 $f(1)=f(1)+f(1)\quad\therefore\ f(1)=0$

다시 $f(xy)=f(x)+f(y)$ 에

$x=8,\ y=\dfrac{1}{8}$ 을 대입하면

$f(1)=f(8)+f\left(\dfrac{1}{8}\right)$

$0=6+f\left(\dfrac{1}{8}\right)\quad\therefore\ f\left(\dfrac{1}{8}\right)=-6$

이때, $f(8)=f(2\cdot4)=f(2)+f(4)$

$=f(2)+f(2\cdot2)$

$=f(2)+f(2)+f(2)=3f(2)$

이므로 $3f(2)=6$ 에서 $f(2)=2$

$\therefore\ f(4)=f(2)+f(2)=2+2=4$

$\therefore\ f\left(\dfrac{1}{8}\right)+f(1)+f(4)=-6+0+4=-2$

05. 답 1

[풀이] $f(xy)=f(x)+f(y)-2\quad\cdots\cdots\text{㉠}$

㉠에 $x=1,\ y=1$ 을 대입하면

$f(1)=f(1)+f(1)-2\quad\therefore\ f(1)=2$

㉠에 $x=2,\ y=\dfrac{1}{2}$ 을 대입하면

$f(1)=f(2)+f\left(\dfrac{1}{2}\right)-2$

$2=3+f\left(\dfrac{1}{2}\right)-2\quad\therefore\ f\left(\dfrac{1}{2}\right)=1$

06. 답 3

[풀이] (나)에서 $f(x+2)=f(x+1)-f(x)$ 이므로

$f(3)=f(2)-f(1)=2-1=1$

$f(4)=f(3)-f(2)=1-2=-1$

$f(5)=f(4)-f(3)=-1-1=-2$

$f(6)=f(5)-f(4)=-2-(-1)=-1$

$f(7)=f(6)-f(5)=-1-(-2)=1$

$f(8)=f(7)-f(6)=1-(-1)=2$

$\vdots$

따라서

$f(1)=f(7),\ f(2)=f(8),\ f(3)=f(9),\ \cdots,$

$f(x)=f(x+6)$ 이고

$f(1)+f(2)+f(3)+f(4)+f(5)+f(6)=0$

이므로

$f(1)+f(2)+f(3)+\cdots+f(2014)$

$=335\{f(1)+f(2)+f(3)+f(4)+f(5)+f(6)\}$

$\quad+f(2011)+f(2012)+f(2013)+f(2014)$

$=335\cdot0+1+2+1+(-1)=3$

실력 향상시키기

07. **답** 20000

[풀이] $100 = 2^3 \times 5^2$ 이므로 200의 약수 중 자기 자신을 제외한 가장 큰 약수는 $2^2 \times 5^2 = 100$이다.

$\therefore f(200) = 200 \times \ll 200 \gg = 200 \times 100 = 20000$

08. **답** $\dfrac{17}{6}$

[풀이] $f(x) + 2f\left(\dfrac{1}{x}\right) = 2x + \dfrac{3}{x}$ 에서 $x = 2$를 대입하면

$f(2) + 2f\left(\dfrac{1}{2}\right) = 4 + \dfrac{3}{2} = \dfrac{11}{2}$ ············ ㉠

$x = \dfrac{1}{2}$을 대입하면

$f\left(\dfrac{1}{2}\right) + 2f(2) = 1 + 6 = 7$ ······ ㉡

㉠$-2 \times$ ㉡을 하면 $-3f(2) = -\dfrac{17}{2}$ 이다.

$\therefore f(2) = \dfrac{17}{6}$

09. **답** 189

[풀이] $z = x + y$라고 놓고, 조건 (iii)에 대입하면

$f(x, z) = \dfrac{z}{z-x} f(x, z-x)$이다. 그러므로

$f(9, 7) = f(7, 9) = \dfrac{9}{2} f(7, 2)$

$= \dfrac{9}{2} \cdot \dfrac{7}{5} \cdot f(5, 2) = \cdots$

$= \dfrac{9}{2} \cdot \dfrac{7}{5} \cdot \dfrac{5}{3} \cdot \dfrac{3}{1} \cdot \dfrac{2}{1} \cdot f(1, 1) = 189$이다.

따라서 $f(9, 7) = 189$이다.

응용하기

10. **답** 371

[풀이] $f(1) = 14$,

$f(2) = 1^3 + 4^3 = 65$,

$f(3) = 6^3 + 5^3 = 341$,

$f(4) = 3^3 + 4^3 + 1^3 = 92$,

$f(5) = 9^3 + 2^3 = 737$,

$f(6) = 7^3 + 3^3 + 7^3 = 713$,

$f(7) = 7^3 + 1^3 + 3^3 = 371$,

$f(8) = 3^3 + 7^3 + 1^3 = 371$이 됨을 알 수 있다.

그러므로 $n \geq 7$인 모든 n에 대하여 $f(n) = 371$이다.

따라서 $f(2014) = 371$이다.

11. **답** (1) $\dfrac{5}{6}$, 11   (2) 11

[풀이] (1) $f(11) = 11$이므로

(ii)에서

$f(11+3) = \dfrac{f(11)-1}{f(11)+1} = \dfrac{11-1}{11+1} = \dfrac{5}{6}$

(ii)에 $x = 14$, 17, 20을 차례로 대입하면

$f(17) = -\dfrac{1}{11}$, $f(20) = -\dfrac{6}{5}$, $f(23) = 11$

(2) (i), (ii), (1)에서

$f(11) = 11, f(14) = \dfrac{5}{6}, f(17) = -\dfrac{1}{11}$,

$f(20) = -\dfrac{6}{5}, f(23) = 11, f(26) = \dfrac{5}{6}$, ······

그러므로

$f(12k-1) = 11, f(12k+2) = \dfrac{5}{6}$,

$f(12k+5) = -\dfrac{1}{11}, f(12k+8) = -\dfrac{6}{5}$(단, k는

자연수)이므로

$f(2015) = f(12 \times 168 - 1) = 11$이다.

12. **답** 6

[풀이]

$$7 \xrightarrow{\times 7} 4\textcircled{9} \xrightarrow{\times 7} 6\textcircled{3} \xrightarrow{\times 7} 2\textcircled{1} \xrightarrow{\times 7} 7 \xrightarrow{\times 7} \cdots$$

위의 계산에서 $f(7^4) = 1$이므로 다음이 성립한다.

$f(7) = f(7^5) = f(7^9) = \cdots = f(7^{2013})$

$f(7^2) = f(7^6) = f(7^{10}) = \cdots = f(7^{2014})$

따라서 $f(7^{2013} + f^{2014}) = f(7 + 7^2) = 6$이다.

15강 함수 (Ⅱ)

연습문제 실력다지기

01. 답 제 4 사분면의 점

[풀이] 점 $P\left(-a+b, \ -\dfrac{b}{2a}\right)$ 는 제2 사분면 위의 점이

므로 y 좌표는 $-\dfrac{b}{2a} > 0$ $\Rightarrow$ $\begin{cases}(i) \ a>0, \ b<0 \\ (ii) \ a<0, \ b>0\end{cases}$

x 좌표는 $-a+b<0$ 이므로 $a>b$ 이다. 따라서
(i)의 경우는 옳다.

$\therefore$ $Q(a, \ b)$ 는 제 4 사분면 위의 점이다.

02. 답 24

[풀이]

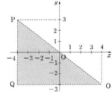

그림에서 점 $P(-4, \ 3)$ 의 x 축, 원점에 대하여 대칭인 점
Q , R 의 좌표는 각각 $Q(-4, \ -3)$, $R(4, \ -3)$
이다.

그리고 $\angle PQR = 90°$ 이므로 $\triangle PQR$ 의 넓이 S 는

$$S = \dfrac{1}{2} \times \overline{QR} \times \overline{PQ} = \dfrac{1}{2} \times 8 \times 6 = 24$$

이다.

03. 답 $a = \dfrac{3}{4}$

[풀이]

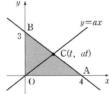

그림에서 $\triangle AOB = \dfrac{1}{2} \times 4 \times 3 = 6$

점 C 의 좌표를 $C(t, \ at)$ 라 하면

$\triangle OBC = \dfrac{1}{2} \triangle OAB$ 이므로

$\triangle OBC = \dfrac{1}{2} \times t \times 3 = 3$이다. 그러므로 $t = 2$이다.

따라서 $\triangle OCA = \dfrac{1}{2} \times 4 \times at = 3$이다.

$2at = 3$에 $t = 2$를 대입하면 $4a = 3$이다.

$\therefore$ $a = \dfrac{3}{4}$

04. 답 3개

[풀이] $(3+k) : (3-k)$에서 $3+k>0, 3-k>0$

$\therefore -3 < k < 3$ $\cdots$ ㉠

점 P 의 좌표를 (a, b)라 하면

$$a = \dfrac{3 \cdot (3+k) + (-2) \cdot (3-k)}{(3+k)+(3-k)}$$

$$= \dfrac{9+3k-6+2k}{6} = \dfrac{5k+3}{6}$$

$$b = \dfrac{4 \cdot (3+k) + 1 \cdot (3-k)}{(3+k)+(3-k)}$$

$$= \dfrac{12+4k+3-k}{6} = \dfrac{k+5}{2}$$

이때, 점 P 가 제1사분면 위의 점이므로 $a>0, \ b>0$
이다.

$\dfrac{5k+3}{6} > 0, \dfrac{k+5}{2} > 0$에서 $k > -\dfrac{3}{5}$, $k > -5$

$\therefore k > -\dfrac{3}{5}$ $\cdots$ ㉡

㉠, ㉡에서 $-\dfrac{3}{5} < k < 3$

따라서 구하는 정수 k는 0, 1, 2로 3개다.

05. 답 6

[풀이] $\overline{AD}$ 의 중점이 M이므로

$$M\left(\dfrac{-2+4}{2}, \ \dfrac{2+6}{2}\right) = M(1, \ 4)$$이다.

이때, $B(1, \ -2)$, $M(1, \ 4)$이므로 선분 BM은 y축
과 평행하다.

$\therefore \overline{BM} = 6$

한편, 점 C에서 선분 BM에 내린 수선의 발을 H라 하면
$\overline{CH} = 3 - 1 = 2$이다.

$\therefore \triangle BCM = \dfrac{1}{2} \cdot \overline{BM} \cdot \overline{CH} = \dfrac{1}{2} \cdot 6 \cdot 2 = 6$

이다.

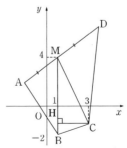

06. 답 $\dfrac{3}{4} \le k \le 3$

[풀이] $y = kx$가 A $(2, 6)$를 지날 때 k 값은 최대이고, B $(a, 3)$를 지날 때 k 값은 최소이다.

이때, $y = \dfrac{b}{x}$에 A $(2, 6)$를 대입하면 $b = 12$이고,

$y = \dfrac{12}{x}$에 B $(a, 3)$를 대입하면 $a = 4$이다.

즉, B $(4, 3)$이다.

따라서 $y = kx$에 A $(2, 6)$를 대입하면 $k = 3$이고,

B $(4, 3)$을 대입하면 $k = \dfrac{3}{4}$이다.

$\therefore \dfrac{3}{4} \le k \le 3$

실력 향상시키기

07. 답 $x = \dfrac{4}{5}$

[풀이]
$$\begin{aligned} f(f(x)) + x &= f(-3x + 4) + x \\ &= -3(-3x + 4) + 4 + x \\ &= 10x - 8 = 0 \end{aligned}$$

따라서 $x = \dfrac{4}{5}$이다.

08. 답 $m = 4$, $a = 2$, $b = -12$

[풀이] 점 A $(1, 4)$가 $y = mx$ 위의 점이므로
$4 = m \times 1$에서 $m = 4$이다.
점 B $(a, 8)$가 $y = 4x$ 위의 점이므로
$8 = 4 \times a$에서 $a = 2$이다.
점 C $(-3, b)$가 $y = 4x$ 위의 점이므로
$b = 4 \times (-3)$에서 $b = -12$이다.

09. 답 -2009

[풀이] $f(2) = 3$으로부터
$2a + b = 3$ $\cdots$ ①
$f(f(x)) = x$이므로 $a(ax + b) + b = x$
따라서 $(a^2 - 1)x + b(a + 1) = 0$
모든 x에 대하여 등식이 성립하므로
$a^2 - 1 = 0$, $b(a + 1) = 0 \cdots$ ②
①, ②로부터 $a = -1$, $b = 5$
따라서 $f(x) = -x + 5$이고
$f(2014) = -2014 + 5 = -2009$이다.

응용하기

10. 답 18

[풀이] 좌표평면 위에 나타내면 다음 그림과 같다.

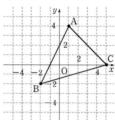

내부의 정수 점의 개수는 15개, 변 위의 정수 점의 개수는 8개이다.

따라서 삼각형 ABC의 넓이는 $15 + 4 - 1 = 18$이다.

11. 답 32

[풀이] 점 A, B, C의 좌표를 구하면,
$$A\left(a, \dfrac{16}{a}\right), \ B\left(-a, -\dfrac{16}{a}\right), \ C\left(a, -\dfrac{16}{a}\right)$$

따라서 $\overline{AC} = \dfrac{32}{a}$, $\overline{BC} = 2a$이므로

$$\triangle ABC = \dfrac{1}{2} \times \dfrac{32}{a} \times 2a = 32$$이다.

부록. 모의고사

모의고사

영재 모의고사 1회

01. 답 16

[풀이] $160 = 2^5 \times 5$이므로 x에 소인수 5를 포함하면 공약수의 개수는 짝수가 된다. 그러므로 공약수의 소인수는 2뿐이다. 이때, 최대공약수는 2^4이 되면 된다. 2^4을 인수로 갖는 가장 작은 수는 2^4이다. 따라서 x의 최솟값은 $2^4 = 16$이다.

02. 답 80

[풀이] x의 약수 중에서 두 수의 곱이 x가 되는 두 수가 존재하거나 자기 자신을 제곱하면 x가 되는 수가 있다. 그러므로 $x = a \times b$라 할 때, $\dfrac{1}{a} = \dfrac{b}{x}$의 관계가 성립하거나 $\dfrac{1}{a} = \dfrac{a}{x}$의 관계가 성립함을 알 수 있다. 따라서 $\dfrac{186}{x} = 2.325$이다. 따라서 $x = 80$이다.

03. 답 2011

[풀이] 3으로 나누면 나머지가 1이 되는 양의 정수는 1, 4, 7, 10, 13, 16, 19, … 이며, 7로 나누면 나머지가 2가 되는 양의 정수는 2, 9, 16이 있다. 이들 정수 중 공통된 수는 16이다. 따라서 3으로 나누면 나머지가 1이고, 7로 나누면 나머지가 2가 되는 양의 정수는 $21k + 16$ (k는 음이 아닌 정수)의 형태이다. 그러므로
$21 \times 95 + 16 = 2011$,
$21 \times 96 + 16 = 2032$이므로 2014에 가까운 수는 2011이다.

04. 답 7

[풀이] x가 12의 약수이면, 구하는 결과는 0이 되므로, x는 12의 약수가 아닌 수 5, 7, 8, 9, 10, 11 중에서 찾으면 된다.
$12 * 5 = 2 \times 5 = 10$, $12 * 7 = 5 \times 7 = 35$,
$12 * 8 = 4 * 8 = 32$,
$12 * 9 = 3 * 9 = 27$, $12 * 10 = 2 \times 10 = 20$,
$12 * 11 = 1 \times 11 = 11$
따라서 $12 * x$가 최대가 될 때는 $x = 7$일 때이다.

05. 답 $\dfrac{1}{2} + \dfrac{1}{4} + \dfrac{1}{14} + \dfrac{1}{476}$ 또는 $\dfrac{1}{2} + \dfrac{1}{4} + \dfrac{1}{17} + \dfrac{1}{68}$

[풀이] (방법 1) $\dfrac{14}{17} - \dfrac{1}{2} = \dfrac{11}{34}$, $\dfrac{11}{34} - \dfrac{1}{4} = \dfrac{5}{68}$,

$\dfrac{5}{68} - \dfrac{1}{14} = \dfrac{1}{476}$이므로

$\dfrac{14}{17} = \dfrac{1}{2} + \dfrac{1}{4} + \dfrac{1}{14} + \dfrac{1}{476}$

(방법 2) $\dfrac{14}{17} - \dfrac{1}{2} = \dfrac{11}{34}$, $\dfrac{11}{34} - \dfrac{1}{4} = \dfrac{5}{68}$,

$\dfrac{5}{68} - \dfrac{1}{17} = \dfrac{1}{68}$이므로

$\dfrac{14}{17} = \dfrac{1}{2} + \dfrac{1}{4} + \dfrac{1}{17} + \dfrac{1}{68}$

06. 답 142, 857

[풀이] 큰 수를 x라고 하면, 작은 수는 $(999 - x)$이다. 문제의 뜻에 의하여
$x + \dfrac{999 - x}{1000} = 6\left(999 - x + \dfrac{x}{1000}\right)$이다.
이 방정식을 풀면 $x = 857$이다.
따라서 $999 - x = 999 - 857 = 142$이다.
그러므로 큰 수는 857이고 작은 수는 142이다.

07. 답 (1) 17개, (2) 185개

[풀이] (1) $x = 3 \times n$ (n은 홀수)이므로 $n = 1, 3, 5, \cdots, 33$이 가능하다. 따라서 모두 17이다.

(2) $\{x\}$, $\{y\}$의 값으로 4, 6, 8은 불가능하므로 $\{x\}$, $\{y\}$는 3, 5, 7만 가능하다.
그러므로 (i) $\{x\} = 3$, $\{y\} = 7$,
(ii) $\{x\} = \{y\} = 5$,
(iii) $\{x\} = 7$, $\{y\} = 3$의 경우를 생각할 수 있다.

(i) $\{x\} = 3$, $\{y\} = 7$일 때,
$\{x\} = 3$인 경우의 수는 (1)에서 구한 17개이고,
$\{y\} = 7$인 경우의 수는 $y = 7 \times n$에서, $n = 1, 7, 11, 13$이 가능하므로 모두 4개이다.
그러므로 모두 68개이다.

(ii) $\{x\} = \{y\} = 5$일 때,
$\{x\} = 5$인 경우의 수는 $x = 5 \times n$에서 $n = 1, 5, 7, 11, 13, 17, 19$가 가능하므로 모두 7개이다.
그러므로 모두 49개이다.

(iii) $\{x\} = 7$, $\{y\} = 3$일 때,
(i)의 경우의 수와 같으므로 모두 68개이다.
따라서 (i), (ii), (iii)에서 구하는 순서쌍의 개수는 185개다.

08. 답 1902

[풀이] 한 자리 수 3을 003으로 나타내고, 두 자리 수 15를 015로 나타내면, 백의 자리는 0이 99개, 1이 100개, 2가 1개 있으며, 십의 자리는 0, 1, …, 9가 각각 20개 있고, 마찬가지로 일의 자리도 0, 1, …, 9가 각각 20개 있다. 따라서

$[1]+[2]+[3]+\cdots+[199]+[200]$
$=(0+1+2+\cdots+9)\times20\times2+1\times100+2\times1$
$=45\times40+100+2=1902$이다.

09. 답 (1) 9번 째, (2) 113

[풀이]

(1) 2, 3, 5의 최소공배수가 30이므로 30이하의 수를 쓰면, 1, 7, 11, 13, 17, 19, 23, 29로 모두 8개다. 따라서 31은 9번째 수이다.

(2) 30보다 큰 수를 차례대로 쓰면,

$1+30$, $\quad7+30$, $\quad11+30$, $\quad13+30$,
$17+30$, $\quad19+30$, $\quad23+30$, $\quad29+30$,

…이다. 즉, 30으로 나눈 나머지가 1, 7, 11, 13, 17, 19, 23, 29로 반복됨을 알 수 있다. 따라서 $31=8\times3+7$이므로 31번째 수는 $23+30\times3=113$이다.

10. 답 (1) 54, (2) 56개

[풀이]

(1) $[a]-[b]=6\times(a-b)$임을 이용하자.
$6\times(a-43)=66$이므로 $a-43=11$이 되어 $a=54$이다.

(2) $[a]-[b]=66$이므로 $a-b=11$이다. 그러므로 다음과 같이 [그림 1]과 같은 형태이어야 한다. 또, [그림 2]에서 색칠된 부분이 $a-b=11$을 만족하는 a가 움직이는 범위이다. 따라서 a는 모두 56개가 가능하고, 그 때마다 b가 유일하게 존재한다. 그러므로 구하는 순서쌍의 개수는 56개이다.

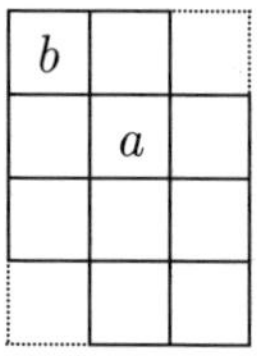

[그림 1]

1	2	3	4	5	6	7	8	9	10
11	12	13	14	15	16	17	18	19	20
21	22	23	24	25	26	27	28	29	30
31	32	33	34	35	36	37	38	39	40
41	42	43	44	45	46	47	48	49	50
51	52	53	54	55	56	57	58	59	60
61	62	63	64	65	66	67	68	69	70
71	72	73	74	75	76	77	78	79	80
81	82	83	84	85	86	87	88	89	90
91	92	93	94	95	96	97	98	99	100

[그림 2]

11. 답 1055cm

[풀이] (1단계에서 색칠한 삼각형의 둘레의 길이)
$$=240\times\frac{1}{2}=120(\text{cm})$$

(2단계까지 색칠한 삼각형의 둘레의 길이)
=(1단계에서 색칠한 삼각형의 둘레의 길이)$+3\times40$
$=80+120=200(\text{cm})$

(3단계까지 색칠한 삼각형의 둘레의 길이)
=(2단계까지 색칠한 삼각형의 둘레의 길이)$+9\times20$
$=200+180=380(\text{cm})$

(4단계까지 색칠한 삼각형의 둘레의 길이)
=(3단계까지 색칠한 삼각형의 둘레의 길이)$+27\times10$
$=380+270=650(\text{cm})$

(5단계까지 색칠한 삼각형의 둘레의 길이)
=(4단계까지 색칠한 삼각형의 둘레의 길이)$+81\times5$
$=650+405=1055(\text{cm})$

12. 답 0

[풀이] $x=1+\dfrac{1}{y}$ 을 정리하면 $xy=y+1$, $(x-1)y=1$이고

$y=1+\dfrac{1}{x}$ 을 정리하면 $xy=x+1$, $(y-1)x=1$ 이다.

따라서 $(x-1)y=(y-1)x=1$이므로
$xy-y=xy-x$, $x=y$이다.
그러므로 $x-y=0$이다.

13. **답** 2

[풀이] (i) $x < y$ 일 때,

$$\begin{cases} y = 2x + 3y - 1 \\ x = -2x - y + 6 \end{cases} \rightarrow \begin{cases} 2x + 2y = 1 & \cdots\cdots ① \\ 3x + y = 6 & \cdots\cdots ② \end{cases}$$

① $-$ ② $\times 2$ 를 하면 $4x = 11$ 이다. 즉, $x = \dfrac{11}{4}$ 이다.

이를 식 ①에 대입하여 풀면 $y = \dfrac{9}{4}$ 이다.

그런데, 이는 조건에 $x < y$ 에 만족하지 않는다.

(ii) $x \geq y$ 일 때,

$$\begin{cases} x = 2x + 3y - 1 \\ y = -2x - y + 6 \end{cases} \rightarrow \begin{cases} x + 3y = 1 & \cdots\cdots ③ \\ 2x + 2y = 6 & \cdots\cdots ④ \end{cases}$$

③ $\times 2 -$ ④ 를 하면 $4y = -4$ 이다. 즉, $y = -1$ 이다.

이를 식 ③에 대입하여 풀면 $x = 4$ 이다.

이는 조건 $x \geq y$ 를 만족한다.

따라서 $x = 4$, $y = -1$ 이므로

$x + 2y = 4 + 2(-1) = 2$ 이다.

14. **답** 8(초)

[풀이] 새마을호 열차와 무궁화호 열차의 속력을 각각 v_1, v_2 라고 하면, 두 열차가 서로 마주칠 때의 속력이 $v_1 + v_2$ 이다. 새마을호 열차와 무궁화호 열차에 탄 사람에 대해서는 앞으로 지나가는 열차의 속력은 같으므로 $v_1 + v_2$ 이다. 무궁화호 열차에 탄 사람이 새마을호 열차가 창 옆을 지나가는 것을 보는 데 걸리는 시간이 6초이면

$v_1 + v_2 = \dfrac{150}{6} = 25 \, \text{m}/\text{초}$ 이다. 따라서 새마을호 열차에 탄 사람이 무궁화호 열차가 창 옆을 지나가는 것을 보는 데 걸리는 시간은 $t = \dfrac{200}{25} = 8(\text{초})$ 이다.

15. **답** 192

[풀이] 세 제곱한 수의 일의 자리가 8이 되는 수의 일의 자리 수는 2뿐이므로 n의 일의 자리 수는 2이다.

$n = 10k + 2$ (k는 자연수)라고 하자.

$n^3 = (10k+2)^3 = 1000k^3 + 600k^2 + 120k + 8$

n^3의 십의 자리 수는 $120k$에서 $12k$의 일의 자리 수이다. 이것이 8이므로 k의 일의 자리 수는 4 또는 9이다.

여기서 k는 한 자리 수가 아닐 수도 있다.

k를 $k = 5m + 4$ ($m = 0, 1, 2, \cdots$)로 쓸 수 있다.

그러면,

$n^3 = \cdots + 600 \times (5m+4)^2 + 120 \times (5m+4) + 8$

$\quad = \cdots + 600m + 10088$

여기서 생략 수들은 n^3 뒤의 세 자리 수에 영향을 주지 않기 때문이다.

n^3 뒤의 세 수가 모두 8로 되게 하려면 $600m$의 백의 자리 수가 8이면 된다. 즉 $m = 3$ 또는 8이다. n의 최솟값을 구하는 것이므로 $m = 3$ 이다.

따라서

$n = 10k + 2 = 10 \times (5m+4) + 2$

$\quad = 10 \times (5 \times 3 + 4) + 2$

$\quad = 192$

이다.

16. **답** 2520

[풀이] $n = 2^p \cdot 3^q$ 의 약수의 개수는

$(p+1)(q+1) = 3(p+q)$,

$pq + p + q + 1 = 3p + 3q$,

$pq - 2p - 2q + 1 = 0$,

$(p-2)(q-2) = 3$ 이다.

p, q 는 서로소이고 $p > q$ 이므로

$p - 2 = 3$, $q - 2 = 1$ 에서 $p = 5$, $q = 3$ 이다.

따라서 소수 $(p, q) = (5, 3)$ 이다.

그러므로 n의 약수의 총합은 $n = 2^5 \cdot 3^3$ 에서

$(1 + 2 + 2^2 + 2^3 + 2^4 + 2^5)(1 + 3 + 3^2 + 3^3)$

$= 63 \cdot 40 = 2520$

이다.

17. **답** 4㎠

[풀이] 그림 1과 같이 삼각형 ABC를 옮긴 후, 다시 그림 2와 같이 붙인다.

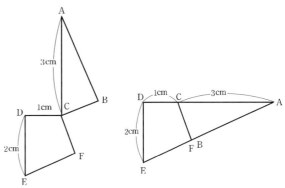

n의 최댓값을 구하려면 a의 최댓값을 먼저 구해야 한다.

그런데, $n > 10a$ 이고, n이 자연수이므로

$n \geq 10a + 1$ 이다. 따라서

$$99 \geq x = n^2 - 100a^2 \geq (10a+1)^2 - 100a^2$$
$$= 20a + 1$$

이다. 이를 정리하면, $a \leq \dfrac{99-1}{20} = 4.9$이다.

a는 자연수이므로 $a \leq 4$이다.

$a = 4$일 때, $n^2 = 1600 + x$이다.

그런데 $x = 81$일 때, $n^2 = 1681 = 41^2$이다.

따라서 구하려는 최대의 완전제곱수는 $41^2 = 1681$이다.

19. 답 54cm^2

[풀이] 삼각형 ABC를 밑면으로 하는 삼각뿔의 전개를 그리면 다음과 같다.

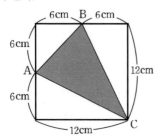

그러므로 삼각형 ABC의 넓이는 한 변의 길이가 12cm인 정사각형의 넓이에서 (가)부분, (나)부분, (다)부분의 넓이를 뺀 것과 같다.

따라서

$$\triangle ABC = 12 \times 12 - \frac{1}{2} \times 6 \times 6 - \frac{1}{2} \times 12 \times 6 \times 2$$
$$= 54\text{cm}^2$$

이다.

20. 답 $\dfrac{3}{2}$배

[풀이] 승우의 속력을 v_1, 교순이의 속력을 v_2, 트랙 한 바퀴의 거리를 s라고 하자. 원형 트랙에서 달리기를 하였기 때문에 출발하여 승우가 교순이를 따라잡는 데 걸린 시간은 $\dfrac{s}{v_1 - v_2}$이고, 교순이를 따라잡고 다시 만났을 때 걸린 시간은 $\dfrac{s}{v_1 + v_2}$이다. 그러므로 문제의 조건에 의하여 방정식 $\left(\dfrac{s}{v_1 - v_2} + \dfrac{s}{v_1 + v_2} \right) \cdot v_2 = 2.4s$이 유도된다.

$z = \dfrac{v_1}{v_2}$라 놓고 이를 대입하여 정리하면,

$6z^2 - 5z - 6 = 0$이다. 또,

$6z^2 - 5z - 6 = (3z+2)(2z-3) = 0$이다.

이 방정식의 근은 $\dfrac{v_1}{v_2} = \dfrac{3}{2}$, $-\dfrac{2}{3}$이다. 그런데,

$\dfrac{v_1}{v_2} > 0$이므로 $\dfrac{v_1}{v_2} = \dfrac{3}{2}$이다.

따라서 승우의 속력은 교순이의 속력의 $\dfrac{3}{2}$배이다.

01. 답 501

[풀이] $20 = 2^2 \times 5$이므로 2014!이 갖고 있는 2의 개수는

$$\left[\frac{2014}{2}\right] + \left[\frac{2014}{2^2}\right] + \left[\frac{2014}{2^3}\right] + \cdots + \left[\frac{2014}{2^{10}}\right] + \left[\frac{2014}{2^{11}}\right]$$

$$= 1007 + 503 + 251 + 125 + 62 + 31 + 15 + 7 + 3 + 1 + 0$$

$$= 2005(개)이다.$$

따라서 2014!이 갖고 있는 2^2의 개수는

$$\left[\frac{2005}{2}\right] = 1002(개)이다.$$

그리고 2013!이 갖고 있는 5의 개수는

$$\left[\frac{2014}{5}\right] + \left[\frac{2014}{5^2}\right] + \left[\frac{2014}{5^3}\right] + \left[\frac{2014}{5^4}\right] + \left[\frac{2014}{5^5}\right]$$

$$= 402 + 80 + 16 + 3 + 0 = 501(개)이다.$$

여기에서 $[x]$는 x의 자연수부분을 표시한다.

따라서 구하는 n의 최댓값은 501이다.

02. 답 259

[풀이] 몫이 모두 같으므로 이 몫을 x라고 하면, 이 3개의 수는 각각 $3 \times x$, $5 \times x$, $7 \times x$이다.

이 3개의 수의 합이 555이므로 방정식을 세우면,

$$3 \times x + 5 \times x + 7 \times x = 555,$$

$$x = 555 \div (3 + 5 + 7) = 37$$

이다. 따라서 가장 큰 수는 $7 \times 37 = 259$이다.

03. 답 10(분)

[풀이] 두 자리 수의 숫자 2개의 합은 반드시 1부터 18까지의 수가 있다.

또 문제의 조건에서 이 10개의 수 가운데 가장 큰 두 자리 수(즉, 10번째 두 자리 수)의 숫자의 합은 10으로 나누어 떨어진다.

따라서 가장 큰 두 자리 수의 숫자 2개의 합은 10이다.

04. 답 26

[풀이] $36 = 4 \times 9$이므로 자연수가 36으로 나누어지려면 동시에 4와 9로 나누어떨어져야 한다. 4로 나누어떨어지려면 이 수의 끝 두 자리 수가 4로 나누어떨어져야 한다. 따라서 이 자연수는 반드시 $\cdots$ 12의 형식이다. 즉, 이러한 수 가운데 4로 나누어떨어지는 수를

M = $\underbrace{12341234 \cdots 123412}_{k개의\ 1234}$라고 하고, 여기에서 k는

사연수이다.

$1 + 2 + 3 + 4 = 10$이므로 M의 각 자릿수의 합은

$10k + 3$이다.

M이 9로 나누어떨어지려면 $10k + 3$이 9로 나누어떨어지게 되는 k의 값을 구해야 한다.

따라서 $k = 6$일 때, M = $\underbrace{12341234 \cdots 123412}_{6개의\ 1234}$의 각

자릿수의 합이 $10 \times 6 + 3 = 63$으로 9로 나누어진다.

즉, 최소한 앞에서부터 연속한 $4 \times 6 + 2 = 26$개의 수를 골라야 한다.

05. 답 777777, 3333

[풀이] 동일한 수 x로 이루어진 여섯 자리 수와 동일한 수 y로 이루어진 네 자리 수를

$$100000x + 10000x + 1000x + 100x + 10x + x$$
$$= 111111x$$

$$1000y + 100y + 10y + y = 1111y$$

로 놓으면, 피제수는 $111111x$, 제수는 $1111y$이다.

이 두 수는 서로 나눌 수 있으며 나머지는 m이다. 문제의 뜻에 의하여

$$111111x = 1111y \times 233 + m \qquad \cdots \ ①$$

피제수와 제수에서 하나의 수를 없애면 각각 $11111x$와 $111y$이다. 문제의 뜻에 의하여

$$11111x = 111y \times 233 + m - 1000 \qquad \cdots \ ②$$

식 ①로부터 $111111x - 1111y \times 233 = m \quad \cdots \ ③$

식 ②로부터 $11111x - 111y \times 233 + 1000 = m \cdots ④$

식 ③과 식 ④로부터

$$111111x - 1111y \times 233$$

$$= 11111x - 111y \times 233 + 1000$$

이다. 이를 정리하면, $100000x - 233000y = 1000$이다.

따라서 $100x - 233y = 1$이다.

즉, 미지수가 2개인 부정방정식이다.

$$x = \frac{233y + 1}{100} \quad \cdots \quad ⑤$$

x, y가 모두 자연수이고, 또 $1 \le x, y \le 9$이므로

$y = 3$일 때, $x = 7$만 식 ⑤를 만족한다.

따라서 피제수는 777777, 제수는 3333이다.

06. 답 ⑴ 2208, ⑵ 3

[풀이]

⑴ $b = 4 \times 4 - (4 + 4) = 8$,

$c = 8 \times 8 - (8 + 8) = 48$,

$d = 48 \times 48 - (48 + 48) = 2208$이므로

$d = 2208$이다.

(2) $b = (a \times a) - (a + a) = a$이므로
$a \times a - 3 \times a = a \times (a - 3) = 0$이 되어 $a = 3$
이다.

07. **답** 142857

[풀이] 다섯 자리 수를 $\overline{abcde} = x$라 하면
$\overline{1abcde} = 10^5 + x$이다.
문제의 뜻에 의하여, $\overline{abcde1} = 10x + 1$이다.
그러므로 $3(10^5 + x) = 10x + 1$, $x = 42857$이다.
따라서 이 수는 142857이다.

08. **답** 625, 6250, 62500, ⋯

[풀이] 첫 자리 수가 6인 양의 정수의 꼴은
$6 \times 10^n + m \ (0 \le m < 10^n)$이다.
그러므로 $m = \dfrac{1}{25}(6 \times 10^n + m)$이다.
$m = 2^{n-2} \cdot 5^n, \ n \ge 2$
따라서 구하려는 수의 꼴은
$6 \times 10^n + 2^{n-2}5^n = 600 \times 10^{n-2} + 25 \times 10^{n-2}$
$= 625 \times 10^{n-2}$이다.
즉, 625, 6250, 62500, ⋯이 모두 답이 된다.

09. **답** 2178

[풀이] 원래 수를 $\overline{abcd}$라고 하면 새 수는 $\overline{dcba} \ (a \neq 0, \ d \neq 0)$이다.
$4(1000a + 100b + 10c + d)$
$= 1000d + 100c + 10b + a \ \cdots \ ①$
식 ①의 좌변$> 4 \times 1000a$, 우변$< (d+1) \times 1000$이다.
따라서 $4 \times 1000a < (d+1) \times 1000$이고, 이를 정리하면
$4a < d + 1$이다. 그런데, $d \le 9$이므로 $4a < 10$이다.
$a \neq 0$이고, 새 수는 원래 수의 4배인 짝수이므로 $a = 2$이다.
$4a < d + 1$로부터 $d > 4a - 1 = 7$이다. 또 d는 원래 수의 마지막 자리 수이고, 새 수의 마지막 자리 수 $a = 2$의 4배인 수이므로 $d = 8$이다.
$a = 2 < d = 8$을 식 ①에 대입하면 $13b + 1 = 2c$이다.
$c \le 9$이므로 $13b \le 17$이다.
$13b + 1 = 2c$로부터 b가 홀수임을 알 수 있다. 따라서 $b = 1$, $c = 7$이다.
따라서 구하려는 수는 2178이다.

10. **답** 65

[풀이] $\overline{AB} = 10A + B$, $\overline{BA} = 10B + A$이다.
그러므로
$\overline{AB}^2 - \overline{BA}^2$
$= (10A + B)^2 - (10B + A)^2$
$= (11A + 11B)(9A - 9B)$
$= 3^2 \times 11(A + B)(A - B) = k^2$
따라서 $11(A + B)(A - B)$는 완전제곱수이다.
$0 < A - B < 9(A, \ B$는 다르다$)$이므로
$11 \mid (A + B)$이다. 또 $0 < A + B < 18$이므로
$A + B = 11$이다.
즉, $k^2 = 3^2 \times 11^2 \times (A - B)$이다.
$A - B$는 완전제곱수이고, 또 $0 < A - B < 9$이다.
따라서 $A - B = 1$ 또는 4이다.
그러므로 $A + B = 11$, $A - B = 1$에서
$A = 6$, $B = 5$이다.
$A + B = 11$, $A - B = 4$를 만족하는 해가 존재하지 않는다.
따라서 두 자리 수는 65이다.

11. **답** 9

[풀이] $1 + 2 + \cdots + 9 = 45 = 5 \times 9$이므로 이러한 아홉 자리 수는 그 값에 관계없이 숫자의 합이 모두 9로 나누어떨어진다. 따라서 9는 이러한 아홉 자리 수의 공약수이다.
어떤 아홉 자리 수에서 서로의 차가 9인 수, 예를 들면 413798256과 413798265, $413798256 = 9 \times a$, $413798265 = 9 \times (a + 1)$이라고 쓴다.
a와 $a + 1$은 서로소이므로 이 두 수는 9보다 큰 공약수가 없다.
그러므로 모든 아홉 자리 수들의 최대공약수는 9이다.
따라서 1, 2, ⋯, 9로 이루어진 아홉 자리 수의 최대공약수는 9이다.

12. **답** 갑 : 14, 을 : 12, 병 : 9, 정 : 8

[풀이] 같아진 수를 x로 놓으면,
갑은 $\dfrac{x - 8}{2}$, 을은 $\dfrac{x}{3}$, 병은 $\dfrac{x}{4}$,
정은 $\dfrac{x + 4}{5}$이다. 문제의 뜻에 의하여
$\dfrac{x - 8}{2} + \dfrac{x}{3} + \dfrac{x}{4} + \dfrac{x + 4}{5} = 43$이다.

양변에 60을 곱하면

$30(x-8)+20x+15x+12(x+4)=2580$

이다. 이 방정식을 풀면 $x=36$이다.

그러므로 갑은 $\dfrac{x-8}{2}=\dfrac{36-8}{2}=14$,

을은 $\dfrac{x}{3}=\dfrac{36}{3}=12$, 병은 $\dfrac{x}{4}=\dfrac{36}{4}=9$,

정은 $\dfrac{x+4}{5}=\dfrac{36+4}{5}=8$이다.

따라서 갑, 을, 병, 정 네 수는 각각 14, 12, 9, 8이다.

13. 🔒 평평한 길이 30km, 갈 때 오르막길은 42km, 내리막길은 70km

[풀이] 이 구간의 평평한 길은 $x$km이고, 갈 때 오르막길은 $y$km이다.

내리막길은 $(142-x-y)$km이다. 문제의 뜻에 의하여

$$\begin{cases} \dfrac{x}{30}+\dfrac{y}{28}+\dfrac{142-x-y}{35}=4\dfrac{1}{2} & \cdots ① \\[2mm] \dfrac{142-x-y}{28}+\dfrac{y}{35}+\dfrac{x}{30}=4\dfrac{7}{10} & \cdots ② \end{cases}$$

식 ①, ②를 간단히 하면 $\begin{cases} 2x+3y=186 & \cdots ③ \\ x+3y=156 & \cdots ④ \end{cases}$

식 ③-④를 하면 $x=30$이다.

이를 식 ④에 대입하면 $y=42$이다. 또

$142-x-y=142-30-42=70$이다.

따라서 이 길은 평평한 길이 30km이고, 갈 때 오르막길은 42km이며 내리막길은 70km이다.

14. 🔒 7523

[풀이] 각 자리 숫자가 모두 소수이므로 각 자리 숫자는 2, 3, 5, 7만 가능하고, 일의 자리 숫자가 2와 5인 경우는 합성수가 되므로, 반드시 일의 자리 숫자가 3 또는 7이다.

그러므로 큰 수부터 차례대로 확인하면, 7523이 주어진 조건을 만족하는 가장 소수임을 알 수 있다.

15. 🔒 원래 걷는 속력은 4km/시간, 고요한 물에서의 배의 속력은 13.5 km/시간

[풀이] 원래 걷는 속력을 x km/시간, 배가 역행하는 속력을 y km/시간라고 하자. 문제의 조건에 의하여

$$\begin{cases} \dfrac{6}{x}+\dfrac{6}{y}=2 & \cdots ① \\[3mm] \dfrac{6}{\dfrac{3}{4}x}+\dfrac{6}{y+3}=2\dfrac{2}{5} & \cdots ② \end{cases}$$

식 ②로부터 $\dfrac{4}{x}+\dfrac{3}{y+3}=\dfrac{6}{5}\cdots$ ③

$2×①-3×②③$으로부터 $\dfrac{12}{y}-\dfrac{9}{y+3}=\dfrac{2}{5}$이다.

이를 정리하면 $2y^2-9y-180=0$이다. 즉, $(2y+15)(y-12)=0$이다.

이 방정식을 풀면 $y=-\dfrac{15}{2}$, 12이다.

그런데, $y>0$이므로 $y=12$이다.

이를 식 ①에 대입하면 $x=4$이다.

따라서 순 속력 $y+3=12+3=15$(km/시간)이다.

고요한 물에서의 배의 속력은 $\dfrac{15+12}{2}=13.5$ (km/시간)이다.

그러므로 원래 걷는 속력은 4km/시간이고 고요한 물에서의 배의 속력은 13.5 km/시간이다.

16. 🔒 4356

[풀이] 완전제곱수의 일의 자리 수는 1, 2, 4, 5, 6, 9일 수밖에 없다. 이 문제에서 a가 가능한 수는 1, 2, 3, 6이다.

정수 $\overline{(a+1)a(a+2)(a+3)}$에서 두 자리 수 $\overline{(a+2)(a+3)}$는 34, 45, 56, 89가 가능하다.

완전제곱수의 십의 자리 수는 아래와 같은 특징이 있다. 완전제곱수의 일의 자리 수가 4이면 십의 자리 수는 짝수이다. 완전제곱수의 일의 자리 수가 5이면 십의 자리 수는 반드시 2이다. 이로부터 34, 45는 제외되고, 56과 89만 가능하다.

그런데, $87^2<7689<88^2$이고, $4356=66^2$이다.

따라서 구하는 네 자리 수는 4356이다.

17. 🔒 38

[풀이] n^2을 100으로 나눈 나머지가 $\overline{aa}$인 경우는 00 또는 44뿐이다. 그런데, 주어진 조건에서 a는 한 자리 자연수이므로 44만 가능하다. 그러므로 n^2을 1000으로 나눈 나머지는 444이다. 이를 만족하는 n의 최솟값을 구하면 된다.

n의 최솟값을 구하기 위하여 먼저 n을 두 자리 수라고 가정하자. 그러면, n^2은 네 자리 수 또는 네 자리 이상의 수이다. 그러므로 $n>32$이다. 33, 34, 35, $\cdots$, 99에서 제곱을 했을 때, 일의 자리 수가 4가 되는 가장 작은 수는 38이다. 이를 계산하면, $38^2=1444$이다. 따라서 n의 최솟값은 38이다.

18. 📖 $133.4\,\text{cm}^2$

[풀이] 주어진 그림 1을 그림 2와 같이 변형한 후, 그림 3과 같이 반시계방향으로 $90°$ 회전하여 붙인다.

[그림 1]

[그림 2]

[그림 3]

그러면, 구하는 넓이는

$$\frac{1}{2} \times 12 \times 14 \times \left(1 + \frac{9}{15}\right)$$

$$= 133.4\,(\text{cm}^2)\text{이다.}$$

19. 📖 $(x, y) = (2, 6),\ (3, 5),\ (5, 6)$

[풀이] x, y가 모두 양의 정수이므로 방정식의 우변에서 $x - 1$은 4의 양의 약수가 되어야 한다. 따라서 $x - 1 = 1,\ 2,\ 4$이고 이때, $x = 2,\ 3,\ 5$이다.

이 값을 주어진 방정식에 대입하면

$y = 6,\ 5,\ 6$이다.

그러므로 구하는 순서쌍은

$(x, y) = (2, 6),\ (3, 5),\ (5, 6)$이다.

20. 📖 (1) $7\,(\text{cm})$ (2) $270\,(\text{cm}^3)$

[풀이]

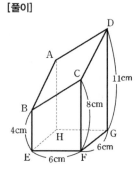
[그림 1]

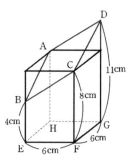
[그림 2]

(1) 그림 1에서 $\text{BE} + \text{DG} = \text{AH} + \text{CF}$이므로
    $\text{AH} = 4 + 11 - 8 = 7\,(\text{cm})$이다.

(2) BE와 CF의 평균이 $7.5\,\text{cm}$이고, AH와 CF의 평균이 $7.5\,\text{cm}$이므로 주어진 입체도형의 부피는 그림 2의 직육면체의 부피와 같다.
    따라서 $6 \times 6 \times 7.5 = 270\,(\text{cm}^3)$이다.

국내 교육과정에 맞춘 사고력 · 응용력 · 추리력 · 탐구력을 길러주는 영재수학 기본서

新영재수학의 지름길(중학 G&T)은 특목고, 영재학교, 과학고를 준비하는 학생들을 위한 학년별 필수 기본서로
핵심요점 ➡ 예제문제 ➡ 실력다지기 문제 ➡ 실력향상시키기 문제 ➡ 응용문제 ➡ 최종 모의고사까지 단계적으로
문제를 제시하여 구성하였습니다.

각 학년 학기별 15강의와 모의고사 2회로 총 90강, 모의고사 12회로 엄선한 2000여개 문제 이상이 수록되어 있습니다.

한 문제의 다양한 풀이방식으로 수학적 사고력의 깊이와 지능 개발에 탁월한 효과를 얻을 수 있습니다.

차후 대학 입시 준비시 대학별 고사(수리논술)와 학습 연계성을 가질 수 있습니다.

차근차근 공부하다 보면 수학에 단단한 자신감을 가진 수학영재로 성장할 수 있습니다.

Gifted and Talented
in mathematics step1

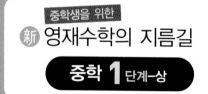

최상위권을 향한 아름다운 도전!

www.sehwapub.co.kr

*도서출판 세화의 학습서 게시판에서 정오표 및 학습
자료를 내려받으실 수 있습니다.

www.sehwapub.co.kr

수학의 품격을
즐기고 다진다!

전국 5%영재들이 인정한 최우수 슈퍼 교재
60만 독자들이 강추하는 사고력 수학 최고의 정상교재!

세화출판사의 홈페이지에 접속하시면 각종 학습관련 정보 및 학습
자료를 내려받으실수 있습니다.

www.sehwapub.co.kr 도서출판 세화

국내 교육과정에 맞춘 사고력·응용력·추리력·탐구력을 길러주는 영재수학 기본서

新영재수학의 지름길(중학 G&T)은 특목고, 영재학교, 과학고를 준비하는 학생들을 위한 학년별 필수 기본서로
핵심요점 ➡ 예제문제 ➡ 실력다지기 문제 ➡ 실력향상시키기 문제 ➡ 응용문제 ➡ 최종 모의고사까지 단계적으로
문제를 제시하여 구성하였습니다.

각 학년 학기별 15강의와 모의고사 2회로 총 90강, 모의고사 12회로 엄선한 2000여개 문제 이상이 수록되어 있습니다.

한 문제의 다양한 풀이방식으로 수학적 사고력의 깊이와 지능 개발에 탁월한 효과를 얻을 수 있습니다.

차후 대학 입시 준비시 대학별 고사(수리논술)와 학습 연계성을 가질 수 있습니다.

차근차근 공부하다 보면 수학에 단단한 자신감을 가진 수학영재로 성장할 수 있습니다.

Gifted and Talented
in mathematics   step1

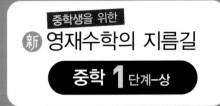

최상위권을 향한 아름다운 도전!

www.sehwapub.co.kr

*도서출판 세화의 학습서 게시판에서 정오표 및 학습
자료를 내려받으실 수 있습니다.

중학 G&T 1-2

중학생을 위한

新 영재수학의 지름길 | 1단계 -하

■ 특목고, 영재학교, 과학고를 준비하는 학생들을 위한 최적 참고서
■ 경시대회 · 올림피아드 수학 대비서 | 중학내신심화 대비서

중국 사천대학교 지음

G&T MATH

'지엔티'는 영재를 뜻하는 미국·영국식
약어로 Gifted and talented의 줄임말로 '축복
받은 재능'이라는 뜻을 담고 있습니다.

씨실과 날실

씨실과 날실은 도서출판 세화의 자매브랜드입니다.

중학 사고력

중학생을 위한

新 **영재수학**의 지름길

G&T MATH

❶ 新영재수학의 지름길(G&T)은 초등 12단계, 중학 6단계로 총 18단계로 구성되어 있으며 영재교육원, 특목중, 특목고까지 대비할 수 있는 단계별 교재로서 수학의 사고력과 지능을 개발하는 목적을 달성하고 창의적 능력을 향상시키는 효과를 얻을 수 있습니다.

❶ 경시 및 영재교육 과정에서 다루는 수학의 전 과정을 체계적으로 설명하고 있으며, 특히 학년별 최고 수준 수학에서 다루는 기본 개념을 중심으로 자세한 설명을 하였습니다.

★은 무리수와 이차방정식의 개념을 공부한 후 푸는 것이 이해에 도움이 됩니다.

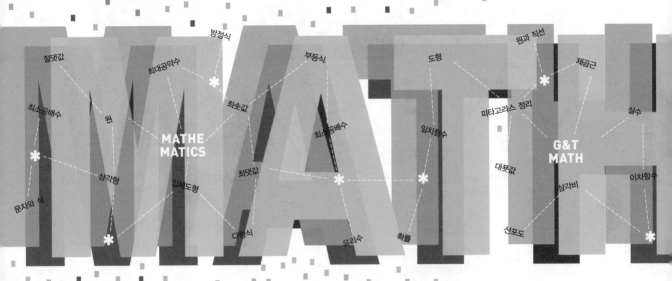

중학생을 위한

新 영재수학의

지름길 1 단계 -하

중국 사천대학교 지음

G&T MATH

'지앤티'는 영재를 뜻하는 미국 · 영국식
약어로 Gifted and talented의 줄임말로 '축복
받은 재능' 이라는 뜻을 담고 있습니다.

씨실과 날실

씨실과 날실은 도서출판 세화의 자매브랜드입니다.

新 영재수학의 지름길(중학G&T)과 함께
꿈의 날개를 활짝 펼쳐보세요.

新 영재수학의 지름길

중학 1 단계 하

* 이 책의 내용에 관하여 궁금한 점이나 상담을 원하시는 독자 여러분께서는 www.sehwapub.co.kr의 게시판에 글을
남겨주시거나 전화로 연락을 주시면 적절한 확인 절차를 거쳐서 상세 설명을 받으실수 있습니다.

• 이 책의 한국어판 저작권은 중국사천대학과의 저작권 계약으로 ㈜씨실과 날실이 보유합니다.
  ㈜씨실과 날실의 서면 동의 없이 이 책을 무단 복사, 복제, 전재하는 것은 저작권법에 저촉됩니다.
  신 저작권법에 의해 한국 내에서 보호 받는 저작물이므로 무단 전재와 복제를 금합니다.
• 본 도서 유통상의 불편함을 없애기 위해 도서 공급은 도서출판 세화가 대행하오니 착오 없으시길 바랍니다.

본 도서는 중국 사천대학교의 도서를 공식 라이선스한 책으로, 원서 내용 중 우리나라 교육과정과 정서에 맞지 않는 부분은 수정, 보완 편집하였습니다.

중학 사고력 新 영재수학의 지름길 **1**단계-하 | 중학 G&T 1-2

원저 중국사천대학교   **감수** 이주형선생님

펴낸이 구정자 **펴낸곳** (주)씨실과 날실 **발행일** 3판 2쇄 **발행일** 2022년 8월 10일 **등록번호** (등록번호: 2007.6.15 제302-2007-000035)
주소 경기도 파주시 회동길 325-22(서패동 469-2) 1층 **전화** (031)955-9445 **팩스** (031)955-9446

판매대행 도서출판 세화 **주소** 경기도 파주시 회동길 325-22(서패동 469-2)
전화 (031)955-9333 **구입문의** (031)955-9331~2 **팩스** (031)955-9334 **홈페이지** www.sehwapub.co.kr

*독자여러분의 의견을 기다립니다. 잘못된 책은 바꾸어드립니다.

Copyright ⓒ Ssisil & nalsil Publishing Co.,Ltd.

이 책에 실린 모든 글과 일러스트 및 편집 형태에 대한 저작권은 (주)씨실과 날실에 있으므로 무단 복사, 복제는 법에 저촉됩니다.

머리말

新 영재 수학의 지름길(중학 G&T) 중학편 감수 및 편집을 마치며

본 도서는 국내 많은 선생님과 학생들의 사랑을 받아온 '올림피아드 수학의 지름길 중급편'의 최신 개정판 교재로 내신 심화와 영재고 및 경시대회 준비 학생 교육용 교재입니다.

'올림피아드 수학의 지름길'은 중국사천대학교의 영재교육용 교재로 이미 탁월한 효과를 입증한 바 있습니다. 이 시리즈 또한 최신 영재유형 문제와 상세한 풀이를 수록하였기 때문에 더욱더 우수한 학습효과를 얻을 수 있을것입니다. 영재교육 프로그램에 참여하지 않는 일반 학생들에게도 내신심화와 연결된 좋은 참고서가 될것이며 혼자서도 익혀갈 수 있도록 잘 꾸며져 있습니다. 또한 특수분야를 제외한 나머지 대부분의 내용은 정규과정의 학습에도 많은 도움을 주도록 잘 가꾸어진 내용들로 꾸며져 있습니다. 그리고 영재교육을 담당하는 교사들에게도 좋은 교재와 참고자료가 되리라고 생각합니다.

원서 내용 중 우리나라 교육과정에 맞게 장별 순서와 목차를 바꾸었으며 정서에 맞지 않는 부분과 문제 및 강의를 수정, 보완 편집하였고 각 단계 상하에 모의고사 2회분을 추가하였습니다.

무엇보다도 영재수학학습은 지도하시는 선생님들과 공부하는 학생들의 포기하지 않는 인내와 끈기 그리고 반드시 해내겠다는 집념과 노력이 가장 중요합니다.

우리나라의 우수한 학생들이 축복받은 재능의 날개를 활짝 펴고 세계적인 인재로 성장할 수 있도록 수학 능력 개발에 조금이나마 도움이 되길 바라며 이 책을 출판하기까지 많은 질책과 격려를 아끼지 않았던 독자님들과 많은 도움을 주신 여러 학원 종사자 및 학부모, 선생님들께 무한한 감사를 드리며 도와주신 중국 사천대학 및 세화출판사 임직원 여러분께 감사드립니다.

감수자 및 (주) 씨실과 날실 편집부 일동

이 책의 구성과 활용법

이 책은 중학교 내신심화와 경시 및 영재교육 과정에서 다루는 수학 과정을 체계적으로 나열하고 있으며 주제들의 구성과 전개에 있어 몇가지 특징을 두어 엮었습니다. 특히 영재수학에서 다루는 기본개념을 중심으로 자세한 설명을 하였습니다.

이 책으로 공부하는 학생들은 이 기본개념과 문제의 풀이과정을 충분히 이해함으로써 어떠한 유형의 문제라도 해결할 수 있는 단단한 능력을 갖추게 될 것입니다.

기본개념의 숙지와 응용문제 해결 능력을 키우기 위하여 각 장별로 다음과 같이 구성하였습니다.

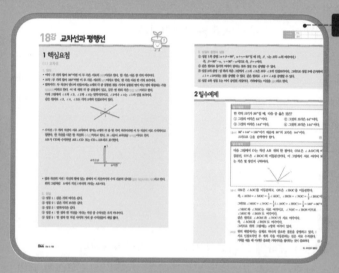

1 필수예제문제

■ 핵심요점과 필수예제

각 강의에서 꼭 알아야 하는 핵심요점을 설명하고 이와 관련된 필수예제를 실어 기본개념을 확고히 인식할 수 있도록 하였습니다.

1. 각 강의별로 핵심이론 설명 후 강의에 따른 필수예제를 구성하였습니다.
2. 예제풀이 과정을 상세히 기술하여 문제에 대한 적응력 및 집중도를 높이도록 하였습니다.

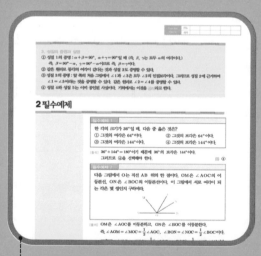

2 참고 및 분석

■ 참고 및 분석

예제문제 풀이시 난이도가 높은 문제는 참고할 수 있는 팁(TIP)을 구성하여 유형연습에 도움이 되도록 하였습니다.

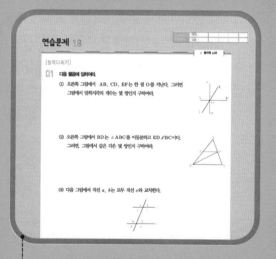

3 연습문제

■ 연습문제

앞에서 학습한 내용을 확인하는 문제를 실력다지기 문제, 실력향상 문제, 응용 문제 3단계로 분류하여 개념을 확인하고 고급 문제를 대비할 수 있도록 하였습니다.

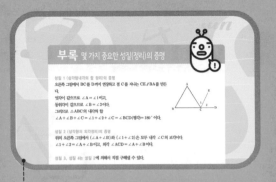

4 부록문제

■ 부록문제

강의별 부록으로 심화이론 설명 및 단원별 Test 문제를 수록하여 앞에서 배웠던 단원의 핵심을 꿰뚫어 보고 부족한 부분은 다시 학습할 수 있는 기회를 제공합니다.

5 소수표

■ 소수표

마지막 페이지에 10000이하의 소수표를 수록하여 강의와 학습에 편의를 기하도록 하였습니다.

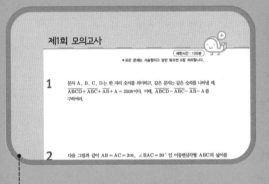

6 영재모의고사

■ 영재모의고사

모의고사 2회 분(각 20문제)을 수록하여 단계별로 학습한 강의에 대한 최종점검 및 실전 연습을 갖도록 하였습니다.

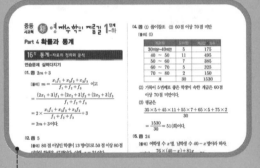

7 연습문제 정답과 풀이

■ 연습문제 정답과 풀이

책속의 책으로 연습문제 정답과 풀이를 분권으로 분리하여 강의 및 학습배양에 편의를 기하도록 하였습니다.
문제의 이해력을 높일수 있도록 하였습니다.

이 책의 활용법

기본 개념을 충분히 숙지해야 합니다. 창의적 사고력은 기본개념에 대한 지식 없이 길러질 수 없습니다. 각 강의의 핵심요점 설명을 정독하여야 합니다. 만약 필수예제를 풀 수 없는 학생이 있다면, 핵심요점에 나와 있는 개념설명을 자신이 얼마나 소화했는가를 판단해 보고 다시 한번 정독하여 기본개념을 충분히 숙지하도록 해야 할 것입니다.

종합적인 사고를 할 수 있어야 합니다. 기본 개념을 숙지한 후에는 수학 과목 상호간의 다른 개념들과의 연관성을 항상 염두에 두고 있어야 합니다. 하나의 문제는 여러가지 기본 개념들을 종합적으로 활용할 때 풀릴수 있는 경우가 많기 때문입니다. 필수예제문제와 연습문제는 이를 확인하기 위해 설정된 코너입니다.

Contents

중학 G&T 1-2

★챕터는 무리수와 이차방정식의 개념을 공부한 후 푸는 것이 이해에
도움이 됩니다.

Gifted and Talented

in mathemathics

위대한 성취는 부지런한 노동과 정비례된다. 즉 일한것만큼 수확이 있게 되고 그 수확이 하나하나 쌓여

기적을 창조하게 된다. 〈로신〉

Part IV 확률과 통계

16강 자료의 정리와 분석

1 핵심요점

1. 줄기와 잎 그림

(1) 변량 : 자료를 수량으로 나타낸 것

(2) 줄기와 잎 그림 : 변량을 줄기와 잎으로 구분한 후 줄기는 왼쪽에 크기순으로 나열하고, 잎은 해당하는 줄기에 수평으로 적은 그림

(3) 줄기와 잎 그림을 그리는 순서

　① 줄기와 잎을 정한다.

　② 자료의 각 값을 줄기와 잎으로 구분한다.

　③ 줄기의 값을 크기가 작은 것부터 순서대로 위에서 아래로 나타낸다.

　④ 줄기의 오른쪽에 잎을 나열한다.

2 필수예제

필수예제 1

다음 표는 승우네 반 수학점수이다. 이 수학점수를 보고 승우네 반 수학성적의 줄기와 잎 그래프를 만들어라. (단, 잎은 크기 순서대로 쓰지 않아도 된다.)

72	80	94	68	76	84	94
100	64	72	88	88	94	84
76	80	88	72	64	60	72
100	96	84	80	84	60	68
76	88	84	94	72	76	68

🔖 위의 수학성적을 줄기와 잎 그래프로 그려보면 다음과 같다.

```
10 | 0  0
 9 | 4  4  4  6  4
 8 | 0  4  8  8  4  0  8  4  0  4  8  4
 7 | 2  6  2  6  2  2  6  2  6
 6 | 8  4  4  0  0  8  8
```

2.도수분포표

(1) 계급 : 변량으로 일정한 간격으로 나눈 구간

(2) 계급의 크기 : 변량으로 나눈 구간의 너비(폭)

(3) 계급의 개수 : 변량으로 나눈 구간의 개수

(4) 계급값 : 각 계급을 대표하는 값으로 각 계급의 가운데 값

$$(계급값) = \frac{(계급의 \; 양 \; 끝값의 \; 합)}{2}$$

(5) 도수 : 각 계급에 속하는 자료의 개수

(6) 도수분포표 : 전체 자료를 몇 개의 계급으로 나누고, 각 계급에 속하는 도수를 조사하여 나타낸 표

필수예제 2

아래는 교순이네 반 남학생 20명의 몸무게이다. 45부터 시작하여 계급의 크기가 5인 도수분포표를 만들어라. (단위 : kg)

62,	67,	53,	58,	55
58,	62,	66,	72,	61
63,	69,	60,	56,	52
47,	54,	56,	52,	57

[풀이]

계급	도수
45이상 ~ 50미만	1
50 ~ 55	4
55 ~ 60	6
60 ~ 65	5
65 ~ 70	3
70 ~ 75	1
합계	20

📋 풀이참조

필수예제 3

다음은 연우네 반 학생 30명의 수학 성적이다. 계급의 크기를 10점으로 하여 도수분포표를 만들 때, 만들어야 할 계급의 개수를 구하여라.

87	74	53	95	80	64	80	92	76	84
68	60	88	72	84	76	56	60	62	88
65	92	99	84	72	58	80	72	92	66

[풀이] 가장 낮은 점수와 높은 점수는 각각 53, 99점이므로 계급은 50점 이상 60점 미만, 60점 이상 70점 미만, … , 90점 이상 100점 미만의 5개로 나누면 된다.

📋 5개

3. 도수분포표에서의 평균

(1) 평균

① 자료의 성질이나 자료 전체의 경향을 알아보고자 할 때, 대표적인 값으로 평균을 많이 사용한다.

② 자료 전체의 변량이 주어질 때의 평균은 다음과 같이 구한다.

$$(\text{평균}) = \frac{(\text{변량})\text{의 총합}}{(\text{변량})\text{의 개수}}$$

(2) 도수분포표에서의 평균

도수분포표에서는 각각의 변량을 알 수 없으므로 계급을 대표하는 값인 계급값을 이용하여 평균을 구한다.

$$(\text{평균}) = \frac{\{(\text{계급값}) \times (\text{도수})\}\text{의 총합}}{(\text{도수})\text{의 총합}}$$

필수예제 4

다음은 승우네 반의 수학점수이다. 승우네 반 수학성적 평균을 구하여라.

72	80	94	68	76	84	94
100	64	72	88	88	94	84
76	80	88	72	64	60	72
100	96	84	80	84	60	68
76	88	84	94	72	76	68

[풀이]

10	0 0
9	4 4 4 6 4
8	0 4 8 8 4 0 8 4 0 4 8 4
7	2 6 2 6 2 2 6 2 6
6	8 4 4 0 0 8 8

평균=(모든 학생의 점수 합계)÷(학생수)이므로

줄기-잎-그림을 보고 더해보면,

$\{100 \times 2 + 90 \times 5 + (4+4+4+6+4)$

$+ 80 \times 12 + (4+8+8+4+8+4+4+8+4) + 70 \times 9$

$+ (2+6+2+6+2+2+6+2+6) + 60 \times 7 + (8+4+4+8+8)\} \div 35$

$= 80$

승우네 반 수학 성적의 평균은 80점이다.

답 80점

필수예제 5

다음 표는 원준이네 반 학생 40명이 한 달 동안 쓴 독서 감상문의 수를 조사한 도수분포표이다. 이 반의 평균을 구하여라.

독서 감상문의 수	도수
$0^{이상} \sim 2^{미만}$	6
$2 \sim 4$	9
$4 \sim 6$	12
$6 \sim 8$	7
$8 \sim 10$	4
$10 \sim 12$	2
합 계	40

[풀이] 평균$= \{1 \times 6 + 3 \times 9 + 5 \times 12 + 7 \times 7 + 9 \times 4 + 11 \times 2\} \div 40 = 5c$

이므로 평균은 5이다.   답 5

필수예제 6

변량 x_1, x_2, x_3, x_4, x_5 의 평균을 M 이라고 할 때,

변량 $x_1 - a$, $x_2 - 2a$, $x_3 - 3a$, $x_4 - 4a$, $x_5 - 5a$ 의 평균을 M 과 a 를 사용하여 나타내어라.

[풀이] x_1, x_2, x_3, x_4, x_5의 평균이 M이므로

$$M = \frac{x_1 + x_2 + x_3 + x_4 + x_5}{5}$$ 이다.

따라서 $x_1 - a$, $x_2 - 2a$, $x_3 - 3a$, $x_4 - 4a$, $x_5 - 5a$의 평균은

$$\frac{x_1 - a + x_2 - 2a + x_3 - 3a + x_4 - 4a + x_5 - 5a}{5}$$

$$= \frac{x_1 + x_2 + x_3 + x_4 + x_5}{5} - 3a = M - 3a$$이다.   답 $M - 3a$

필수예제 7

$a\mathrm{km}$인 길을 왕복하는데, 갈 때는 시속 $m\mathrm{km}$로, 올 때는 시속 $n\mathrm{km}$의 속력으로 걸었다. 평균 속력은 시속 몇 km인지 구하여라.

[풀이] (전체 이동시간)$=$(갈 때 걸린 시간)$+$(올 때 걸린 시간)$= \dfrac{a}{m} + \dfrac{a}{n}$이므로

$$(\text{평균 속력}) = \frac{(\text{전체 이동 거리})}{(\text{전체 이동 시간})} = \frac{2a}{\dfrac{a}{m} + \dfrac{a}{n}} = \frac{2a}{\dfrac{a(m+n)}{mn}}$$

$$= \frac{2mn}{m+n} \ (\mathrm{km}/\text{시})$$이다.   답 $\dfrac{2mn}{m+n} \ (\mathrm{km}/\text{시})$

4. 히스토그램

(1) 히스토그램

도수분포표의 각 계급의 양 끝 값을 가로축에, 그 계급의 도수를 세로축에 표시하여 직사각형으로 나타낸 그래프

(2) 히스토그램 그리기

① 가로축에 각 계급의 양 끝 값을 써넣는다.

② 세로축에 도수를 써넣는다.

③ 각 계급의 크기를 가로의 길이로, 그 도수를 세로의 길이로 하는 직사각형을 차례로 그린다.

(3) 히스토그램의 특징

① 도수분포표보다 도수의 분포 상태를 쉽게 알아볼 수 있다.

② (직사각형의 넓이)=(각 계급의 크기)×(그 계급의 도수)

③ (직사각형의 넓이의 합)={(각 계급의 크기)×(그 계급의 도수)}의 합

=(계급의 크기)×(도수의 합)

5. 도수분포다각형

(1) 도수분포다각형

히스토그램의 각 직사각형의 윗변의 중점을 차례로 선분으로 연결하여 그린 다각형 모양의 그래프

(2) 도수분포다각형 그리기

① 히스토그램에서 각 직사각형의 윗변의 중점을 차례대로 선분으로 연결한다.

② 양 끝은 도수가 0인 계급이 하나씩 있는 것으로 생각하여 그 중점을 선분으로 연결한다.

(3) 도수분포다각형의 특징

① 자료의 분포상태를 연속적으로 볼 수 있다.

② (도수분포다각형과 가로축으로 둘러싸인 부분의 넓이)

=(히스토그램의 각 직사각형의 넓이의 합)

=(계급의 크기)×(도수의 합)

6. 상대도수

(1) 상대도수 : 전체도수에 대한 각 계급의 도수의 비율

$$(어떤 계급의 상대도수) = \frac{(그 계급의 도수)}{(전체 도수)}$$

(2) 상대도수의 특징

① 상대도수의 합은 항상 1이다.

② (어떤 계급의 도수)=(전체도수)×(그 계급의 상대도수)

③ 전체 도수가 서로 다른 여러 집단의 분포상태를 비교할 때 유용하다.

(3) 상대도수의 분포표 : 각 계급의 상대도수를 나타낸 표

(4) 상대도수의 분포를 나타낸 그래프 : 상대도수의 분포표를 그래프로 나타내는 방법은 도수분포표를 히스토그램이나 도수분포다각형으로 나타내는 방법과 같다.

Teacher	진도				
Check	과제				

필수예제 8

승훈이의 공 멀리 던지기 기록이 $42\mathrm{m}$, $39\mathrm{m}$, $45\mathrm{m}$, $41\mathrm{m}$ 였다고 한다. 다섯 번째에서 최소한 몇 m 이상을 던져야 평균이 $43\mathrm{m}$ 이상 되는지 구하여라.

[풀이] 다섯 번째의 기록을 $x\,\mathrm{m}$라 하면 $(평균) = \dfrac{42+39+45+41+x}{5} \geq 43$이다.

이를 풀면, $x \geq 48$이다.

🖪 $48\mathrm{m}$ 이상

필수예제 9

세화 중학교 1학년 학생들의 몸무게를 측정하여 작성한 표가 다음 그림과 같이 찢어져 일부분만 알아볼 수 있게 되었다. 이때, x의 값을 구하여라.

몸무게(kg)	도수(명)	상대도수
$40^{\text{이상}} \sim 45^{\text{미만}}$	5	0.05
$45 \sim 50$	20	x

[풀이] $(도수의\ 총합) = \dfrac{(그\ 계급의\ 도수)}{(상대도수)} = \dfrac{5}{0.05} = 100$이므로

$x = \dfrac{20}{100} = 0.20$이다.

🖪 0.20

필수예제 10

같은 변량에 대한 A, B 두 학급의 도수의 총합의 비가 $4 : 3$일 때, 어떤 계급의 도수의 비가 $3 : 2$이면 이 계급의 상대도수의 비를 구하여라.

[풀이] $(상대도수) = \dfrac{(그\ 계급의\ 도수)}{(도수의\ 총합)}$이므로

$\dfrac{3b}{4a} : \dfrac{2b}{3a} = \dfrac{9b}{12a} : \dfrac{8b}{12a} = 9b : 8b = 9 : 8$이다.

🖪 $9 : 8$

다음은 어느 독서 동아리 회원 20명의 여름 방학 동안 읽은 책의 권수
에 대한 상대도수를 나타낸 것이다. 평균 몇 권의 책을 읽었는지 구하
여라.

계급(권)	상대도수
1이상 ~ 3미만	0.1
3 ~ 5	0.3
5 ~ 7	0.2
7 ~ 9	0.25
9 ~ 11	0.15

[풀이]

계급(회)	도수(명)	계급값 × 도수
1이상~3미만	2	$0.1 \times 20 = 2$
3 ~ 5	4	$0.3 \times 20 = 6$
5 ~ 7	6	$0.2 \times 20 = 4$
7 ~ 9	8	$0.25 \times 20 = 5$
9 ~ 11	10	$0.15 \times 20 = 3$

(각 계급의 도수)=(도수의 총합)×(상대도수)이므로

$$(평균) = \frac{2 \times 2 + 4 \times 6 + 6 \times 4 + 8 \times 5 + 10 \times 3}{20} = \frac{122}{20} = 6.1(권)이다.$$

답 6.1권

[실력다지기]

01 계급값 x_1, x_2, x_3에 대한 도수는 각각 f_1, f_2, f_3이고, 평균이 m이다.
다음 도수분포표에서 평균을 m에 관한 식으로 나타내어라.

계급값	$2x_1+3$	$2x_2+3$	$2x_3+3$
도수	f_1	f_2	f_3

02 아래 도수분포표는 어느 학급의 수학 성적이다.

점 수(점)	학생 수(명)
$50^{이상}$ ~ $55^{미만}$	1
55 ~ 60	2
60 ~ 65	5
65 ~ 70	8
70 ~ 75	10
75 ~ 80	a
80 ~ 85	b
85 ~ 90	c
90 ~ 95	4
95 ~ 100	1
합 계	60

점수가 80점 이상인 학생이 모두 13명이고, 점수가 85점 미만인 학생 수는 85점 이상인 학생 수의 5배라고 한다. 점수가 85점 이상 90점 미만의 도수를 구하여라.

03 준희네 학교 1반의 수학 점수의 평균은 67점이고, 2반의 수학 점수의 평균은 75점이다. 두 반의 평균이 71.5점일 때, 1, 2반의 학생 수의 비를 구하여라.

04 다음은 지희네 반 30명에 대한 줄넘기 기록을 조사한 표이다. 도수분포표를 완성하고 물음에 답하여라.

58	49	74	69	53	49	54	51	34	66
62	73	64	52	47	39	49	38	49	35
53	62	49	46	48	49	44	42	39	59

(1) 도수분포표를 완성하여라.

계급(회)	도수(명)	계급값×도수
30이상~40미만	①	⑥
40 ~ 50	②	⑦
50 ~ 60	③	⑧
60 ~ 70	④	⑨
70 ~ 80	⑤	⑩
계	30	⑪

(2) 기록이 5번째로 좋은 학생이 속한 계급을 구하여라.

(3) 평균을 구하여라.

05 학생 40명의 수학 성적을 조사하였더니 남학생의 평균은 76점이고, 여학생의 평균은 81점이다. 학생 40명의 전체의 평균이 79점일 때, 여학생 수를 구하여라.

06 두 학급의 학생 수가 각각 60명과 80명, 각 학급의 우등생의 상대도수를 a, b라 할 때, 이 두 학급의 전체 학생에 대한 우등생의 상대도수를 a, b를 써서 나타내어라.

07 다음 표는 어느 학급 학생들의 키에 대한 도수분포표인데 일부가 찢어져 알아볼 수가 없게 되었다. 키가 140cm 이상 145cm 미만인 학생들에 대한 상대도수가 0.15이고 키가 150cm 이상인 학생은 전체 학생의 80%일 때, 키가 145cm 이상 150cm 미만인 학생 수를 구하여라.

키(cm)	학생 수(명)
140 이상~145 미만	6
145 ~ 150	
150 ~ 155	
155 ~ 160	
160 ~ 165	

[응용하기]

08 정원이 10명인 수학캠프에 110명이 응시하였다. 너무 많은 학생이 캠프에 응시하여 선발 시험을 통해서 선발하기로 하였다. 합격자 전체의 평균 점수는 응시자 전체의 평균 점수보다 10점이 높았고, 불합격자 전체의 평균 점수는 50점이었다. 이때, 합격자 전체의 평균 점수를 구하여라.

09 A, B, C, D 4명의 학생이 원형의 탁자에 앉아 있다. 각자 하나의 수를 정하고 이웃하는 두 학생에게만 그 수를 알려 주었다. 학생들은 자신이 정한 수와 알게 된 두 수의 평균을 구하여 자기 자리 앞에 썼더니 그림과 같았다. D 학생이 정한 수를 구하여라.

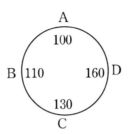

10 수학과목의 성적은 2회의 수행평가, 중간 지필평가, 기말 지필평가의 점수에 가중치를 부여하여 산출한다. 승우가 받은 점수와 가중치가 표와 같을 때, 승우의 가중평균 점수를 구하여라. (단, 각 평가별 만점은 100점이다.)

구분	승우의 점수(점)	가중치(%)
1회 수행평가	80	15
2회 수행평가	70	15
중간 지필평가	86	35
기말 지필평가	94	35

11 수신이가 학교에서 성적표를 받아 보니 다음과 같았다.

과 목	점수(100점만점)	등수(10명중)	학급평균
수학	85	3	75
영어	80	3	70

수학과 영어를 더한 종합성적으로 등수를 정할 때, 수신이가 반에서 될 수 있는 등수,
즉, 수신이의 가능한 종합등수를 모두 구하여라. (단, 동점자가 있는 경우는 동점자들의
수만큼 같은 등수를 가진 학생들이 있고, 그 다음 성적의 학생은 등수가 바로 위 동점
자의 수 만큼 떨어지는 것으로 한다. 예를 들어, 1등이 3명이면, 그 다음 점수의 학생은 4
등이 된다. 또 각 과목의 점수는 0에서 100까지의 정수가 다 가능하다고 한다.)

12 변량의 계급값이 x_1, x_2, x_3, x_4, x_5인 어떤 실험의 분포를 만들면서 실험 횟수인 도수의 총합 N을 기록하지 않았다. 이 실험에서 상대도수 분포표가 아래와 같을 때, N의 최솟값을 구하여라.

계급값	상대도수
x_1	0.125
x_2	0.5
x_3	0.25
x_4	0.0625
x_5	0.0625
	1

13 다음은 어떤 봉사동아리 회원들의 1년 동안의 봉사활동 시간을 나타낸 도수분포표이다.

봉사 시간(시간)	회원 수(명)
$40^{이상} \sim 50^{미만}$	3
$50 \sim 60$	5
$60 \sim 70$	6
$70 \sim 80$	9
$80 \sim 90$	a
$90 \sim 100$	4

70시간 이상~80시간 미만인 계급의 상대도수가 0.3일 때, 80시간 이상~90시간 미만인 계급의 상대도수를 구하여라.

Part V 기하

17강 선분, 각

1 핵심요점

(I) 선분

1. 기본개념과 정의

- 직선 : 직선에는 끝점이 없다. 양쪽 방향으로 무한히 뻗어나가기 때문이다.
- 반직선 : 직선 위의 한 점과 그 점을 중심으로 한 한 쪽의 부분을 **반직선**이라고 한다. 이 점은 반직선의 끝점이고 (반직선은 끝점이 하나뿐이다.), 반직선은 한 방향으로 무한대로 연장되는 선이다.
- 선분 : 직선상 두 점과 그 사이의 부분을 **선분**이라고 한다. 이 두 점을 **선분의 끝점**이라고 한다. 선분의 어느 방향으로도 연장될 수 없다.
- 거리 : 선분의 두 점을 연결한 길이를 **두 점 사이의 거리**라고 한다.
- 중점 : 한 선분을 길이가 같은 두 부분으로 나누는 점을 이 **선분의 중점**이라고 한다. 비슷하게 삼등분점, 사등분점 등으로 정의 할 수 있다.

2. 관련 성질

① 두 점을 지나가는 직선은 하나뿐이다. (즉, 두 점이 하나의 직선을 결정)
② 두 점을 연결하는 모든 선중 선분이 제일 짧다.

2 필수예제

필수예제 1

아래 그림에서 C, D, E는 각각 선분 AB상의 3개의 점이다. 각 선분의 길이를 그림 위에 표시하였다. x를 a, b, c에 관한 식으로 나타내어라.

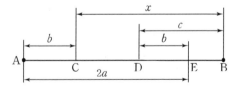

[풀이] $CD = AE - (AC + DE)$
$$= 2a - (b + b) = 2a - 2b$$

따라서 $x = CD + DB = 2a - 2b + c$이다.

[해설] 아래와 같은 방법으로 문제를 해결할 수도 있다.
$$x = AB - AC = (AE + BE) - AC$$
$$= AE + (DB - DE) - AC$$
$$= 2a + c - b - b = 2a - 2b + c$$

📋 $2a - 2b + c$

분석 tip
두 개의 끝점이 한 선분을 결정한다. 중복되거나 빠뜨리는 것을 방지하기 위해서 선분의 왼쪽 끝점을 기준으로 하여 각 선분의 수를 세고 길이의 총합을 구하면 된다.

필수예제 2

아래 그림과 같이 몇 개의 선분이 있으며, 만약 선분 A_iA_{i+1}의 길이가 $a_i(i=1,\ 2,\ 3,\ 4,\ 5)$일 때 모든 선분의 길이의 합을 구하여라.

$$\Lambda_1 \quad \Lambda_2 \quad \Lambda_3 \quad \Lambda_4 \quad \Lambda_5 \quad \Lambda_6$$

[풀이] A_1이 왼쪽 점인 선분이 5개로 A_1A_2, A_1A_3, A_1A_4, A_1A_5, A_1A_6이다.

A_2가 왼쪽 점인 선분이 4개로 A_2A_3, A_2A_4, A_2A_5, A_2A_6이다.

A_3가 왼쪽 점인 선분이 3개로 A_3A_4, A_3A_5, A_3A_6이다.

A_4가 왼쪽 점인 선분이 2개로 A_4A_5, A_4A_6이다.

A_5가 왼쪽 점인 선분이 1개로 A_5A_6이다.

그러므로 존재하는 총 선분의 수는 $5+4+3+2+1=15$(개)이다.

또, $A_1A_2=a_1$, $A_2A_3=a_2$, $A_3A_4=a_3$, $A_4A_5=a_4$, $A_5A_6=a_5$이므로 A_1이 왼쪽 점인 선분의 총길이는

$A_1A_2+A_1A_3+A_1A_4+A_1A_5+A_1A_6$

$=a_1+(a_1+a_2)+(a_1+a_2+a_3)+(a_1+a_2+a_3+a_4)$

$\quad +(a_1+a_2+a_3+a_4+a_5)$

$=5a_1+4a_2+3a_3+2a_4+a_5$이다.

같은 원리로 A_2가 왼쪽 점인 선분의 총길이는 $4a_2+3a_3+2a_4+a_5$이다.

A_3가 왼쪽 점인 선분의 총길이는 $3a_3+2a_4+a_5$이다.

A_4가 왼쪽 점인 선분의 총길이는 $2a_4+a_5$이다.

A_5가 왼쪽 점인 선분의 총길이는 a_5이다.

그러므로 예제의 그림에서 모든 선분의 총길이의 합은

$5a_1+8a_2+9a_3+8a_4+5a_5$이다.

[해설] 일반적으로 아래 그림을 생각하자.

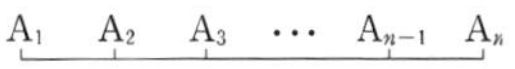

$$A_1 \quad A_2 \quad A_3 \quad \cdots \quad A_{n-1} \quad A_n$$

위의 그림에 있는 선분의 개수는

$$(n-1)+(n-2)+(n-3)+\cdots+2+1=\frac{1}{2}n(n-1) \text{개이고,}$$

만약 $A_iA_{i+1}=a_i(i=1,\ 2,\ 3,\ \cdots,\ n-1)$라 하면,

위의 그림에 있는 모든 선분의 총 길이는

$$(n-1)\times1\times a_1+2\times(n-2)\times a_2+3\times(n-3)\times a_3+\cdots$$

$$+(n-2)\times2\times a_{n-2}+(n-1)\times1\times a_{n-1} \text{이다.}$$

$\boxed{\text{답}}$ $5a_1+8a_2+9a_3+8a_4+5a_5$

분석 tip

그림에서 알 수 있는 것은 5개의 같은 길이의 선분의 총 길이 $= \mathrm{AF} = 11 - (-5) = 16$이다. 그러므로 AB, BC, ⋯ 등의 선분의 길이를 알 수 있다. 그리고 여기에서 C점이 수직선위의 대응하는 수를 구할 수 있다. 여기서는 2개의 결론을 이용하였다.

① 수직선 위의 A, B 두 개의 점의 대응하는 수를 a, $b(b > a)$라고 한다면 선분 AB의 길이는 $\mathrm{AB} = b - a$이다.

② 수직선 위의 만약 선분 CD의 길이가 $d > 0$이라면 왼쪽 점 C에 대응하는 수가 c이면 다른 한쪽 점 D의 대응하는 수는 $c + d$이다.

필수예제 3

아래 그림과 같이 수직선 위에 6개의 점이 있다.

$\mathrm{AB} = \mathrm{BC} = \mathrm{CD} = \mathrm{DE} = \mathrm{EF}$ 라면 점 C 가 표시하는 가장 인접한 정수를 구하여라.

[풀이] $\mathrm{AB} = \mathrm{BC} = \mathrm{CD} = \mathrm{DE} = \mathrm{EF} = x$라고 하면 $5x = 11 - (-5)$이다.

이를 풀면 $x = 3.2$이다.

그러므로 수직선 위에서 C에 대응하는 점은 $-5 + 3.2 + 3.2 = 1.4$이다.

그러므로 C에서 가장 가까운 정수는 1이다.

[해설] 방정식을 이용하여 기하문제를 풀 수 있다.　　　　답 1

필수예제 4

촬영 팀이 A 도시에서 B 도시까지 가는데 하루가 걸렸다고 한다. 계획상 오전에 오후보다 100 km를 더 가 C 도시에 가서 점심을 먹으려고 했으나, 차가 막혀서 점심에 한 마을에 도착하였다. 이렇게 했더니 원래 계획의 3분의 1 거리만 갔다. 이 마을을 지나서 자동차로 400 km를 달려서 밤 늦게 차를 세우고 휴식을 취하였다. 기사가 말하기를 C 도시에서 이 곳까지 오는 길의 반이면 목적지에 도착한다라고 하였다. 이때, A와 B 두 도시의 거리는 몇 km 인지 구하여라.

[풀이] 문제의 내용에 따라서 선분 위에 아래 그림처럼 그리고 이 그림에서 마을은 D점의 자리이고 밤늦게 도착한 곳은 E점이다. A, B, C 도시는 각각 A, B, C점이다.

주어진 조건으로부터 $\mathrm{AD} = \dfrac{1}{3}\mathrm{AC}$, $\mathrm{EB} = \dfrac{1}{2}\mathrm{CE}$,

$\mathrm{DE} = 400\,\mathrm{km}$, $\mathrm{AC} = \mathrm{CB} + 100\,\mathrm{km}$이다.

즉, $\mathrm{CD} = \mathrm{AC} - \mathrm{AD} = \dfrac{2}{3}\mathrm{AC}$이고, $\mathrm{CE} = 2\mathrm{EB} = \dfrac{2}{3}\mathrm{CB}$이다.

(왜냐하면, $\mathrm{EB} = \dfrac{1}{2+1}\mathrm{CB} = \dfrac{1}{3}\mathrm{CB}$이므로)

따라서 $\mathrm{DC} + \mathrm{CE} = \dfrac{2}{3}(\mathrm{AC} + \mathrm{CB}) = \dfrac{2}{3}\mathrm{AB}$이다. 즉, $\mathrm{DE} = \dfrac{2}{3}\mathrm{AB}$이다.

그러므로 $\mathrm{AB} = \dfrac{3}{2}\mathrm{DE} = \dfrac{3}{2} \times 400 = 600\,\mathrm{km}$이다.

따라서 A, B 두 도시의 거리는 600 km이다.

[해설] 주어진 조건 중 $\mathrm{AC} = \mathrm{CB} + 100$은 실제 문제를 푸는데 필요 없는 조건이다.

답 600km

(Ⅱ) 각

1. 개념 및 정의

- 각 : 한 점에서 시작하는 두 개의 반직선 OA, OB가 구성하는 도형(오른쪽 그림)을 각이라고 한다.

  ∠AOB나 ∠BOA로 표시한다. 이 공통점 O는 **각의 꼭짓점**이라고 하고 두 반직선 OA, OB는 ∠AOB의 **변**이라고 한다.

  각은 한 반직선에서 그의 점에 따라서 한 위치로 회전한 것이라고도 볼 수 있다.

  (주의 : 특별히 설명이 없는 한 여기서 말하는 각은 모두 회전하지 않고 만들어진 일반적인 각을 가리킨다.)

- 각의 이등분선 : 각의 점에서 나온 한 반직선이 이 각을 두 개의 서로 같은 각으로 분리한 다면 이 선을 **각의 이등분선**이라고 한다.

  이와 비슷하게 각의 삼등분선(두 줄), 사등분선(세 줄)등도 있다.

2. 각의 크기

각의 단위에는 도, 분, 초가 있다. 1도는 $1°$라고 표시하고 1분은 $1'$라고 표시하며 1초는 $1''$라고 표시한다. $1° = 60'$, $1' = 60''$이다. 분, 초는 보통 위도 1경도를 나타낼 때 사용한다.

직각 $= 90°$, 평각 $= 2$개의 직각 $= 180°$

3. 각의 분류

평각의 반을 **직각**이라고 하고 직각보다 작은 각을 **예각**이라 하고 직각보다 큰 각을 **둔각**이라 한다.

분석 tip

필수예제 2에서 선분개수를 분류를 하여 계산한 것처럼 분류하여 (평각보다 작은)각의 개수를 계산한다. 중복되지 않고 빠뜨리는 것 없이 각의 한 변을 (아래쪽의) 기준으로 하여 분류한다.

필수예제 5

아래 그림에서 평각보다 작은 각은 총 (　　　)개 있다.

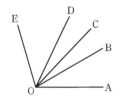

[풀이] OA를 한 변으로 하는 평각보다 작은 각은 ∠AOB, ∠AOC, ∠AOD, ∠AOE로 4개이다.

OB를 한 변으로 하는 평각보다 작은 각은 ∠BOC, ∠BOD, ∠BOE로 3개이다.

OC를 한 변으로 하는 평각보다 작은 각은 ∠COD, ∠COE로 2개이다.

OD를 한 변으로 하는 평각보다 작은 각은 ∠DOE로 1개이다.

그러므로 그림에서 평각보다 작은 각은 $4+3+2+1 = 10$(개)이다.

[해설] 일반적으로 다음 그림에서 점의 n개의 반직선이 구성하는 평각보다
작은 각은 $(n-1)+(n-2)+\cdots+3+2+1=\dfrac{1}{2}n(n-1)$ 개이다.

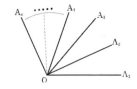

답 10(개)

| 필수예제 6 | |

한 직사각형의 종이를 오른쪽 그림처럼 접었다.
BC, BD는 접힌 자국이다. 이때, ∠CBD의
크기를 구하여라.

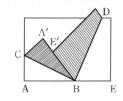

[풀이] 도형이 접힌 후의 중복되는 각의 크기는 같다.
그러므로 ∠ABC = ∠A′BC, ∠EBD = ∠E′BD이다.
그리고 ∠ABE는 평각이다. 즉, ∠ABE = 180°이다.
그러므로 ∠CBD = ∠A′BC + ∠E′BD

$$= \dfrac{1}{2}\angle A'BA + \dfrac{1}{2}\angle E'BE$$

$$= \dfrac{1}{2}(\angle A'BA + \angle E'BE)$$

$$= \dfrac{1}{2}\angle ABE = \dfrac{1}{2}\times 180° = 90°$$

답 90°

| 필수예제 7 | |

오른쪽 그림에서 OA⊥OB, CO⊥DO,
∠BOC : ∠AOC = 5 : 1일 때, ∠BOD의
크기를 구하여라. (단, ∠BOD는 180°보다 작다.)

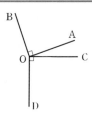

분석 tip
선분 OA, OB는 만나서 90°
의 각을 이룬다.
이것을 OA와 OB는 수직된다
고 한다. (O에서). OA⊥OB라
고 적는다.)

[풀이] ∠BOC : ∠AOC = 5 : 1이므로 ∠BOC = 5∠AOC이다.
그러므로 ∠BOA = 4∠AOC이다. 또 OA⊥OB이고,
즉, ∠BOA = 90°이다.
그러므로 ∠AOC = 90° ÷ 4 = 22.5°이다.
또 OC⊥OD이고, 즉, ∠COD = 90°이므로
∠BOD = 360° − ∠BOA − ∠AOC − ∠COD
$$= 360° - 90° - 90° - 22.5° = 157.5°$$

[해설] 이번 문제에서 구하는 ∠BOD의 값은 평각보다 작은 각의 크기여야 한다.
평각보다 큰 각(90° + 22.5° + 90° = 202.5°)은 안된다. 답 157.5°

필수예제 8

오른쪽 그림에서 ∠AOB는 둔각이고 OC⊥OA, OD는 ∠AOB를 이등분하고, OE는 ∠BOC를 이등분할 때, ∠DOE의 크기를 구하여라.

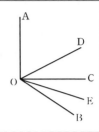

[풀이] OE는 ∠COB를 이등분하므로 $\angle COE = \dfrac{1}{2}\angle COB$이다.

OD는 ∠AOB를 이등분하므로 $\angle AOD = \dfrac{1}{2}\angle AOB$이다.

그러므로

$$\begin{aligned}
\angle DOE &= \angle DOC + \angle COE \\
&= (90° - \angle AOD) + \angle COE \\
&= 90° - \frac{1}{2}\angle AOB + \frac{1}{2}\angle COB \\
&= 90° - \frac{1}{2}(\angle AOB - \angle COB) \\
&= 90° - \frac{1}{2}\angle AOC
\end{aligned}$$

또 OC⊥OA이고, 즉, ∠AOC = 90°이다.

그러므로 $\angle DOE = 90° - \dfrac{1}{2} \times 90° = 45°$이다.

[해설] 필수예제 8은 다음과 같은 방법으로도 구할 수 있다.
아래 그림에서 보면 OE는 ∠COB를 이등분한다.

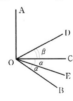

그러므로 ∠BOE = ∠COE = α, ∠DOC = β라고 하면
∠DOE = α + β이다.
또 OD는 ∠AOB를 이등분하므로 ∠AOD = ∠DOB이다.
그러므로 $\begin{aligned}[t]\angle AOD &= \angle DOB \\ &= \angle DOC + \angle COE + \angle EOB \\ &= \beta + 2\alpha\end{aligned}$이다.

또 OC⊥OA이고, ∠AOC = 90°이고, ∠AOD + ∠DOC = 90°이다.
그러므로 α + β = 90 ÷ 2 = 45°이다.
그러므로 ∠DOE = α + β = 45°이다.

답 45°

[실력다지기]

01 다음 물음에 답하여라.

(1) 한 평면에 4개의 점이 있다. 두 점을 연결하여 직선을 만들면 직선의 개수는 모두 몇 개인지 구하여라.

(2) 다음 내용 중에서 옳은 것은?

　① 직선의 한 부분은 선분이다.　　　② 두개의 점이 있는 선은 선분이다.

　③ 선분은 직선의 한 부분이다.　　　④ 점이 하나 있는 선은 반직선이다.

02 수직선 위에 A, B 두 개의 점이 있는데, A에 대응하는 수는 -2이고, A, B의 거리가 3일 때, B에 대응하는 수를 구하여라.

03 선분 AB를 C까지 연장하면 $BC = \frac{1}{3}AB$이고, D가 AC의 중점, $DC = 6\,\text{cm}$일 때, AB의 길이를 구하여라.

04 오른쪽 그림에서 OM은 ∠AOB를 이등분하고 ON은 ∠COD를 이등분한다. ∠MON = 50°, ∠BOC = 10°이면 ∠AOD의 크기를 구하여라.

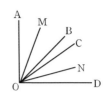

05 α, β, γ는 두 개의 예각과 하나의 둔각이다. 그 크기는 이미 가르쳐 주었으며 $\frac{1}{15}(\alpha+\beta+\gamma)$를 계산할 때, 세 명의 학생이 얻은 값은 23°, 24°, 25°로 각각 서로 다른 값이다. 이 중에 정확한 답이 있을 때, $\alpha+\beta+\gamma$의 값을 구하여라.

[실력 향상시키기]

06 선분 AB = 6cm, BC = 2cm일 때, A, C 사이의 거리를 구하여라.

07 다음 그림에서 B, C 는 선분 AD 상의 두 점이며, M은 AB의 중점, N은 CD의 중점이다. MN = a, BC = b일 때, 선분 AD를 구하여라.

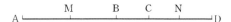

08 오른쪽 그림에서 한 정육면체의 두 개의 면에 각각 대각선 AB와 AC를 그렸을 때, 이 두 대각선 사이의 각을 구하여라.

09 다음 물음에 답하여라.

(1) 오른쪽 그림에서 ∠1 = ∠2, ∠3 = 30°일 때, 흰 공이 벽면에 튕긴 후에 검은 공을 쳐서 들어가게 하려 한다. 흰 공을 칠 때, ∠1의 각도를 구하여라.

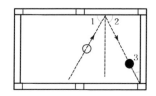

(2) 광선은 오른쪽 그림에서 표시된 각도 ∠α로 평면거울 Ⅰ, Ⅱ사이에서 반사된다. ∠α = 60°, ∠β = 50° 일 때, ∠γ를 구하여라. (단, 입사각과 반사각은 같다.)

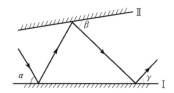

[응용하기]

10 평면 위에 점 A와 점 B에서 O까지의 거리가 각각 3과 4라면 이 두 점사이의 거리를 구하여라.
만약, 확정할 수 없으면 범위로 나타내어라.

11 **다음 물음에 답하여라.**

(1) 다음 그림은 개조 한 당구대이다. 그림 중 4개의 각 모서리 눈의 음영부분은 공이 들어가는
구멍을 가리킨다. 한 공이 그림에서 표시된 방향대로 움직인다면 마지막에 들어가는 공의 구멍
번호를 구하여라. (단, 공은 여러 번 반사될 수 있다.)

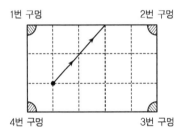

(2) 다음 그림은 4×4인 정사각형이다. 그림에서 $\angle 1 + \angle 2 + \angle 3 + \cdots + \angle 7$을 구하여라.

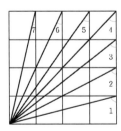

18강 교차선과 평행선

1 핵심요점

(Ⅰ) 교차선

1. 정의

- 여각 : 두 각의 합이 90°이면 이 두 각은 서로의 **여각**이라고 한다. 한 각은 다른 한 각의 여각이다.
- 보각 : 두 각의 합이 180°이면 이 두 각은 서로의 **보각**이라고 한다. 한 각은 다른 한 각의 보각이다.
- 맞꼭지각 : 두 직선이 만나서 만들어지는 4개의 각 중 공통된 점을 가지며 공통된 변이 아닌 변의 대칭되는 각을 **맞꼭지각**이라고 한다. 이 네 개의 각 중 공통점이 있고, 같은 변 위의 각은 **인접 보각**이라고 한다.
  아래 그림에서 ∠1과 ∠3, ∠2과 ∠4는 맞꼭지각이고, ∠2이나 ∠4는 ∠1의 인접 보각이다.
  같은 원리로 ∠2, ∠4, ∠3도 각각 2개의 인접보각이 있다.

- 수직선 : 두 개의 직선이 서로 교차하여 생기는 4개의 각 중 한 각이 직각이라면 이 두 직선이 서로 수직하다고 말한다. 한 직선을 다른 한 직선의 **수직선**이라고 한다. 또 그들의 교차점을 **수직점**이라고 한다.
  AB가 CD와 수직하면 AB⊥CD 또는 CD⊥AB라고 표기한다.

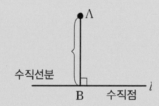

- 점과 직선의 거리 : 직선의 밖에 있는 점에서 이 직선까지의 수직 선분의 길이를 **점과 직선사이의 거리**라고 한다. 위의 그림처럼 A에서 직선 *l*까지의 거리는 AB이다.

2. 성질

① 성질 1 : 같은 각의 여각은 같다.
② 성질 2 : 같은 각의 보각은 같다.
③ 성질 3 : 맞꼭지각은 같다.
④ 성질 4 : 한 점과 한 직선을 지나는 직선 중 수직선은 오직 하나이다.
⑤ 성질 5 : 한 점과 한 직선 사이의 거리 중 수직선분이 제일 짧다.

3. 성질의 증명과 설명

① 성질 1의 증명 : $\alpha+\beta=90°$, $\alpha+\gamma=90°$일 때 (즉, β, γ는 모두 α의 여각이다.)

즉, $\beta=90°-\alpha$, $\gamma=90°-\alpha$이므로 즉, $\beta=\gamma$이다.

② 같은 원리로 등각의 여각이 같다는 것과 성질 2도 증명할 수 있다.

③ 성질 3의 증명 : 앞 쪽의 처음 그림에서 ∠1과 ∠3은 모두 ∠2의 인접보각이다. 그러므로 성질 2에 근거하여 ∠1＝∠3이라는 것을 증명할 수 있다. 같은 원리로 ∠2＝∠4를 증명할 수 있다.

④ 성질 4와 성질 5는 이미 공인된 사실이다. 기하에서는 이것을 **공리**라고 한다.

2 필수예제

필수예제 1

한 각의 크기가 36°일 때, 다음 중 옳은 것은?

① 그것의 여각은 64°이다.　　② 그것의 보각은 64°이다.

③ 그것의 여각은 144°이다.　　④ 그것의 보각은 144°이다.

[풀이] $36°+144°=180°$이기 때문에 36°의 보각은 144°이다.

그러므로 ④을 선택해야 한다.　　　　　답 ④

필수예제 2

다음 그림에서 O는 직선 AB 위의 한 점이다. OM은 ∠AOC의 이등분선, ON은 ∠BOC의 이등분선이다. 이 그림에서 서로 여각이 되는 각은 몇 쌍인지 구하여라.

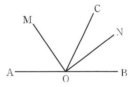

[풀이] OM은 ∠AOC를 이등분하고, ON은 ∠BOC를 이등분한다.

즉, $\angle AOM=\angle MOC=\frac{1}{2}\angle AOC$, $\angle BON=\angle NOC=\frac{1}{2}\angle BOC$ 이다.

그러므로 $\angle MOC+\angle NOC=\frac{1}{2}(\angle AOC+\angle BOC)=\frac{1}{2}\times180°=90°$이다.

∠MOC와 ∠NOC는 서로 여각이고, ∠NOC＝∠BON이므로
∠MOC와 ∠BON도 여각이다.
같은 원리로 ∠AOM과 ∠NOC가 서로 여각이다.
즉, ∠AOM과 ∠BON도 여각이다.
그러므로 위의 그림에는 4쌍의 여각이 있다.

[해설] 위의 해법에서는 실제로 하나의 중요한 결론을 증명하고 있다. :
서로 인접보각인 두 개의 각을 이등분하는 선은 서로 수직된다.
기하를 배울 때 이러한 중요한 기하지식을 쌓아두는 것이 중요하다.　　답 4쌍

한 예각의 반과 이 예각의 여각 및 보각의 합이 평각과 같을 때, 이 예각의 크기를 구하여라.

[풀이] 이 예각의 각도를 $x°$라고 한다면 이 예각의 여각은 $90°-x°$이다. 그의 보각은 $180°-x°$이다. 그러므로

$$\frac{1}{2}x° + (90°-x°) + (180°-x°) = 180°$$

이다. 이를 풀면 $x° = 60°$이다. 그러므로 이 예각의 크기는 $60°$이다.

답 $60°$

(Ⅱ) 평행선

1. 정의

- 삼선팔각 : 삼선 팔각은 같은 평면에서 두 직선 l_1, l_2이 다른 한 세 번째 직선에 의하여 8개의 각이 생긴 것을 가리킨다.(오른쪽 그림의 $\angle 1 \sim \angle 8$)

- 동위각 : 오른쪽 그림의 삼선팔각(세 개의 선과 8개의 각)에서 $\angle 1$과 $\angle 5$, $\angle 2$과 $\angle 6$, $\angle 4$과 $\angle 8$, $\angle 3$과 $\angle 7$ 의 **동위각**이라 한다.

- 엇각 : 오른쪽 그림의 삼선팔각에서 $\angle 3$과 $\angle 5$, $\angle 4$와 $\angle 6$과 같이 서로 엇갈린 각을 **엇각**이라고 한다.

- 동측내각 : 오른쪽 그림의 삼선팔각에서 $\angle 3$과 $\angle 6$, $\angle 4$와 $\angle 5$가 **동측내각**이다.

- 평행선 : 한 평면 내에서 만나지 않는 두 개의 직선을 **평행선**이라고 한다. AB와 CD는 평행선이다. AB // CD로 표기한다.

2. 평행선의 성질과 판정조건(현 단계에서 우리는 아래의 결론들을 사람들에게 공인된 공리로 응용한다.)

(1) 직선 외의 한 점을 통과하는 직선 중 단 하나의 직선과 다른 한 직선은 평행된다.

(2) 평행선의 성질 : 동일한 평면 위에서 평행한 서로 다른 두 직선 l_1, l_2가 또 다른 직선 l_3에 의해 나눠질 때, 동위각과 엇각이 같으며, 동측내각은 서로 보각이다.

(3) 평행선의 판단조건 :

    ① 한 평면 내에서 직선 l_1, l_2가 세 번째 직선 l_3에 의해 나눠질 때 ;

       ⅰ (한 쌍의)동위각이 같다면 즉, $l_1 /\!/ l_2$이다.

       ⅱ (한 쌍의)엇각이 같다면 즉, $l_1 /\!/ l_2$이다.

       ⅲ (한 쌍의)동측내각이 서로 보각이라면 즉 $l_1 /\!/ l_2$이다.

    ② 한 직선에 평행되는 두 직선은 평행한다.

    ③ 한 직선에 수직되는 두 직선은 평행한다.

1. 개념의 응용

제18장

필수예제 4

다음 물음에 답하여라.

> ① 한 평면 내에서 서로 만나지 않고 일치하지 않는 두 선분은 반드시 평행한다.
> ② 한 평면 내에서 서로 만나지 않고 일치하지 않는 두 직선은 반드시 평행한다.
> ③ 한 평면 내에서 평행하지 않고 일치하지 않는 두 선분은 반드시 만난다.
> ④ 한 평면 내에서 평행하지 않고 일치하지 않는 두 직선은 반드시 만난다.

위의 내용 중 옳은 문장의 번호를 모두 찾으라.

분석 tip
한 평면 내에서 두 선분의 평행은 두 선분이 포함하는 직선이 평행할 때를 말한다.

[풀이] 한 평면에서 일치하지 않는 두 직선의 위치는 평행하거나 한 점에서 만나는 두 종류이다. 즉, 한 평면 내에 두 개의 서로 일치하지 않는 두 직선이 있으면 두 직선은 평행하지 않으면 반드시 한 점에서 만나고, 한 점에서 만나지 않으면 반드시 평행하다. 하지만 평면 위의 두 선분에 대해서는 위의 결론은 성립되지 않는다. 오른쪽 그림과 같이 내용 ①, ③은 거짓이고, ②, ④은 참이다. 답 ②, ④

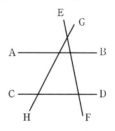

필수예제 5

다음 그림에서 평행선 AB, CD와 직선 EF, GH는 서로 교차한다. 그림에서 동측내각은 몇 쌍인지 구하여라.

분석 tip
문제의 그림에는 4개의 직선이 있다. AB와 CD만 서로 만나지 않고 다른 직선 들은 서로 만난다. 동측내각의 쌍을 구한다고 하면 선을 나누는 것으로 분류를 하여 계산할 수 있다.

[풀이] AB로 나누어지는 선은 EF, GH만이다. 여기에 두 쌍의 동측내각이 있다.
같은 원리로 CD로 나눌 때도 2쌍의 동측내각이 있다.
GH로 나누어 질 때, 총 3개의 직선이 나누어진다.
서로 한 조씩 총 3조가 나누어지고 동측내각은 $3 \times 2 = 6$쌍이다.
같은 원리로 EF로 선을 나눌 때에도 6쌍의 동측내각이 있다.
그러므로 위의 그림에는 총 $2 + 2 + 6 + 6 = 16$쌍의 동측내각이 있다.

[해설] 여러분들도 아래와 같은 분류 방법을 이용하여 위의 그림에 동위각과 엇각이 몇 쌍 있는지 알 수 있다.

답 16쌍

2. 평행선 성질의 응용

필수예제 6

오른쪽 그림에서 $AB /\!/ CD$, 직선 EF는 각각 AB와 CD와 교차하며, 교점(교차점)은 E, F이다. EG는 $\angle BEF$를 이등분하며, 만약 $\angle 1 = 50°$일 때, $\angle 2$의 크기를 구하여라.

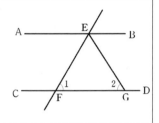

[풀이] $AB /\!/ CD$이므로 $\angle BEG = \angle 2$(엇각)이다.

또, EG는 $\angle BEF$를 이등분하므로 $\angle BEG = \angle FEG$이다.

그러므로 $\angle FEG = \angle 2$이고, 또 $\angle 1 = 50°$이다.

삼각형 내각의 합은 $180°$이므로 $\angle FEB + \angle 2 + \angle 1 = 180°$이다.

즉, $\angle 2 + \angle 2 + \angle 1 = 180°$이다.

그러므로 $\angle 2 = (180° - 50°) \div 2 = 65°$이다.

[해설] 다음 방법으로 문제를 해결할 수도 있다. :

$AB /\!/ CD$이므로 $\angle 1 + \angle FEB = 180°$(동측내각은 서로 보각이다.)

그러므로 $\angle FEB = 180° - 50° = 130°$이다.

EG는 $\angle BEF$를 이등분하므로 $\angle BEG = 130° \div 2 = 65°$이다.

그러므로 $\angle 2 = \angle BEG = 65°$이다. (엇각은 같다.)

답 $65°$

3. 평행선 판단조건 응용

필수예제 7

다음 그림에서 $l_1 /\!/ l_2$일 때, 옳지 않은 것은?

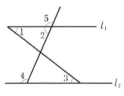

① $\angle 1 = \angle 3$ ② $\angle 2 = \angle 3$

③ $\angle 4 = \angle 5$ ④ $\angle 2 + \angle 4 = 180°$

[풀이] 엇각의 성질에 의하여 $\angle 1 = \angle 3$이다.

동위각의 성질에 의하여 $\angle 4 = \angle 5$이다.

동측내각은 서로 보각이므로 $\angle 2 + \angle 4 = 180°$이다.

답 ②

제18강

필수예제 8

다음 그림에서 AB∥CD일 때, ∠ABP+∠P+∠CDP의 값을 구하여라.

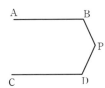

분석 tip

그림에서 분명하게 알 수 있듯이 AB∥CD일 때, ∠ABP, ∠P와 ∠CDP의 3개의 각을 연관을 지어 보조선을 이용하여 이미 알고 있는 조건과 결론을 연결시킨다. 평행선의 판단조건을 이용하여 P점을 지나고 AB(또는 CD)에 평행한 평행선은 CD(또는 AB)에 평행하다. 평행선의 성질을 이용하여 결론을 얻어낸다. P점에서 출발하여 평행보조선을 만드는 방법은 두 가지이다.

[해법1] 오른쪽 그림과 같이 점 P를 지나고 EP∥AB인 직선을 그으면 AB∥CD이므로, EP∥CD이다.

그러므로 동측내각은 서로 보각이라는 사실로부터

$\angle ABP + \angle BPE = 180°$, $\angle EPD + \angle CDP = 180°$

이 두 식을 서로 더하면,

$\angle ABP + \angle BPE + \angle EPD + \angle CDP = 360°$ 이다.

즉, $\angle ABP + \angle P + \angle CDP = 360°$이다.

[해법2] 오른쪽 그림과 같이 점 P를 지나고
PF∥AB인 직선을 그으면,
AB∥CD이므로, PF∥CD이다.

그러므로 엇각이 같다는 사실로부터

$\angle ABP = \angle BPF$, $\angle CDP = \angle DPF$이다.

그러므로 $\angle BPF + \angle P + \angle DPF = 360°$ 이다.

즉, $\angle ABP + \angle P + \angle CDP = 360°$ 이다.

[해설] 평행한 보조선을 이용하지 않고, 다른 3가지의 보조선을 만드는 방법이 있다. 그러므로 문제를 해결하는 방법도 3개의 서로 다른 방법이 있다. 하지만 여기에는 평행선의 성질을 이용하는 것 외에 삼각형의 내각의 합이 180°라는 정의도 이용한다.

(1) 오른쪽 그림과 같이 BD를 연결하면,
삼각형 내각의 합이 180°이므로

$\angle P + \angle PBD + \angle PDB = 180°$ ……………①

또 AB∥CD이고 동측내각은 서로 보각이므로

$\angle ABD + \angle CDB = 180°$ ………………②

①+②이면 $\angle ABP + \angle P + \angle CDP = 360°$ 이다.

(2) 오른쪽 그림과 같이 AB의 연장선과 DP의 연장선의 교점을 G라고 하면, 평각의 성질로부터

$\angle ABP + \angle 1 = 180°$, $\angle BPD + \angle 3 = 180°$

또 AG∥CD이고, 동측내각은 서로 보각이므로

$\angle CDP + \angle 2 = 180°$ 이다.

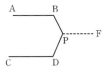

그러므로 위의 3개의 식을 서로 더하면

$\angle ABP + \angle BPD + \angle CDP + (\angle 1 + \angle 2 + \angle 3) = 3 \times 180°$ 이다.

또 삼각형의 내각의 합이 $180°$이므로 $\angle 1 + \angle 2 + \angle 3 = 180°$이다.

그러므로 $\angle ABP + \angle BPD + \angle CDP = 3 \times 180° - 180° = 360°$이다.

(3) 오른쪽 그림과 같이 AC를 연결하면

오각형 $ABPDC$의 내각의 합이

$\angle A + \angle B + \angle P + \angle D + \angle C$

$= (5-2) \times 180° \; (= 3 \times 180°)$

$AB \parallel CD$이므로 $\angle A + \angle C = 180°$이다.

위의 두식을 서로 빼면

$\angle B + \angle P + \angle D = 3 \times 180° - 180° = 360°$

目 $360°$

연습문제 18

[실력다지기]

01 다음 물음에 답하여라.

(1) 오른쪽 그림에서 AB, CD, EF는 한 점 O를 지난다. 그러면 그림에서 맞꼭지각의 개수는 몇 쌍인지 구하여라.

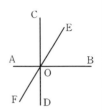

(2) 오른쪽 그림에서 BD는 ∠ABC를 이등분하고 ED ∥ BC이다. 그러면, 그림에서 같은 각은 몇 쌍인지 구하여라.

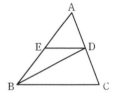

(3) 다음 그림에서 직선 a, b는 모두 직선 c와 교차한다.

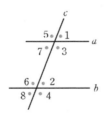

① ∠1 = ∠2   ② ∠3 = ∠6

③ ∠4 + ∠7 = 180°   ④ ∠5 + ∠8 = 180°

이 조건들 중 $a \parallel b$를 만족시키는 조건을 모두 고르시오.

(4) 다음 그림에서 G, D는 △ABC의 변 AB의 임의의 두 개의 점이고 점 H는 변 BC 위의
점이고, DE∥BC, GH∥DC일 때, 그림에서 같은 각은 몇 쌍인지 구하여라.

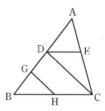

(5) 다음 그림에서 AB∥CD, AC⊥BC일 때, 그림에서 ∠CAB와 서로 여각인 각은 몇 개인
지 구하여라.

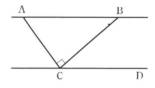

02 다음 물음에 답하여라.

(1) 다음 그림에서 AB∥CD, ∠1 = 75°일 때, ∠2의 크기를 구하여라.

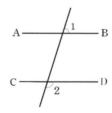

(2) 다음 그림에서 직선 EF는 AB, CD와 각각 점 E, F에서 만나고, AB∥CD이며 FH는 ∠EFD를 이등분한다. ∠2 = 110°일 때 ∠1의 크기를 구하여라.

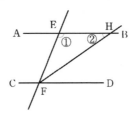

(3) 다음 그림에서 직선 a∥b일 때, ∠ACB 크기를 구하여라.

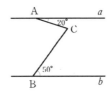

03 다음 물음에 답하여라.

(1) ∠α = 68°라면 α의 여각을 구하여라.

(2) ∠A와 ∠B의 합의 보각은 ∠A와 ∠B의 차이의 여각과 같을 때, ∠B의 크기를 구하여라.

(3) $\angle A$의 보각의 여각은 $30°$보다 크며, $\dfrac{1}{2} \angle B$의 여각의 보각은 $150°$보다 작다. 이때, $\angle A$와 $\angle B$의 크기를 비교하여라.

04 다음 그림에서 $l_1 /\!/ l_2$, $\overline{AB} \perp l_1$이고 수직점이 O이다. $\angle 1 = 43°$일 때, $\angle 2$의 크기를 구하여라.

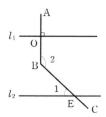

05 다음 그림에서 $\overline{AB} /\!/ \overline{DE}$, $\angle ABC = 80°$, $\angle CDE = 140°$일 때, $\angle BCD$의 크기를 구하여라.

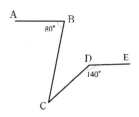

[실력 향상시키기]

06 다음 물음에 답하여라.

(1) 다음 그림에서 AB∥EF, ∠C = 90°일 때, α, β와 γ의 관계를 바르게 나타낸 것은?

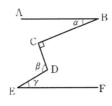

① $\beta = \alpha + \gamma$ ② $\alpha + \beta + \gamma = 180°$

③ $\alpha + \beta - \gamma = 90°$ ④ $\beta + \gamma - \alpha = 90°$

(2) 다음 그림에서, ∠AOB = 180°이고 ∠2는 둔각일 때, ∠1의 여각을 바르게 나타낸 것은?

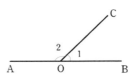

① $\dfrac{1}{4}(\angle 2 - \angle 1)$ ② $\dfrac{1}{2}\angle 2 - \dfrac{3}{2}\angle 1$

③ $\dfrac{1}{2}(\angle 2 - \angle 1)$ ④ $\dfrac{1}{3}(\angle 1 + \angle 2)$

07 오른쪽 그림에서 평면거울 α, β가 이루는 각은 $\angle\theta$이다. 입사광선 AO는 β와 평행되게 α에 입사되고 두 번의 반사를 통해서 나가는 광선 CB는 α와 평행된다. 이때 $\angle\theta$의 크기를 구하여라.

08 오른쪽 그림에서 $\overline{BD}\,/\!/\,\overline{GF}\,/\!/\,\overline{CE}$, $\angle ABD = 62°$, $\angle ACE = 34°$이며 $\overline{AP}$는 $\angle BAC$를 이등분한다. 이때 $\angle PAG$의 크기를 구하여라.

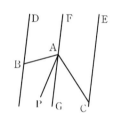

09 다음 그림에서 $\overline{AB}\,/\!/\,\overline{CD}$, $\angle EFA = 30°$, $\angle FGH = 90°$, $\angle HMN = 30°$, $\angle CNP = 50°$이다. 이때 $\angle GHM$의 크기를 구하여라.

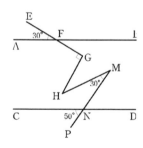

[응용하기]

10 다음 물음에 답하여라.

(1) 평면 위에 6개의 직선은 어떤 세 개의 직선과도 한 점에서 만나지 않으며 그들 모든 직선은 세 직선과 만난다. 이 6개의 직선을 그리는 방법을 간단히 설명하여라.

(2) 평면 위에 7개의 직선은 어떤 세 개의 직선과도 한 점에서 만나지 않으며, 각 직선이 다른 세 직선과 만나도록 그릴 수 있겠는가? 가능하다면 그림을 그려보고 가능하지 않다면 그 이유를 설명하여라.

19강 삼각형의 변, 각 관계

1 핵심요점

1. 개념과 정의

(1) 삼각형 : 아래 그림과 같이 동일한 직선 위에 있지 않은 세 가지 선분 (기호란 AB, BC, AC로 표기한다.)을 연결하여 만든 도형이 삼각형이다. △ABC로 표기한다.

　① 이 세 개의 연결점 A, B, C를 △ABC의 3개의 **꼭짓점**이라고 한다.

　② AB, BC, CA를 삼각형 ABC의 3개의 **변**이라고 한다.

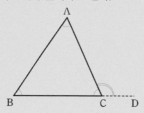

(2) 삼각형의 내각 : 삼각형의 두변사이에 만들어지는 각이 **삼각형의 내각**이다. 위의 그림에서 　△ABC의 내각은 3개가 있다. 각각 $\angle A$, $\angle B$, $\angle C$라 표기한다.

(3) 삼각형의 외각 : 삼각형의 한 변과 다른 인접해 있는 한 변의 연장선으로 만들어지는 각을 **삼각형의 외각**이라고 한다. **예** 위의 그림에서 $\angle ACD$는 △ABC의 한 **외각**이다.

　① 한 삼각형에는 6개의 외각이 있다. ② 최대 3개의 각만이 서로 다르며 한 꼭짓점의 두 외각은 서로 같다.

(4) 다각형 : 동일 직선 위에 있지 않은 $n(n \geq 3)$개의 선분의 끝을 서로 연결하여 만든 도형을 n각형이라 한다.

　① n개 내각이 모두 $180°$보다 작을 때, 이 n각형을 볼록 n각형이라고 하고 줄여서 n각형이라고 한다. (아래 왼쪽 그림 참고).

　② n개 내각이 하나라도 $180°$보다 크면 오목 n각형이라고 한다. (아래 오른쪽 그림 참고)

　③ 삼각형은 반드시 볼록 삼각형이다.

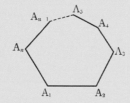 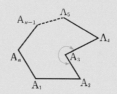

2. 각의 성질과 결론(정리)(주 : 강의 마지막의 부록에 증명되어 있다.)

성질 1 : (삼각형의 내각정리) 삼각형의 내각의 합은 $180°$이다.

성질 2 : (삼각형의 외각정리) 삼각형의 어떤 외각이든지 그와 인접되어 있지 않은 두 내각의 합과 같다.

성질 3 : 삼각형의 3개(같은 방향의)의 외각의 합은 $360°$이다.

　　　　예 오른쪽 그림에서 $\angle 1 + \angle 2 + \angle 3 = 360°$이다.

성질 4 : 삼각형의 어떠한 외각이든지 그와 인접되지 않은 다른 한 내각보다 크다.

　　　　예 오른쪽 그림에서 $\angle 1 > \angle A$, $\angle 1 > \angle B$이다.

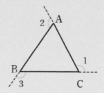

성질 5 : (볼록) n각형의 n개의 내각의 합이 $(n-2) \times 180°$이다. n개의 외각의 합은 영원히 $360°$이다. (외각의 합은 변의 수 n과는 무관한 불변량이다.)

3. 삼각형의 변의 성질과 결론(정리)

삼각형에서 임의의 두 변의 합은 나머지 변보다 길다. (주의 : 삼각형에서 임의의 두 변의 차는 나머지 변보다 짧다.)

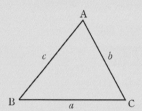

(1) 식으로 표시 하면 : 위의 그림처럼 a, b, c는 △ABC의 변의 길이일 때,

$a+b>c$, $a+c>b$, $b+c>a$, $c-b<a$, $b-a<c$, $a-c<b$ ··············(*)

이 동시에 성립된다.

(2) 임의의 a, b, c사이의 임의의 크기관계가 있을 때 그것이 삼각형의 변인지를 알아볼 때, 이 세 개의 수가 (*)의
3개의 부등식 관계를 만족하는지 반드시 검사해야한다.

a, b, c의 어떤 한 크기와 관계를 알고 있을 때 조건 (*)의 3개의 부등식은 완전하지 않아도 된다.

예를 들면

① 가장 큰 수를 알 때

　　예 a가 가장 크다. (*)는 1개의 부등식 $b+c>a$만을 사용하는 것으로 대체한다. 다른 두 식들은 당연히
　　성립된다. (필수예제 7을 참고하라.)

② 가장 작은 수를 알 때

　　예 c가 가장 작다. (*)는 2개의 부등식 $a+c>b$, $b+c>a$만을 사용하는 것으로 대체한다.
　　다른 식은 당연히 성립된다.

③ 어떤 두 개의 크기관계를 알 때

　　예 $a>b$인 것은 알고 있고 a와 c, b와 c의 크기관계는 모른다. (*)는 2개의 부등식 $b+c>a$
　　즉, $a-b<c$, $c<a+b$만을 사용하는 것으로 대체한다. 다른 식은 당연히 성립된다.

4. 삼각형의 분류

(1) 삼각형은 각에 따라서 분류하고 3개로 분류할 수 있다.

　　① 예각삼각형 : 3개의 내각이 모두 예각인 삼각형이다.

　　② 직각삼각형 : 하나의 내각이 직각인 삼각형이다.

　　③ 둔각삼각형 : 하나의 내각이 둔각인 삼각형이다.

(2) 삼각형을 변에 따라서 분류하면

　　① 이등변삼각형 : 두 변의 길이가 같은 삼각형

　　② 정삼각형 : 세 변의 길이가 모두 같은 삼각형

2 필수예제

1. 각의 성질 응용

필수예제 1·1

다음 그림에서 $\angle 1 + \angle 2 + \angle 3 + \angle 4$의 크기를 구하여라.

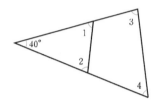

[풀이] 삼각형의 내각의 합은 $180\,°$이다. 그러므로

$\angle 1 + \angle 2 + 40\,° = 180\,°$, 즉, $\angle 1 + \angle 2 = 180\,° - 40\,°$이다.

$\angle 3 + \angle 4 + 40\,° = 180\,°$, 즉, $\angle 3 + \angle 4 = 180\,° - 40\,°$이다.

그러므로 $\angle 1 + \angle 2 + \angle 3 + \angle 4 = (180\,° - 40\,°) + (180\,° - 40\,°) = 280°$

답 $280\,°$

필수예제 1·2

다음 그림에서 $\angle 1 + \angle 2 + \angle 3 + \angle 4$의 크기를 구하여라.

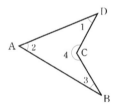

[풀이] AC를 연결하면 $\angle 1$, $\angle 2$, $\angle 3$, $\angle 4$는 두 개의 삼각형의 내각이다.

그러므로 그들의 합은 $\angle 1 + \angle 2 + \angle 3 + \angle 4 = 2 \times 180\,° = 360\,°$이다.

답 $360\,°$

필수예제 2·1

한 다각형의 내각의 합은 외각의 합의 3배일 때, 이 다각형의 변의 수를 구하여라.

[풀이] 이 다각형의 변의 수를 $n(n \geq 3)$라고 정한다면 내각의 합은

$(n-2) \cdot 180\,°$이고 외각의 합은 $360\,°$이다.

문제의 조건에 의해서 식을 만들면

$(n-2) \cdot 180\,° = 360\,° \times 3$이다.

이를 풀면 $n = 8$이다. 그러므로 이 다각형의 변수는 8이다. 답 8

분석 tip
다각형의 외각의 합은 하나의 (변의 수와 무관한) 불변량인 $360\,°$이다. 내각의 합만이 변의 수와 관련이 있다.

제19강

필수예제 2·2

볼록 10각형의 모든 내각에서 예각의 최대 개수를 구하여라.

[풀이] 어떠한 볼록다각형이든지 외각의 합은 모두 $360°$ 이므로 외각에서 최대 3 개까지 둔각이다. (그렇지 않으면 외각의 합$> 4 \times 90° = 360°$ 이면 모순 된다.) 그러므로 (볼록 10각형)내각 중 최대 3개의 예각을 가질 수 있다. (예각인 내각의 인접외각은 둔각이다. 반대로 둔각인 외각의 인접내각은 예각이다.)

[해설] 볼록다각형의 내각과 외각에 관련된 기하문제를 풀 때 외각의 합이 $360°$ 이라는 숨겨져 있는 조건을 사용해야 한다.

🔑 3개

필수예제 3

직각삼각형의 두 예각의 이등분선이 만나는 각은 몇 도인지 구하여라.

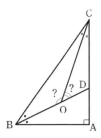

[풀이] 문제에서 이미 알려진 조건을 바탕으로 아래 그림과 같이 그리면 $\angle A = 90°$ 이고, BD, CO는 각각 $\angle ABC$, $\angle ACB$를 이등분하고, 점 O에서 만난다. (이때, 우리가 구하는 것은 $\angle BOC = ?$, $\angle COD = ?$이다.) BD, CO는 각각 $\angle ABC$, $\angle ACB$를 이등분하므로, $\angle OBC = \dfrac{1}{2} \angle ABC$, $\angle OCB = \dfrac{1}{2} \angle ACB$이다.

그리고 삼각형의 내각의 합은 $180°$ 이다.

$\angle BOC = 180° - \angle OBC - \angle OCB$이다.

그러므로

$\angle BOC = 180° - \dfrac{1}{2}(\angle ABC + \angle ACB)$이고,

또 $\angle ABC + \angle ACB = 180° - \angle A = 180° - 90° = 90°$ 이다.

따라서 $\angle BOC = 180° - \dfrac{1}{2} \times 90° = 135°$ 이다.

또 $\angle COD = 180° - \angle BOC = 180° - 135° = 45°$ 이다.

[해설] 엄밀히 말하면 두 개의 이등분선의 만나는 각은 4개이지만, 두 개의 각(맞 꼭지각이라고 부른다)은 같다. 그러므로 두개의 이등분선이 만나서 이루어 지는 각은 두개의 서로 다른 각이 있다. 그러므로 이 문제의 답은 2개이다.

🔑 $135°$, $45°$

분석 tip

추상적인 문제로 이미 알려진 조건과 문제에서 서술된 내용을 바탕으로 도형을 구체적으로 그리는 것이 중요하다. 이 문제를 구체적으로 바꾸면 : 문제문의 그림과 같이 $\triangle ABC$에서 $\angle A = 90°$ 이고, BD, CO는 $\angle ABC$, $\angle ACB$를 각각 이등분하고, 점 O에서 만난다.
이때, $\angle BOC$, $\angle COD$의 각 도를 구하여라.

다음 그림과 같이 △ABC에서 ∠B의 이등분선과 ∠C의 외각 이등분선은
점 D에서 만난다. ∠A = 27°일 때, ∠BDC의 크기를 구하여라.

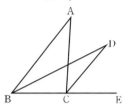

[풀이] BD는 ∠ABC을 이등분하고, CD는 ∠ACE를 이등분한다.

즉, $\angle DBC = \frac{1}{2}\angle ABC$, $\angle DCE = \frac{1}{2}\angle ACE$이다.

삼각형의 외각정리에 의하면 ∠DCE = ∠BDC + ∠DBC이다.

즉, $\angle BDC = \angle DCE - \angle DBC$

$$= \frac{1}{2}\angle ACE - \frac{1}{2}\angle ABC = \frac{1}{2}(\angle ACE - \angle ABC)$$이다.

또 삼각형의 외각정리에 의하면

∠ACE = ∠A + ∠ABC이다. 즉, ∠ACE - ∠ABC = ∠A이다.

그러므로 $\angle BDC = \frac{1}{2}\angle A = \frac{1}{2} \times 27° = 13.5°$이다. ■ 13.5°

분석 tip

도형이 복잡하고, 각도 비교적 많으므로 그림에서 이미 알고 있는 조건과 구해야 하는 각은 (그림에 표시된 것처럼) 최대한 표시해야 한다.

구해야 하는 ∠F와 이미 알고 있는 조건을 어떻게 연결해야 하는가? 이 그림에서 ∠F는 △CHF와 △EGF에 포함된다는 것을 발견하였고 그것의 외각 ∠CGA과 ∠EHA가 동시에 이등분각 α, β와 ∠B, ∠D, ∠F (이미 알고 있는 각과 알지 못한 각)를 연결시킨다. 그들 간의 관계를 만들어 문제를 해결한다.

다음 그림에서 E와 D는 각각 △ABC의 변 BA와 CA의 연장선 위에 있다. CF와 EF는 각각 ∠ACB와 ∠AED를 이등분한다. 만약 ∠B = 70°, ∠D = 40°일 때, ∠F의 크기를 구하여라.

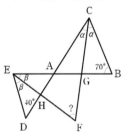

[풀이] 삼각형의 외각정리로부터

∠AGC = ∠BCG + ∠B, ∠AGC = ∠GEF + ∠F

즉, $\angle \alpha + \angle B = \angle \beta + \angle F$ ···················①

같은 원리로 삼각형의 외각정리로 부터

∠AHE = ∠DEH + ∠D, ∠AHE = ∠HCF + ∠F

즉, $\angle \beta + \angle D = \angle \alpha + \angle F$ ···················②

①+②하면, ∠B + ∠D = 2∠F이다.

그러므로 $\angle F = \frac{1}{2}(\angle B + \angle D) = \frac{1}{2}(70° + 40°) = 55°$

[해설] 삼각형의 내각의 합이 $180°$인 것 및 맞꼭지각이 같다는 원리에 의해서 직접 ①, ②식을 구할 수 있다.　　　　　　　　　　　　　　🖹 $55°$

2. 변의 성질의 응용

제19강

필수예제 6

삼각형 세 개의 변의 길이는 자연수이며 각각 2, $x-3$, 4이다.

(1) 서로 다른 모양의 삼각형의 개수를 구하여라.

(2) 삼각형의 둘레가 가장 길 때, x의 값을 구하여라.

분석 tip
우선 삼각형 변의 성질 "두 변의 합은 다른 한 변보다 크다" (두 변의 차는 다른 한 변보다 작다)를 근거로 하여 $(x-3)$이 취할수 있는 값을 결정하고 그 후 문제의 두 문제를 해결한다.

[풀이] (1) 자연수 $(x-3)$은 변의 길이이므로 $x-3 \geq 1$인 자연수이다.

또 다른 두 변의 길이가 2와 4이므로 나머지 한 변인 $(x-3) \geq 6$이다.

만약 $2+4 \leq (x-3)$이면, 두 변의 합은 다른 한 변보다 크지 않으면 삼각형을 만들 수 없다.

그러므로 $x-3 < 6$이고, $x-3$이 취할 수 있는 값은 1, 2, 3, 4, 5이다.

또 $x-3=1$이나 2일 때 2, $x-3$, 4는 삼각형을 만들 수 없다. (두 변의 합이 다른 한 변보다 크다라는 조건을 만족시킬 수 없다.)

그러므로 $x-3=3$, 4, 5일 때 3가지 다른 삼각형(즉, 세 변의 길이가 (2, 3, 4), (2, 4, 4), (2, 5, 4))을 만들 수 있다.

🖹 3가지

(2) $x-3=5$ 즉, $x=8$일 때 만들어지는 삼각형의 둘레가 가장 길다.

이때, $2+5+4=11$이다.

🖹 8

[해설] 일차부등식을 이용하며, x의 부등식 $4-2 < x-3 < 4+2$를 만족해야한다.

이 부등식을 풀면 $5 < x < 9$이고, 자연수 $x=6$, 7, 8을 얻는다.

필수예제 7

삼각형의 세 변의 길이는 자연수이고 가장 긴 변은 8일 때, 서로 다른 삼각형의 개수를 구하여라.

분석 tip
삼각형 변의 성질에 의하여 다른 두 변의 범위를 나누어 개수를 계산한다.

[풀이] 삼각형의 다른 두 변을 각각 자연수 a, b(단, $a \leq b$)라고 하면

가장 긴 변은 8이므로 $a \leq b \leq 8$이고

$b \geq a$이고 $a+b > 8$(두 변의 합은 다른 한 변보다 크다.)에서

$2b > 8$이다. 즉 $b > 4$이다.

그러므로 정수 b를 만족하는 값은 $4 < b \leq 8$이고 $b=5$, 6, 7, 8이다.

① $b=5$일 때, $a=4$, 5이다. 이때 서로 다른 삼각형의 세 변의 길이

$(a, b, 8)=(4, 5, 8)$, $(5, 5, 8)$로 모두 2개가 있다.

② $b=6$일 때, $a=3$, 4, 5, 6이다. 이때 서로 다른 삼각형의 세 변의 길이 $(a, b, 8)=(3, 6, 8)$, $(4, 6, 8)$, $(5, 6, 8)$, $(6, 6, 8)$로 모두 4개가 있다.

③ $b=7$일 때, $a=2$, 3, 4, 5, 6, 7이다. 이때 서로 다른 삼각형의 세 변의 길이 $(a, b, 8)=(2, 7, 8)$, $(3, 7, 8)$, $(4, 7, 8)$, $(5, 7, 8)$, $(6, 7, 8)$, $(7, 7, 8)$로 모두 6개이다.

④ $b=8$일 때, $a=1$, 2, 3, 4, 5, 6, 7, 8이다. 이때 서로 다른 삼각형의 세 변의 길이 $(a, b, 8)=(1, 8, 8)$, $(2, 8, 8)$, $(3, 8, 8)$, $(4, 8, 8)$, $(5, 8, 8)$, $(6, 8, 8)$, $(7, 8, 8)$, $(8, 8, 8)$로 모두 8개다.

그러므로 문제에 맞는 삼각형의 개수는 $2+4+6+8=20$(개)이다.

🖹 20(개)

필수예제 8

세 변의 길이가 모두 다른 삼각형 A B C 의 두 변의 높이는 각각 4와 12이다. 다른 한 변의 높이의 길이도 자연수일 때, 그 길이를 구하여라.

[풀이] 높이가 4, 12일 때 대응하는 변을 a, b라고 하고, 다른 한 변과 그에 대응하는 높이를 각각 c, h라 하면, 삼각형의 넓이관계에 의하여

$\dfrac{1}{2}\times 4a=\dfrac{1}{2}ch$, $\dfrac{1}{2}\times 12b=\dfrac{1}{2}ch$이다. 즉, $a=\dfrac{c}{4}h$, $b=\dfrac{c}{12}h$이다.

두 변의 합은 다른 한 변보다 크므로 $a+b>c$이다.

그러므로 $\dfrac{c}{4}h+\dfrac{c}{12}h>c$, 즉, $\dfrac{1}{4}h+\dfrac{c}{12}h>1$이다. 이를 풀면, $h>3$이다.

같은 원리로 두 변의 차가 다른 한 변보다 작으므로, $a-b<c$이다.

그러므로 $\dfrac{c}{4}h-\dfrac{c}{12}h>c$, 즉, $\left(\dfrac{1}{4}-\dfrac{1}{12}\right)h>1$이다. 이를 풀면, $h<6$이다.

그러므로 $3<h<6$이고, 또 h는 자연수이므로, $h=4$ 또는 5이다.

$h=4$일 때, $a=c$이고, 이때, 삼각형은 이등변삼각형이므로 문제에 조건에 맞지 않는다.

$h=5$일 때, $a=\dfrac{5}{4}c$, $b=\dfrac{5}{12}c$이고, 그러므로 a, b, c는 서로 같지 않다. 문제의 조건에 맞는다.

그러므로 세 번째 변의 높이는 5이다.

[해설] 이 문제는 기하문제를 대수적으로 푸는 예이다. 기하문제에서 대수문제로 어떻게 전환하여 문제를 푸는 것이 관건이다. 이 문제는 넓이가 같다는 것과 삼각형의 성질 관계를 이용하여 전환하여 문제를 해결한다.

🖹 5

분석 tip
만약 높이가 4와 12에 대응하는 변은 a와 b이라면 세 번째 변의 c의 높이는 h다. ($h>0$는 정수이다.) 그러므로 삼각형의 면적은 $\dfrac{1}{2}\times 4a=\dfrac{1}{2}\times 12b=\dfrac{1}{2}ch$이다. 즉 $4a=12b=ch$이다. 또 두 변의 합은 다른 한 변보다 크다라는 성질에 의하여 관계식을 만들고 h의 범위를 구하고 h를 구하여라.

연습문제 19

[실력다지기]

01 다음 물음에 답하여라.

(1) 삼각형의 두 변의 길이는 각각 5cm와 3cm이며, 다른 한 변의 길이가 짝수일 때, 다른 한 변의 길이를 구하여라.

(2) 다음 그림에서 점 D는 △ABC의 변 BC 위의 임의의 점이며, E는 AD의 임의의 점일 때, ∠1, ∠2, ∠3, ∠4에서 큰 것부터 작은 것까지의 순서대로 배열하여라.

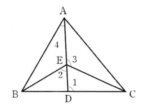

02 다음 그림에서 CD, BE는 각각 변 AB, AC의 높이이며 CD, BE는 P에서 만난다. ∠A = 50°일 때, ∠BPC의 크기를 구하여라.

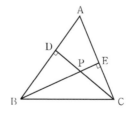

03 a, b, c는 삼각형의 세 변일 때, 아래의 식을 간단히 하여라.

$$|a+b+c|-|a-b-c|-|a-b+c|-|a+b-c|$$

04 **다음 물음에 답하여라.**

(1) n각형의 내각의 합과 외각의 합의 총합이 $1800°$일 때 n의 값을 구하여라.

(2) 한 볼록 n각형의 내각의 합이 $1999°$보다 작을 때, n의 최댓값을 구하여라.

05 다음 그림과 같이 △ABC에서 $\angle A = 96°$이고 BC를 D까지 연장하여 $\angle ABC$와 $\angle ACD$의 이등분선이 점 A_1에서 만나고 $\angle A_1BC$와 $\angle A_1CD$의 이등분선이 점 A_2에서 만난다. 이렇게 반복하여 $\angle A_4BC$와 $\angle A_4CD$의 이등분선이 점 A_5에서 만날 때 $\angle A_5$의 크기를 구하여라.

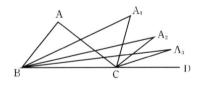

[실력 향상시키기]

06 다음 물음에 답하여라.

(1) 다음 그림과 같이 볼록 5각형 A_1, A_2, A_3, A_4, A_5의 각 변을 연장하여 각각 점에서 만나서 이루는 다섯 개의 각 $\angle B_1$, $\angle B_2$, $\angle B_3$, $\angle B_4$, $\angle B_5$의 합을 구하여라.

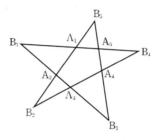

(2) 다음 그림에서 $\angle A + \angle B + \angle C + \angle D + \angle E + \angle F + \angle G$의 크기를 구하여라.

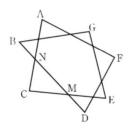

07 다음 물음에 답하여라.

(1) 삼각형의 3개의 외각이등분선이 만나서 생긴 삼각형은 어떠한 삼각형인가?

　① 반드시 직각삼각형이다.　　　　② 반드시 둔각삼각형이다.

　③ 반드시 예각삼각형이다.　　　　④ 예각삼각형이 아닐 수도 있다.

(2) $\triangle ABC$의 3개의 내각은 $\angle A$, $\angle B$, $\angle C$가 $3\angle A > 5\angle B$, $3\angle C \leq 2\angle B$를 만족할 때, 이 삼각형은 어떤 삼각형인가?

　① 예각삼각형이다.　　　　② 직각삼각형이다.

　③ 둔각삼각형이다.　　　　④ 정삼각형이다.

08 다음 그림과 같이 $\triangle ABC$에서 $\angle ABC = \angle C$, $\angle A = \angle ABD$, $\angle C = \angle BDC$일 때, $\angle A$의 각도를 구하여라.

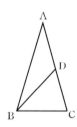

09 다음 물음에 답하여라.

(1) 한 볼록 n각형의 가장 작은 내각이 $95°$이고 다른 내각은 $10°$씩 증가한다고 할 때, n의 값을 구하여라.

(2) 볼록 n각형 중 두 개의 내각만이 둔각일 때, 그렇다면 n의 최댓값을 구하여라.

[응용하기]

10 다음 그림과 같이 사각형 $ABCD$에서 E, F는 각각 변의 연장선의 교차점이다. EG, FG는 각각 $\angle BEC$와 $\angle DFC$를 이등분하며 $\angle ADC = 60°$, $\angle ABC = 80°$일 때, $\angle EGF$의 크기는?

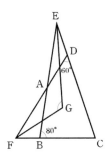

① $140°$ ② $130°$ ③ $120°$ ④ $110°$

11 다음 물음에 답하여라.

(1) 이등변삼각형의 둘레가 12이고, 이등변의 한 변의 길이가 a일 때, a의 값의 범위는?

① $a > 6$ ② $a < 3$

③ $4 < a < 7$ ④ $3 < a < 6$

(2) 둘레가 30이고, 변의 길이는 서로 같지 않고 자연수인 삼각형은 몇 개인지를 구하여라.

부록 몇 가지 중요한 성질(정리)의 증명

성질 1 (삼각형내각의 합 정리)의 증명

오른쪽 그림에서 BC를 D까지 연장하고 점 C를 지나는 CE∥BA를 만든다.

엇각이 같으므로 ∠A = ∠1이고,

동위각이 같으므로 ∠B = ∠2이다.

그러므로 △ABC의 내각의 합

$\angle A + \angle B + \angle C = \angle 1 + \angle 2 + \angle C = \angle BCD$(평각)$= 180°$이다.

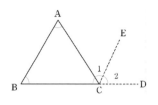

성질 2 (삼각형의 외각정리)의 증명

위의 오른쪽 그림에서 $(\angle A + \angle B)$와 $(\angle 1 + \angle 2)$은 모두 내각 ∠C의 보각이다.

$\angle 1 + \angle 2 = \angle A + \angle B$이고, 외각 $\angle ACD = \angle A + \angle B$이다.

성질 3, 성질 4는 성질 2에 의해서 직접 구해낼 수 있다.

성질 5(n각형 내각 합과 외각 합의 정리)의 증명

* 오른쪽 그림에서 임의의 한 꼭짓점(예 A_1)에서 출발하여 다른 꼭짓점으로 연결하고 A_1A_3, A_1A_4, $\cdots$, A_1A_{n-1} 이렇게 연결한다. 즉 볼록 n각형을 $(n-2)$개의 중복이 되지 않는 삼각형으로 나눈다.

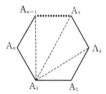

$\triangle A_1A_2A_3$, $\triangle A_1A_3A_4$, $\cdots$, $\triangle A_1A_{n-1}A_n$이다.

그러므로 n각형 $A_1A_2A_3\cdots A_n$의 $(n-2)$개의 삼각형의 내각의 합이다.

즉 $(n-2) \times 180°$과 같다.

* 오른쪽 그림에서 n각형 내부에서 점 O 하나를 취하여 연결하면

OA_1, OA_2, $\cdots$, OA_n,

내각의 합은

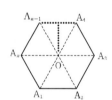

$n \cdot 180° - $(원의 중심각)$= n \cdot 180° - 360° = (n-2) \cdot 180°$

∴ 여기서는 명확하게 n각형에서 내각의 합+외각의 합$= n \cdot 180°$이고

볼록 n각형의 외각의 합$= n \cdot 180° - $내각의 합

$= n \cdot 180° - (n-2) \cdot 180° = 360°$

20강 평면도형의 넓이

1 핵심요점

1. 평면도형 넓이를 구할 때의 몇 가지 계산공식

$S_{삼각형} = \dfrac{1}{2} \times 밑변 \times 높이$, $S_{직사각형} = 가로 \times 세로$

$S_{정사각형} = 한 변의 길이^2$, $S_{사다리꼴} = \dfrac{1}{2}(윗변 + 아랫변) \times 높이$

$S_{원} = \pi \times 반지름^2$, $S_{부채꼴} = \dfrac{중심각}{360°} \times (\pi \cdot 반지름^2)$. (단, 원주율은 π이다.)

2. 넓이를 구하는 몇 가지 중요한 방법

평면 기하도형의 넓이를 구할 때 직접적으로 넓이 공식을 응용하는 것 외에 아래와 같은 몇 가지 넓이를 구하는 방법을 자주 사용한다.

(1) 분할법 : 복잡한 도형을 기본도형으로 분할하여 넓이를 구한다.

(2) 전환법 : 불규칙한 도형을 나누고 보충하고 평면이동하고 회전하는 등의 방법으로 도형을 규칙적으로 전환하여 도형의 넓이를 구한다.

(3) 등적변환법 : 기하도형의 넓이를 변하지 않고 그의 모양만 반하게 하여 직접적으로 넓이를 구하는 방법이다.

3. 등적변환의 자주 이용하는 몇 개의 정리

정리 1 : 한 밑변(같은 밑변), 한 높이(같은 높이)의 두 개의 삼각형 넓이가 같다.

① 아래 그림에서 만약 $l /\!/ BC$일 때 A_1, A_2, $A_3 \cdots$ 등의 점이 l 위에 있다면 $S_{\triangle A_1 BC} = S_{\triangle A_2 BC} = \cdots$이다.

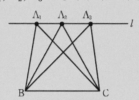

② 아래 그림에서 만약 D_1, D_2, $\cdots$, D_{n-1}의 변 BC에 n등분점($n \geq 1$인 자연수)이면

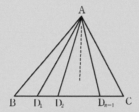

$S_{\triangle ABD_1} = S_{\triangle AD_1 D_2} = S_{\triangle AD_{n-2} D_{n-1}} = \dfrac{1}{n} S_{\triangle ABC}$

특별히 $n = 2$일 때 D_1은 BC의 중점이고 $n = 3$일 때 D_1, D_2는 BC의 삼등분점이다.

정리 2 : 두 개의 같은 밑변(또는 한 밑변)의 삼각형 넓이의 비례는 그들의 높이와 비례와 같다.

정리 3 : 두 개의 같은 높이의 삼각형의 넓이의 비례는 그 밑변의 비례와 같다.

2 필수예제

1. 분할법의 응용

> **필수예제 1**
>
> 다음 그림은 4×4의 넓이가 각각 10인 서로 같은 작은 직사각형으로 만들어진 도형이다. 그림 중 빗금 친 부분의 넓이를 구하여라.

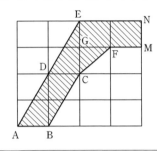

[풀이] 문자를 사용하여 그림 속의 빗금 친 부분을 4부분으로 분할하면 :
사각형 ABCD, △DCE, △CGF, 직사각형 GMNE이다. 즉,

$$S_{\text{빗금친 부분}} = S_{\text{사각형ABCD}} + S_{\triangle DCE} + S_{\triangle CGF} + S_{\text{직사각형GMNE}}$$

$$= \frac{1}{2} \times (4 \times 10) + \frac{1}{2} \times (2 \times 10) + \frac{1}{2} \times 10 + 2 \times 10$$

$$= 20 + 10 + 5 + 20 = 55$$

[해설] 전체넓이 16×10에서 공백부분을 빼는 방법으로 문제를 해결한다.

$$S_{\text{빗금친 부분}} = 16 \times 10 - \frac{1}{2} \times 20 - 4 \times 10 - \frac{1}{2} \times 10 - 10 - \frac{1}{2} \times (8 \times 10) = 55$$

🔑 55

2. 전환법의 응용

> **필수예제 2**
>
> 다음 그림에서 정사각형의 변의 길이가 a일 때, 각 변을 지름으로 하여 정사각형 안에 반원을 그린다. 빗금 친 부분의 넓이를 구하여라.

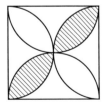

[풀이] 4개의 꽃잎 모양의 넓이
= (4개 반원의 넓이) − (정사각형 넓이)

분석 tip

그림에서 4개의 반원은 정사각형을 전부 뒤덮는다. 4개의 꽃잎모양은 이 4개의 반원의 중복되는 부분이다. 그리고 각 꽃잎모양은 단 한 번씩만 중복된다. 그러므로 이 네 개의 꽃잎모양의 넓이를 구하고 나서 빗금 친 부분의 넓이를 구한다.

$$= 4 \cdot \frac{1}{2}\pi\left(\frac{a}{2}\right)^2 - a^2 = \frac{\pi}{2}a^2 - a^2$$

즉, 음영부분의 넓이 $= \frac{1}{2}(4$개의 꽃잎 모양의 넓이$) = \frac{\pi}{4}a^2 - \frac{1}{2}a^2$

$$\boxed{\text{답}} \quad \frac{\pi}{4}a^2 - \frac{1}{2}a^2$$

3. 등적변환의 응용

필수예제 3

다음 그림과 같이 한 변의 길이가 3cm와 5cm인 두개의 정사각형을 이웃하게 배열하고, 큰 정사각형의 한 꼭짓점 B를 중심으로 하는 사분원을 그린다. 빗금 친 부분의 넓이는 몇 cm²인지 구하여라.

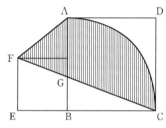

분석 tip

두 개의 정사각형의 넓이는 쉽게 얻어낼 수 있다. 그러므로 빗금 친 부분의 넓이와 정사각형의 넓이 사이의 관계를 찾아 해결해야하는데, 이것은 등적변환을 통해서 할 수 있다.
그러기 위해 AC, FB를 연결하면, AC∥FB이고,
즉, $S_{\triangle FAC} = S_{\triangle BAC}$이다.

[풀이] AC, FB를 연결하고, $\angle FBE = \angle ACE = 45°$이므로, AC∥FB이다.

그러므로 $S_{\triangle FAC} = S_{\triangle BAC}$(같은 밑변과 같은 높이이므로)이다.

그러므로 $S_{\text{음영}} = S_{\text{부채꼴BAC}} = \frac{1}{4} \times \pi \cdot 5^2 = \frac{25}{4}\pi(\text{cm}^2)$이다. $\quad \boxed{\text{답}} \quad \frac{25}{4}\pi$

필수예제 4

다음 그림과 같이 $\triangle ABC$에서 선분 BD, CE는 O에서 만난다.

$OB = OD$, $OC = 2 \times EO$이고 $\triangle BOE$, $\triangle BOC$, $\triangle COD$와 사각형 AEOD의 넓이를 각각 S_1, S_2, S_3와 S_4라고 한다. 다음 물음에 답하여라.

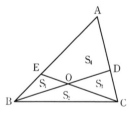

(1) $S_1 : S_3$을 구하여라.

(2) $S_2 = 2$일 때, S_4를 구하여라.

[풀이] (1) $OB = OD$이므로, $S_2 = S_3$(같은 밑변과 같은 높이이므로)이다.

같은 원리로 $OC = 2 \cdot EO$이고, $S_2 = 2S_1$이다.

즉, $S_3 = 2S_1$이고 그러므로 $S_1 : S_3 = 1 : 2$이다.

$$\boxed{\text{답}} \quad S_1 : S_3 = 1 : 2$$

(2) AO를 연결하고, $S_{\triangle AOE} = x$라 하자.

$S_2 = 2$이므로, (1)의 풀이로부터 $S_1 = 1$, $S_3 = 2$이다.

그러므로 $S_{\triangle AOD} = S_{\triangle AOB} = x + S_1 = x + 1$이다.

또 $OC = 2 \cdot EO$이다. 즉, $S_{\triangle AOC} = 2 \cdot S_{\triangle AOB}$이다.

그러므로 $S_{\triangle AOD} + S_3 = 2S_{\triangle AOB}$이다.

즉, $x + 1 + 2 = 2x$이다. 이를 풀면 $x = 3$이다.

그러므로 $S_4 = x + (x + 1) = 2 \times 3 + 1 = 7$이다.

답 7

[해설] ① (2)는 다음과 같이 풀 수도 있다. :

ED를 연결하고 $S_{\triangle AED} = y$라 하면, $OB = OD$이므로 $S_{\triangle DOE} = S_1 = 1$이다. 또 $S_2 = 2$, $S_3 = 2$, $S_1 = 1$((1)에서 증명한 것처럼)이다. 또 같은 높이이므로

$S_{\triangle AED} : S_{\triangle BDE} = AE : BE$, $S_{\triangle ACE} : S_{\triangle BCE} = AE : BE$이다.

그러므로 $S_{\triangle AED} : S_{\triangle BDE} = S_{\triangle ACE} : S_{\triangle BCE}$이다.

즉, $y : (1 + 1) = (y + 1 + 2) : (1 + 2)$이다.

이를 풀면 $y = 6$이고, $S_4 = S_{\triangle AED} + S_{\triangle ODE} = 6 + 1 = 7$이다.

② (2)의 두개의 해법은 모두 방정식의 대수적인 해법이다.
이것은 기하에서 자주 쓰는 방법이다.

필수예제 5

오른쪽 그림과 같이 볼록사각형 ABCD에서 대각선 AC, BD는 O에서 만난다. 만약 삼각형 AOD의 넓이가 2, 삼각형 COD의 넓이는 1, 삼각형 COB의 넓이는 4일 때, 사각형 ABCD의 넓이를 구하여라.

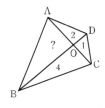

[풀이] 높이가 같으므로

$S_{\triangle AOB} : S_{\triangle BOC} = AO : CO = S_{\triangle AOD} : S_{\triangle COD}$,

즉, $S_{\triangle AOB} : 4 = 2 : 1$이다.

그러므로 $S_{\triangle AOB} = 8$이다.

그러므로 사각형 ABCD의 넓이는 $= 1 + 2 + 4 + 8 = 15$이다.

답 15

필수예제 6

오른쪽 그림과 같이 직사각형 ABCD에서 F는 CD의 중점이고 BC = 3BE, AD = 4HD이다. 직사각형의 넓이가 300m²일 때, 빗금 친 부분의 넓이가 몇 m²인지 구하여라.

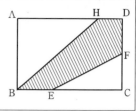

[풀이] AD = 4HD이므로

$$AH = \frac{3}{4}AD, \quad HD = \frac{1}{4}AD이다.$$

그러므로 $S_{\triangle ABH} = \frac{1}{2} \times \frac{3}{4} AD \cdot AB = \frac{3}{8}$ 이다.

따라서 $S_{직사각형ABCD} = \frac{3}{8} \times 300 = 112.5\,(\text{m}^2)$ 이다.

같은 원리로 $S_{\triangle ECF} = \frac{1}{6} S_{직사각형ABCD} = 50\,(\text{m}^2)$ 이다.

그러므로 빗금 친 부분의 넓이는

$S_{직사각형ABCD} - S_{\triangle ABH} - S_{\triangle ECF} = 300 - 112.5 - 50 = 137.5\,(\text{m}^2)$ 이다.

[해설] 다음과 같은 방법으로 문제를 해결할 수 있다. :

BD, ED를 연결하고 AD = 4HD이므로,

$S_{\triangle DBH} = \frac{1}{2} \times \frac{1}{4} AD \cdot AB = \frac{1}{8} S_{직사각형ABCD} = 37.5\,\text{m}^2$ 이다.

BC = 3BE이므로,

$S_{\triangle BED} = \frac{1}{2} \times \frac{1}{3} BC \cdot CD = \frac{1}{6} S_{직사각형ABCD} = 50\,\text{m}^2$ 이다.

또 F는 CD의 중점이고, BC = 3BE이므로

$S_{\triangle DBF} = \frac{1}{2} \times \frac{1}{2} DC \cdot BC = \frac{1}{6} S_{직사각형ABCD} = 50\,\text{m}^2$ 이다.

그러므로 빗금 친 부분의 넓이는 $37.5 + 50 + 50 = 137.5\,\text{m}^2$ 이다.

🔖 137.5 m²

4. 응용문제 탐색

필수예제 7-1

오른쪽 그림과 같이, 직선 $m /\!/ n$, A, B는 직선 n 위의 두 점이며 C, P는 직선 m 위의 두 점이다.

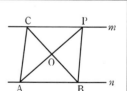

(1) 그림의 넓이가 같은 각 쌍의 삼각형을 적어라.

(2) A, B, C는 3개의 정점이고 점 P가 직선 m 위를 움직인다. 이때 P점이 어느 위치로 움직이든지 (　　)과 △ABC의 넓이는 서로 같다. 이유를 설명하여라.

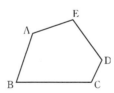

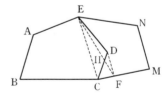

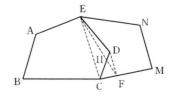

[풀이] 넓이가 같은 삼각형의 성질을 생각해라 :

(1) 그림에서 넓이가 같은 삼각형은

$S_{\triangle CAB} = S_{\triangle PAB}$(AB가 둘의 밑변이고 높이는 같다.)

$S_{\triangle ACP} = S_{\triangle BCP}$(CP가 둘의 밑변이고 높이는 같다.)

$S_{\triangle AOC} = S_{\triangle BOP}$(첫 번째 등식에서 두변에서 $S_{\triangle AOB}$를 동시에 **뺀다.**)

📄 풀이참조

(2) 빈칸에 들어갈 답은 △PAB이다.

점 P가 직선 m 위에서 어느 위치를 이동을 해도

△ABC와 △ABP의 높이는 서로 같고, 그 밑변은 모두 AB이다.

그러므로 $S_{\triangle PAB} = S_{\triangle ABC}$이다. (같은 밑변과 같은 높이이다.)

📄 풀이참조

필수예제 7-2

아래 왼쪽 그림의 오각형 ABCDE는 장 씨 할아버지가 10년 전에 맡은 하나의 토지 도면이다. 몇 년 동안 토지를 개간하여 지금 아래 오른쪽 그림의 모양으로 변하였다. 하지만 그가 맡은 토지와 개간한 작은 길(즉, 아래 오른쪽 그림의 선 CDE)는 아직 남아있고 장 씨 할아버지는 E를 지나는 직선도로를 만들려고 한다. 직선 도로를 만 들 때 그 직선 도로의 왼쪽 토지 넓이는 토지를 맡을 때와 변하지 않았고 오른쪽 토지 넓이와 개간된 토지는 크기가 똑같다. 당신이 알고 있는 기하 지식을 동원하여 장 씨 할아버지의 요구대로 길을 고치는 방안을 만들 어야 한다. 다음의 물음에 답하여라. (작은 길의 분계선과 직선도로의 넓이를 계 산하지 않는다.)

(1) 방안을 만들고, 위의 오른쪽 그림 위에 도형을 그려라.

(2) 제시한 방안을 맞는 이유를 써라.

[풀이] 위의 오른쪽 그림에서 EC를 연결하고 점 D를 지나 DF∥EC인 직선을 긋고,
CM과 F에서 만나도록 하고, EF를 연결한다. (아래 그림과 같이)
그러면, EF는 구하는 직선도로의 위치를 가리킨다.

(2) (1)의 그림과 같이 EF는 CD와 점 H에서 만난다고 하자.

위의 결론에서 알 수 있는 것은 : $S_{\triangle ECF} = S_{\triangle ECD}$,

즉, $S_{\triangle HCF} = S_{\triangle HDE}$이다.

그러므로 $S_{오각형ABCDE} = S_{오각형ABCFE}$, $S_{오각형EDCMN} = S_{사각형EFMN}$이다.

그러므로 이 방안이 장씨 할아버지의 도로수리 요구에 맞는다.

5. 기타

필수예제 8

다음 그림에서 $DC = \dfrac{1}{3}AC$이고 △DOC는 정삼각형이다. DB와 OC는 모두 BC에 수직이다. 그림 중 빗금 친 부분의 넓이의 2배는 부채꼴DMC(빗금 치지 않은 부분)의 넓이와 비교해서 어느 넓이가 더 큰지 구하여라.

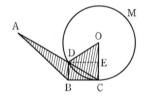

[풀이] △OCD는 정삼각형이므로 $\angle DCO = 60°$이다.

또 $OC \perp BC$이므로 $\angle BCD = 90° - 60° = 30°$이다.

점 D를 지나 DE∥BC인 직선이 OC와 점 E에서 만난다고 하면, $DE \perp OC$이다. 또 $\angle EDC = \angle BCD = 30°$이고,

$\angle EDO = 60° - 30° = 30°$이다.

그러므로 $S_{\triangle CDE} = S_{\triangle ODE}$(DE에 따라 접으면, △CDE와 △ODE는 합쳐진다. 그러므로 넓이는 같다.)이다.

그러므로 $S_{\triangle CDE} = \dfrac{1}{2}S_{\triangle OCD}$이다.

또 $S_{\triangle CDE} = S_{\triangle BCD}$, $S_{\triangle BCD} = S_{\triangle OCD}$이다.

$DC = \dfrac{1}{3}AC$이므로, $S_{\triangle ABC} = 3S_{\triangle BCD} = \dfrac{3}{2}S_{\triangle OCD}$.이다.

그러므로 빗금 친 부분 넓이의 2배$= (S_{\triangle ABC} + S_{\triangle OCD}) \times 2$.

$= 2 \times \dfrac{3}{2}S_{\triangle OCD} + 2S_{\triangle OCD} = 5S_{\triangle OCD} < 5S_{부채꼴OCD}$ 이다.

또 $S_{부채꼴DMC} = S_{원} - S_{부채꼴OCD}$

$= 6S_{부채꼴OCD} - S_{부채꼴OCD}$

$= 5S_{부채꼴OCD}$이다.

그러므로 빗금 친 부분의 넓이의 2배$< S_{부채꼴DMC}$

🖩 빗금 친 부분의 넓이의 2배$< S_{부채꼴DMC}$

[실력다지기]

01 다음 물음에 답하여라.

(1) 아래 그림과 같이 방안지에 4개의 도형 ⓐ, ⓑ, ⓒ, ⓓ 중 넓이가 같은 도형을 고르면?

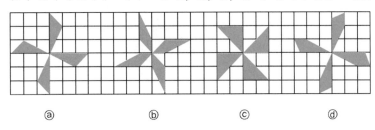

ⓐ   ⓑ   ⓒ   ⓓ

  ① ⓐ와 ⓑ   ② ⓑ와 ⓒ   ③ ⓑ와 ⓓ   ④ ⓐ와 ⓓ

(2) 오른쪽 그림에서 한 직사각형을 두 개의 선분 AB, CD로 4개
의 직사각형으로 나눈 도형 Ⅰ, Ⅱ, Ⅲ의 넓이가 각각 8, 6,
5일 때, 빗금 친 부분의 넓이를 구하여라.

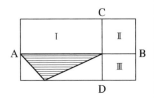

(3) 오른쪽 그림에서 △ABC의 넓이는 △PBC의 넓이의 몇 배인지
알려고 한다. 눈금만 있는 자를 이용할 때 최소한의 재야 하는 횟수
를 구하여라.

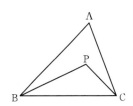

02 다음 물음에 답하여라.

(1) 아래 그림과 같이 2×3의 직사각형에서 지름이 1인 원을 빼냈을 때, 아래의 네 개의 수에서
빗금 친 부분의 넓이에 가장 가까운 넓이는?

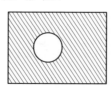

① 4   ② 4.5   ③ 5   ④ 5.5

(2) 오른쪽 그림은 4개의 크기가 서로 같은 작은 직사각형과 1개의 작은 정사각
형을 용접하여 만든 정사각형의 모양이다. 이 도형의 넓이가 49이고 작은
정사각형의 넓이는 4이며 x, y가 작은 직사각형의 두 변의 길이를 표시할
때, 아래의 관계에서 정확하지 않은 것은? (단, $x > y$)

① $x + y = 7$ ② $x - y = 2$ ③ $4xy + 4 = 49$ ④ $x^2 + y^2 = 25$

(3) 아래 그림에서 정사각형 GFCD와 정사각형 AEHG의 변의 길이는 모두 자연수이다. 그
들의 넓이의 합은 117이다. 점 P는 AE 위의 한 점이고, 점 Q는 CD 위의 한 점일 때,
삼각형 BCH의 넓이와 사각형 PHQG의 넓이를 각각 구하여라.

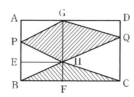

03 다음 그림에서 반지름이 1인 원의 $\frac{1}{4}$ 은 두 개 겹쳐 놓았을 때, 중복되는 부분이 정사각형이라면 빗금 친 부분의 넓이를 구하여라.

04 다음 그림에서 큰 정사각형과 작은 정사각형의 변의 길이는 자연수이고 그들의 넓이의 합이 74일 때, 그림 중 빗금 친 부분의 넓이를 구하여라.

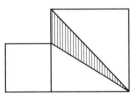

05 다음 그림에서 △ABC의 넓이가 25㎠이고 AE = ED, BD = 2DC일 때, 빗금 친 부분의 넓이와 사각형 CDEF의 넓이를 각각 구하여라.

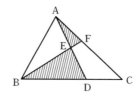

[실력 향상시키기]

06 다음 물음에 답하여라.

(1) 아래 그림에서 D, E는 각각 △ABC의 변 AC, AB 위의 점이며, BD, CE는 O에서 만난다. $S_{\triangle OCD} = 2$, $S_{\triangle OBE} = 3$, $S_{\triangle OBC} = 4$일 때, $S_{사각형 AEOD}$를 구하여라.

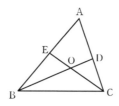

(2) 아래 그림에서 △ABC의 밑변 BC의 길이는 3㎝이고 BC 위의 높이는 2㎝이다. △ABC를 초당 3㎝의 속력으로 높이가 위로 2초만 이동했을 때 이동한 △ABC의 넓이는?

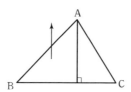

① $21cm^2$ ② $19cm^2$ ③ $17cm^2$ ④ $15cm^2$

07 (1) $\overline{AD} /\!/ \overline{BC}$ 인 사다리꼴 ABCD 에서 AC 와 BD 는 O 에서 만나고 △AOD 와 △AOB 의 넓이는 각각 9와 12일 때, 사다리꼴 ABCD 의 넓이를 구하여라.

(2) 아래 그림과 같이 △ABC 모양의 그린벨트에 사각형의 화단(□CDFE)을 만들려고 한다. $\overline{AC} = \overline{BC} = 8m$, $\overline{BD} = 2m$ 이면 △BDF 의 넓이는 ( )㎡ 이고 □CDFE 의 넓이는 ( )㎡ 이다.

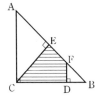

08 $a\,\mathrm{m}$ 의 선으로 하나의 정삼각형을 만들고, 이 정삼각형의 넓이가 $b\,\mathrm{m}^2$ 라고 할 때, 이 정삼각형 내부에서 임의로 점 P 를 취하면 P 에서 이 정삼각형의 세 변까지의 거리의 합을 구하여라.

09 $\triangle \mathrm{ABC}$ 의 넓이가 1 이고, 점 D 가 AB 의 변의 한 점이며 $\dfrac{\mathrm{AD}}{\mathrm{AB}} = \dfrac{1}{3}$ 이다. $\square \mathrm{DECB}$ 의 넓이가 $\dfrac{3}{4}$ 이 되도록 AC 위에 점 E 를 취할 때 $\dfrac{\mathrm{CE}}{\mathrm{AE}}$ 의 값을 구하여라.

[응용하기]

10 $\triangle ABC$의 세 변은 a, b, c이고 넓이는 S이다. $\triangle A'B'C'$의 세 변은 a', b', c'이고 넓이는 S'이다. $a > a'$, $b > b'$, $c > c'$일 때, S와 S'의 크기 관계를 구하여라.

11 다음 그림에서 사각형 $CDEF$는 정사각형이고 사각형 $ABCD$는 등변사다리꼴이다. $AD = 23\,\mathrm{cm}$, $BC = 35\,\mathrm{cm}$일 때, $\triangle ADE$의 넓이를 구하여라.

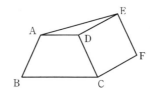

21강 입체도형의 투영

1 핵심요점

공간도형을 연구할 때 많이 사용하는 방법은 그것을 투영하여 평면도형을 만드는 것이다.
투영에는 두 개의 기본방법이 있다. 중심투영법과 평행투영법이다.
평행투영법에 의하여 입체도형을 연구하는 방법에는 입체도형의 정면도, 평면도, 측면도가 있다.

1. 투영법

한 공간도형을 다른 한 평면으로 투영하는 방법에는 다음과 같이 두 가지가 있다.

(1) 중심투영법

오른쪽 그림에서 공간에서 광선 S를 **투영중심**이라고 하고 평면 P를 **투영평면**이라고 한다.
S와 P사이에 점이 하나 있고 그 점이 A이다. SA를 연결하고 연장하여 평면 P에서 A′
에서 만난다. 직선 SAA′을 **투영선**이라고 하고 A′를 A의 평면 P에서의 투영이라고 한
다. 이 투영 방법이 **중심투영법**이다.
일반적으로 공간에서 한 도형 V에 다른 한 평면에 투영선의 멀리 있는 한 점 S의 투영방법
을 중심투영법이라고 하고 여기서 S는 투영중심이고 P는 투영평면이다.

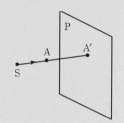

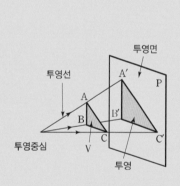

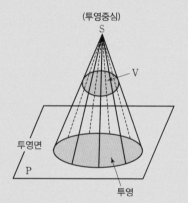

중심투영법은 물체의 실제크기를 반영할 수 없기 때문에 그림을 그리기에 비교적 복잡하다.
그러므로 공간도형을 연구할 때 매우 적게 쓰인다.

(2) 평행투영법

투영중심에서 무한 대로 먼 곳으로 이동 할 때 예를 들면 일광이 내리쬐는 것과 매우 비슷하다.
즉, 모든 투영선도 서로 평행된다. 이런 투영방법이 **평행 투영법**이라고 한다.

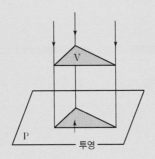
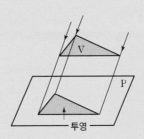

위 왼쪽 그림은 일광이 정오에 비치는 듯한 평행투영법이고 이것을 **정투영법**이라고 한다. 위 오른쪽 그림은 일광이 정오가 아닐 때에 비치는 듯한 평행투영법이고 이것을 **경사투영법**이라고 한다.

예를 들면 일광이 정오에 있을 때 한 공과 한 정사각형의 탁자를 지면에 투영할 때 한 원과 한 정사각형이다. 이것이 바로 공과 정사각형 탁자의 평면 위의 정투영이다. 하지만 일광이 정오에 있지 않을 때 그것들의 평면상의 투영은 경사투영이다. 분명히 경사투영일 때 정사각형의 투영은 정사각형이 아니고 공의 경사투영은 여전히 원이다. 그러므로 경사투영에 어쩔 때는 변형될 수도 있다. 우리는 여기서 경사투영에 대해서 다루지 않는다. 이제부터 여기서 우리가 말하는 투영은 (평면투영 중의) 정투영을 말한다.

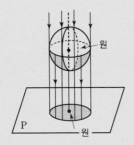
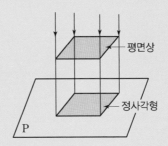

2. 정면도, 평면도, 측면도

공간의 한 물체를 정면, 윗면과 측면 3개의 방향으로 보면 전반적으로 그것의 전체적인 모양을 이해할 수 있다. 기하제도에서는 이와 비슷한 방법이 있다. 입체도형을 한 입체 공간(벽 구석이 구성한 듯한 공간으로 오른쪽 그림과 같다.)의 투영면 공간에 둔다. 그리고 그것을 이용하여 정면, 지면, 측면을 투영하여 이 입체도형의 전체 상태를 확정한다.

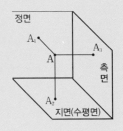

오른쪽 그림에서 이 세 개의 투영면 공간에서 입체도형(A)의 정면에서의 투영을 이 입체도형의 정면도라고 하고(A_1), 지면(즉 수평면)의 투영을 이 입체도형의 평면도(A_2)라고 하고 측면에서의 투영을 이 입체도형의 측면도(A_3)라고 한다.

2 필수예제

직육면체(정육면체), (정)각뿔, 원기둥, 원뿔, 구의 정면도, 평면도, 측면도는 아래에 표시한 것과 같다. (구의 정면도, 평면도, 측면도는 모두 원이고 그 지름은 구의 지름이다. 그러므로 생략한다.) 정면도, 평면도, 측면도를 그릴 때 길이가 정확해야 하고 넓이는 같으며 높이도 같아야 한다. 이것은 정면도, 평면도, 측면도를 그리는 3개의 원칙이다.

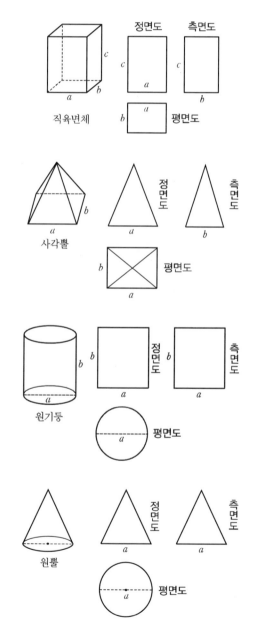

1. 입체도형의 정면도, 평면도, 측면도 그리기

필수예제 1

구를 한 평면으로 잘랐을 때 그 잘린 부분인 구결(아래 왼쪽 그림)과 사각뿔을 밑면과 평행한 평면으로 잘랐을 때 그 잘린 부분인 사각뿔대(아래 오른쪽 그림)의 정면도, 평면도, 측면도를 그려라.

[풀이] 구결의 정면도, 평면도, 측면도는 아래 왼쪽 그림과 같다.
각뿔대의 정면도, 평면도, 측면도는 아래 오른쪽 그림과 같다.

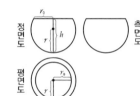 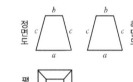

필수예제 2

다음 그림과 같은 입체도형의 정면도, 평면도, 측면도를 그려라.

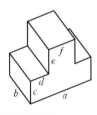 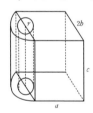

[풀이] 그림과 같은 입체도형의 정면도, 평면도, 측면도는 아래 그림과 같다.

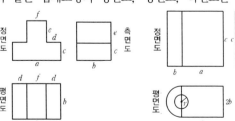

제21강

2. 정면도, 평면도, 측면도를 보고 입체도형 만들기

필수예제 3

다음 그림과 같은 정면도, 평면도, 측면도를 갖는 입체도형 그려라.

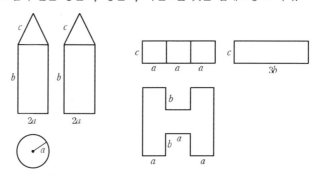

[풀이] 그림과 같은 정면도, 평면도, 측면도를 갖는 입체도형을 그리면 다음과 같다.

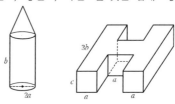

📋 풀이참조

3. 상상력 발휘하기

필수예제 4

6개의 정육면체로 구성되어 쌓아서 만들어진 입체도형이 있다. 이 입체도형의 평면도는 아래 그림과 같다. 그렇다면 이 입체도형은 어떠한 모양이며, 또 몇 가지의 쌓는 방법이 있는지 구하여라.

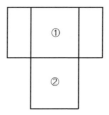

[풀이] 오른쪽 그림과 같이 4개의 서로 같은 정육면체를 이용하여 입체도형을 만들면, 이 입체도형의 평면도는 문제문의 평면도와 같다.

나머지 두 개의 정육면체를 ①에 0, 1, 2개를 올려놓을 수 있다. (그와 대응되게 ②에 2, 1, 0개를 올려놓을 수 있다.) 또 ①의 밑에 있는 두 개의 정육면체의 아래쪽에 두 개를 배열할 수 있다.

총 4가지 방법이 있다.

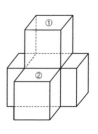

📋 4가지

4. 입체도형의 겉넓이

분석 tip

입체도형의 겉넓이는 바로 각 평면의 넓이의 합을 말한다. 그러므로 많은 입체도형의 겉넓이는 그의 정면도, 평면도, 측면도 넓이의 합의 2배이다. 이 문제에서도 그렇다.

필수예제 5

변의 길이가 1인 작은 정육면체 나무가 10개 있다. 이 정육면체들을 아래 그림과 같이 쌓아 놓는다면 그것의 겉넓이를 구하여라.

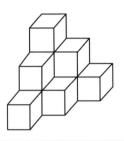

[풀이] 문제문의 그림의 정면도는 아래 그림과 같이 $(1+2+3)$개의 작은 정육면체로 구성된 도형이다. 마찬가지로 평면도, 측면도도 6개의 작은 정육면체로 구성된다.

그러므로 주어진 입체도형의 겉넓이는 $\{[(1+2+3)\times1^2]\}\times6=36$이다.

답 36

필수예제 6

변의 길이가 3cm인 정육면체를 아래 그림과 같이 쌓아서 입체도형을 만들 때, 이 입체도형의 겉넓이를 구하여라.

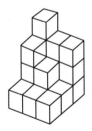

[풀이] 이 입체도형의 측면도, 평면도, 정면도는 다음 그림과 같다.

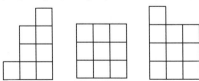

측면도의 넓이가 8×3^2이고, 평면도의 넓이가 9×3^2이고
정면도의 넓이가 10×3^2이므로 이 입체도형의 겉넓이는
$(8\times3^2+9\times3^2+10\times3^2)\times2=486(\text{cm}^2)$이다.

답 486cm²

제21강

필수예제 7

다음 그림은 한 정육면체 상자를 전개한 전개도이다. 만약 그 중 3개의 정사각형 a, b, c에 각각 적당한 수를 적어 놓고, 이 전개도에 표시된 점선대로 다시 접어서 조립한 후에 반대쪽의 수가 서로 반수(절댓값은 같고, 부호가 다른 수)일 때, a, b, c에 채워야 하는 3개의 수를 순서대로 배열하여라.

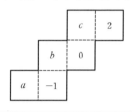

분석 tip
0, −1, 2가 있는 면의 4개의 인접하는 옆면을 정하면 그 반대편의 수는 금방 알 수 있다.

[풀이] 접은 후에도 0이 있는 면의 옆은 b, c면이다.

그리고 b, c면의 옆면에는 2, −1이 있는 면이 있다.

0이 있는 면의 반대쪽 면은 a이므로 a면에 대응하는 수는 0이다.

같은 원리로 2가 있는 면의 반대쪽 면은 b이므로 b면에 대응하는 수는 −2이고, −1이 있는 면의 반대쪽 면은 c이므로 c면에 대응하는 수는 1이다.

따라서 a, b, c에 채워야 하는 3개의 수를 순서대로 배열하면 0, −2, 1이다.　　　　　답 $(a, b, c) = (0, -2, 1)$

6. 분할

필수예제 8

다음 그림은 정육면체를 분할하여 만든 한 부분이다.

그의 다른 한 부분은 아래 그림의 ①, ②, ③, ④ 중 어느 것인가?

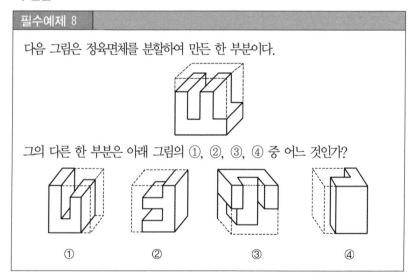

[풀이] 문제문의 그림에서 점선(바깥부분)과 실선(안부분)으로 구성된 입체도형을 찾으면, ②인 것을 알 수 있다. 그러므로 ②을 선택해야 한다.

[해설] 삽입법을 사용할 수도 있다. : ①, ②, ③, ④을 문제문의 그림에 삽입해 보고 삽입할 수 있는가 여부를 (정육면체가 되는지) 알아본다. ①, ③, ④은 삽입하여 보면 조건에 맞지 않으므로 ②을 선택해야 한다.　　답 ②

[실력다지기]

01 다음 물음에 답하여라.

(1) 다음 그림은 같은 중심을 갖는 원기둥이다.

아래 그림에서 측면도에 해당하는 것을 고르면?

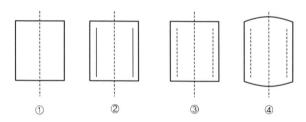

①   ②   ③   ④

(2) 다음 그림과 같은 입체도형의 정면도, 평면도, 측면도를 그려라.

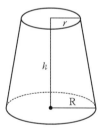

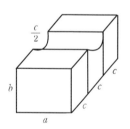

02 다음 그림과 같은 정면도, 평면도, 측면도를 갖는 입체도형을 그려라.

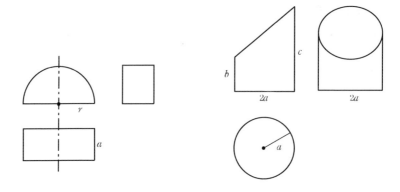

03 오른쪽 그림은 몇 개의 서로 같은 작은 정육면체를 쌓아서 만든 입체도형의 평면도이다. 작은 정사각형에서 표시하는 숫자는 이 위치의 작은 정육면체의 개수를 가리킬 때 이 도형의 정면도와 측면도를 그려라.

04 다음 물음에 답하여라.

(1) 아래 그림에서 왼쪽의 정면도와 평면도는 오른쪽의 어떤 입체도형의 것인가?

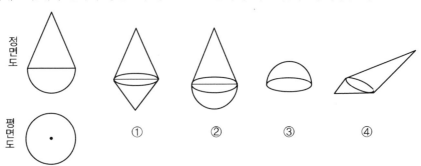

(2) 아래 그림에서 왼쪽에 있는 ∠C = 90° 인 직각삼각형 ABC 을 빗변 AB를 축으로 한 바퀴 회전하여 얻은 입체도형의 정면도는 아래의 오른쪽 4개의 그림 중에 어느 것인가?

   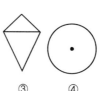

①   ②   ③   ④

05 다음 물음에 답하여라.

(1) 한 화가에게 변의 길이가 1㎝ 인 정육면체가 14개 있다. 지면에 오른쪽 그림과 같은 모양으로 쌓고 노출되는 면에 색칠을 하려고 할 때, 색칠된 부분의 넓이를 구하여라. (단, 바닥에 있는 면은 노출되지 않는 면으로 본다.)

(2) 9개의 서로 같은 작은 토막을 오른쪽 그림과 같은 모양으로 쌓을 때, 그의 표면에 포함되는 작은 토막의 개수를 구하여라.

(3) 10개의 같은 정육면체를 오른쪽 그림과 같이 쌓는다. 그림 중 문자 A 가 표시된 한 정육면체를 제거하면 겉 표면에 포함되어 있는 정사각형의 수는 제거하기 전과 비교하면 어떻게 되는가?

① 증가하지도 감소하지도 않았다.   ② 1 개 감소하였다.

③ 2 개 감소하였다.   ④ 3 개 감소하였다.

06 변의 길이가 1㎝ 인 정육면체를 다음 그림과 같이 층층이 쌓고 6층까지 쌓았을 때 이 입체도형의 겉넓이는 얼마인지 구하여라.

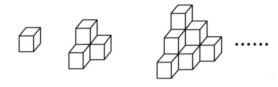

07 다음 그림과 같이 입체도형 "방 1", '연 2', "장 3", "기역자 4"가 있다.

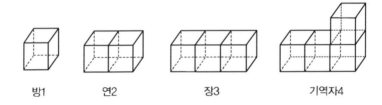

(1) "방 1", "연 2", "장 3", "기역자 4" 중에서 단 한 종류만을 사용하여 $2 \times 2 \times 4$인 직육면체를 만들 때 어느 것이 가능한 지 찾아라.

(2) "방 1"과 "연 2" 이 두 종류의 도형을 사용하여 $3 \times 3 \times 3$인 정육면체를 만든다면 최소한 몇 개의 "방 1"이 필요한지 구하여라.

08 다음 물음에 답하여라.

(1) 아래 그림의 도형 중에서 접어서 직육면체가 되는 것은?

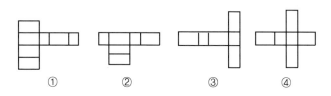

①   ②   ③   ④

(2) 아래 왼쪽 그림의 도형을 접어서 정육면체를 만들 때, 생기는 입체도형은 아래 오른쪽 그림 중 가능한 것을 모두 찾아라.

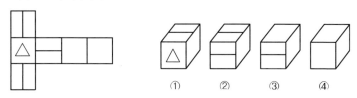

①   ②   ③   ④

09 다음 그림과 같이 한 정육면체의 6개의 면에 각각 숫자 1, 2, 3, 4, 5, 6을 표기한다. 그림의 3가지 숫자를 근거로 하면 "?"에 표시해야 하는 숫자를 구하여라.

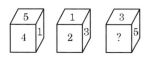

[응용하기]

10 직육면체 나무의 변은 각각 1㎝, 2㎝, 3㎝이다. 6개의 이러한 직육면체로 하나의 큰 직육면체를 만들었다.

(1) 서로 다른 직육면체를 만들어라.

(2) (1)에서 만들어진 직육면체에서 겉넓이가 가장 작은 것의 넓이를 구하여라.

11 한 변의 길이가 1㎝인 정육면체, 가로와 세로가 1㎝이고 높이가 2㎝인 직육면체, 가로와 세로가 1㎝이고 높이가 3㎝인 직육면체가 있다. 아래 그림은 이 다섯 개의 직육면체(정육면체를 포함)의 도형을 연결하여 만든 한 입체도형의 평면도, 정면도, 측면도이다. 이 입체도형을 그리고 그의 겉넓이를 구하여라.

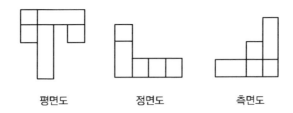

평면도   정면도   측면도

우리는 한 정육면체의 전개도는 6개의 정사각형으로 이루어졌다는 것을 알고 있다.

그와 반대로 6개의 정사각형을 연결하여 만든 (종이)도형은 모두 접어서 조립하면 정육면체가 되겠는가?

그렇지 않다.

6개의 정사각형을 연결하여 만든 평면도형은 총 35가지가 있다(서로 다른 모양).

하지만 아래 그림과 같이 11가지 종류만이 접어서 조립하여 정육면체를 만들 수 있다.

22강 삼각형의 합동 (I)

1 핵심요점

1. 삼각형의 합동

완전히 포개어 합쳐지는 두 삼각형 △ABC와 △A′B′C′를 합동인 삼각형
이라 한다. △ABC ≡ △A′B′C′로 표기한다. 오른쪽 그림에서 AB와
A′B′, BC와 B′C′, AC와 A′C′를 대응변이라 하고, ∠A와 ∠A′,
∠B와 ∠B′, ∠C와 ∠C′를 대응각이라 한다.

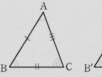

2. 삼각형의 합동의 결정 조건과 추론(정리)

두 삼각형의 합동결정은 아래의 세 조건과 추론, 정리로 답을 제시한다.

① 변변변 조건(SSS) : 두 삼각형의 서로 대응하는 변이 같으면 두 삼각형은 합동이다. (아래 그림)

② 변각변 조건(SAS) : 두 삼각형의 서로 대응하는 두 변과 끼인 각이 같으면 두 삼각형은 합동이다.
(아래 그림)

③ 각변각 조건(ASA) : 두 삼각형의 서로 대응하는 한 변과 두 각이 같으면 두 삼각형은 합동이다.
(아래 그림)

 또는

특히, 두 직각삼각형의 서로 대응하는 한 변과 예각 한 개가 같으면 두 삼각형은 합동이다. (아래 그림)
이때 서로 대응하는 한 변이 빗변인 경우, 빗변, 한 각 조건(RHA)이라 한다.

 또는

④ 빗변, 직각변 조건(RHS) : 두 직각삼각형의 서로 대응하는 빗변과 직각변이 같으면 두 직각삼각형은 합동이다. (아래 그림)

3. 삼각형의 합동의 성질

① 삼각형의 합동의 서로 대응하는 각의 크기는 같다.

② 삼각형의 합동의 서로 대응하는 변의 길이는 같다.

③ 삼각형의 합동의 서로 대응하는 중선, 각의 이등분선, 높이는 같다.

④ 삼각형의 합동의 넓이는 같다.

이런 성질은 모두 삼각형의 합동의 정리로 얻어지는 것이며, 합동의 정리에 의해 두 삼각형이 완전히 포개어 합쳐진다고 하면 서로 대응하는 각, 변, 중선, 각의 이등분선, 높이가 모두 완전히 포개어 합쳐지는 것을 뜻한다. 이것이 바로 성질 ①, ②, ③이며, 완전히 포개어 합쳐진 것은 넓이도 같다는 것을 뜻하므로 성질 ④를 알 수 있다.

2 필수예제

1. 삼각형의 합동 결정 조건 정확하게 이해하고 파악하기

| 필수예제 1 |

△ABC와 △A′B′C′에서 ㉠ AB = A′B′, ㉡ BC = B′C′, ㉢ AC = A′C′, ㉣ ∠A = ∠A′, ㉤ ∠B = ∠B′, ㉥ ∠C = ∠C′ 라면 △ABC ≡ △A′B′C′를 보장할 수 없는 것의 조건은?

① ㉠, ㉡, ㉢을 만족   ② ㉠, ㉡, ㉣을 만족

③ ㉠, ㉡, ㉤을 만족   ④ ㉠, ㉤, ㉥을 만족

[풀이] ㉠, ㉡, ㉢을 만족하면 SSS 조건이므로 ①은 성립된다.

㉠, ㉡, ㉤을 만족하면 SAS 조건이므로 ③은 성립된다.

㉠, ㉤, ㉥을 만족하면 ASA 조건이므로 ④은 성립된다.

㉠, ㉡, ㉣을 만족하면, ㉣은 ㉠, ㉡의 끼인 각이 아니므로 확실히 합동이라고 볼 수 없다. 즉, ②이 반드시 성립되는 것은 아니다. (오른쪽 그림에서 AC ≠ A′C′이다.) 그러므로 정답은 ②이다.

[평론] ㉣, ㉤, ㉥만 만족하면 두 삼각형이 합동이라고 말할 수 있을까?할 수 없다. (크기가 다른 정삼각형이 있을 수 있다.)삼각형의 합동을 결정짓는 몇 가지 결정조건을 보면 대응하는 변이 적어도 한 개는 반드시 동일해야 한다. 이 말은 또 서로 대응하는 두 변이 동일하다고 해도 완전히 합동이라고 보장할 수는 없다는 것을 의미한다.

답 ②

필수예제 2

다음 그림과 같이 점 D는 AB 위에 있고, 점 E는 AC 위에 있으며 ∠B = ∠C이다. 아래에 나열된 조건 중 한 가지를 더 선택해도 △ABE ≡ △ACD를 결정할 수 없는 것은?

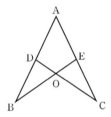

① AD = AE   ② ∠AEB = ∠ADC

③ BE = CD   ④ AB = AC

[풀이] △ABE와 △ACD에서 ∠B = ∠C이고 ∠A = ∠A(공통각)임을 알고 있다. 즉, 서로 대응하는 두 각이 같다. (물론 나머지 서로 대응하는 각 또한 같다.)

그러므로 서로 대응하는 한 변만 같으면(AD = AE 또는 BE = CD 또는 AB = AC) ASA 합동조건에 의하여 △ABE ≡ △ACD를 결정지을 수 있다. ∠AEB = ∠ADC(사실상 이미 성립됨)를 추가한다고 해서 이 두 삼각형이 합동이라고 확정지을 수 없다. 따라서 정답은 ②이다.

답 ②

필수예제 3

다음 그림과 같이 AC, BD, EF는 점 O에 의해 이등분될 때, 그림에서 합동인 삼각형을 모두 구하여라.

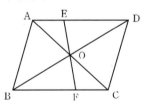

[풀이] AC, BD, EF는 이등분되고(즉, AO = CO, BO = DO, EO = FO), 맞꼭지각이 모두 같다. 그러므로 다음과 같은 사실을 쉽게 알 수 있다.

△AOD ≡ △COB(AO = CO, BO = DO, ∠AOD = ∠COB이므로),

△AOE ≡ △COF(AO = CO, EO = FO, ∠AOE = ∠COF이므로),

△BOF ≡ △DOE(BO = DO, FO = EO, ∠BOF = ∠DOE이므로),

△AOB ≡ △COD(AO = CO, BO = DO, ∠AOB = ∠COD이므로)

또 다음과 같은 사실도 알 수 있다.

$\triangle ABC \equiv \triangle CDA$($AC = AC$(공통변)이고 위의 내용으로 $BC = DA$, $AB = CD$임을 추론할 수 있으므로),

$\triangle ABD \equiv \triangle CDB$($BD = BD$(공통변)이고 $AB = CD$, $AD = CB$임을 추론할 수 있으므로) 즉, 총 6쌍의 합동인 삼각형이 존재한다.

🖐 풀이참조

필수예제 4

다음 그림에는 아래에 나열된 네 가지 조건이 있다.

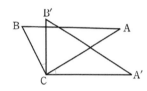

㉠ $BC = B'C$ ㉡ $AC = A'C$

㉢ $\angle A'CA = \angle B'CB$ ㉣ $AB = A'B'$

네 조건 중 임의로 3가지를 골라 문제의 가정(조건)으로 삼고 나머지 한 조건은 결론으로 삼았을 때 정확한 명제를 구성할 수 있는 개수는 최대한 몇 개인지 구하여라.

[풀이] (i) ㉠, ㉡, ㉢을 가정(조건)으로 한 경우, $\triangle A'CB' \equiv \triangle ACB$(SAS)이므로 $AB = A'B'$이다. 즉, ㉣이 성립한다.

(ii) ㉠, ㉡, ㉣을 가정(조건)으로 한 경우, $\triangle A'CB' \equiv \triangle ACB$(SSS)이므로 $\angle ACB = \angle A'CB'$이다.

두 각에서 동시에 $\angle ACB'$를 빼면, $\angle A'CA = \angle B'CB$를 얻는다. 즉, ㉢이 성립한다.

(iii) ㉠, ㉢, ㉣ 또는 ㉡, ㉢, ㉣를 가정(조건)으로 한 경우, 두 삼각형의 서로 대응하는 두 변과 그 중 한 변의 대각만이 같으므로 두 삼각형이 반드시 합동이라고 할 수 없다.

즉, ㉠, ㉢, ㉣ 또는 ㉡, ㉢, ㉣을 문제의 가정(조건)으로 삼고 나머지 하나를 결론으로 삼으면 정확한 명제를 구성할 수 없다.

🖐 2개

필수예제 5

아래는 다음 명제를 증명하는 과정이다. 몇 번째 과정이 잘못된 것인가?

아래 그림에서 점 E는 BC의 중점이고 ∠B = ∠C, ∠1 = ∠2일 때, AE = DE를 증명하여라.

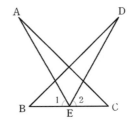

① 점 E는 BC의 중점이므로 BE = CE이다.

② ∠B = ∠C이고,

③ ∠1 = ∠2이므로,

④ △DBE ≡ △ACE (∵①, ②, ③)이다.

⑤ 따라서 AE = DE이다.

[풀이] 과정 ④가 잘못되었다.

과정 "③ ∠1 = ∠2이므로,"에서 ∠1과 ∠2는 △DBE와 △ACE의 내각이 아니다. 그러므로 다음과 같이 고쳐야 한다.

("∠1 = ∠2이므로" 다음에) (한 단계 추가)

∠1 + ∠AED = ∠2 + ∠AED, 즉, ∠BED = ∠CEA이다. 이렇게 하면 과정 ④의 결과이다. 이로서 합동 삼각형의 성질에 의해 과정 "⑤ 따라서 AE = DE이다"의 결론을 얻을 수 있다.

[평론] 이 예로 다음과 같은 사실을 알 수 있다. "증명"문제를 풀 때는 이미 알고 있는 (가정한) 조건에서 출발하여 공리, 정리 등 이미 알고 있는 사실을 바탕으로 문제에서 증명하고자 하는 결론을 추론해야한다. 증명하는 과정에서 각 단계(특히 각 단계의 결과, 즉, "그러니까", "그래서", "그러므로", "또는", "이로써", "그리고" 뒤에 나오는 결과)는 모두 "근거"가 필요하다. 위 문제의 경우 ①, ②, ③의 결과로 ④의 결과를 얻어내기에는 "근거"가 부족하므로 잘못된 것(추리 방법)이다. 위에서 우리가 제시한 풀이방법이 제대로 된 추리 방법이다.

답 ④

필수예제 6

다음 그림에서 $\angle CAB = \angle DBA$, $AC = BD$일 때, 나열된 결론 중 잘못된 것은?

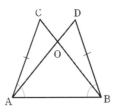

① $BC = AD$ ② $CO = OD$

③ $\angle C = \angle D$ ④ $\angle AOB = \angle C + \angle D$

[풀이] $\triangle CAB$와 $\triangle DBA$에서 $\angle CAB = \angle DBA$, $AC = BD$, $AB = AB$(공통변)이므로

$\triangle CAB \equiv \triangle DBA$(SAS)이다.

합동 삼각형의 성질에 의해 $BC = AD$, $\angle C = \angle D$임을 알 수 있다.

즉, ①, ③은 성립된다.

또 $\angle C = \angle D$, $\angle COA = \angle DOB$(맞꼭지각은 같다.), $AC = BD$이므로

$\triangle ACO \equiv \triangle BDO$(AAS)이고, $CO = DO$(대응하는 변이 같다.)이다.

즉, ②은 성립된다. 따라서 정답은 ④이다.

[평론] 증명을 하기 전에 우선 그림에 이미 알고 있는 조건을 표시하는 것은 분석하고 증명하는 데 많은 도움을 준다.

답 ④

필수예제 7

다음 그림에서 $AB = CD$, $BC = DA$, 점 E, F는 AC 위의 두 점이고, $AE = CF$일 때, $BF = DE$를 증명하여라.

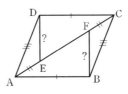

[증명] $\triangle ABC$와 $\triangle CDA$에서 $AB = CD$, $BC = DA$, $CA = AC$(공통변)이므로

$\triangle ABC \equiv \triangle CDA$(SSS)이다.

그러므로 $\angle DAE = \angle BCF$(대응하는 각이 같다.)이다.

$\triangle BCF$와 $\triangle DAE$에서 $BC = DA$(이미 알고 있음), $AE = CF$,

$\angle DAE = \angle BCF$(위에서 이미 증명), $CF = AE$(이미 알고 있음)이므로

$\triangle BCF \equiv \triangle DAE$(SAS)이다.

그러므로 $BF = DE$이다. (합동인 삼각형의 서로 대응하는 변이 같다.)

답 풀이참조

분석 tip

우선 그림에 이미 알고 있는 조건(세 변이 같다.)을 표시한다.
BF, DE는 각각 $\triangle CFB$와 $\triangle AED$(또는 $\triangle ABF$와 $\triangle CDE$)에 있으므로 두 삼각형이 합동이라는 것을 보이면 된다.
$AD = CB$, $AE = CF$으로는 두 삼각형이 합동이 되는데 아직 한 가지 조건이 부족하다.
끼인각 $\angle DAE = \angle BCF$인지 아닌지 아직 증명할 수 없다.
그러므로 $\triangle ABC \equiv \triangle CDA$를 먼저 증명하려면 한 가지 조건이 더 있어야 한다.

다음 그림에서 점 A는 DE 위에, 점 F는 AB 위에 있으며
AC = CE, ∠1 = ∠2 = ∠3일 때, DE의 길이와 같은 변을 구하여라.

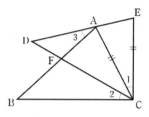

분석 tip

우리는 AC = CF임을 이미 알
고 있으므로
△ABC ≡ △EDC일거라고 추
측할 수 있다. 이로서
DE = AB임을 알 수 있다.
그러므로 우리는
△ABC ≡ △EDC임을 증명해
야한다.

[풀이] ∠1 = ∠2이므로 ∠1 + ∠DCA = ∠2 + ∠DCA이다.

즉, ∠DCE = ∠BCA이다.

또 ∠2 = ∠3, ∠BFC = ∠DFA(맞꼭지각이 같다.)이므로

∠B = 180° − (∠2 + ∠BFC) = 180° − (∠3 + ∠DFA) = ∠D이다.

△ABC와 △EDC에서

AC = CE(이미 알고 있음), ∠BCA = ∠DCE(위에서 이미 증명하였음),

∠B = ∠D(위에서 이미 증명하였음)이므로 △ABC ≡ △EDC (AAS)이다.

따라서 DE = BA(합동 삼각형의 서로 대응하는 변은 같다.)이다.

答 AB

연습문제 22

[실력다지기]

01 다음 물음에 답을 구하여라.

(1) 아래 그림에서 $MB = ND$ 이고 $\angle MBA = \angle NDC$ 이다. 아래 나열된 조건들 중 $\triangle ABM \equiv \triangle CDN$ 을 결정할 수 없는 조건은?

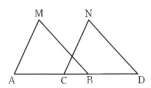

① $\angle M = \angle N$ ② $AB = CD$ ③ $AM = CN$ ④ $AM /\!/ CM$

(2) 아래 그림에서 $AD /\!/ BC$, $AD = BC$ 일 때, 합동인 삼각형의 총 수를 구하여라.

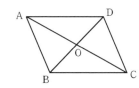

(3) 아래 나열된 조건 중 두 직각삼각형이 합동인지 결정지을 수 있는 것은?
① 서로 대응하는 예각이 동일하다.
② 서로 대응하는 두 대변이 동일하다.
③ 서로 대응하는 한 변과 한 예각이 동일하다.
④ 서로 대응하는 빗변과 예각이 동일하다.

(4) 아래 그림에서 △ABC의 세 변과 세 각을 알 때, 아래의 갑, 을, 병 세 삼각형 중
△ABC와 합동인 삼각형을 찾아라.

02 다음 그림에서 AC = BD일 때, △ABC ≡ △DCB가 성립하기 위해 필요한 조건을 구하여라.

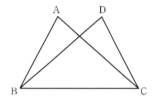

03 오른쪽 그림과 같이 △ABC에서 AD⊥BC, CE⊥AB이고
AD, CE의 교점은 점 H일 때, △AEH ≡ △CEB가 성립하기 위해
필요한 조건을 구하여라.

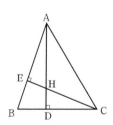

04 오른쪽 그림과 같이, 사각형 ABCD에서 CB = CD, ∠ABC = ∠ADC = 90°, ∠BAC = 35°일 때, ∠BCD를 구하여라.

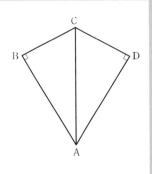

05 오른쪽 그림과 같이 네 점 A, B, C, D는 동일한 직선을 지나고 AB = CD, ∠D = ∠ECA, EC = FD일 때, AE = BF임을 증명하여라.

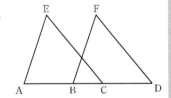

[실력 향상시키기]

06 다음 그림에서 △ABC ≡ △AEF, AB = AE, ∠B = ∠E이다. 아래 나열된 결론 중 옳지 않은 것은?

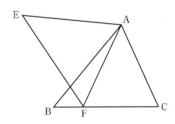

① AC = AF   ② ∠FAB = ∠EAB

③ EF = BC   ④ ∠EAB = ∠FAC

07 오른쪽 그림과 같이 △ABC에서 점 D, E는 각각 AC, BC 위의 점이며 △ADB ≡ △EDB ≡ △EDC일 때, ∠C를 구하여라.

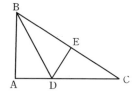

08 다음 그림에서 ∠E = ∠F = 90°, ∠B = ∠C, AE = AF일 때, 다음 중 옳은 결론을 모두 고르면?

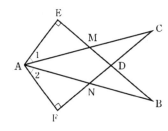

① ∠1 = ∠2
② BE = CF
③ △ACN ≡ △ABM
④ CD = DN

09 다음 그림에서 DE⊥AC는 점 E에서 만나고 BF⊥AC는 점 F에서 만나며 AF = CE, ∠A = ∠C일 때, AD = BC를 증명하여라.

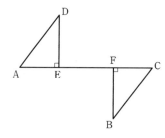

[응용하기]

10 다음 그림과 같이 $\triangle ABC$에서 $AB = AC$, $AD \perp BC$로 점 D에서 만나고 점 E는 AD의 연장선 위의 한 점이고, BE, CE를 연결하면 $BE = CE$임을 증명하여라.

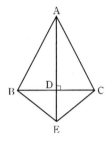

11 다음 그림에서 $AE \perp AB$, $AB = AE$, $BC \perp CD$, $BC = CD$일 때, 그림의 값에 근거하여 그림에서 실선으로 둘러싸인 오각형 ABCDE의 넓이를 구하여라.

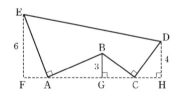

23강 삼각형의 합동 (Ⅱ)

1 핵심요점

삼각형의 합동은 평면 기하의 중요한 내용이며, 많은 기하 문제들이 삼각형의 합동과 연관이 있다.

예를 들면 "각이 같음을 증명하여라.", "선분의 길이가 같음을 증명하여라.", "선분의 합, 차, 선분의 평행, 수직을 증명하여라." 등이 있다.

완전히 포개어지지만 삼각형이 뒤집어 지거나 좌우로 돌아 겹치거나 하는 등의 기하 변환으로

(1) 서로 다른 위치에 있는 두 삼각형이 합동임을 증명해야할 때가 있다. 아래 나열된 자주 나오는 합동인 삼각형의 기본 도형을 충분히 익히고 도형 안의 공통변, 공통각, 맞꼭지각의 이용에 대해 자세히 알아두면 복잡한 문제를 풀 때 도움이 될 것이다.[주1]

(2) 가끔 문제의 그림에 합동인 삼각형이 바로 보이지 않는 경우(또는 완전한 합동인 삼각형이라고 하기에는 조금 부족한 경우)가 있다. 이때는 문제를 풀기 위해 "보조선"을 그어 합동인 삼각형을 그려야 한다.

보조선을 긋는 방법은 문제마다 다른데 ① 자연스럽게 두 점을 연결할 수 있는 경우가 있고, ② 어느 점을 지나는 선이 직선의 평행선이거나 수직선임을 제시해주는 경우가 있다. 또 ③ 중선, 수직이등분선인 경우도 있고, ④ 어느 선분을 어느 점까지 연장하여 어느 관계를 만족시켜주는 경우도 있다. 이 강에서는 주요하게 이 방면에 대한 지식을 소개하겠다. (필수예제 4~7)

2 필수예제

1. 보조선을 그을 필요가 없는 상황(심화, 복습)

분석 tip
정삼각형의 조건(세 변이 같고 세 각이 모두 60°)으로 △ACN ≡ △MCB임을 알 수 있다.
∠ANC
= ∠MBC = 60° − ∠MBN
= ∠MBC
= 60° − 38° = 22°
이고 이로서 ∠ANB의 크기를 알 수 있다.[주2]

필수예제 1

오른쪽 그림에서 점 C는 선분 AB 위에 있고, 선분 AB 위에는 정삼각형 ACM과 BCN의 한 변이 놓여 있다. AN과 BM을 연결한다. ∠MBN = 38°일 때, ∠ANB를 구하여라.

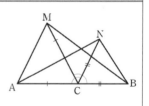

[풀이] △ACM과 △BCN은 모두 정삼각형이므로
AC = MC, CN = CB, ∠ACM = ∠BCN = 60°이다.
따라서 ∠ACM + ∠MCN = ∠BCN + ∠MCN이다. 즉,
∠ACN = ∠MCB 이다.
△ACN과 △MCB에서 AC = MC, ∠ACN = ∠MCB, CN = CB이므로
△ACN ≡ △MCB (SAS)이다. 즉, ∠ANC = ∠MBC 이다.

---

1) [주] 이런 도형 중 두 합동인 삼각형은 어떤 변형을 통해 "완전히 포개어질지" 생각해보면 서로 대응되는 변과 각은 어떤 것인지 알 수 있다.

2) [주] 그림에 서로 대응되는 변과 각이 동일하다고 나타나 있다면 문제를 분석하는데 도움이 된다.

그러므로 $\angle MBC = \angle CBN - \angle MBN = 60° - 38° = 22°$이다.

즉, $\angle ANC = 22°$이다.

그러므로 $\angle ANB = \angle ANC + \angle CNB = 22° + 60° = 82°$이다.

[평론] ① 이 문제는 이렇게 풀 수 있다.

문제와 그림으로 $\triangle BCM$이 $\triangle NCA$를 점 C를 기준으로 시계 방향으로 $60°$ 돌려 얻은 삼각형(AC와 MC, NC와 BC는 완전히 포개어진다.)이라는 것을 알 수 있다. 따라서 $\triangle BCM \equiv \triangle NCA$이다. (그 이후 풀이과정은 위와 같다.)

② 이 문제는 많은 새로운 결과를 얻을 수 있다. 예를 들면 다음과 같다. (이미 알고 있는 사실들은 변하지 않는 상황에서) MC와 AN은 점 E에서 만나고, MB와 CN은 점 F에서 만난다고 하고, EF를 연결하면 $\triangle CEF$는 정삼각형이다.

($\triangle ACN \equiv \triangle MCB$와 $\triangle ACE \equiv \triangle MCF$만 증명하면 되는데, 이는 직접 해보기 바란다.)

🗒 $82°$

필수예제 2

오른쪽 그림과 같이 BD, CE는 각각 $\triangle ABC$의 변 AC, AB의 높이이고, 점 P는 BD의 연장선 위에 BP = AC를 만족하는 점이고, 점 Q는 CE 위에 CQ = AB를 만족하는 점일 때, 다음을 증명하여라.

(1) AP = AQ

(2) AP $\perp$ AQ

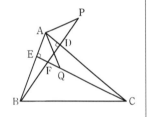

[증명] (2) BD$\perp$AC이고, CE$\perp$AB이므로

직각삼각형 BEF와 직각삼각형 CDF에서

$\angle EBF + \angle EFB = \angle DCF + \angle DFC = 90°$이다.

또 $\angle EFB = \angle DFC$(맞꼭지각 동일)이므로

$\angle EBF = \angle DCF$, 즉, $\angle ABP = \angle QCA$이다.

$\triangle ABP$와 $\triangle QCA$에서 AB = QC, $\angle ABP = \angle QCA$, BP = AC 이므로 $\triangle ABP \equiv \triangle QCA$(SAS)이다. 그러므로 AP = AQ이다.

🗒 풀이참조

(2) 위에서 이미 $\triangle ABP \equiv \triangle QCA$를 증명했으므로

$\angle QAC = \angle APB$이다.

높이의 성질에 의해 $\angle APB + \angle PAD = 90°$이다.

그러므로 $\angle QAC + \angle PAD = 90°$이다.

즉, $\angle QAP = 90°$이다. 따라서 AP$\perp$AQ이다.

🗒 풀이참조

분석 tip

AP = AQ를 증명하려면 우선 AP, AQ가 있는 $\triangle ABP$와 $\triangle QCA$가 합동임을 증명해야 한다.

이것은 $\angle ABP = \angle QCA$(끼인 각이 있는 두 변이 서로 같다는 것을 이미 알고 있으므로)만 증명하면 된다. 이 부분은 "높이"(아직 사용한 적이 없는 이미 알고 있는 조건)를 사용하여 증명할 수 있다. (1)을 풀이하는 동시에 $\angle QAP = 90°$임을 알 수 있다.

그러므로 AP$\perp$AQ이다.

제23강

23. 삼각형의 합동 (Ⅱ) **113**

분석 tip
(1) 그림 ①을 살펴보면
DE = AD + BE를 증명하는
것은 CD = BE, CE = AD라
는 것을 증명하면 된다는 것을
알 수 있다.
즉 △ACD ≡ △CBE임을 증
명하면 된다. AC = BC이므로
세 직각을 사용하여 대응하는
한 쌍의 각이 같다는 것만 알
면 된다.

다음 그림과 같이 $\angle ACB = 90°$, $AC = BC$인 삼각형 ABC의 꼭짓점 A, B에서 점 C를 지나는 직선 MN에 내린 수선의 발을 각각 D, E라 할 때, 다음 물음에 답하여라.

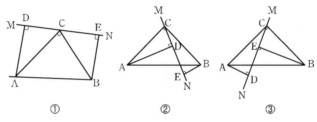

①   ②   ③

(1) 점 C를 지나는 직선 MN이 위의 그림 ①의 위치에 있을 때
 $\triangle ADC \equiv \triangle CEB$, $DE = AD + BE$임을 증명하여라.

(2) 점 C를 지나는 직선 MN이 위의 그림 ②의 위치에 있을 때
 $DE = AD - BE$임을 증명하여라.

(3) 점 C를 지나는 직선 MN이 위의 그림 ③의 위치에 있을 때
 DE, AD, BE 사이의 관계를 구하고, 이 관계를 증명하여라.

[증명] (1) $AD \perp MN$, $BE \perp MN$이므로 $\angle ADC = \angle CEB = 90°$이다.
  또 $\angle ACB = 90°$이므로
  $\angle DAC + \angle ACD = \angle ECB + \angle ACD = 90°$이다.
  따라서 $\angle DAC = \angle ECB$이다.
  $\triangle ACD$와 $\triangle CEB$에서 $\angle DAC = \angle ECB$, $AC = CB$이므로
  $\triangle ACD \equiv \triangle CBE$(ASA합동)이다.
  즉, $AD = CE$, $CD = BE$이다.
  따라서 $DE = DC + CE$이므로 $DE = AD + BE$이다.

　　　　　　　　　　　　　　　　　　　　　　　🖭 풀이참조

(2) (1)의 증명과정에서 "$AD = CE$, $CD = BE$"라는 결론은 그림 ②의
  위치에서도 같은 방법으로 얻을 수 있다.
  따라서 $DE = CE - DC$이므로 $DE = AD - BE$이다.

　　　　　　　　　　　　　　　　　　　　　　　🖭 풀이참조

(3) ③에서 $DE = BE - AD$이다.
  ⑴ 또는 ⑵와 같은 방법으로 $\triangle ACD \equiv \triangle CBE$(ASA합동)을 증명할
  수 있다.
  $CD = BE$이고 $AD = CE$이다.
  또 $DE = DC - CE$이므로 $DE = BE - AD$이다.

　　　　　　　　　　　　　　　　　　　　　　　🖭 풀이참조

[평론] (1), (2), (3)으로 다음과 같은 결론을 얻을 수 있다.
  A, B가 직선 MN을 기준으로 같은 쪽에 있을 때 $DE = AD + BE$이다.
  A, B가 직선 MN을 기준으로 다른 쪽에 있을 때 $DE = AD - BE$이다.

2. 보조선을 추가해야하는 예제

분석 tip

우선 정삼각형 ABC의 조건을 "세분화"할 필요가 있다. 세 변이 모두 같고, 즉, AB = BC = CA, 내각이 모두 60°이다.

제시된 도형만 봐서는 합동 삼각형을 찾을 수 없고, 찾고자 하는 ∠BFD와 이미 알고 있는 각도들을 연결하고 그림 안의 점 C와 D 두 점을 연결하면 두 합동 삼각형 △BDF와 △BDC, △BDC와 △ADC를 찾고, ∠BFD와 ∠ACB = 60°의 연관성을 찾는다.

필수예제 4

오른쪽 그림에서 점 D는 정삼각형 ABC 내부의 점이고 DB = DA, BF = AB, ∠DBF = ∠DBC 일 때, ∠BFD를 구하여라.

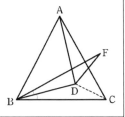

[풀이] DC를 연결한다.

△ABC는 정삼각형이므로 AB = BC = CA이고,

∠BAC = ∠ABC = ∠BCA = 60°이다.

또 BF = AB이므로 BF = BC이다.

△BDF와 △BDC에서 BF = BC, ∠DBF = ∠DBC, BD = BD (공통)이므로 △BFD ≡ △BDC (SAS)이다. 그러므로 ∠BFD = ∠BCD이다.

또 △BDC와 △ADC에서 DB = DA, BC = AC, CD = CD (공통)이므로 △BCD ≡ △ACD (SSS)이다. 그러므로 ∠BCD = ∠ACD이다.

∠ACB = ∠BCD + ∠ACD = 60°이므로

$\angle BCD = \angle ACD = \dfrac{1}{2} \times 60° = 30°$이다.

따라서 ∠BFD = ∠BCD = 30°이다.

답 30°

필수예제 5-1

아래 그림에서 OP는 ∠AOB의 이등분선(P와 O는 다른 점)이며, 두 점 C, D는 각각 OA, OB에 있고 OC = OD일 때, PC = PD임을 증명하여라.

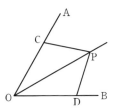

[증명] OP는 ∠AOB를 이등분하므로 ∠COP = ∠DOP이다.

△OPC와 △OPD에서 OC = OD), ∠COP = ∠DOP, OP = OP (공통)이므로 △OPC ≡ △OPD (SAS)이다.

따라서 PC = PD이다.

답 풀이참조

아래 그림에서 BM은 삼각형 ABC의 외각 ∠DBA의 이등분선이고,
CN은 삼각형 ABC의 외각 ∠ECA의 이등분선이고, B′, C′는 각각
BM과 CN 위에 있는 임의의 한 점(B, C 두 점은 제외)일 때, △AB′C′의
둘레> △ABC의 둘레임을 증명하여라.

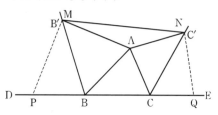

[증명] BD위에 BP=BA가 되는 점 P를 잡고, 점 P와 점 B′를 연결한다.
CE위에 CQ=CA가 되는 점 Q를 잡고, 점 Q와 점 C′를 연결한다.
(1)의 증명과정과 결론을 이용하면,
△BAB′≡△BPB′, △CAC′≡△CQC′이다.
게다가 BA=BP, B′A=B′P, CA=CQ, C′A=C′Q이므로
△ABC의 둘레는 AB+BC+CA=PB+BC+CQ=PQ이고,
△AB′C′의 둘레는 AB′+B′C′+C′A=PB′+B′C′+C′Q이다.
P, Q 두 점 간의 거리는 직선 선분이 가장 짧으므로
PB′+B′C′+C′Q>PQ이다.
그러므로 △AB′C′의 둘레> △ABC의 둘레이다.

[평론] 사실상 (2)에서 보조선을 긋는 이유는 AB, CA를 B, C점을 기준으로
(반시계 방향, 시계 방향)돌려 DE선에 오게 한 후 B′A=B′P,
BA=BP, C′A=C′Q, CA=CQ를 얻고 "두 점 간의 가장 짧은 거리"
를 사용하여 결론을 얻어내기 위해서이다.

📋 풀이참조

오른쪽 그림에서 AD는 △ABC의 중선이고,
점 E, F는 각각 AB와 AC위에 있으며
DE⊥DF일 때, 성립하는 조건을 구하여라.

① BE+CF>EF
② BE+CF=EF
③ BE+CF<EF
④ BE+CF와 EF의 크기를 알 수 없음

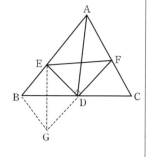

분석 tip
BE+CF와 EF의 크기를 비
교하기 위해서는 BE, CF,
EF를 동일한 삼각형의 세 변
으로 만들어야 한다.
FD의 연장선 위에 DG=FD
가 되는 점 G를 잡고, 점 G를 점
B, E와 연결한다. BG=CF,
EG=EF를 증명하고, 이를
이용하여 BE, CF, EF와 같
은 길이로 이루어진 삼각형을
만든다.

[풀이] FD의 연장선 위에 DG = FD가 되는 점 G를 잡고, 점 G를 점 B, E와 연결한다.

AD는 중선이므로 DB = DC이다.

△BDG와 △CDF에서 BD = DC, ∠BDG = ∠CDF, DG = DF이므로,

△BDG ≡ △CDF(SAS)이고 BG = FC이다.

또 ED⊥FD이므로, ∠EDG = ∠EDF = 90°이다.

△EDG와 △EDF에서 ED = ED(공통), ∠EDG = ∠EDF, DG = DF이므로

△EDG ≡ △EDF(SAS)이고 EG = EF이다.

삼각형 BEG에서 BE + BG > EG이므로 BE + CF > EF이다.

정답은 ①이다.

[평론] ① 선분을 1배 연장하여 삼각형의 합동을 만드는 것은 기하에서 보조선을 만드는데 자주 사용되는 방법 중 하나이다.

② "선분의 수직이등분선 위의 점과 선분의 양 끝점 사이의 거리는 같다."는 정리를 사용하여 EG = EF를 증명할 수 있다. ([주] 우리는 위에서 이 정리를 증명하였다.)

답 ①

필수예제 7

오른쪽 그림에서 ∠B = 60°이고, ∠A, ∠C의 이등분선 AD, CE는 점 F에서 교차할 때, AE, CD, AC 세 선분 사이의 관계를 밝히고, 그 이유를 설명하여라.

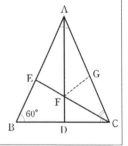

분석 tip
도형을 정확하게 그린다. 실제로 길이를 계산해보면 AE + CD = AC임을 알 수 있다. 이 주장을 증명하기 위해 (즉 두 선분의 길이의 합이 다른 한 선분의 길이와 같음) 긴 선분에서 두 선분 중 한 선분의 길이만큼 떼어낸 후 다시 긴 선분의 남은 길이와 나머지 한 선분의 길이가 같음을 증명하는 방법을 사용할 수 있다.

[증명] AC 위에 AG = AE가 되는 점 G를 잡고, 점 G와 F를 연결한다.

AD는 ∠BAC의 이등분선이므로 ∠EAF = ∠GAF이다.

△AEF와 △AGF에서 AE = AG, ∠EAF = ∠GAF, AF = AF(공통)이므로

△AEF ≡ △AGF(SAS)이다.

AD, CE는 ∠BAC, ∠ACB의 이등분선이므로

$\angle CAD = \dfrac{1}{2}\angle BAC$, $\angle ACE = \dfrac{1}{2}\angle ACB$이다.

$\angle AFC = 180° - (\angle FAC + \angle FCA)$

$= 180° - \left(\dfrac{1}{2}\angle BAC + \dfrac{1}{2}\angle ACB\right)$

$= 180° - \dfrac{1}{2}(180° - \angle B) = 90° + \dfrac{1}{2}\angle B$

$= 90° + \dfrac{1}{2} \times 60° = 120°$

이다. 그러므로 ∠AFE = 180° - 120° = 60°이다.

또, ∠AFG = ∠AFE = 60°,

∠GFC = 120° - ∠AFG = 120° - 60° = 60°,

∠DFC = ∠AFE = 60°(맞꼭지각)이다.

$\triangle FCG$와 $\triangle FCD$에서 $\angle FCG = \angle FCD$, $\angle GFC = \angle DFC = 60\,^\circ$, $FC = FC$ (공통)이므로, $\triangle FCG \equiv FCD$(ASA)이고 $GC = DC$이다.
따라서 $AC = AG + GC = AE + DC$이다.
그러므로 $\angle AFE = \angle AFG$이다.

[평론] 문제의 풀이 방법에서 다음과 같은 기하학적 결론을 얻을 수 있다.
삼각형에서 두 예각의 이등분선이 끼인 둔각은 $90\,^\circ$에 나머지 각의 절반
(즉, 문제의 결론 중 한 부분 $\angle AFC = 90\,^\circ + \dfrac{1}{2}\angle B$)을 더한 것이다.

🔖 풀이참조

[실력다지기]

01 다음 물음에 답하여라.

(1) 아래 그림에서 $AO = BO$, $CO = DO$ 이고, AD 와 BC 의 교점을 P 라 할 때, 다음 중 옳은 것을 모두 찾아라.

ㄱ $\triangle AOD \equiv \triangle BOC$.

ㄴ $\triangle APC \equiv \triangle BPD$.

ㄷ 점 P 는 $\angle AOB$ 의 이등분선 위에 있다.

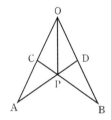

(2) 아래 그림에서 점 C 는 $\angle AOB$ 의 이등분선 위에 있는 한 점이고, 점 P, P' 는 각각 OA, OB 위에 있을 때, $OP = OP'$ 라는 결론을 얻기 위해서 아래 나열된 조건 중 어느 것이 필요한가?

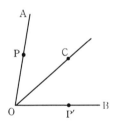

① $\angle OCP = \angle OCP'$ ② $\angle OPC = \angle OP'C$

③ $PC = P'C$ ④ $PP' \perp OC$

(3) 아래 그림에서 점 D는 △ABC의 AB 위에 있는 한 점이고, DF와 AC는 E에서 만날 때, 다음의 세 가지 조건이 있다.

① DE = EF,　② AE = CE,　③ FC ∥ AB,

하나는 결론이고 나머지 두 개는 조건으로 새로운 명제를 만들 수 있을 때, 정확한 명제의 개수를 구하여라.

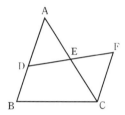

(4) 오른쪽 그림과 같이 △AFD와 △BEC에서 A, E, F, C는 동일한 직선 위에 있을 때, 아래에 네 가지 조건이 있다.

① AD = CB, ② AE = CF, ③ ∠B = ∠D, ④ AD ∥ BC.

세 개는 조건으로 나머지 하나는 결론으로 사용하여 명제를 만들고 풀이 과정을 서술하여라.

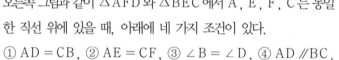

02 다음 물음에 답하여라.

(1) 오른쪽 그림에서 점 D 는 $\overline{AB}$ 위에 있고, 점 E 는 $\overline{AC}$ 위에 있으며 $\overline{CD}$, $\overline{BE}$ 는 점 O 에서 만난다.
$\overline{AD} = \overline{AE}$, $\overline{AB} = \overline{AC}$, $\angle B = 20°$ 일 때, $\angle C$ 를 구하여라.

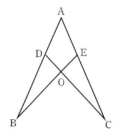

(2) 아래 그림에서 $\overline{AE} /\!/ \overline{DF}$, $\overline{AE} = \overline{DF}$, $\overline{CE} = \overline{BF}$ 일 때, $\overline{AB} /\!/ \overline{CD}$ 임을 증명하여라.

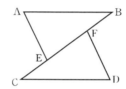

(3) 오른쪽 그림에서 $\overline{AD} \perp \overline{BC}$ 이고 점 D 는 $\overline{BC}$ 위에 있고, $\overline{BE} \perp \overline{AC}$ 이고 점 E 는 $\overline{AC}$ 위에 있으며 $\overline{AD}$, $\overline{BE}$ 는 점 F 에서 만난다. $\overline{BF} = \overline{AC}$ 일 때 $\angle ABC$ 의 크기를 구하여라.

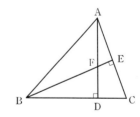

03 오른쪽 그림에서 $CD \perp AB$ 이고 점 D 는 AB 위에 있고, $BE \perp AC$ 이고 점 E 는 AC 위에 있으며 BE, CD 는 점 O 에서 만난다. AO 는 $\angle BAC$ 를 이등분할 때, $OB = OC$ 를 증명하여라.

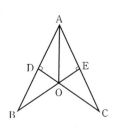

04 오른쪽 그림에서 $AB /\!/ DC$, $AD /\!/ BC$ 이고 AC 와 BD 는 점 O 에서 교차하며 $AE \perp BD$ 이고 점 E 는 BD 위에 있고, $CF \perp BD$ 이고 점 F 는 BD 위에 있을 때 합동 삼각형은 총 몇 쌍 인지 구하여라.

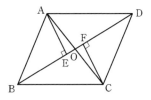

05 아래 그림에서 $\triangle ABE$ 와 $\triangle ADC$ 는 각각 $\triangle ABC$ 의 변 AB, AC 에 대하여 대칭이동한 것 이다. $\angle 1 : \angle 2 : \angle 3 = 28 : 5 : 3$ 일 때, $\angle \alpha$ 를 구하여라.

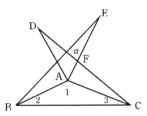

[실력 향상시키기]

06 다음 물음에 답하여라.

(1) 오른쪽 그림에서 $\triangle BDA$, $\triangle HDC$는 모두 직각이등변삼각형이고, 점 D는 $\overline{BC}$ 위에 있으며 $\overline{BH}$의 연장선과 $\overline{AC}$는 점 E에서 만난다. 이때, 합동인 삼각형을 찾고 합동조건을 써라.

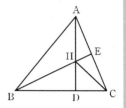

(2) 아래 그림에서 합동인 두 정육각형 ABCDEF, PQRSTU가 있으며, 점 P는 정육각형 ABCDEF의 중심에 위치하고 있다. 두 도형의 넓이가 모두 1일 때, 빗금 친 부분의 넓이를 구하여라.

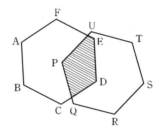

07 $\triangle ABC$에서 $\overline{AD}$는 점 D가 $\overline{BC}$ 위에 있는 중선이며 $\overline{AB} = 5$, $\overline{AC} = 3$일 때, $\overline{AD}$의 범위를 구하여라.

08 아래 그림과 같이 직각삼각형 ABC에서 ∠ACB = 90°, AC = BC, 점 D는 BC의 중점이고 CE⊥AD이며 점 E는 AD 위의 점이다. 또, BF∥CA이고 CE의 연장선과 점 F에서 만날 때, AB는 DF를 수직 이등분한다는 것을 증명하여라.

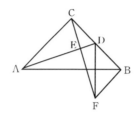

09 다음 문장을 읽고 물음에 답하여라.

> ㉠ 합동인 삼각형의 서로 대응하는 중선, 높이, 각의 이등분선은 동일하다.
> ㉡ 서로 대응하는 두 변과 그 중 한 변의 중선(또는 세 번째 변의 중선)이 동일하다면 두 삼각형은 합동이다.
> ㉢ 서로 대응하는 두 각과 그 중 한 각의 이등분선(또는 세 번째 각의 이등분선)이 동일하다면 두 삼각형은 합동이다.
> ㉣ 서로 대응하는 두 변과 그 중 한 변에 대한 높이(또는 세 번째 변에 대한 높이)가 동일하다면 두 삼각형은 합동이다.

이 중 옳은 문장은 몇 개인지 구하여라.

[응용하기]

10 아래 그림과 같이 △ABC에서 ∠C = 60°, AC > BC이고,
△ABC′, △BCA′, △CAB′는 모두 △ABC의 세 변을 한 변으로 한 정삼각형들이며,
점 D가 AC 위에 있을 때, BC = DC이다. 이때, 다음 물음에 답하여라.

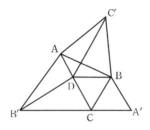

(1) △C′BD ≡ △B′DC를 증명하여라.

(2) △AC′D ≡ △DB′A를 증명하여라.

11 아래 그림에서 AC // BD, EA, EB는 각각 ∠CAB와 ∠DBA의 이등분선이고 CD는
점 E를 지날 때, AB = AC + BD 임을 증명하여라.

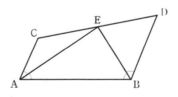

Part VI 종합

24강 새로운 연산

우리가 이미 잘 알고 있는 덧셈(+), 뺄셈(−), 곱셈(x), 나눗셈(÷)및 연산법칙 외에 여기에서는 지정된 특수 법칙에 의하여 진행되는 기타연산을 소개한다. 이것을 새로운 연산이라고 한다.

1 핵심요점

(I) 정수를 취하여 연산하기와 소수를 취하여 연산하기

x를 넘지 않는 최대정수를 취하여 하는 연산을 정수를 취하여 연산하기라고 한다. 일반적으로 $[x]$이라고 표기한다. 여기서 [ ]는 정수를 취하여 연산하는 연산기호이다.

> 예 $[3.1] = 3, \ [0.5] = 0, [-0.3] = -1, \ [-2.35] = -3$

일반적으로 $n \le x \le n+1$(n은 정수)일 때 $[x] = n$이다.

$$-2.35 \quad -0.3 \ 0.5 \qquad 3.1$$

$$\qquad [x]$$

위의 수직선에서 알 수 있듯이 x에 가장 가까운 왼쪽의 정수 점의 대응하는 정수이다.
그러므로 임의의 x는 모두

$$x-1 \le [x] \le x \ (x < [x]+1),$$

그리고 $0 \le x - [x] < 1$이다.
여기서 또 소수를 취하여 연산하기를 인용할 수 있다. : 임의의 수 x에서 $x-[x]$를 x의 소수 부분이라고 한다. 이것을 $\{x\}$라고 표기하며 $\{x\}$를 구하는 과정을 소수를 취하여 연산하기라고 한다.
{ }는 소수를 취하여 연산하기의 연산 부호이다.

> 예 $\{3.12\} = 0.12, \ \{0.3\} = 0.3, \ \{n\} = 0$($n$이 정수일 때)
>
> $\{-0.3\} = -0.3 - (-1) = 0.7$ 또는 $\{-0.3\} = -1 + 0.7 = 0.7$,
> $\{-2.35\} = -2.35 - (-3) = 0.65$ 또는 $\{-2.35\} = -3 + 0.65 = 0.65$

일반적으로 $n \le x < n+1$일 때 $\{x\} = x - n$이다.
그리고 임의의 수 x에 대하여, $0 \le \{x\} < 1$이다. 이는 수직선에서 $\{x\}$는 $[x]$와 x사이의 거리이다.
위의 정의를 통하여 정수를 취하여 연산하기와 소수를 취하여 연산하기에는 아래와 같은 관계가 있다는 것을 알 수 있다. : 임의의 수 x는 $x = [x] + \{x\}$이다.

2 필수예제

필수예제 1·1

$[a]$ 가 a를 넘지 않는 최대정수라고 하고, $[4.3]=4$, $[-4.3]=-5$일 때, 아래의 식들 중 옳은 것은?

① $[a]=|a|$ ② $[a]=|a|-1$

③ $[a]=-a$ ④ $[a]>a-1$

[풀이] 정수를 취하여 연산하는 정의를 통하여 ④ 성립함을 보일 수 있다.

그러므로 답은 ④이다.

또 다른 방법으로 객관식 문제임을 이용한다. 만약 $a=-1$일 때

$[a]=[-1]=-1$이고 $[a]=|-1|=1$, $[a]-1=|-1|-1=0$,

$-a=-(-1)=1$

이므로 ①, ②, ③은 모두 성립하지 않는다. 그러므로 ④만 성립한다.

답 ④

필수예제 1·2

다음을 계산하여라.

$[[-3.6]\times\{3.5\}\div[2.8]]\times\{-5.6\}+\{4.8\div[-1.63]\times\{-3.2\}+[-9.8]\}$

여기서, $[a]$는 a를 넘지 않는 최대정수이고 $\{a\}=a-[a]$이다.

[풀이] 원식 $=[(-4)\times0.5\div2]\times0.4+\{4.8\div(-2)\times0.8+(-10)\}$

$=[(-2)\div2]\times0.4+\{(-2.4)\times0.8-10\}$

$=[-1]\times0.4+\{-1.92-10\}=(-1)\times0.4+\{-11.92\}$

$=-0.4+0.08=-0.32$

답 -0.32

$\left[\dfrac{x}{2}\right] = 2$를 만족시키는 정수해를 구하여라.

[풀이] $2 \leq \dfrac{x}{2} < 3$이므로 $4 \leq x < 6$이다. x는 정수이므로 $x = 4$ 또는 5이다.

답 $x = 4$ 또는 5

양의 정수 n은 100보다 작고 등식 $\left[\dfrac{n}{2}\right] + \left[\dfrac{n}{3}\right] + \left[\dfrac{n}{6}\right] = n$을 만족시킨다. 여기서, $[x]$는 x를 넘지 않는 최대정수이다. 그렇다면 이러한 양의 정수 n이 몇 개인가?

① 2　　　　　② 3　　　　　③ 12　　　　　④ 16

[풀이] $n = \dfrac{3n}{6} + \dfrac{2n}{6} + \dfrac{n}{6}$이고, x가 정수가 아니라면 $[x] < x$이므로

$\left[\dfrac{n}{2}\right] + \left[\dfrac{n}{3}\right] + \left[\dfrac{n}{6}\right] = n$을 만족시키는 n은 반드시 $\dfrac{n}{2}$, $\dfrac{n}{3}$, $\dfrac{n}{6}$도 정수여야 한다.

(그렇지 않으면 $\left[\dfrac{n}{2}\right] + \left[\dfrac{n}{3}\right] + \left[\dfrac{n}{6}\right] < \dfrac{n}{2} + \dfrac{n}{3} + \dfrac{n}{6} = n$이 되어 등식이 성립하지 않는다.) 그러므로 n은 반드시 2, 3, 6으로 나누어떨어진다. 즉, n은 6의 배수이다.

100보다 작은 6의 배수는 $\left[\dfrac{100}{6}\right] = 16$개가 있다. 그러므로 답은 ④이다.

답 ④

제24단원

필수예제 3

방정식 $[x]-2\{x\}=1$을 구하여라.

(단, $[x]$는 x를 넘지 않는 최대정수이다. 또, $\{x\}=x-[x]$이다.)

[풀이] 원 방정식에서 $2\{x\}=[x]-1$ $\cdots$ (*)이다.

$[x]$가 정수이므로, $0\le\{x\}<1$이고, 그러므로 (*)에서 $0\le 2\{x\}<2$이다.

그러므로 $2\{x\}$는 정수이다. 즉, $\{x\}=0$ 또는 0.5이다.

(i) $\{x\}=0$일 때, 원 방정식에서 $[x]=1$이다.

  즉, $x=[x]+\{x\}=1+0=1$이다.

(ii) $\{x\}=0.5$일 때, 원 방정식에서 $[x]=2$이다.

  즉, $x=[x]+\{x\}=2+0.5=2.5$이다.

그러므로 원 방정식의 해는 $x=1$ 또는 2.5이다.

目 $x=1$ 또는 2.5

(Ⅱ) 진법수

한 수 x를 표시할 때

$$a_n\cdot c^n+a_{n-1}\cdot c^{n-1}+\cdots+a_2\cdot c^2+a_1\cdot c^1+a_0$$

(모든 a_i는 $0\le a_i<c$를 만족한다. $i=0,\ 1,\ 2,\ 3,\cdots,\ n$)

즉, $\overline{(a_n a_{n-1}\cdots a_2 a_1 a_0)}_c$는 수 x의 c진법수이고, 여기서 c는 밑이라고 하고 수 $\overline{(a_n a_{n-1}\cdots a_2 a_1 a_0)}_c$는 c진법 형태이다.

특별히 $c=10$일 때 통상적으로 가리키는 10진법수(( )$_{10}$을 생략한다.)이다.

어떻게 해야만 c_1진법수를 c_2진법수로 바꾸는가는 이번 소단원의 주요내용이다.

1. 십진법 수와 기타진법 수의 상호 전환

필수예제 4-1

$(2301)_4$를 십진법수로 나타내어라.

[풀이] $(2301)_4=2\times 4^3+3\times 4^2+0\times 4^1+1$

  $=2\times 64+3\times 16+1=177$이다.

目 177

10진법의 수 136을 5진법으로 나타내어라.

[풀이] $136 = 5 \times 27 + 1 = 5(5 \times 5 + 2) + 1 = 5^3 + 2 \times 5 + 1$
$$= 1 \times 5^3 + 0 \times 5^2 + 2 \times 5^1 + 1$$

즉, $136 = (1021)_5$이다.

답 $(1021)_5$

[해설] 필수예제 4-2의 해법을 더욱 간결하게 다음의 수식의 형식으로 표시할 수 있다. 그리고 이 수식을 통해서 얻어내면

$136 = (1021)_5$

```
          나머지
5 | 1 3 6  …… 1
5 |  2 7   …… 2
5 |   5    …… 0
         1
```

또 예를 들면 895를 삼진법 형태로 바꾼다면 아래의 수식을 통해서 직접 얻어낼 수 있다.

$895 = (1020011)_3$

```
          나머지
3 | 8 9 5  …… 1
3 | 2 9 8  …… 1
3 |  9 9   …… 0
3 |  3 3   …… 0
3 |  1 1   …… 2
3 |   3    …… 0
         1
```

2. 비십진법 수의 상호 전환

$(32031)_4$를 7진법수로 나타내어라.

[풀이] $(32031)_4 = 3 \times 4^4 + 2 \times 4^3 + 0 \times 4^2 + 3 \times 4^1 + 1$
$$= 768 + 128 + 12 + 1 = 909$$

아래의 수식을 통하여 알 수 있는 것은 $909 = (2436)_7$이고
그러므로 $(32031)_4 = (2436)_7$이다.

```
          나머지
7 | 9 0 9  …… 6
7 | 1 2 9  …… 3
7 |  1 8   …… 4
         2
```

답 $(2436)_7$

분석 tip
필수예제 4의 방법을 이용하여 우선 $(32031)_4$를 십진법수로 바꾸고 그 다음에 그 십진법수를 7진법수로 바꾸면 된다.

새로운 연산은 지정된 특수법칙으로 진행되는 연산이다.

앞의 (Ⅰ), (Ⅱ)에서는 정수를 취하여 연산하기와 소수를 취하여 연산하기, 진법수 등 3가지를 소개했다.

아래에서는 예를 들어서 새로운 연산에 대해서 설명하겠다.

필수예제 6·1

정수 a, b에 대하여 연산기호 $\triangle$를 $a \triangle b = a + b + ab - 1$이라고 정하고,

연산기호 $\otimes$를 $a \otimes b = a^2 - ab + b^2$이라고 정할 때, $3 \triangle (2 \otimes 4)$의 값은 ?

① 48   ② 36   ③ 42   ④ 50

[풀이] $2 \otimes 4 = 2^2 - 2 \times 4 + 4^2 = 12$이므로

$$3 \triangle (2 \otimes 4) = 3 \triangle 12 = 3 + 12 + 3 \times 12 - 1 = 50$$이다.

그러므로 답은 ④이다.

답 ④

필수예제 6·2

유리수 a, b에 대하여 연산기호 $*$를 $a * b = ab + a - b$라고 정할 때,

$a * b + (b - a) * b$는 얼마인가?

① a^{2-b} ② $b^2 - b$ ③ b^2 ④ $b^2 - a$

[풀이] $a * b + (b - a) * b$

$$= ab + a - b + (b - a)b + (b - a) - b$$

$$= ab + a - b + b^2 - ab + b - a - b$$

$$= b^2 - b$$

그러므로 답은 ②이다.

답 ②

필수예제 7·1

정수 a에 대하여 $< a > = \dfrac{a(a+1)}{2}$이다. 그러면 $b = < 8 >$일 때,

$< b >$의 값은?

① 36   ② 72   ③ 666   ④ 1332

[풀이] $b = < 8 > = \dfrac{8 \times (8 + 1)}{2} = 36$이므로

$$< b > = < 36 > = \frac{36 \times (36 + 1)}{2} = 666$$

이다. 그러므로 답은 ③이다.

답 ③

유리수에 대하여 새로운 연산 $*$ 을 다음과 같이 정의한다.

(a) 임의의 유리수 a, b에 대하여 $a*b=(a+1)\cdot(b-1)$이다.

(b) 임의의 유리수 a에 대하여 $a^{*2}=a*a$이다.

$x=2$일 때, $[3*(x^{*2})]-2*x+1$의 값을 구하면?

① 34　　　　② 16　　　　③ 12　　　　④ 6

[풀이] $x=2$일 때, $x^{*2}=2*2=(2+1)\times(2-1)=3$이므로

원식 $=[3*3]-2*3+1$

$\qquad=(3+1)\times(3-1)-(2+1)\times(2-1)+1=6$

그러므로 답은 ④이다.

답 ④

분석 tip

(1) 새로운 연산 $*$의 정의를 이용하여 주어진 방정식 $x*(1*3)=2$에서 x를 구해낸다.

(2) $2\triangle(-1)$의 값을 구하려면 주어진 조건의 $\triangle$의 정의와 $2\triangle3=3$을 통하여 a를 구해내고 (방정식 풀이가 연관된다.)
그 후에 $2\triangle(-1)$을 구할 수 있다.

유리수 a, b에 대하여 새로운 연산 $*$를 $a*b=2a-b$로 정의한다. 만약 $x*(1*3)=2$일 때 x는 얼마인가?

① 1　　　　② $\dfrac{1}{2}$　　　　③ $\dfrac{2}{3}$　　　　④ 2

[풀이] $x*(1*3)=2$일 때 $x*(2\times1-3)=2$이다. 즉, $x*(-1)=2$이다.

그러므로 $2x-(-1)=2$이다. 이를 풀면 $x=\dfrac{1}{2}$이다.

답 ②

유리수 x, y에 대하여 새로운 연산 $\triangle$를 $x\triangle y=\dfrac{2xy}{ax+4y}$라 정의한다. 단, a는 상수이고, 등식의 우변의 연산은 일반적인 사칙연산이다. 만약 $2\triangle3=3$일 때, $2\triangle(-1)$의 값을 구하여라.

[풀이] 등식 $2\triangle3=3$에서 $\dfrac{2\cdot2\cdot3}{2a+4\cdot3}=3$이다. 즉, $3(2a+12)=12$이다.

이를 풀면, $a=-4$이다. 그러므로 $x\triangle y=\dfrac{2xy}{-4x+4y}$이다.

따라서 $2\triangle(-1)=\dfrac{2\times2\times(-1)}{(-4)\times2+4\times(-1)}=\dfrac{-4}{-12}=\dfrac{1}{3}$이다.

답 $\dfrac{1}{3}$

[실력다지기]

01 다음 물음에 답하여라. 단 $[x]$는 x를 넘지 않는 최대정수이고, $\{x\}=x-[x]$이다.

(1) $x=54.32$일 때, $[x]=($ $)$, $\{x\}=($ $)$이다.

(2) $a=-54.32$일 때, $[a]=($ $)$, $\{a\}=($ $)$이다.

(3) $[x+2]=4$, $\{x\}=0.37$일 때, x를 구하여라.

(4) $x=-1$일 때, 식 $2mx^3-3nx+6$의 값은 16이다. 이때, $\left[\dfrac{2}{3}m-n\right]$의 값을 구하여라.

02 다음 방정식을 구하여라. 단 $[x]$는 x를 넘지 않는 최대정수이고, $\{x\}=x-[x]$이다.

(1) 방정식 $\left[\dfrac{x}{3}\right]=-1$의 정수해를 구하여라.

(2) 방정식 $x+2\{x\}=3[x]$의 해를 구하여라.

03 다음 물음에 답하여라.

(1) 10진법 234를 삼진법수로 나타내어라.

(2) 7진법의 수 454에서 7진법의 수 5를 나눈 결과를 7진법으로 표기하여라.

(3) 삼진법 수 $a=221$과 이진법 수 $b=10111$에서 a와 b의 대소관계를 비교하여라.

04 다음 물음에 답하여라.

(1) 유리수 a, b에 대하여 새로운 연산 $\otimes$를 $a \otimes b = b - a + 2$로 정의할 때, $3 \otimes (4 \otimes 5)$의 값을 구하여라.

(2) 유리수 a, b에 대하여 새로운 연산 $*$를 $a * b = a - b$로 정의할 때, $5 * b = 2.4$이고, $x * \{b\} = [b] * x$를 만족하는 x의 값을 구하여라. (단, $[b]$는 b를 넘지 않는 최대정수, $\{b\} = b - [b]$이다.)

05 다음 물음에 답하여라.

(1) $[a]$는 a를 초과하지 않는 최대정수를 나타낸다. $f(x) = \dfrac{x+1}{x-1}$일 때, $[f(2)] + [f(3)] + \cdots + [f(100)]$의 값을 구하여라.

(2) 유리수 a, b에 대하여 새로운 연산 $\blacktriangle$를 $a \blacktriangle b = ab + a + b$로 정의하면, $2 \blacktriangle 3 = 2 \times 3 + 2 + 3 = 11$이다. 이때, $((1 \blacktriangle 9) \blacktriangle 9) \blacktriangle 9$의 값을 구하고, 일반적으로 $(\cdots ((1 \blacktriangle 9) \blacktriangle 9) \cdots) \blacktriangle 9$의 9의 개수가 n개일 때 값을 구하여라. (단, n은 양의 정수이다.)

06 $\lfloor x \rfloor$ 는 x 보다 크지 않은 최대의 정수라고 정하고 $\lceil x \rceil$ 는 x 보다 작지 않은 최소의 정수라고
정하고 $\ulcorner x \lrcorner$ 는 x 와 가장 가까운 정수를 표시한다. (단, $x \neq n + 0.5$, n 은 정수)

예를 들면 $\lfloor 3.4 \rfloor = 3$, $\lceil 3.4 \rceil = 4$, $\ulcorner 3.4 \lrcorner = 3$ 이다.

방정식 $3 \lfloor x \rfloor + \lceil x \rceil + \ulcorner x \lrcorner = 6$ 의 해를 구하면? (단, x 는 유리수이다.)

① $1 < x < 1.5$ 를 만족하는 모든 유리수

② $1 < x < 2$ 를 만족하는 모든 유리수

③ $1 < x < 1.5$ 나 $1.5 < x < 2$ 를 만족하는 모든 유리수

④ 위의 답은 모두 틀리다.

07 x, y 는 유리수이고, 순서쌍 (x, y) 에 대하여 덧셈과 곱셈을 다음과 같이 정의한다.

$(x_1, y_1) + (x_2, y_2) = (x_1 + x_2, y_1 + y_2)$,

$(x_1, y_1) \cdot (x_2, y_2) = (x_1 x_2 - y_1 y_2, x_1 y_2 + y_1 x_2)$

이때, 성립되지 않는 연산 규칙을 고르시오.

① 곱셈교환법칙 : $(x_1, y_1) \cdot (x_2, y_2) = (x_2, y_2) \cdot (x_1, y_1)$

② 곱셈결합법칙 : $((x_1, y_1) \cdot (x_2, y_2)) \cdot (x_3, y_3) = (x_1, y_1) \cdot ((x_2, y_2) \cdot (x_3, y_3))$

③ 곱셈의 덧셈분배법칙 :

   $(x, y) \cdot ((x_1, y_1) + (x_2, y_2)) = (x, y) \cdot (x_1, y_1) + (x, y) \cdot (x_2, y_2)$

④ 덧셈의 곱셈분배법칙 :

   $(x, y) + ((x_1, y_1) \cdot (x_2, y_2)) = ((x, y) + (x_1, y_1)) \cdot ((x, y) + (x_2, y_2))$

08 0이 아닌 유리수 a, b, c에 대하여 새로운 연산 $*$이

$$a * a = 1, \ a * (b * c) = (a * b)c$$

를 만족한다. 이때, 방정식 $x^2 * 19 = 99x$의 해를 구하여라. (단, $x \neq 0$이다.)

09 세 수 a, b, c 가 $2b = a + c$를 만족할 때, a, b, c는 순서대로 등차수열이 된다. 양의 유리수 x에 대한 3개의 수 x, $[x]$, $\{x\}$를 적당히 배열하여 이 3개의 수가 등차수열로 배열될 때 x의 값을 구하여라. (단, $[x]$는 x를 넘지 않는 최대정수이다. 또, $\{x\} = x - [x]$이다.)

[응용하기]

10 다음 물음에 답하여라.

(1) 유리수 x, y에 대하여 새로운 연산 $\blacktriangle$를 $x \blacktriangle y = ax + by$ (a, b는 상수)로 정의한다. $1 \blacktriangle 2 = 5$, $2 \blacktriangle 3 = 8$이면, $3 \blacktriangle 4$의 값을 구하여라.

(2) 유리수 x, y에 대하여 새로운 연산 $*$를 $x * y = ax + by + c$ (a, b, c가 상수)로 정의한다. $3 * 5 = 15$, $4 * 7 = 28$이면 $1 * 1$의 값을 구하여라.

11 양의 정수 n의 'H 연산'을 다음과 같이 정의했을 때, 물음에 답하여라.

n이 홀수일 때, $H = 3n + 13$;

n이 짝수일 때, $H = n \times \dfrac{1}{2} \times \dfrac{1}{2} \times \cdots$ (여기서 H 는 홀수이다.)

$3 H$ 연산을 1 번 거쳐서 나온 결과는 22 이다. H 연산을 2 번 거쳐서 나온 결과는 11 이다. H 연산을 3 번 거쳐서 나온 결과는 46 이다.

(1) 257 을 257 번 H 연산을 거쳐서 얻은 결과를 구하여라.

(2) 상수 a 를 H 연산 두 번을 거치면 다시 상수 a 가 될 때, a 의 값을 구하여라.

부록 나누어떨어짐에서의 개수 계산공식

1. $1 \sim n$(n은 1보다 큰 정수)까지의 n개의 정수에서 정수 a로 나누어떨어지는 수는 $\left[\dfrac{n}{a}\right]$ 개다.

   여기서, $[x]$는 x를 넘지 않는 최대의 정수를 표시한다.

2. $n \times (n-1) \times \cdots \times 3 \times 2 \times 1$를 '$n!$'라 표기하며, '$n$의 계승' 또는 '$n$팩토리얼'이라고 읽는다.

   또한 양의 정수 '$n!$'가 인수 p(p는 소수)의 개수를 구하는 방법을 다음과 같다.

   $$\left[\frac{n}{p}\right] + \left[\frac{n}{p^2}\right] + \left[\frac{n}{p^3}\right] + \cdots$$

   그 중 $[x]$는 x를 넘지 않는 최대의 정수이다.

   예를 들면 47!은 인수 3을 아래의 개수만큼 포함한다.

   $$\left[\frac{47}{3}\right] + \left[\frac{47}{3^2}\right] + \left[\frac{47}{3^3}\right] \text{(0까지는 쓰지 않는다.)}$$

   $\therefore$ $15 + 5 + 1 = 21$개이다.

   그러므로 $47! = 3^{21} \cdot N$이라고 표시한다. (N은 3으로 나누어떨어지지 않는 양의 정수)

25강 정수의 합동, 끝자리 수 특징

Ⅰ. 정수의 합동

1 핵심요점

임의의 두 정수 a, b에 대하여 $b \neq 0$일 때, $a = qb + r(0 \leq r < |b|)$를 만족하는 유일한 정수 q(몫이라 함)와 유일한 정수(나머지라 함) r이 존재한다.[주1] 특히 나머지 수 $r = 0$일 때, a는 b로 나누어떨어진다고 하며 $b|a$로 표기한다. 일반적으로, $b|(a-r)$이다.

1. 합동의 정의
두 정수 a와 b를 같은 자연수 m으로 나누었을 때 나머지가 동일할 때, a와 b는 m에 대해 **합동**이라고 한다.[주2]

2. 합동의 성질
① a와 b가 m에 대해 합동이면 $m|(a-b)$이다. 역도 성립하며 $m|(a-b)$이면 a와 b는 m에 대해 합동이다.

② 합차의 합동성 : a와 b가 m에 대해 합동이고 c와 d가 m에 대해 합동이면, $a+c$와 $b+d$(또는 $a-c$와 $b-d$)도 m에 대해 합동이다.

③ 곱셈의 합동성 : a와 b가 m에 대해 합동이고 c와 d가 m에 대해 합동이면, ac와 bd도 m에 대해 합동이다.

■ a와 b가 m에 대해 합동이면 다음이 성립한다.
- an과 bn은 m에 대해 합동(n은 0이 아닌 정수임)이다.
- a^2와 b^2는 m에 대해 합동이다.
- a^n와 b^n는 m에 대해 합동(n은 자연수임)이다.

3. 나머지를 이용한 분류
앞에서 일부 정수의 분류방법에 대해 이미 배운 적이 있다.

① 정수를 양의 정수, 0과 음의 정수로 분류할 수 있다.

② 약수의 개수에 따라 소수, 합성수, 1의 세 종류로 나눌 수 있다.

③ 홀수, 짝수로 분류할 수 있다. 사실상 홀수와 짝수는 정수를 2로 나누었을 때의 나머지에 의해 구분된다.

④ 더욱 일반적인 상황은 정수를 m에 대한 나머지로 분류하는 것으로 m에 대한 정수의 나머지는 순서대로 0, 1, 2, $\cdots$, $m-1$이다. 따라서 전체 정수를 m류로 나눌 수 있고, 제i류 라는 것은 나머지가 i인 수를 말한다. $(i = 1, 2, 3, \cdots, m-1, 0)$

---

1) [주] 이 식은 일반적으로 "나머지를 갖는 나눗셈" 이라고 부른다.
2) [주] a와 b가 법 m에 대해 합동이라고 하기도 한다. $a \equiv b \pmod{m}$ 이라고 적는다.

2 필수예제

분석 tip
분석 tip
50, 72, 157을 a로 나눈 나눗셈 식을 구한 후, a를 구하고, 검산을 한다.

필수예제 1

50, 72, 157을 각각 양의 정수 a로 나누었을 때 나머지의 합이 27일 때, 가능한 a를 모두 구하여라.

[풀이] $50 = x_1 a + y_1$, $72 = x_2 a + y_2$, $157 = x_3 a + y_3$이라 하자.

세 식을 변변 더하면 $279 = (x_1 + x_2 + x_3)a + (y_1 + y_2 + y_3)$이다.

$y_1 + y_2 + y_3 = 27$이므로 $252 = (x_1 + x_2 + x_3)a$이다.

따라서 a는 10이상 50이하인 252의 약수이고, $252 = 3^2 \times 2 \times 7$이므로 가능한 a는 14, 18, 21, 42이다. 이를 대입하여 확인하면 18, 21만 가능하다.

답 18, 21

분석 tip
$a = bq + r$이면 $b|(a-r)$이다.

필수예제 2

세 자리 자연수가 하나 있다. 이 수를 2, 3, 4, 5, 7로 각각 나누었는데 나머지는 모두 1일 때, 이런 성질을 가진 가장 작은 세 자리 수와 가장 큰 세 자리 수를 각각 구하여라.

[풀이] 이 수를 n이라 하면, $n-1$은 2, 3, 4, 5, 7로 나누어떨어진다.

또, 2, 3, 4, 5, 7의 최소공배수는 420이므로, 가장 작은 세 자리 수는 $420 + 1 = 421$이고, 가장 큰 세 자리 수는 $2 \times 420 + 1 = 841$이다.

[평론] 나머지 문제를 이미 배운 적이 있는 최소공배수 문제로 바꾼다. 이것은 수학문제를 푸는데 자주 사용되는 전환 방법이다.

답 421, 841

분석 tip
$81 = 13 \times 6 + 3$이다. 합의 합동성과 곱의 합동성을 이용하면 나머지를 구할 수 있다.

필수예제 3

3^{2000}을 13으로 나누면 나머지를 구하여라.

[풀이] $3^{2000} = (3^4)^{500} = (13 \times 6 + 3)^{500}$이므로 3^{2000}과 3^{500}은 13에 대해 합동이다.

또 $3^{500} = (3^4)^{125} = (13 \times 6 + 3)^{125}$이므로 3^{500}과 3^{125}은 13에 대해 합동이다.

또 $3^{125} = 3^{124} \times 3 = (3^4)^{31} \times 3 = (13 \times 6 + 3)^{31} \times 3$이므로 3^{125}과 $3^{31} \times 3 = 3^{32}$은 합동이다.

또 $3^{32} = (3^4)^8 = \{(3^4)^4\}^2 = \{(13 \times 6 + 3)^4\}^2$이므로 3^{32}과 $3^2(=9)$는 합동이다.

따라서 3^{2000}을 13으로 나누었을 때 나머지는 9이다.

답 9

분석 tip

123123⋯123을 7로 나누었
$\underbrace{}_{2001개의\ 123}$
을 때의 나머지를 구하면 무슨
요일인지 알 수 있다.

필수예제 4

오늘이 토요일 일 때, $\underbrace{123123\cdots123}_{2001개의\ 123}$ 일 후는 무슨 요일인지 구하여라.

[풀이] $123123 = 123 \times 1001 = 123 \times 13 \times 11 \times 7$이므로

$\underbrace{123\cdots123}_{2001개의123} = \underbrace{123\cdots123}_{2000개의123}000 + 123 = 7$의 배수 $+4$이다.

또 $4 = 1 + 3$이므로 정답은 수요일이다.

🗒 수요일

분석 tip

23보다 큰 임의의 정수를 5로
나누면 $5k$, $5k+1$, $5k+2$,
$5k+3$, $5k+4$ 중의 하나이다.

필수예제 5

23보다 큰 임의의 정수는 모두 몇 개의 5와 7을 서로 더해 만들 수 있음을 증명하여라.

[풀이] $24 = 2 \times 5 + 2 \times 7$, 즉, 24는 두 개의 7과 두 개의 5의 합으로 나타낼 수 있다.

24보다 큰 임의의 정수는 $5k$, $5k+1$, $5k+2$, $5k+3$, $5k+4$중의 하나이고, $k \geq 5$이다. a를 24보다 큰 정수라 하자.

(i) $a = 5k$일 때, a는 k개의 5를 더해 얻어진다.

(ii) $a = 5k+1$일 때, $5k+1 = 5(k-4) + 3 \times 7$이므로 a는 $k-4$개의 5와 3개의 7을 더해 얻어진다.

(iii) $a = 5k+2$일 때, $5k+2 = 5(k-1) + 7$이므로 a는 $k-1$개의 5와 1개의 7을 더해 얻어진다.

(iv) $a = 5k+3$일 때, $5k+3 = 5(k-5) + 4 \times 7$이므로 a는 $k-5$개의 5와 4개의 7을 더해 얻어진다.

(v) $a = 5k+4$일 때, $5k+4 = 5(k-2) + 2 \times 7$이므로 a는 $k-2$개의 5와 2개의 7을 더해 얻어진 것이다.

따라서 23보다 큰 임의의 정수는 모두 몇 개의 5와 7을 더해 만들 수 있다.

🗒 풀이참조

1 핵심요점

어느 자연수의 끝자리 수라는 것은 이 자연수의 일의 자리 수를 말한다. 그러므로 어느 자연수의 일의 자리 수는 모두 0, 1, 2, 3, 4, 5, 6, 7, 8, 9 중 하나만 가능하다.

1. 일의 자리 수의 몇 가지 뚜렷한 성질

(1) 한 자리 수의 일의 자리 수는 그 숫자 자체이다.

(2) 자연수의 합의 일의 자리 수는 이 자연수들의 일의 자리 수의 합의 끝자리 수이다.

(3) 자연수의 곱의 일의 자리 수는 이 자연수들의 일의 자리 수의 곱의 끝자리 수이다.

특히, 어느 자연수를 거듭제곱한 수의 일의 자리 수는 이 정수의 일의 자리 수를 거듭제곱한 수의 일의 자리 수이다.

2. 자연수에 양의 정수 거듭제곱을 한 한 자리 수

우리는 실제 계산을 통해 자연수에 양의 정수 거듭제곱을 한 한 자리 수에 명확한 규칙이 있음을 알 수 있다. 즉, 주기적인 순환 규칙이다.

n $u(\mathrm{P}^n)$ P	1	2	3	4	5	6	7	8	9	⋯
0	0	0	0	0	0	0	0	0	0	⋯
1	1	1	1	1	1	1	1	1	1	⋯
2	2	4	8	6	2	4	8	6	2	⋯
3	3	9	7	1	3	9	7	1	3	⋯
4	4	6	4	6	4	6	4	6	4	⋯
5	5	5	5	5	5	5	5	5	5	⋯
6	6	6	6	6	6	6	6	6	6	⋯
7	7	9	3	1	7	9	3	1	7	⋯
8	8	4	2	6	8	4	2	6	8	⋯
9	9	1	9	1	9	1	9	1	9	⋯

$u(\mathrm{N}^n)$을 사용하여 N^n의 일의 자리 수(N은 자연수, n은 양의 정수)를 기록한다.

P는 N의 일의 자리 수이다. $u(\mathrm{N}^n) = u(\mathrm{P}^n)$이다. 즉 N^n과 P^n의 일의 자리 수는 동일하다. 그러므로 0, 1, 2, 3, 4, 5, 6, 7, 8, 9의 n제곱의 일의 자리 수의 규칙만 생각하면 된다.

위의 표를 만들어서 다음과 같은 사실을 발견할 수 있다.

(1) P = 0, 1, 5, 6일 때, P^n의 일의 자리 수는 n에 있어 하나의 수가 순환되어 나타난다. (간단하게 1을 주기로 하는 주기성이라고 부른다.)

(2) P $=4$, 9일 때, P^{n}의 일의 자리 수는 n에 있어 두 수가 순환되어 나타난다. (간단하게 2를 주기로 하는 주기성이라고 부른다.)

(3) P $=2$, 3, 7, 8일 때, P^{n}의 일의 자리 수는 n에 있어 네 수가 순환되어 나타난다. (간단하게 4를 주기로 하는 주기성이라고 부른다.)

편의를 위해 위의 결과를 통칭하여 다음과 같이 정의한다. 0이 아닌 임의의 자연수 N의 양의 정수 제곱승의 일의 자리 수는 모두 4를 주기로 순환하여 나타난다.

즉, $u(P^{4k+r}) = u(P^r)$, $u(P^{4k}) = u(P^4)$이며 식에서 $k = 1$, 2, 3, $\cdots$이고 $r = 1$, 2, 3이다.

예 3^{2005}의 일의 자리 수를 구할 때, $2005 = 4 \times 501 + 1$이므로
$$u(3^{2005}) = u(3^{4 \times 501 + 1}) = u(3^1) = 3 \text{이다.}$$

3. 일부 자연수의 양의 정수 거듭제곱의 마지막 두 자리 수

(1) $5^n (n > 1$인 자연수)의 마지막 두 자리 수는 언제나 25이다.

(2) $6^n (n > 1$인 자연수)의 마지막 두 자리 수는 언제나 "36, 16, 96, 76, 56"이 돌아가면서 나타난다.

(3) $7^n (n > 1$인 양의 정수)의 마지막 두 자리 수는 언제나 "07, 49, 43, 01"이 돌아가면서 나타난다.

(4) $76^n (n > 1$인 양의 정수)의 마지막 두 자리 수는 언제나 76이다.

2 필수예제

필수예제 6

수 7^1, 7^2, 7^3, $\cdots$, 7^{2015}에서 일의 자리의 수가 3인 수의 개수를 구하여라.

[풀이] $7^3 = 343$이고 7의 양의 정수 거듭제곱의 끝자리 수는 4를 주기로 하는 주기성을 가지고 있다.

$2015 = 4 \times 503 + 3$이므로 마지막 자리수가 3인 수는 504개이다.

답 504개

필수예제 7

$7^7 = m$, $7^m = n$일 때, 7^n의 마지막 세 자리 수를 구하여라.

분석 tip
7의 양의 정수 거듭제곱의 마지막 세 자리수로부터 규칙을 찾고 주기를 찾은 후 7^n의 마지막 세 자리수와 7의 낮은 거듭제곱 중 동일한 마지막 세 자리 수를 구한다.

[풀이] 7^1, 7^2, 7^3, $\cdots$의 마지막 세 자리 수는 차례대로 007, 049, 343, 401, 807, 649, 543, 801, 607, 249, 743, 201, 407, 849, 943, 601, 207, 449, 143, 001, 007, $\cdots$이다.

이것으로부터 7^{21}과 7^1의 마지막 세 자리수가 모두 007로 같음을 알 수 있다.

7^n의 마지막 세 자리 수는 순환하며 나타나고, 주기는 20이다.

즉, 7^{20k+r}과 7^r의 마지막 세 자리 수는 같다. (단, k는 음의 정수가 아니고, $1 \leq r \leq 20$이다.)

위의 내용으로 7^7의 마지막 세 자리수가 543이라는 것을 알 수 있으므로 $7^7 = 20P + 3$(여기서 P는 양의 정수)이다.

따라서 $n = 7^m = 7^{20P+3}$이고, n의 마지막 세 자리수와 7^3의 마지막 세 자리 수는 343으로 같다.

따라서 $n = 1000c + 343 = 1000c + 20 \times 17 + 3 = 20q + 3$이고, c, q는 양의 정수이다.

$7^n = 7^{20q+3}$이므로 7^n의 마지막 세 자리수와 7^3의 마지막 세 자리 수는 343으로 같다.

[평론] 여기에서 마지막 세 자리수가 출현하는 규칙은 스스로 찾아야 하고, 나머지를 가진 나눗셈 식을 사용해야 한다.

🖩 343

필수예제 8

양의 정수를 5, 7, 9, 11로 나눈 나머지가 차례대로 1, 2, 3, 4일 때, 이 조건을 만족시키는 가장 작은 양의 정수를 구하여라.

분석 tip
우선 9로 나누어 3이 남는 수를 나열한다.
3, 12, 21, 30, 39, 48, 57, …
다음 11로 나누어 4가 남는 수를 나열한다.
4, 15, 26, 37, 48, 59, …
위에 나열한 두 줄의 수에서 첫 번째 공통수는 48로 9로 나누면 3이 남고 11로 나누면 4가 남는다. 그러므로 문제에서 구하는 가장 작은 수는 11과 9의 최소공배수인 99의 배수에 48을 더한 수 $99k + 48$ (k는 음이 아닌 정수)이다.
그런 다음 다시 5로 나누면 1이 남는 수의 끝자리 수의 특징에 근거하여 k가 될 수 있는 값을 찾고 7로 나누었을 때 나머지가 2인지 확인한다.

[풀이] 9로 나누었을 때 나머지가 3이고, 11로 나누었을 때 나머지가 4인 수는 $N = 99k + 48$이다. (분석 tip 참고) 단, k는 음이 아닌 정수이다.

N을 5로 나누었을 때 나머지가 1인 수의 일의 자리 수는 1 또는 6이다. 그러므로 k의 일의 자리 수는 반드시 2 또는 7이다.

$k = 2$일 때 N = 246이고, $k = 7$일 때 N = 741이며, $k = 12$일 때 N = 1236이고, $k = 17$일 때 N = 1731이다.

이를 7로 나누었을 때 나머지가 2인 수를 찾으면 $1731 = 7 \times 247 + 2$이다. 그러므로 주어진 조건을 만족하는 가장 작은 수는 1731이다.

🖩 1731

[실력다지기]

01 다음 물음에 답하여라.

(1) 두 자리 수로 2003을 나누면 8이 남는다. 이런 두 자리 수의 총 개수를 구하고, 가장 큰 두 자리 수를 구하여라.

(2) 양의 정수 A를 3으로 나누면 2가 남고 4로 나누면 1이 남는다. A를 12로 나누었을 때 나머지를 구하여라.

02 $A \div B = C \cdots 8$ 이 성립할 때, $A + B + C = 2178$이라면 A의 값을 구하여라.

03 어느 시에서 중학생 운동회를 개최하여, 7천여 명의 사람이 개막식에 참가하였다. 한 줄에 10명씩 섰을 때 1명이 남았으며 각각 9명, 8명, 7명, 6명, 5명, 4명, 3명씩 섰을 때도 모두 1명씩이 남았다. 개막식에 참가한 인원수를 구하여라.

04 다음 물음에 답하여라.

(1) 2002년 10월 1일은 화요일일 때, 2008년 10월 1일은 무슨 요일인지 구하여라.
(단, 2004년과 2008년은 윤년이므로 2월 29일이 있다.)

(2) 오늘이 일요일 일 때, 오늘부터 계산했을 때 11 ⋯ 1(2000개의 1)일 후엔 무슨 요일인지 구하여라.

05 다음 물음에 답하여라.

(1) $2^{20} + 3^{21} + 7^{20}$의 일의 자리 수를 구하여라.

(2) 1, 2, 3, ⋯, 100 중에서 2로 나누어떨어지지 않으면서 5로도 나누어떨어지지 않는 모든 수를 곱한 수의 일의 자리 수를 구하여라.

06 $3^{2013} \times 7^{2014} \times 13^{2015}$ 의 일의 자리 수를 구하여라.

07 양의 정수 n에 대해서 $f(n)$은 $1 + 2 + \cdots + n$ 의 일의 자리 수를 나타낸다. 예를 들어 $f(1) = 1$, $f(2) = 3$, $f(5) = 5$일 때, $f(1) + f(2) + \cdots + f(2014)$ 를 구하여라.

08 상암 축구 학교에서 세 명의 코치가 선수들을 데리고 달리기를 하고 있다. 선수들이 2명이 한 줄로 서면 마지막 줄에 한 명이 남고, 3명이 한 줄로 서면 마지막 줄에 2명이 남는다. 코치와 선수들이 함께 한 줄에 5명씩 서면 정확히 떨어진다. 선수 인원수가 총 250명 정도라고 할 때 달린 인원수는 몇 명인가?

① 230   ② 250   ③ 260   ④ 280

09 세 자연수 n, $n+8$, $n+16$을 소수로 만드는 자연수 n을 모두 구하여라.

[응용하기]

10 임의의 양의 정수 N(예를 들면 248과 같이)이 있다. 1984라는 네 수를 적당히 섞어 만든 네 자리 수 $a_3a_2a_1a_0$(8194와 같이)은 $7 \,|\, (248 + 8194)$가 성립한다. 임의로 주어진 양의 정수 N에 대해 1984라는 네 수를 적당히 섞어 만든 네 자리 수 $a_3a_2a_1a_0$(8194와 같이)이 $7 \,|\, (N + a_3a_2a_1a_0)$가 되도록 하는지 증명하여라.

11 2002보다 큰 홀수가 하나 있다. 이 수는 33으로 나누어떨어지고, 이 수에 1을 더하면 4로 나누어떨어지며, 2를 더하면 5로 나누어떨어진다. 이 수에서 3을 빼면 6으로 나누어떨어질 때, 이 조건을 만족시키는 가장 작은 수를 구하여라.

26강 완전제곱수

1 핵심요점

- 정의 : a는 자연수일 때 $N = a^2$이라면 N을 완전제곱수라고 부른다.
- 완전제곱수의 기본적인 특징
(1) 완전제곱수의 일의 자리 수는 0, 1, 4, 5, 6, 9만이 가능하다. (이것은 25강의 일의 자리 수 표에서도 찾아볼 수 있다.)
(2) 홀수의 제곱은 홀수이고, 4로 나누면 1이 남는다. 짝수의 제곱은 짝수이며 4로 정확히 나누어떨어진다.
이것은 $(2k+1)^2 = 4k(k+1)+1$, $(2k)^2 = 4k^2$으로 증명된다.
(3) 위의 특징 (2)를 사용하여 즉시 다음을 얻을 수 있다.
① 두 정수의 제곱의 합을 4로 나누었을 때 나머지는 0, 1, 2만 가능하다.
② 두 정수의 제곱의 차를 4로 나누었을 때 나머지는 0, 1, 3만 가능하다.
③ 두 홀수의 제곱의 합은 절대로 완전제곱수가 아니다.
(4) 서로 이웃하는 두 완전제곱수 사이에는 또 다른 완전제곱수가 있을 수 없다.
(5) 홀수의 제곱의 십의 자리 수는 반드시 짝수이다.
이 홀수가 10보다 작을 경우는 바로 알 수 있다. 이 홀수가 10보다 클 경우 홀수를 $a = 10q+r$(r은 1, 3, 5, 7, 9)이라고 하면 $a^2 = 100q^2 + 20qr + r^2$이므로 a^2의 십의 자리 수는 $2qr$과 r^2의 십의 자리 수의 합과 같으며 짝수이다.
(6) 완전제곱수의 일의 자리 수가 6이라면 십의 자리 수는 반드시 홀수이다.
(7) 3으로 나누어떨어지지 않는 수의 제곱은 3으로 나누면 1이 남는다. 3으로 나누어떨어지는 수의 제곱은 반드시 9로 나누어떨어진다.
(8) 양의 정수의 약수의 개수가 홀수이면 이 양의 정수는 반드시 완전제곱수이다. 역으로 양의 정수가 완전제곱수라면 약수의 개수는 반드시 홀수이다.

이것으로 다음과 같이 종합해볼 수 있다. 정수 a에 아래 나열된 상황 중 하나라도 해당이 된다면 이 수는 반드시 완전제곱수가 아니다.

> ① 일의 자리가 2, 3, 7, 8인 수
> ② 일의 자리와 십의 자리가 모두 홀수인 수
> ③ 일의 자리가 6이고 십의 자리가 짝수인 수
> ④ 4로 나누었을 때 나머지가 2 또는 3인 수
> ⑤ 8로 나누었을 때 나머지가 2, 3, 5, 6, 7인 수
> ⑥ 3으로 나누었을 때 나머지가 2인 수
> ⑦ 서로 이웃하는 두 완전제곱수 사이의 수
> ⑧ 모든 약수의 개수가 짝수인 수

2 필수예제

분석 tip

우선 $1^2+2^2+3^2+\cdots+10^2$ 의 일의 자리 수에서 규칙을 찾아낸다. 그런 다음 연속되는 2014개의 제곱의 합의 일의 자리 수를 구한다.

필수예제 1

1에서 2014까지의 연속되는 자연수의 제곱의 합 $1^2+2^2+3^2+\cdots+2014^2$의 일의 자리 수를 구하여라.

[풀이] $1^2+2^2+3^2+\cdots+10^2$의 일의 자리 수는 5이고,

$11^2+12^2+13^2+\cdots+20^2$의 일의 자리 수도 5이다.

$1^2+2^2+3^2+\cdots+100^2$의 일의 자리 수는 0이므로

$1^2+2^2+3^2+\cdots+2000^2$의 일의 자리 수는 0이다.

따라서 $1^2+2^2+3^2+\cdots+2012^2+2013^2+2014^2$의 일의 자리 수는 $5+1+4+9+6$의 일의 자리 수이다. 즉, 5이다.

답 5

필수예제 2

자연수 a가 완전제곱수일 때, a와의 차가 제일 작으면서 a보다 큰 완전제곱수를 구하여라. 단, $x^2=a$일 때, $x=\sqrt{a}\,(x>0)$임을 이용하여라.

[풀이] a는 완전제곱수이므로 $\sqrt{a}$는 자연수이다.

$\sqrt{a}$와 연속한 자연수는 $\sqrt{a}+1$이므로 a보다 크면서 a와의 차가 가장 작은 완전제곱수는 $(\sqrt{a}+1)^2=a+2\sqrt{a}+1$이다.

답 $a+2\sqrt{a}+1$

분석 tip

$\overline{2x9y1}$은 제곱수이므로 $a^2=\overline{2x9y1}$이라고 하면, 우선 a의 범위를 정한다. 다섯 자리 수의 일의 자리 수는 1이므로 a의 일의 자리 수는 1 아니면 9만 가능하다. 열거법을 이용하여 x, y의 값을 구한다.

필수예제 3

다섯 자리 수 $\overline{2x9y1}$은 어느 자연수의 제곱일 때, $3x+7y$를 구하여라.

[풀이] $141^2=19881$이고, $179^2=32041$이므로 $141<a<179$이다.

a의 일의 자리 수는 1 또는 9이다.

$a=149$일 때 $a^2=22201$이므로 적합하지 않다.

$a=151$일 때 $a^2=22801$이므로 적합하지 않다.

$a=159$일 때 $a^2=25281$이므로 적합하지 않다.

$a=161$일 때 $a^2=25921$이므로 적합하고, 이때, $x=5$, $y=2$이다.

$a=169$일 때 $a^2=28561$이므로 적합하지 않다.

$a=171$일 때 $a^2=29241$이므로 적합하지 않다.

그러므로 $x=5$, $y=2$이고 $3x+7y=29$이다.

[평론] 열거법은 경시대회 문제를 푸는데 자주 사용되는 방법으로 가끔은 문제의 조건을 사용하여 범위를 줄이고 열거하는 수를 줄일 수 있다.

답 29

앞의 두 자리 수와 뒤의 두 자리 수의 합을 제곱한 수가 바로 이 네 자리수인 네 자리수를 모두 구하여라.

[풀이] 앞, 뒤 두 자리 수를 각각 x, y라고 하면,

$10 \leq x, y \leq 99$이고, $(x+y)^2 = 100x+y$이다.

그러므로 $x+y$의 일의 자리 수의 제곱은 y의 일의 자리 수와 같다.

y의 일의 자리 수가 0인 경우, $y = 0$이고, $x^2 = 100x$이다. 이때, $x = 0$ 또는 100인데, 이는 두 자리 수가 아니다.

네 자리 수이므로 $a^2 = 100x+y$라고 하자. 즉, $1000 \leq a^2 < 10000$이다. 따라서 $32 \leq a < 100$이다.

y의 일의 자리 수가 1인 경우, $41^2 = 1681$, $51^2 = 2601$, $61^2 = 3721$, $71^2 = 5041$, $81^2 = 6561$, $91^2 = 8281$는 모두 주어진 조건을 만족하지 않는다.

y의 일의 자리 숫자가 6인 경우, $36^2 = 1296$, $46^2 = 2116$, $56^2 = 3136$, $66^2 = 4356$, $76^2 = 5776$, $86^2 = 7396$, $96^2 = 9126$는 모두 주어진 조건을 만족하지 않는다.

y의 일의 자리 숫자가 5인 경우, $35^2 = 1225$, $45^2 = 2025 (20+25 = 45)$, $55^2 = 3025 (30+25 = 55)$, $65^2 = 4225$, $75^2 = 5625$, $85^2 = 7225$, $95^2 = 9025$이므로

2025, 3025만 문제의 조건에 맞는다.

그러므로 이런 네 자리 수는 2025와 3025이다.

답 2025, 3025

8보다 작지 않은 자연수 n이 있다. $3n+1$이 완전제곱수이고 $n+1$은 모두 최대 k개의 완전제곱수의 합으로 나타낼 수 있을 때, k의 값은?

① 1　　　　　② 2　　　　　③ 3　　　　　④ 4

[풀이] $3n+1 = a^2$라고 하면, $3 \nmid a$이다. 그러므로 $a = 3t+1$ 또는 $a = 3t+2$이다. 단, t는 정수이다.

$a = 3t+1$일 때, $a^2 = 9t^2+6t+1$이고, $3n+1 = 9t^2+6t+1$이므로 $n = 3t^2+2t$이다. 따라서 $n+1 = 3t^2+2t+1 = t^2+t^2+(t+1)^2$이다.

$a = 3t+2$일 때, $a^2 = 9t^2+12t+4$이고, $3n+1 = 9t^2+12t+4$이므로 $n = 3t^2+4t+1$이다. 따라서 $n+1 = 3t^2+4t+2 = t^2+(t+1)^2+(t+1)^2$이다.

따라서 답은 ③이다.

[평론] 이 문제는 제19회 이란 수학경시대회 문제의 특별한 경우이다.

원래 문제는 다음과 같다.

p와 n은 양의 정수이고, p는 소수이며, $1+np$는 완전제곱수이다.

이때, $n+1$은 p개의 완전제곱수의 합으로 나타낼 수 있음을 증명하여라.

[증명] $np+1=k^2$라고 하면, $np=(k+1)(k-1)$이다.

$p|(k-1)$이면 $k=p\mathrm{L}+1$인 정수 L이 존재한다.

즉, $np+1=k^2=(p\mathrm{L}+1)^2=p^2\mathrm{L}^2+2p\mathrm{L}+1$, $np=p^2\mathrm{L}^2+2p\mathrm{L}$,

$n=p\mathrm{L}^2+2\mathrm{L}$이다.

그러므로 $n+1=p\mathrm{L}^2+2\mathrm{L}+1=(p-1)\mathrm{L}^2+(\mathrm{L}+1)^2$이다.

$p|(k+1)$이면 $k=p\mathrm{L}-1$인 정수 L이 존재한다.

즉, $np+1=k^2=(p\mathrm{L}-1)^2=p^2\mathrm{L}^2-2p\mathrm{L}+1$이다.

그러므로 $n+1=p\mathrm{L}^2-2\mathrm{L}+1=(p-1)\mathrm{L}^2+(\mathrm{L}-1)^2$이다.

답 ③

필수예제 6

네 자리 수 $\overline{abcd}$의 각 수의 합 $a+b+c+d$는 완전제곱수이고, 순서를 거꾸로 바꾼 네 자리 수 $\overline{dcba}$는 원래의 수보다 4995 클 때, 이 조건을 만족시키는 네 자리 수의 총 개수를 구하여라.

분석 tip

$\overline{abcd}$, $\overline{dcba}$는 십의 거듭제곱 표시법을 사용하여 나타낼 수 있다. 그런 다음

$\overline{dcba}-\overline{abcd}=4995$를 만족하는 a, b, c, d가 될 수 있는 값을 구한다.

[풀이] $\overline{abcd}=1000a+100b+10c+d$이고, $\overline{dcba}=1000d+100c+10b+a$이므로

$\overline{dcba}-\overline{abcd}=4995$에서 $999(d-a)+90(c-b)=4995$이다.

즉, $111(d-a)+10(c-b)=555$이다.

$c-b\leq 9$이므로 $d-a>4$이다.

$d-a=5$일 때 $c=b$이고, $d-a>5$일 때 $111(d-a)+10(c-b)>555$이다.

그러므로 $d-a=5$, $c=b$, $d\geq 6$만이 가능하다.

따라서 $a+b+c+d\leq 36$이므로 완전제곱수 $(a+b+c+d)=2(d+b)-5$가 되는 것은 9, 16, 25만이 가능하다.

(i) $d=6$일 때, $a=1$이고 $a+b+c+d=2(d+b)-5=7+2b=x^2$이므로 $b=1$ 또는 $b=9$만이 가능하다. 이를 만족하는 네 자리 수는 1116 또는 1996이다.

(ii) $d=7$일 때, $a=2$이고 $9+2b=y^2$이므로 $b=0$ 또는 $b=8$만이 가능하다.

이를 만족하는 네 자리 수는 2007 또는 2887이다.

(iii) $d=8$일 때, $a=3$이고 $11+2b=z^2$이므로 $b=7$만이 가능하다.

이를 만족하는 네 자리 수는 3778이다.

(iv) $d=9$일 때, $a=4$이고 $13+2b=t^2$이므로 $b=6$만이 가능하다.

이를 만족하는 네 자리 수는 4669이다.

따라서 위의 조건을 만족하는 네 자리 수는 1116, 1996, 2007, 2887, 3778, 4669로 총 6개이다.

답 6개

어떤 양의 정수에 100과 168을 각각 더했을 때 각각 완전제곱수가 된다. 이 양의 정수를 구하여라.

[분석] 구하는 수를 x라고 하면, $x+100=a^2$, $x+168=b^2$이다.

따라서 $b^2-a^2=68=2^2\times17$, 즉 $(b+a)(b-a)=2^2\times17$이다.

그런데, $b+a$와 $b-a$의 홀짝성이 같고, $b+a>b-a$이므로

$b+a=34$, $b-a=2$이다. 이를 풀면, $a=16$, $b=18$이다.

그러므로 $x=b^2-168=324-168=156$이다. 즉, 구하는 양의 정수는 156이다.

답 156

네 개의 자연수가 있다. 이 중 임의의 서로 다른 두 수를 골라 곱한 값에 2002를 더한 수는 항상 완전제곱수이다. 이러한 네 개의 수가 존재하는지 그 여부를 증명하여라.

[풀이] 완전제곱수를 4로 나눈 나머지가 0 또는 1이라는 사실을 이용하자.

양의 정수 n_1, n_2, n_3, n_4가 $n_i n_j+2002=m^2$(i, $j=1$, 2, 3, 4, m은 양의 정수) 를 한다면 2002를 4로 나눈 나머지가 2이므로, $n_i n_j$를 4로 나눈 나머지는 2 또는 3이어야 한다. 또, n_i는 4의 배수가 아니다.

(1) 양의 정수 n_1, n_2, n_3, n_4 중 두 개 이상이 (4의 배수가 아닌) 짝수일 때,

n_1, n_2를 짝수라고 하면, $n_1 n_2$를 4로 나눈 나머지는 0이므로, $n_1 n_2+2002$는 완전제곱수가 될 수 없다. 즉, n_1, n_2, n_3, n_4 중 많아야 짝수는 한 개이다.

(2) 이 세 개의 홀수는 4로 나누면 나머지가 1 또는 3이다.

따라서 반드시 나머지가 같은 두 홀수가 있고, 이 홀수들의 곱을 4로 나누면 나머지가 1이다. 이는 $n_i n_j$를 4로 나눈 나머지는 2 또는 3이어야 하는 사실에 모순된다.

따라서 임의로 고른 두 수의 곱과 2002와의 합이 완전제곱수가 되는 네 개의 양의 정수는 존재하지 않는다.

답 존재하지 않는다. 증명은 풀이참조

분석 tip
네 자리 수를 직접 찾는 것은 매우 어렵다. 우리는 우선 네 개의 양의 정수를 찾을 수 있는지 보고, 문제의 조건에 만족하는 네 수를 구하거나 모순되는 결론이 나올 수 있는지 확인해야 한다.

[실력다지기]

01 다음 물음에 답하여라.

(1) n은 양의 정수이고, n^2의 일의 자리 수는 6이며, $(n-1)^2$의 일의 자리 수는 9일 때, $(n+1)^2$의 일의 자리 수를 구하여라.

(2) 양의 정수가 있다. 이 수의 순서로 거꾸로 배열했을 때 나오는 수가 원래의 수와 동일하다면 "회문 수"라고 칭한다. n은 다섯 자리 회문 수이고, n의 일의 자리 수는 6이며 n이 완전제곱 수일 때, n을 구하여라.

02 p는 음의 정수이고, $2001+p$는 완전제곱수일 때, p의 절댓값 중 가장 작은 수를 구하여라.

03 $a=123456789$이고, a^2의 일의 자리 수는 x이며, 십의 자리 수는 y일 때 $x+y$의 값을 구하여라.

04 n은 자연수이고, $A = \underbrace{44 \cdots 4}_{(2n개)} + \underbrace{44 \cdots 4}_{(n개)} + 1$ 이다. 다음 중 옳은 것은?

① A는 완전제곱수이다.　　　　② A는 7의 배수이다.

③ A에는 3개의 약수가 있다.　　④ 모두 옳지 않다.

05 $2^6 + 2^{10} + 2^x$ 가 완전제곱수일 때, 음의 정수가 아닌 x를 구하여라. (3개 이상 구하여라.)

[실력 향상시키기]

06 다섯 자리 수 n은 다음의 네 가지 조건을 만족한다.

> ㉠ n은 회문 수(숫자를 역으로 배열해도 여전히 원래의 양의 정수일 경우 회문 수라고 한다.
>   예를 들어 33, 252, 10601이 여기에 속함)
> ㉡ n은 완전제곱수이다.
> ㉢ n의 각 자리 수의 합인 k도 완전제곱수이다.
> ㉣ k는 두 자리 수이고, k의 각 자리수의 합인 r도 완전제곱수이다.

n의 값을 구하여라.

07 $2n(n+1)(n+2)(n+3)+12$를 두 양의 정수의 제곱의 합으로 나타낼 수 있는 자연수 n에 대한 설명으로 옳은 것은?

① 존재하지 않는다.　　　　　　　② 1개 있다.

③ 2개 있다.　　　　　　　　　　④ 무수히 많다.

08 $N = 23x + 92y$는 완전제곱수이고, N은 2392를 넘지 않는다. 위의 조건을 만족시키는 양의 정수 (x, y)는 총 몇 쌍인지 구하여라.

09 다음 물음에 답하여라.

(1) 자연수 N은 완전제곱수, N은 적어도 세 자리 수이고, 마지막 두 자리 수는 00이 아니며, 이 두 자리 수를 생략한 후 남은 수도 역시 완전제곱수일 때, N의 최댓값을 구하여라.

(2) 심화형

   (a) 대수식 $11x^2 + 5xy + 37y^2$의 값이 완전제곱수가 되도록 하는 0이 아닌 정수 $(x,\ y)$가 존재한다는 것을 증명하여라.

   (b) 임의의 자연수 n에 대해 $x = a_1 n^2 + b_1 n + c_1$, $y = a_2 n^2 + b_2 n + c_2$일 때, 대수식 $11x^2 + 5xy + 37y^2$의 값이 모두 완전제곱수가 되도록 하는 6개의 0이 아닌 정수 $a_1,\ b_1,\ c_1,\ a_2,\ b_2,\ c_2$가 존재함을 증명하여라.

[응용하기]

10 다섯 자리 수 $\overline{abcde}$ 는 다음에 나열된 조건을 만족하는 다섯 자리 수를 모두 구하여라.

> ㉠ $\overline{abcde}$ 의 각 자리 수는 모두 0이 아니다.
>
> ㉡ 이 수는 완전제곱수이다.
>
> ㉢ 만의 자리 수 a 는 완전제곱수이고, 천의 자리 수와 백의 자리 수로 구성된 두 자리 수(순서대로) $\overline{bc}$ 와 십의 자리 수와 일의 자리 수로 구성된 두 자리 수(순서대로) $\overline{de}$ 는 모두 완전제곱수이다.

11 $2, 3, 4, \cdots, n\,(n$ 은 4보다 큰 정수$)$을 두 조로 나눌 때, 각 조에서 임의로 고른 두 수의 합이 완전제곱수가 되지 않도록 두 조를 나눈다. 정수 n 이 가질 수 있는 가장 큰 수를 구하여라.

27강 정수론 경시 문제 (I)

1 핵심요점

정수, 나누어떨어짐, 나머지 수, 소수와 합성수, 최대공약수와 최 공배수, 홀짝수의 분석 등과 관계된 "중학교 수학 이론" 지식과 문제는 "**올림피아드 및 영재수학**"에서 빠질 수 없는 내용이다. 또 각종 수학 경시대회에서도 마찬가지로 없어서는 안 되는 내용이다. 여기서는 경시대회 문제의 내용으로 복습 및 지식을 습득한다.

본과의 복습은 두 가지 방면으로 첫 번째는 변의 길이가 자연수인 삼각형 문제 및 판별의 문제이고, 두 번째는 정수와 관계된 문제이다.

*참고로 이 강은 무리수의 개념과 이차방정식의 개념을 학습한 후 공부하면 이해에 도움이 될 것이다.

2 필수예제

1. 정수 변의 삼각형과 종류의 판별

분석 tip

필수예제 1-1, 1-2는 각각 삼각형의 세 변이 정수이고, 각이 일정한 조건을 만족 시키는 것으로 삼각형의 유형을 판단한다. 기본 풀이 방법은 조건으로부터 분석하여 변의 길이, 각을 구하여 유형을 판단한다.

필수예제 1·1

p, q는 소수이고, $5p^2 + 3q = 59$를 만족할 때, $p+3$, $1-p+q$, $2p+q-4$를 변의 길이로 하는 삼각형은?

① 예각삼각형 ② 직각삼각형

③ 둔각삼각형 ④ 이등변삼각형

[풀이] p, q는 소수이고, $5p^2 + 3q = 59$를 만족시킨다.

5, 3, 59는 홀수이고, p, q는 소수이다. 소수에서 짝수는 2뿐이므로, p, q 중에 반드시 2가 있고, $q=2$일 때, 즉, $5p^2 + 3 \cdot 2 = 59$, $5p^2 = 53$일 때, 정수 p는 이 식을 만족시키지 못한다. 그러므로 $q \neq 2$이고, $p=2$이다.

$5 \times 2^2 + 3q = 59$에서, $q=13$이고, $p+3=5$, $1-p+q=12$, $2p+q-4=13$이다.

$5^2 + 12^2 = 13^2$에서 $p+3$, $1-p+q$, $2p+q-4$의 변의 길이는 직각 삼각형으로 답은 ②이다.

답 ②

필수예제 1·2

△ABC의 세 내각의 비가 $m : (m+1) : (m+2)$일 때 ($m > 1$인 정수)
△ABC는 무슨 삼각형인가?

① 예각삼각형　　　　　　② 직각삼각형

③ 둔각삼각형　　　　　　④ 이등변삼각형

[풀이] △ABC의 세 내각은 각각 mk, $(m+1)k$, $(m+2)k$ (단, $k > 0$)라고 하면, 삼각형 내각의 합은 $180°$이므로 $mk+(m+1)k+(m+2)k=180$ 이다.

이를 정리하면, $k(m+1)=60$, 즉, $m+1=\dfrac{60}{k}$ ⋯ (＊)이다.

△ABC에서 세 내각 중 가장 큰 각 $k(m+2)$이 $90°$보다 작지 않다고 하면, $k(m+2) \geq 90$, $k(m+1)+k \geq 60$, $60+k \geq 90$이다.

따라서 $k \geq 30$이므로 모순된다. 즉, △ABC는 예각삼각형이다. 그러므로 답은 ①이다.

[참고] 필수예제 1-2의 (＊)에서 m은 1보다 큰 정수이므로, k은 60의 약수 중 1, 2, 3, 4, 5, 6, 10, 12, 15, 20이 가능하다. 이를 각각 대입하여 △ABC의 세 내각을 판단할 수 있으나 이렇게 하면 복잡하다.

답 ①

2. 변의 길이가 자연수인 삼각형의 변을 구하기

필수예제 2

직각삼각형의 변의 길이는 모두 자연수이고, 넓이와 둘레의 길이의 값이 같다. 이 직각삼각형의 각 변의 길이를 구하여라.

분석
직각삼각형에서 빗변을 c라 하고, 나머지 두변을 a, b라 하면 $c^2 = a^2+b^2$, $c = \sqrt{a^2+b^2}$ 이 성립한다.

[풀이] a, b를 각각 두 직각변의 길이, c를 빗변의 길이라고 하자.

여기서, a, b, c는 양의 정수이다.

$c = \sqrt{a^2+b^2}$에서 만약 $a = b$이면 $c = \sqrt{2}\,a$가 되어 자연수가 아니다.

그러므로 $a \neq b$이다. 편의상 $a > b$라고 하자.

문제의 조건에 따라 $a+b+\sqrt{a^2+b^2} = \dfrac{ab}{2}$ ⋯ (*)이다.

$a+b$를 우변으로 이항한 후, 양변을 제곱하여 정리하면,

$ab-4a-4b+8=0$이다. 즉, $(a-4)(b-4)=8$이다.

$8 = 1 \times 8 = 2 \times 4$이고, a, b는 양의 정수이고, $a > b$이므로,

$\begin{cases} a-4 = 8 \\ b-4 = 1 \end{cases}$ 또는 $\begin{cases} a-4 = 4 \\ b-4 = 2 \end{cases}$ 이다.

이를 풀면, $\begin{cases} a = 12 \\ b = 5 \end{cases}$ 또는 $\begin{cases} a = 8 \\ b = 6 \end{cases}$ 이다.

그러므로 $c = 13$ 또는 10이다.

그러므로 이 직각삼각형의 세 변의 길이는 5, 12, 13 또는 6, 8, 10이다.

답 5, 12, 13 또는 6, 8, 10

3. 나머지 변의 길이가 자연수인 삼각형이 몇 개나 가능한가?

> **필수예제 3**
>
> 직각삼각형의 세 변의 길이는 자연수이고, 그 중 하나의 직각변의 변의 길이는 18이다. 다른 한 직각변의 길이는 최댓값을 구하여라.

[풀이] 다른 한 직각변의 길이를 b라고 하면, 빗변 $c(b, \ c > 0$은 자연수)일 때, 피타고라스 정리를 이용하면, $c^2 - b^2 = 18^2$, 즉, $(c+b)(c-b) = 2^2 \times 3^4$ 이다. $(c+b)$와 $(c-b)$는 홀짝성이 같으므로

① $\begin{cases} c+b = 2 \times 3^4 \\ c-b = 2 \end{cases}$ 또는 ② $\begin{cases} c+b = 2 \times 3^3 \\ c-b = 2 \times 3 \end{cases}$ 이다.

①을 풀면 $b = 80$이고, ②를 풀면 $b = 24$이다.

여기서 다른 한 직각변은 두 가지 가능성이 있고, 최댓값은 80이다.

답 80

4. 최소(대) 정수 구하기

> **필수예제 4**
>
> a, b, c는 양의 정수이고, $a^2 + b^3 = c^4$일 때, c의 최솟값을 구하여라.

분석 tip
등식으로부터 완전제곱수의 성질과 연관지어 문제를 해결한다.

[풀이] a, b, c가 양의 정수이므로, $c > 1$이고, $b^3 = (c^2 - a)(c^2 + a)$이다.

이때, (여러 가지 중) 하나의 연립방정식 $c^2 - a = b$, $c^2 + a = b^2$을 생각하자. 이를 풀면, $c^2 = \dfrac{b(b+1)}{2} \cdots (*)$이다.

$b = 1$, 2, $\cdots$를 대입하여, 식 $\dfrac{b(b+1)}{2}$이 제곱수가 되는 최소인 $b = 8$이다. 이때, $c = 6$이고, $a = 28$이다.

[증명] 이제 $c = 6$이 문제의 조건을 만족하는 가장 작은 수임을 증명해야한다. 만약 $b_0 > 8$이면, $(*)$와 $a^2 + b^3 = c^4$를 만족하는 양의 정수의 해 c_0, a_0가 존재한다. 그런데, $c_0^2 = \dfrac{b_0(b_0+1)}{2} > \dfrac{8(8+1)}{2} = 36 = 6^2$으로, $c_0 > 6$이다. 그러므로 c의 최솟값은 6이다.

[평주] "6보다 더 작은 c가 존재하지 않음"도 아래와 같이 증명한다.

c값	c^4	c^4보다 작은 제곱수 x^3
2	16	1, 8
3	81	1, 8, 27, 64
4	256	1, 8, 27, 64, 125, 216
5	625	1, 8, 27, 64, 125, 216, 343, 512

표에서 각 항에 $c^4 - x^3$는 모두 제곱수가 아니므로 c의 최솟값은 6이다.

답 6

필수예제 5

x_1, x_2, $\cdots$, x_{40}은 모두 양의 정수이고, $x_1 + x_2 + \cdots + x_{40} = 58$이며, $x_1{}^2 + x_2{}^2 + \cdots + x_{40}{}^2$의 최댓값은 A이고, 최솟값은 B이다. 이때, A + B의 값을 구하여라.

[풀이] 58을 40개의 양의 정수의 합으로 나타낼 수 있는 방법의 수는 유한하므로 $x_1^2 + x_2^2 + \cdots + x_{40}^2$의 최댓값과 최솟값은 모두 존재한다.

일반성을 잃지 않고 $x_1 \leq x_2 \leq \cdots \leq x_{40}$이라고 할 수 있다.

만약 $x_1 \geq 1$이면, $x_1 + x_2 = (x_1 - 1) + (x_2 + 1)$이고,

$(x_1 - 1)^2 + (x_2 + 1)^2 = x_1^2 + x_2^2 + 2(x_2 - x_1) + 2 > x_1^2 + x_2^2$이다.

이는 x_1이 1에 가까워질수록 $x_1^2 + x_2^2$의 값이 커짐을 알 수 있다.

그러므로 이를 확장하면 $x_1 = x_2 = \cdots = x_{39} = 1$이고, $x_{40} = 19$일 때, $x_1^2 + x_2^2 + \cdots + x_{40}^2$의 값이 최댓값이 된다.

즉, $A = \underbrace{1^2 + 1^2 + \cdots + 1^2}_{39개} + 19^2 = 400$이다.

만약 두 양의 정수 x_i, x_j가 $x_j - x_i \geq 2(1 \leq i < j \leq 40)$을 만족한다면, $(x_i + 1)^2 + (x_j - 1)^2 = x_i{}^2 + x_j{}^2 - 2(x_j - x_i - 1) < x_i{}^2 + x_j{}^2$이다.

이는 x_1, x_2, $\cdots$, x_{40}에서, 만약 두 개의 수의 차가 1보다 클 때, 작은 수에 1을 더하고, 큰 수에서 1을 뺄 때, $x_1^2 + x_2^2 + \cdots + x_{40}^2$의 값이 작아진다.

따라서 $x_1^2 + x_2^2 + \cdots + x_{40}^2$은 x_1, x_2, $\cdots$, x_{40}에서 임의의 두 수의 차가 1보다 크지 않을 때 최솟값을 갖는다.

그러므로 $x = x_2 = \cdots = x_{22} = 1$, $x_{23} = x_{24} = \cdots = x_{40} = 2$일 때, $x_1{}^2 + x_2{}^2 + \cdots + x_{40}{}^2$의 값이 최솟값이 된다.

즉, $B = \underbrace{1^2 + 1^2 + \cdots 1^2}_{22개} + \underbrace{2^2 + 2^2 + \cdots 2^2}_{18개} = 94$이다.

그러므로 A + B = 494이다.

답 494

5. 비에트의 정리(근과 계수와 관계)로 정수를 구하는 방법

필수예제 6

식 $\dfrac{n^2}{200n - 999}$의 값은 양의 정수이다. 이때, 양의 정수 n을 모두 구하여라.

[풀이] 식 $\dfrac{n^2}{200n - 999} = k$라고 하자. 단, k는 양의 정수이다. 즉,

$$n^2 - 200kn + 999k = 0 \quad \cdots\cdots\cdots\cdots\cdots ①$$

분석 tip

이차방정식

$x^2 + ax + b = 0$에서 두 근을 a, b라 하면 $\alpha + \beta = -a$, $\alpha\beta = b$가 성립한다. 이를 **비에트의 정리**라고 한다.

일반적으로

$ax^2 + bx + c = 0(a \neq 0)$에서 $\alpha + \beta = -\dfrac{b}{a}$, $\alpha\beta = \dfrac{c}{a}$이다.

①을 만족하는 정수근을 n_1, 또 다른 한 근을 n_2라고 하면, 비에트의 정리로 부터

$$n_1 + n_2 = 200k, \quad \cdots\cdots\cdots\cdots\cdots\cdots\cdots\cdots ②$$

$$n_1 \cdot n_2 = 999k \quad \cdots\cdots\cdots\cdots\cdots\cdots\cdots\cdots ③$$

그러므로 n_2는 양의 정수이고 n_1, n_2는 모두 조건을 만족시킨다.

$n_1 \geq n_2$이라 하면, ②로부터 $n_1 \geq 100k$이다.

③에서 $n_2 = \dfrac{999k}{n_1} \leq \dfrac{999k}{100k} = 9.99$이므로, $n_2 \leq 9$이다.

이를 대입하여 계산해 보면 $n_2 = 5$다.

이때, ②, ③을 연립하여 풀면 $k = 25$, $n_1 = 4995$이다.

그러므로 n은 5, 4995이다.

目 5, 4995

6. 방정식의 정수근 구하기, 매개변수(또는 만족하는 관계식) 구하기

방정식의 정수근 구하기는 경시대회에서 일반적으로 출제되는 문제로(앞의 24, 25장 참고) 여기서는 다른 한가지의 유형에 대하여 살펴본다.

> **필수예제 7**
>
> a, b는 실수이고, x, y에 관한 연립 방정식 $\begin{cases} y = x^3 - ax^2 - bx & \cdots ① \\ y = ax + b & \cdots ② \end{cases}$ 이
>
> 정수해를 가질 때 a와 b의 관계식을 구하여라.

[풀이] ①+②$\times x$를 하면, $(x+1)y = x^3$이다.

$x = -1$이면 연립방정식의 해가 없다.

$x \neq -1$일 때, $y = \dfrac{x^3}{x+1} = x^2 - x + 1 - \dfrac{1}{x+1}$ 이다.

x, y는 정수이므로 $x+1 = \pm 1$이다. 즉, $x = -2$ 또는 0이고, 이때 $y = 8$ 또는 0이다.

$x = -2$, $y = 8$일 때, $y = ax + b$에 대입하면 $2a - b + 8 = 0$이다.

$x = 0$, $y = 0$일 때, $y = ax + b$에 대입하면 $b = 0$이다.

그러므로 구하려는 a와 b의 관계식은 $2a - b + 8 = 0$, 또는 $b = 0$(이때, a는 임의의 실수)이다.

目 $2a - b + 8 = 0$ 또는 $b = 0$(이때, a는 임의의 실수)

7. 특수에서 일반으로

비교적 어려운 경시문제는 먼저 문제의 특수성을 고려해야 한다.
그로부터 얻은 일반적인 풀이법을 알아 낼 수 있다.

필수예제 8

200개의 수 $1, 2, 3, \cdots, 199, 200$에서, 임의의 두 조(각각 100개)로 나누어 한 조는 작은 수부터 큰 수 순으로 배열(즉, $a_1 < a_2 < \cdots < a_{100}$)하고, 다른 한 조는 큰 수부터 작은 수 순으로 배열(즉, $b_1 > b_2 > \cdots > b_{100}$)한다. 이때, $|a_1 - b_1| + |a_2 - b_2| + \cdots + |a_{99} - b_{99}| + |a_{100} - b_{100}|$ 의 값을 구하여라.

분석 tip

동일한 $i(i=1, 2, \cdots, 100)$에 대하여 a_i와 b_i는 문제 중에서 대소관계를 알 수 없다.
따라서 직접 $|a_i - b_i|$의 절댓값 부호를 없앨 수 없다. 먼저 a_i와 b_i의 대소 관계로 판단해야 한다.
먼저 특수 상황에서 보면
$a_1 = 1, a_2 = 2, \cdots,$
$a_{100} = 100;$
$b_1 = 200, b_2 = 199, \cdots,$
$b_{100} = 101$
라고 한 두면,
주어진 식
$= (200-1) + (199-2) + \cdots$
$\quad + (102-99) + (101-100)$
$= 200 + 199 + \cdots + 102 + 101$
$\quad - (1 + 2 + \cdots + 99 + 100)$
$= (200-100) + (199-99)$
$\quad + \cdots + (102-2) + (101-1)$
$= \underbrace{100 + 100 + \cdots + 100 + 100}_{100개의 100}$
$= 100 \times 100 = 10000$
그러나 일반 상황에서의 a_i와 b_i는 위에 서술한 특수 상황이 아니다(심지어는 어떤 i에 대해서 $a_i > b_i$). 그러므로 a_i, b_i를 구하는 방법은 일반적으로 "전체성"으로 고려하는데, 이것은 각각의 $|a_i - b_i|$의 절댓값의 부호($a_i - b_i$ 또는 $b_i - a_i$중 하나로 변함)를 없앤 후 구한다.

[풀이] 분석으로부터 각각의 $|a_i - b_i|(i=1, 2, \cdots, 100)$의 절댓값의 부호를 없앤다.

우리는 200개의 수 $1, 2, \cdots, 200$을 두 조로 $101, 102, \cdots, 199, 200$의 100개의 수는 "큰 수의 조"와, $1, 2, \cdots, 99, 100$의 100개의 수는 "작은 수의 조"로 나눈다.

이제 우리는 같은 i에 대해, a_i와 b_i는 모두 큰 수의 조 또는 작은 수의 조에 있을 수 없음을 귀류법을 통해서 보일 것이다. (단, $i=1, 2, \cdots, 100$)

만약 같은 i에 대해, a_i와 b_i는 큰 수의 조에 있다면, 이것은 문제의 조건으로부터 $a_i, a_{i+1}, \cdots, a_{100}, b_1, b_2, \cdots, b_i$은 모두 101개의 수로 모두 "큰 수의 조"에 속하고, 이것은 "큰 수의 조"에는 100개의 수가 있다는 것과 모순된다. 그러므로 같은 i(단, $i=1, 2, \cdots, 100$)에 대해, a_i와 b_i는 모두 "큰 수의 조"에 있을 수 없다. 같은 이유로, 같은 i에 대해, a_i와 b_i는 모두 "작은 수의 조"에 있을 수 없다.

그러므로 같은 i에 대해, a_i와 b_i는 반드시 하나는 큰 수의 조에, 다른 하나는 작은 수의 조에 있어야 하고, 모든 i(단, $i=1, 2, \cdots, 100$)에 대해서, $|a_i - b_i|$의 절댓값 부호를 없애고 모두 "큰 수의 조"에서 "작은 수의 조"를 뺀 것으로 나타낼 수 있다. 따라서

주어진 식 $= 101 + 102 + \cdots + 199 + 200 - (1 + 2 + \cdots + 99 + 100)$
$= (101-1) + (102-2) + \cdots + (199-99) + (200-100)$
$= \underbrace{100 + 100 + \cdots + 100 + 100}_{100개의 100} = 100 \times 100 = 10000$

[평주] 만약 이 문제가 괄호 안에 넣기 문제이거나 또는 객관식 문제라면 분석에서와 같이 특수한 상황의 방법으로 구하면 된다. 즉, 일반적인 상황의 방법으로 풀이하지 않아도 된다.

답 10000

[실력다지기]

01 직각삼각형의 각 변의 길이는 두 자리 수인 양의 정수이고 둘레는 80일 때, 삼각형의 각 변의 길이를 구하여라.

02 $\sqrt{a^2 + 2005}$ 의 값이 자연수일 때 양의 정수 a의 합은?

① 396 　　　　② 1002 　　　　③ 1200 　　　　④ 2004

03 (1) 정수 x에 대하여, $ax^2 + bx + c$의 식의 값이 정수이면, $2a$, $a - b$, c는 모두 정수임을 보여라.

(2) 위의 명제의 역을 쓰고 참과 거짓을 판단한 후 그 결과를 증명하여라.

(단, 명제 "A이면 B이다." 의 역은 B이면 A이다." 이다.)

04 실수 a, b, c, d가 $a^2 + b^2 + c^2 + d^2 = 10$을 만족할 때

$y = (a-b)^2 + (a-c)^2 + (a-d)^2 + (b-c)^2 + (b-d)^2 + (c-d)^2$의 최댓값을 구하여라.

05 수 1, 2, 3, $\cdots$, k^2을 아래와 같이 배열하였다.

$$
\begin{array}{cccc}
1 & 2 & \cdots & k \\
k+1 & k+2 & \cdots & 2k \\
\vdots & \vdots & & \vdots \\
(k-1)k+1 & (k-1)k+2 & \cdots & k^2
\end{array}
$$

임의의 수를 하나 고르고, 이 수가 속한 모든 행과 열을 지운다. 이렇게 k번 한 후, 고른 k개의 수의 합을 구하여라.

06 두 개의 정수 a, b가 $0 < b < a < 10$을 만족시킬 때, $\dfrac{9a}{a+b}$ 는 정수이다.

$(a,\ b)$는 몇 개인지 구하여라.

07 a_1, a_2, $\cdots$, a_{2002}의 값은 모두 $+1$ 또는 -1이고, S는 이 2002개의 수를 둘씩 곱한 값의 합이다.

(1) S의 최댓값과 최솟값을 구하고, 최댓값과 최솟값을 갖는 조건을 구하여라.

(2) S의 최소 양의 정수 값을 구하고, 최소 양의 정수 값을 갖는 조건은 무엇인지 구하여라.

08 어떤 원형 트랙에 시계 방향으로 4개의 중학교 A_1, A_2, A_3, A_4가 있고, 이 순서대로 15대, 8대, 5대, 12대의 텔레비전이 있다. 각 학교의 텔레비전의 수를 같게 하려면 어떤 중학교는 이웃의 학교에서 가져와야 한다. 어떻게 해야 조정한 개수가 가장 작은가? 조정하는 가능한 범위를 구하고 가장 작은 방법을 구하여라.

09 평면에 n개의 점이 있다. 1, 2, 4, 8, 16, 32 모두 그 중의 두 점 사이의 거리이다. n의 최솟값은?

① 4   ② 5   ③ 6   ④ 7

10 p, q, $\dfrac{2p-1}{q}$, $\dfrac{2q-1}{p}$ 은 모두 정수이다. $p>1$, $q>1$일 때, $p+q$의 값을 구하여라.

11 길이가 $2n$(n은 자연수, $n \geq 4$)인 하나의 연필심을 잘라서 각 변의 길이가 자연수인 삼각형을 만들고, 세 변의 길이를 각각 a, b, c라 한다. $a \leq b \leq c$를 만족시키는 하나의 삼각형이다.

(1) $n=4$, 5, 6일 때 각각의 문제를 만족하는 $(a,\ b,\ c)$를 구하여라.

(2) 어떤 사람이 (1)에 근거하여 연필심의 길이가 $2n$ (n은 자연수, $n \geq 4$)일 때, 대응하는 $(a,\ b,\ c)$의 개수는 $n-3$이라 추측하였다. 실제로 이것은 올바르지 않은 추측이었다. $n=12$일 때 모든 $(a,\ b,\ c)$를 쓰고, $(a,\ b,\ c)$의 개수를 구하여라.

(3) $n=12$일 때, 문제의 조건을 만족시키는 모든 $(a,\ b,\ c)$들을, 두 가지 이상의 서로 다른 기준으로 분류하여라.

1 핵심요점

본 강은 주요 복습을 통하여 기초를 튼튼히 하고, 정수와 나누어떨어짐 두 가지 방면의 내용에 집중적으로 나타내었다.

*참고로 이 강은 무리수의 개념과 이차방정식의 개념을 학습한 후 공부하면 이해에 도움이 된다.

1. 정수, 나누어떨어짐과 관련된 문제 풀이
2. 일반적인 절차 및 나누어떨어짐에서의 소수, 합성수, 나머지와의 관계 문제의 풀이

2 필수예제

1. "숫자" 문제

필수예제 1·1

조건

(A) 두 자리 수 $\overline{ab}$는 3으로 나누어떨어진다.

(B) 십의 자리 수와 일의 자리 수의 곱은 $\overline{ab}$의 일의 자리 수와 같다.

(C) 임의의 거듭제곱의 일의 자리 수와 그의 일의 자리 수는 같다.

이러한 두 자리 수는 모두 몇 개인가?

① 1개   ② 3개   ③ 4개   ④ 5개

[풀이] 주어진 조건 (B)에서 $a \cdot b = b$이다.

(i) $b \neq 0$일 때, $a = 1$이다. 또 주어진 조건 (C)에서 $b = 1$, 5, 6이다. 그런데 조건 (A)로부터 $b = 5$이다. 그러므로 이 두 자리 수는 15이다.

(ii) $b = 0$일 때, 주어진 조건 (A)에서 $a = 3$, 6, 9이다. 30, 60, 90은 모두 조건 (C)를 만족한다.

따라서 주어진 조건을 만족하는 두 자리 수는 15, 30, 60, 90으로 모두 4개이다. 그러므로 답은 ③이다.

답 ③

필수예제 1·2

M은 일의 자리 수가 0이 아닌 두 자리 자연수로, M의 일의 자리 수와 십의 자리 수를 서로 바꾸어 얻은 두 자리의 수를 N이라 하자. M − N 이 세제곱수가 되는 M의 개수를 구하여라. (단, M > N 이다.)

[풀이] $M = \overline{ab} = 10a + b (1 \leq a, \ b \leq 9$는 자연수$)$라고 하면, $N = \overline{ba} = 10b + a$이다.

따라서 $M - N = 3^2(a - b)$이다.

$M - N$은 세제곱수이므로 $a - b = 3k$이다. k는 세제곱수이다.

k가 세제곱수이므로 $k = 1$ 또는 8이다.

그런데, $k = 8$일 때 $a - b = 24$로 문제의 조건에 맞지 않는다.

$k = 1$일 때, $a - b = 3$이다. 그러므로 $\begin{cases} a = 4, 5, 6, 7, 8, 9 \\ b = 1, 2, 3, 4, 5, 6 \end{cases}$ 의 6가지의 경우

가 있다. 위의 조건을 만족하는 두 자리 수 M은 모두 6개이고,

그 수는 41, 52, 63, 74, 85, 96이다.

답 6개

필수예제 2

네 자리 수 $\overline{abcd}$는 완전 제곱수이고, $\overline{ab} = 2\overline{cd} + 1$일 때, 이 네 자리 수를 구하여라.

[풀이] $\overline{abcd} = m^2$라고 하면, $31^2 = 961$, $32^2 = 1024$, $100^2 = 10000$이므로,

$32 \leq m \leq 99$이다.

또 $\overline{cd} = x$라 할 때, $\overline{ab} = 2x + 1$이므로, $100(2x + 1) + x = m^2$이다.

즉, $m^2 - 100 = 201x$이다. 이를 정리하면, $(m + 10)(m - 10) = 3 \times 67x$

이다.

67이 소수이므로, $(m + 10)$와 $(m - 10)$ 중 최소한 하나는 67의 배수이다.

① $m + 10$은 67의 배수일 때, $m + 10 = 67k (k$는 양의 정수$)$,

　 $32 \leq m \leq 99$이므로 $k = 1$이다. 즉, $m = 57$이다.

　 그러나 $57^2 = 3249$, $\overline{ab} = 2\overline{cd} + 1$이므로 조건을 만족하지 않는다.

② $m - 10$는 67의 배수일 때, $m - 10 = 67k (k$는 양의 정수$)$,

　 $32 \leq m \leq 99$이므로 $k = 1$이다. 즉, $m = 77$이다. $77^2 = 5929$,

　 $\overline{ab} = 2\overline{cd} + 1 (59 = 2 \times 29 + 1)$이므로 조건을 만족한다.

따라서 구하는 네 자리 수는 5929이다.

답 5929

필수예제 3

어떤 세 자리 수의 숫자를 다시 배열하여 가장 큰 수와 가장 작은 수를 만들면, 그들의 차는 다른 한 세 자리 수(백의 자리 수가 0이어도 됨)가 된다. 이와 같은 과정을 반복하여 2013번째 반복한 후 얻어진 수를 무엇인가? 그 결론을 증명하여라.

[풀이] 결론 : (1) 만약 3자리의 각 자리의 수가 모두 같다면 구한 수는 0이다.

　　　　(2) 만약 3자리의 수가 같지 않다면 구한 수는 495이다.

　　　　증명은 아래와 같다.

(1) 분명하게 성립한다.

(2) 이 세 자리 수의 숫자를 다시 배열하여 가장 큰 수를 $\overline{abc}$라 하자.
단, $a \geq b \geq c$이다.

그러면, a, b, c가 모두 같지는 않으므로, $a \geq c+1$이다.

그러므로, $\overline{abc} - \overline{cba} = 99(a-c)$

$= 100\underline{(a-c-1)} + 10 \times \underline{9} + \underline{(10+c-a)}$ 이다.

첫 번째 과정(가장 큰 수에서 가장 작은 수를 뺀 값)후, 구한 세 자리 수에서 각 자리 수의 합 $(a-c-1) + (10+c-a) + 9$는 9의 배수이므로, 가장 큰 수 $\overline{abc}$는 아래의 5가지 중 하나이다. ($\because a \geq b \geq c$)

990, 981, 972, 963, 954

위의 5개의 수는 모두 10번 이하의 과정을 거치면 모두 495를 얻게 된다.

(🈷 예를 들어 $\overline{abc} = 990$라 하면, 1차 과정에서 $990 - 099 = 891$이고, 2차 과정에서 $981 - 189 = 792$이고, 3차 과정에서 $972 - 279 = 693$이고, 4차 과정에서 $963 - 369 = 594$이고, 5차 과정에서 $954 - 459 = 495$이다.)

🈸 풀이참조

2. 나누어떨어짐과 관계되는 문제의 예제

나누어떨어짐과 관계되는 문제는 배수, 약수, 소수와 합성수, 최대공약수, 최소공약수, 홀짝성의 원리, 나머지 등의 개념 및 성질과 응용과 관계된다.

필수예제 4·1

세 소수의 곱은 이 세 소수의 합의 5배일 때 세 소수를 구하여라.

[풀이] 이 3개의 소수를 x, y, z라고 하면 $5(x+y+z) = xyz$이다.

5가 소수이므로 x, y, z 중 하나는 5이다. 편의상 $x=5$라고 하자.

그러면, $yz - y - z + 1 = 6$이고, 이를 정리하면 $(y-1)(z-1) = 6$이다.

$y \geq z$라면 $\begin{cases} y-1=3 \\ z-1=2 \end{cases}$ 또는 $\begin{cases} y-1=6 \\ z-1=1 \end{cases}$ 이다.

이를 풀면 $y=4$, $z=3$ 또는 $y=7$, $z=2$이다. 그런데, 4는 소수가 아니므로 구하는 세 소수는 7, 5, 2이다.

🈸 7, 5, 2

필수예제 4·2

양의 정수 a, b, c에서 a, b는 소수이고, 관계식 $a^3 b^c + a = 2005$을 만족할 때, $a+b+c$의 값을 구하면?

① 14　　　　② 13　　　　③ 12　　　　④ 11

[풀이] 주어진 관계식을 정리하면 $a(a^2b^c+1)=2005$이다.

2005는 홀수이므로 a와 a^2b^c+1은 모두 홀수이다.

a^2b^c는 짝수이므로 b^c는 짝수이다. 그러므로 b는 짝수이다. 즉, $b=2$이다.

$b=2$를 대입하면, $a^2 \cdot 2^c+1=\dfrac{2005}{a}$이다.

그러므로 a는 $2005(=5 \times 401)$의 약수이다. 즉, $a=5$ 또는 401이다.

$a=5$일 때, $5^2 \cdot 2^c+1=401$이고, 이를 풀면 $2^c=2^4$이다. 즉, $c=4$이다.

$a=401$일 때, $401^2 \cdot 2^c+1=5$인데, 이를 만족하는 양의 정수 c는 존재하지 않는다.

따라서 주어진 관계식을 만족하는 $a=5$, $b=2$, $c=4$이다.

즉, $a+b+c=11$이므로 답은 ④이다.　　　　　　　　　　답 ④

필수예제 5

8개의 연속되는 양의 정수가 있는데 그 합이 7개의 연속한 양의 정수의 합으로는 나타낼 수 있지만, 3개의 연속된 양의 정수의 합으로는 나타낼 수 없다. 이때 이 8개의 연속되는 양의 정수에서 가장 큰 수의 최솟값을 구하여라.

[풀이] 이 8개의 연속되는 양의 정수는 차례로 a, $a+1$, $\cdots$, $a+7$이라고 하자.

또, 그 합을 S라 하면 $S=8a+28$이다. S를 8로 나눈 나머지는 4이다.

임의의 7개의 연속하는 양의 정수의 합은 7의 배수이므로, S는 7의 배수이다.

그러므로 $8a+28=7n(n>1$인 양의 정수)이면 $4|n$이다.

$n=4k(k$는 양의 정수)라고 하면 $2a+7=7k$이다. 즉, $a=\dfrac{7(k-1)}{2}$이다.

위의 식으로부터 a는 양의 정수이므로 k는 양의 홀수이다.

(ⅰ) $k=1$일 때, $a=0$이다. 이것은 양의 정수가 아니므로 문제의 조건에 맞지 않는다.

(ⅱ) $k=3$일 때, $a=7$이고, $S=84$는 3으로 나누어떨어진다.

　　그러므로 3개의 연속된 양의 정수의 합으로 나타낼 수 있으므로 문제의 조건에 맞지 않는다.

(ⅲ) $k=5$일 때, $a=14$이고, $S=140$은 3으로 나누어떨어지지 않는다.

　　그러므로 3개의 연속된 양의 정수의 합으로 나타낼 수 없으므로 문제의 조건에 맞는다.

(ⅳ) k가 7이상인 홀수일 때, a는 14보다 크다.

　　따라서 $a=14$일 때, $a+7=21$이 문제에서 구하는 가장 큰 수의 최솟값이다.

(㈜ 7개의 연속되는 양의 정수를 $n-3$, $n-2$, $n-1$, n, $n+1$, $n+2$, $n+3$이라 하면 그 합이 $7n$이다. 여기서 7은 개수라는 것을 알 수 있다. 비슷한 방법으로 임의의 3개의 연속한 수의 합은 반드시 3으로 나누어떨어져야 한다. 반대로, 3으로 나누어떨어지는 수는 3보다 큰 정수는 3개의 연속되는 양의 정수의 합으로 나타낼 수 있다.)　　답 21

x_1, x_2, x_3, x_4, x_5는 서로 다른 양의 홀수이다.
$(2005-x_1)(2005-x_2)(2005-x_3)(2005-x_4)(2005-x_5)=24^2$
일 때, $x_1^2+x_2^2+x_3^2+x_4^2+x_5^2$의 일의 자리의 수를 구하면?

① 1   ② 3   ③ 5   ④ 7

[풀이] 등식의 좌변에 5개의 인수는 서로 다른 짝수(음수인 짝수 포함)이다.
우변의 24^2을 5개의 서로 다른 짝수(음수인 짝수 포함)의 곱으로 나타내면
유일하게 $24^2=2\times(-2)\times4\times6\times(-6)$로 나타낼 수 있다.
$2005-x_i(i=1,\ 2,\ \cdots,\ 5)$는 각각 2, -2, 4, 6, -6와 같으므로
$(2005-x_1)^2+(2005-x_2)^2+\cdots+(2005-x_5)^2$
$=2^2+(-2)^2+4^2+6^2+(-6)^2=96$.
위 식의 좌변을 전개하면
$5\times2005^2-4010(x_1+x_2+\cdots+x_5)+(x_1{}^2+x_2{}^2+\cdots+x_5{}^2)=96$.
따라서 $x_1{}^2+x_2{}^2+\cdots+x_5{}^2\equiv1(\mathrm{mod}\ 10)$이다.
그러므로 $x_1{}^2+x_2{}^2+\cdots+x_5{}^2$의 일의 자리 수는 1이다. 즉, 답은 ①이다.

[평주] $a\equiv b(\mathrm{mod}\ 10)$은 a와 b는 10으로 나눈 나머지가 같다는 의미로 사용된다.

답 ①

두 양의 정수 a, b의 차는 120이고, 두 수의 최소공배수는 최대공약수의 105
배이다. 이때, a와 b를 구하여라.

[풀이] 편의상 $a>b$, 최대공약수 $(a,b)=d$라고 하면, $a=md$, $b=nd$를 만족하
는 서로소인 두 정수 m, n이 존재한다. 또, 최소공배수 $[a,b]=mnd$이다.
그러면,
$$\begin{cases} md-nd=120 \\ \dfrac{mnd}{d}=105, \end{cases} \quad 즉, \quad \begin{cases} (m-n)d=2^3\times3\times5 & \cdots\ \text{㉠} \\ mn=3\times5\times7 & \cdots\ \text{㉡} \end{cases}$$
$m>n$이므로, ㉡에서
$$\begin{cases} m=105 \\ n=1 \end{cases}, \begin{cases} m=35 \\ n=3 \end{cases}, \begin{cases} m=21 \\ n=5 \end{cases}, \begin{cases} m=15 \\ n=7 \end{cases}$$
이다. 이를 ㉠에 대입하여 만족하는 것을 구하면, $m=15$, $n=7$,
$d=15$이다. 그러므로 $a=225$, $b=105$ 또는 $a=105$, $b=225$이다.

답 $a=225$, $b=105$ 또는 $a=105$, $b=225$

100을 넘지 않는 양의 정수에서 모든 3 또는 5의 배수들의 합을 구하고, 그
개수를 구하여라.

[풀이] $1 \sim 100$까지의 수에서 3의 배수의 합은

$$S_3 = 3 + 3 \times 2 + 3 \times 3 + \cdots + 3 \times 33$$

$$= 3(1 + 2 + 3 + \cdots + 33) = 3 \times \frac{33 \times 34}{2} = 1683 \text{이다.}$$

$1 \sim 100$까지의 수에서 5의 배수의 합은

$$S_5 = 5(1 + 2 + 3 + \cdots + 20) = 5 \times \frac{20 \times 21}{2} = 1050 \text{이다.}$$

$1 \sim 100$까지의 수에서 15의 배수의 합은

$$S_{15} = 15(1 + 2 + \cdots + 6) = 15 \times \frac{6 \times 7}{2} = 315 \text{이다.}$$

그러므로 구하는 합은 $S_3 + S_5 - S_{15} = 1683 + 1050 - 315 = 2418$이다.

또, 구하는 개수는 $\left[\dfrac{100}{3}\right] + \left[\dfrac{100}{5}\right] - \left[\dfrac{100}{3 \times 5}\right] = 33 + 20 - 6 = 47$개이다.

📋 2418, 47개

필수예제 8-2

1000보다 작은 양의 정수에서 5 또는 7로는 나누어떨어지지만, 35로는 나누어떨어지지 않는 수는 몇 개인가?

① 285　　　　　② 313　　　　　③ 341　　　　　④ 369

[풀이] 아래의 참고 공식으로 부터 1000보다 작은 양의 정수에서

5 또는 7로 나누어떨어지는 수는 $\left[\dfrac{999}{5}\right] + \left[\dfrac{999}{7}\right] - \left[\dfrac{999}{5 \times 7}\right]$개이다.

또 1000보다 작은 양의 정수에서 35로 나누어떨어지는 수는 $\left[\dfrac{999}{35}\right]$개이다.

그러므로 문제의 조건에 맞는 수의 개수는

$$\left\{\left[\dfrac{999}{5}\right] + \left[\dfrac{999}{7}\right] - \left[\dfrac{999}{5 \times 7}\right]\right\} - \left[\dfrac{999}{35}\right] = (199 + 142 - 28) - 28 = 285 \text{이다.}$$

따라서 답은 ①이다. 📋 ①

[참고] 정수 중에서 문제를 계산할 때 아래의 몇 가지 계산 공식을 이용한다.

① 1부터 $n(n > 1$은 정수$)$까지의 정수에서 양의 정수 a로 나누어떨어지는 수는 $\left[\dfrac{n}{a}\right]$개이다. (단, $[x]$는 x를 넘지 않는 최대정수이다.)

② 1부터 n까지의 정수에서 a 또는 b로 나누어떨어지는 수는 $\left[\dfrac{n}{a}\right] + \left[\dfrac{n}{b}\right] - \left[\dfrac{n}{a \cdot b}\right]$개이다. (단, $n > 1$은 정수, a, b는 서로소의 양의 정수)

③ $n!$에서 소수 p를 포함한 개수는 $\left[\dfrac{n}{p}\right] + \left[\dfrac{n}{p^2}\right] + \left[\dfrac{n}{p^3}\right] + \cdots (0$까지$)$개이다.

④ $N = p_1^{k_1} \cdot p_2^{k_2} \cdot \cdots \cdot p_i^{k_n}$는 양의 정수 N의 소인수분해일 때,

N의 (양의) 약수의 개수는 $(k_1 + 1)(k_2 + 1) \cdots (k_n + 1)$개이고,

N의 모든 양의 약수의 합은

$$(1 + p_1 + p_1^2 + \cdots + p_1^{k_1})(1 + p_2 + p_2^2 + \cdots + p_2^{k_2}) \cdots (1 + p_n + p_n^2 + \cdots + p_n^{k_n})$$

이다.

[실력 다지기]

01 x는 11의 배수이고 각 자리 수의 합이 13일 때, x의 최솟값을 구하여라.

02 $M = \overline{abc321}$은 여섯 자리 수로, a, b, c는 3개의 서로 다른 숫자이며 0, 1, 2, 3과 같지 않다. 또 M은 7의 배수일 때, M의 최솟값을 구하여라.

03 3개의 서로 다른 양의 정수 a, b, c에서 $a + b + c = 133$일 때, 임의의 두 개의 수의 합은 모두 완전제곱수이다. 이때, a, b, c를 구하여라. (a, b, c의 순서와 상관없이)

04 소수 a, b, c에 대하여 $x = a+b-c$, $y = a+c-b$, $z = b+c-a$이다.
$x^2 = y$, $\sqrt{z} - \sqrt{y} = 2$일 때, a, b, c의 가능한 값을 구하여라.

05 63, 91, 129를 각각 양의 정수 a로 나눈 나머지의 합이 25일 때, a의 값을 구하여라.

[실력 향상시키기]

06 어느 사원에 갑, 을, 병 3개의 종이 있다. 갑은 4초에 한번 씩 울리고, 을은 5초, 병은 6초에 한번 씩 울린다. 새해가 돌아와 3개의 종이 동시에 울리고, 동시에 그쳤다. 어떤 사람이 365번의 소리를 들었다면, 이 시간 동안 갑, 을, 병 3종의 소리의 횟수를 각각 x번, y번, z번 일 때, $x+y+z$를 구하여라.

07 m은 3개의 다른 합성수의 합으로 표시할 수 없는 가장 큰 정수라고 할 때, m의 값을 구하여라.

08 1, 2, 3, …, 1999, 2000에서 n개의 수를 뽑을 때, 그 수들 중에서 임의의 3개의 수의 합은 21의 배수가 되었다고 한다. n의 최댓값을 구하여라.

09 양의 정수 N에 대하여 1보다 큰 양의 정수 k에 대해 $N - \dfrac{k(k-1)}{2}$이 k의 배수가 된다면 N을 "행운 수"라 하자. 1, 2, 3, …, 2000에서 "행운 수"의 개수를 구하고 그 이유를 설명하여라.

[응용하기]

10 $0^2 + 1^2 + 2^2 + 3^2 + \cdots + 2005^2$에서 몇 개의 "+"를 "−"로 바꾸었을 때 합이 n이 된다면, n을 "표현가능한 수"라 부르자. 앞의 10개의 양의 정수 1, 2, 3, $\cdots$, 10 중에서 어떤 수가 "표현가능한 수"가 될 수 있는가? 이유를 설명하여라.

11 n은 양의 정수이고, $d_1 < d_2 < d_3 < d_4$는 n의 4개의 연속되는 가장 작은 양의 약수이다. $n = d_1^2 + d_2^2 + d_3^2 + d_4^2$ 일 때, n의 값을 구하여라.

29강 존재성 문제(서랍원리)

1 핵심요점

1. 존재성 문제
수학에서 수학적 대상의 존재유무를 판단 또는 증명하는 문제를 존재성문제라고 한다.

2. 존재성 문제의 유형
존재성문제는 앞에서 몇 번 다루었는데 대체로 3가지 유형이 있다.
긍정형 존재성문제, 부정형 존재성문제, 탐구형 존재성문제이다.

3. 존재성 문제의 풀이 방법
존재성문제를 풀이하는 방법으로는 일반적으로 직접 증명법과 귀류법이 있다. 서랍원리는 그 중 자주 사용하는 하나의 중요한 방법이다. ("서랍원리"의 소개는 본 강의 끝의 부록에 있음.)

※ 이 강을 공부하기 위해서는 이차방정식, 이차함수, 삼각비에 대한 개념이 필요하므로
  이에 대한 개념이 없는 학생은 필요한 개념을 숙지한 후 공부하기 바랍니다.

2 필수예제

1. 긍정형 존재성문제에 대한 문제의 예제
긍정형 존재성문제는 문제에 주어진 조건 하에서 어떤 수학적 대상이 존재함을 알아내거나 증명하는 문제를 말한다.

필수예제 1

길이가 150cm인 철사가 있는데, $n(n > 2)$개 토막을 내었다. 각 토막의 길이는 1cm보다 작지 않은 정수이다. 그 중 임의의 3개 토막으로 삼각형을 만들 수 없다. n의 최댓값을 구하여라.

[풀이] n개의 토막의 합은 150cm이다. n이 커지면 각 토막의 길이는 가능한 작아야 한다. 그러나 각 토막의 길이가 1cm보다는 작으면 안 된다. 그리고 임의의 세 토막으로 삼각형을 만들 수 없다.

즉, 두 토막의 합은 세 번째 토막 보다 각 토막을 각각 1, 1, 2, 3, 5, 8, 13, 21, 34, 55, 89, …(3번째부터 각각의 수는 전의 두 개의 수의 합)이다.

$1+1+2+\cdots+34+55 = 143 < 150$,

$1+1+2+\cdots+34+55+89 = 232 > 150$이므로

n의 최댓값은 10이다.

150cm의 철사를 나누는 조건을 만족시키는 것은 10토막으로 모두 아래의 7가지 방법이 있다.

$$1, 1, 2, 3, 5, 8, 13, 21, 34, 62 ;$$
$$1, 1, 2, 3, 5, 8, 13, 21, 35, 61 ;$$
$$1, 1, 2, 3, 5, 8, 13, 21, 36, 60 ;$$
$$1, 1, 2, 3, 5, 8, 13, 21, 37, 59 ;$$
$$1, 1, 2, 3, 5, 8, 13, 22, 35, 60 ;$$
$$1, 1, 2, 3, 5, 8, 13, 22, 36, 59 ;$$
$$1, 1, 2, 3, 5, 8, 14, 22, 36, 58 ;$$

[평주] 이 풀이는 열거법을 이용하여 조건에 적합한 n의 최댓값은 10임을 증명하였다.　　　目 10

필수예제 2

18×18 칸을 가진 정사각형 종이 위에 각 칸에 서로 다른 324개의 양의 정수를 써 넣는다. 이 경우 어떻게 쓰더라도 이웃하는 두 칸(한 변을 공유하는 두 칸을 이웃하는 두 칸이라고 하자.)의 수의 차가 10보다 작지 않은 이웃하는 두 칸이 적어도 한 쌍 이상 존재함을 증명하여라.

[증명] a와 b를 $324(18 \times 18)$개의 양의 정수들 중에서 가장 작은 수와 가장 큰 수라고 하자. 그러면 324개의 수는 서로 다르므로, $b - a \geq 323$이다. 이제 두 가지의 경우로 나누어서 증명한다.

(1) a와 b가 서로 다른 행 및 서로 다른 열에 있는 경우

　　a가 위치한 칸에서 출발하여 아래 왼쪽 그림과 같이 일련의 이웃한 칸들(상하 또는 좌우)을 거쳐서 b가 위치한 칸에 도달할 수 있다. a와 b는 서로 다른 행 및 서로 다른 열에 위치하므로 a에서 b까지 가는 노선에는 완전히 다른 두 노선(서로 겹치는 칸이 한 개도 없는)이 존재한다. 그 완전히 다른 두 노선인 노선 갑과 노선 을의 경우 건너가는 칸의 개수가 $17 + 17 = 34$를 초과할 수 없다.

　　따라서 만약 모든 이웃하는 칸의 수의 차가 9이하라고 하면, $323 \leq b - a \leq 34 \times 9 = 306$이 되어 모순이 된다. 결국 노선 갑과 노선 을 둘 다에 반드시 적힌 수의 차가 10보다 작지 않은 두 이웃하는 칸이 반드시 한 쌍 이상씩 존재한다.

(2) a와 b가 같은 행 또는 같은 열에 있는 경우 (1)과 같이, 위의 오른쪽 그림에서 두 개의 완전히 다른 노선을 찾을 수 있고, 이동의 횟수는 34보다 크지 않으며, 노선 갑과 노선 을에서 적힌 수의 차가 10보다 작지 않은 두 이웃하는 칸이 반드시 한 쌍 이상씩 존재한다.

[평주] 이것은 귀류법을 사용한 긍정형 존재성문제이다.　　　目 풀이참조

1, 2, 3, 4, …, 3900에서 1993개의 수를 뽑아, 두 수의 차가 93이 되는 두 수는 존재하는가?

[증명] 모든 양의 정수는 93으로 나누면 나머지는 0, 1, 2, 3, …, 92 모두 93개의 상황으로 93개의 서랍으로 만든다. $1993 \div 93 = 21 \cdots 40$이므로 서랍원리에 의해 임의의 1993개의 수에서 적어도 한 개의 서랍에는 22개의 수가 있다.

1993개의 수에서 반드시 22개의 수는 93으로 나누면 나머지가 같으므로, 이때 나머지를 r이라 하면, 이 22개의 수에서 임의의 두 수의 차는 모두 93의 배수이다.

만약 22개의 수에서 임의의 두 수의 차가 93(93의 1배)과 같지 않다면, 이때, 22개의 수의 작은 수부터 나열하면,

$a_1 = 0 \times 93 + r$, $a_2 = 2 \times 93 + r$, $a_3 = 4 \times 93 + r$, $a_4 = 6 \times 93 + r$, ……,

$a_{22} = 2 \times 21 \times 93 + r = 3906 + r > 3900 \ (0 \le r < 92)$

이므로, a_{22}는 3900보다 크므로 모순된다. 따라서 두 수의 차가 반드시 93인 두 수가 있다.

🔖 풀이참조

2. 부정형 존재성문제에 대한 예제

부정형 존재성문제는 문제에 주어진 조건 하에서 어떤 수학적 대상이 존재하지 않음을 알아내거나 증명하는 문제를 가리킨다.

오른쪽 그림에서 △OAB의 변의 길이가 $2 + \sqrt{3}$ 인 정삼각형이다. O은 좌표평면의 원점이고, 꼭짓점 B는 y축의 양의 방향에 있고 △OAB를 접어 점 A가 변 OB 위에 있도록 하고 이 점을 A′라 하자. 접은 선은 EF이다.

(힌트: 한 내각이 30°인 직각삼각형에서 세 변의 길이의 비는 $1 : \sqrt{3} : 2$이다.)

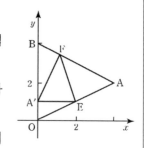

(1) A′E∥x축일 때, A′와 E의 좌표를 구하여라.

(2) A′E∥x축이고, 이차함수 $y = -\dfrac{1}{6}x^2 + bx + c$이 점 A′와 E를 지날 때, 이 이차함수와 x축과의 교점의 좌표를 구하여라.

(3) 점 A′는 O 또는 B와 겹쳐지지 않도록 OB 위에서 움직일 때, △A′EF는 직각삼각형일 수 없음을 증명하여라.

[풀이] (1) $E(a, b)$라 하면, $A'E = a$, $OE = \dfrac{2}{\sqrt{3}}a$, $EA = 2 + \sqrt{3} - \dfrac{2}{\sqrt{3}}a$이다.

$A'E = EA$이므로, $a = 2 + \sqrt{3} - \dfrac{2}{\sqrt{3}}a$이다. 이를 풀면, $a = \sqrt{3}$ 이다.

$a : b = \sqrt{3} : 1$이므로, $b = 1$이다. 따라서 $E(\sqrt{3}, 1)$, $A'(0, 1)$이다.

📄 $E(\sqrt{3}, 1)$, $A'(0, 1)$

(2) $y = -\dfrac{1}{6}x^2 + bx + c$가 점 A'와 E를 지나므로, $c = 1$, $-\dfrac{1}{2} + \sqrt{3}b + c = 1$이다.

두 식을 연립하여 풀면, $b = \dfrac{1}{2\sqrt{3}}$이다.

그러므로 이차함수와 x축과의 교점의 좌표 x는

$-\dfrac{1}{6}x^2 + \dfrac{1}{2\sqrt{3}}x + 1 = 0$, 즉, $x^2 - \sqrt{3}x - 6 = 0$을 만족한다.

이 이차방정식을 풀면 $x = 2\sqrt{3}$ 또는 $-\sqrt{3}$이다.

따라서 구하는 교점의 좌표는 $(2\sqrt{3}, 0)$, $(-\sqrt{3}, 0)$이다.

📄 $(2\sqrt{3}, 0)$, $(-\sqrt{3}, 0)$

(3) $\triangle A'EF$가 직각삼각형이면, $90°$가 될 수 있는 각은 $\angle A'EF$ 또는 $\angle A'FE$이다.

만약 $\angle A'EF = 90°$, $\triangle FA'E$와 $\triangle FAE$는 FE에 대해서 대칭이므로 $\angle AEF = \angle AEF = 90°$이고

$\angle AEA' = \angle AEF + \angle A'EF = 90° + 90° = 180°$이다.

이때 A, E, A'가 같은 직선에 있게 되어 점 A'는 점 O와 겹치므로 이것은 문제와 모순된다. 즉, $\angle A'EF \neq 90°$이다.

같은 방법으로 증명하면 $\angle A'FE \neq 90°$이다.

그러므로 $\triangle A'EF$는 직각삼각형일 수 없다. 📄 풀이참조

필수예제 5

서로 다른 네 개의 양의 정수에서 임의의 두 개의 수의 곱한 값과 2002의 합이 모두 완전 제곱수가 되는 네 개의 양의 정수는 존재할 수 없음을 증명하여라.

[증명] (귀류법) 만약 4개의 양의 정수 n_1, n_2, n_3, n_4를

$n_i n_j + 2002 = m^2$ (i, $j = 1$, 2, 3, 4, m은 양의 정수)라고 하자.

2002를 4로 나눈 나머지는 2이고, 임의의 양의 정수의 제곱을 4로 나눈 나머지는 0 또는 1이므로, $n_i n_j$를 4로 나눈 나머지는 2 또는 3이다.

① 만약 n_1, n_2, n_3, n_4에서 두 개의 짝수가 있어 그것을 n_1, n_2라 하자.

그러면 $n_1 n_2 + 2002$는 4로 나눈 나머지는 2이고, m^2을 4로 나누면 나머지는 0 또는 1이므로, 모순된다. 그러므로 양의 정수 n_1, n_2, n_3, n_4에서 적어도 하나는 짝수이고, 3개는 홀수이다.

② 만약 n_1, n_2, n_3, n_4에서 적어도 3개는 홀수이고, 홀수를 4로 나누면 나머지는 1 또는 3이다.

그러므로 이런 홀수는 4로 나눈 나머지가 1 또는 3인 두 개의 유형으로 나눌 수 있다. 서랍원리로부터 세 개의 홀수 중 반드시 두 개의 홀수는 같은 유형이며 그들의 곱의 값 $n_i n_j$를 4로 나눈 나머지는 1이다. 이는 4로 나눈 나머지는 2 또는 3이 되어야 한다는 사실과 모순되므로 적어도 홀수가 3개인 경우는 없다.

따라서 서로 다른 4개의 양의 정수에서 임의의 두 수의 곱의 값과 2002의 합이 모두 완전제곱수가 되는 경우는 존재하지 않는다.

🗐 풀이참조

3. 탐구형의 존재성문제에 대한 예제

탐구형 존재성문제는 어떤 수학적 대상의 존재 유무가 불명확하기 때문에, 문제의 주어진 조건을 가지고 먼저 관찰, 분석, 추측, 판단을 통하여 결론(존재 유무)을 얻어내고 증명하는 문제를 가리킨다.

필수예제 6

다음 그림과 같이 $AB \perp BC$, $DC \perp BC$ 이다.

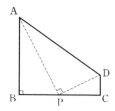

(1) $AB = 4$, $DC = 1$, $BC = 4$일 때, 선분 BC 위의 점 P를 $PA \perp PD$이 되게 잡을 수 있는가? 존재하지 않으면 이유를 증명하여라.

(2) $AB = a$, $DC = b$, $AD = c$일 때, a, b, c 사이가 어떤 관계일 때 직선 BC에 점 P가 존재하여 $AP \perp PD$이 될 수 있는가?

[풀이] (1) 만약 선분 BC에 $AP \perp DP$이 되게 하는 점 P가 있다면 $\angle APD = 90°$이다.

그러므로 $\angle APB + \angle CPD = 90°$이다.

$AB \perp BC$, $DC \perp BC$이므로 즉, $\angle B = \angle C = 90°$이다.

그러므로 $\angle APB + \angle BAP = 90°$, $\angle BAP = \angle CPD$이다.

직각삼각형 APB와 직각삼각형 PDC가 닮음이므로 $\dfrac{AB}{PC} = \dfrac{BP}{CD}$이며,

$BP = x$일 때, $PC = 4 - x$이다. 그러므로 $\dfrac{4}{4-x} = \dfrac{x}{1}$이다. 이를 풀면, $x = 2$이다. 그러므로 선분 BC에 P점이 존재하고, $AD \perp PD$이며 이때, $BP = 2$이다.

🗐 풀이참조

(2) 만약 변 BC 위에 AP⊥DP이 되게 하는 점 P가 있다면 점 P는 AD 를 지름으로 하는 원 위에 있고, 원의 반지름은 $\frac{1}{2}c$이다. 변 AD의 중점 O를 잡고, 점 O에서 변 BC에 내린 수선의 발을 E라 하자. (아래 그림 참고)

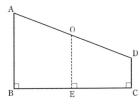

그러면, AB⊥BC, OE⊥BC, DC⊥BC이다.

즉, AB∥OE∥DC, 또한 AO=DO이므로

BE=CE이고, OE=$\frac{1}{2}$(AB+DC)=$\frac{1}{2}(a+b)$이다.

① OE<$\frac{1}{2}c$, 즉 $a+b<c$일 때, O는 원의 중심이고, AO를 반지름으로 하는 원과 변 BC가 서로 다른 두 점에서 만난다. 이때 원 O와 직선 BC의 교점은 P_1, P_2이고, $AP_1⊥P_1D$, $AP_2⊥P_2D$이다.

② OE=$\frac{1}{2}c$, $a+b=c$일 때, O는 원의 중심이고, AO는 반지름으로 하는 원과 직선 BC가 접한다. 이때 AP⊥PD이 되게 하는 접점 P가 있다.

③ OE>$\frac{1}{2}c$, 즉 $a+b>c$일 때, O는 원의 중심이고, AO를 반지름으로 하는 원과 변 BC는 서로 만나지 않는다. 이때, 직선 BC에는 AP⊥PD이 되게 하는 점 P가 없다.

따라서 $a+b≤c$일 때, 직선 BC에는 AP⊥PD이 되는 점 P가 있다.

📋 풀이참조

오른쪽 그림에서 반지름이 1인 원 O는 x, y축과 네 개의 점 A, B, C, D에서 만나고, 이차함수 $y = x^2 + bx + c$는 점 C를 지나며 직선 AC와는 하나의 공통점만 갖는다.

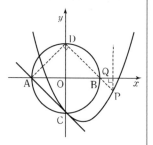

(1) 직선 AC의 직선의 방정식을 구하여라.

(2) 이차함수 $y = x^2 + bx + c$의 함수식을 구하여라.

(3) 점 P가 (2)에서 주어진 이차함수 위의 한 점이고, 점 P에서 x축에 수선의 발을 점 Q라 하자. 이차함수에 $\triangle PQB \backsim \triangle ADB$가 되는 점 P가 존재하는가? 존재하면 점 P의 좌표를 구하여라. 존재하지 않으면 그 이유를 증명하여라.

[풀이] (1) 직선 AC의 함수식을 $y = kx + b$라면 문제에서 주어진 두 점 A$(-1, 0)$, C$(0, -1)$를 대입하여 다음의 두 개의 식을 얻는다.
$$\begin{cases} -k + b = 0 \\ b = -1 \end{cases}$$
이를 풀면 $k = -1$, $b = -1$이므로 직선 AC의 직선의 방정식은 $y = -x - 1$이다.

$\quad$答 $\quad y = -x - 1$

(2) 이차함수는 점 C$(0, -1)$를 지나므로, $-1 = 0^2 + b \times 0 + c$에서, $c = -1$이다.
연립방정식 $\begin{cases} y = -x - 1 \\ y = x^2 + bx - 1 \end{cases}$ 를 연립하면 $x^2 + (b+1)x = 0$이다.
직선 AC와 이차함수의 공통점은 C 하나밖에 없으며,
즉, 방정식 $x^2 + (b+1)x = 0$은 하나의 중근을 가지므로,
$\triangle = (b+1)^2 - 4 \times 1 \times 0 = 0$이다. 즉, $b = -1$이다.
이 함수의 함수식은 $y = x^2 - x - 1$이다.

$\quad$答 $\quad y = x^2 - x - 1$

(3) 조건에 맞는 점 P가 있다고 가정하자.
점 P의 좌표를 $(a, a^2 - a - 1)$라고 하면, 점 Q의 좌표는 $(a, 0)$이다.
그러므로 QB $= |a - 1|$, PQ $= |a^2 - a - 1|$이다.
$\triangle$ADB이 직각이등변삼각형이므로, $\triangle$PQB $\backsim \triangle$ADB이다.
즉, $\triangle$PQB는 직각이등변삼각형이고, PQ$\perp$QB이다.
그러므로 PQ $=$ QB이다. 즉, $|a^2 - a - 1| = |a - 1|$이다.
그러므로 $a^2 - a - 1 = a - 1$ $\cdots$ ㉠ 또는 $a^2 - a - 1 = -(a-1)$ $\cdots$ ㉡이다.

㉠식을 정리하면 $a^2 - 2a = 0$이고, 이를 풀면 $a_1 = 0$, $a_2 = 2$이다.
㉡식을 정리하면 $a^2 - 2 = 0$이고, 이를 풀면 $a_3 = \sqrt{2}$, $a_4 = -\sqrt{2}$이다.
$a^2 - a - 1$에 a_1, a_2, a_3, a_4 순서대로 대입하면 점 P의 y좌표가 된다.
존재하는 점 P는 4개로 $P_1(0, -1)$, $P_2(2, 1)$, $P_3(\sqrt{2}, 1 - \sqrt{2})$, $P_4(-\sqrt{2}, 1 + \sqrt{2})$이다. 🖺 풀이참조

필수예제 8

초등학생들의 수업 집중력 지표는 선생님의 강의 시간에 따라 변한다. 강의 시작 할 때, 학생들이 흥미가 있고, 중간의 얼마간의 시간 동안 학생들의 흥미는 일정한 상태를 유지하였고, 그 후에는 분산되었다. 학생들의 집중력 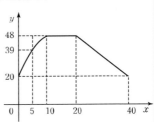 그래프는 시간 x의 값에 따라 오른쪽 그림과 같이 그려진다. (y가 클수록 학생들의 집중력이 높은 것임) $0 \leq x \leq 10$일 때, 그래프는 포물선의 일부이다. $10 \leq x \leq 20$과 $20 \leq x \leq 40$일 때, 그래프는 직선이다.

(1) $0 \leq x \leq 10$일 때, 집중력 지표 y와 x의 함수 관계를 구하여라.

(2) 한 수학 문제를 24분 강의하였다면 선생님은 어떻게 시간을 조정해야 집중력의 지표가 36보다 적지 않게 할 수 있는가?

[풀이] (1) $0 \leq x \leq 10$일 때, 이차함수 $y = ax^2 + bx + c$는 세 점 $(0, 20)$, $(5, 39)$, $(10, 48)$을 지나므로, 이를 대입하면
$c = 20$, $25a + 5b + c = 39$, $100a + 10b + c = 48$이다.
이를 연립하여 풀면 $c = 20$, $a = -\dfrac{1}{5}$, $b = \dfrac{24}{5}$이다.
그러므로 집중력의 지수 y와 시간 x의 함수 관계식은
$y = -\dfrac{1}{5}x^2 + \dfrac{24}{5}x + 20$이다. 🖺 $y = -\dfrac{1}{5}x^2 + \dfrac{24}{5}x + 20$

(2) $20 \leq x \leq 40$일 때, 직선의 방정식을 $y = kx + d$라 하면, 점 $(20, 48)$과 $(40, 20)$을 지나므로 이를 대입하여 구하면 $k = -\dfrac{7}{5}$, $d = 76$이다.
그러므로 $20 \leq x \leq 40$일 때, $y = -\dfrac{7}{5}x + 76$이다.
$0 \leq x \leq 10$일 때, $-\dfrac{1}{5}x^2 + \dfrac{24}{5}x + 20 = 36$이고, 이를 풀면, $x = 4$이다.
$20 \leq x \leq 40$일 때, $-\dfrac{7}{5}x + 76 = 36$이고, 이를 풀면
$x = \dfrac{200}{7} = 28\dfrac{4}{7}$이다.
그런데, $28\dfrac{4}{7} - 4 = 24\dfrac{4}{7} > 24$이므로, 선생님은 알맞게 조정하여, 학생들의 집중력 지표는 36보다 낮지 않게 문제를 강의할 수 있다.
🖺 풀이참조

[실력 다지기]

01 여섯 장의 종이 앞면에 각각 정수 1, 2, 3, 4, 5, 6을 쓰고 섞은 후에 뒷면에 임의로 각각 $1 \sim 6$ 까지의 수를 쓴다. 각 장의 앞면과 뒷면의 숫자의 차를 절댓값으로 표시하여 6개의 수를 구한다. 이 6개의 수에서 적어도 두 수는 같음을 증명하여라.

02 사각형 $ABCD$의 넓이는 32이고, AB, CD, AC의 길이는 모두 정수이며, 이들의 합은 16이다.

(1) 이러한 사각형은 몇 개인가?

(2) 이러한 사각형의 변의 길이의 제곱을 합한 값의 최솟값을 구하여라.

03 이차 함수 $y = ax^2 - ax + m$의 그래프는 x축과 $A(x_1, \, 0)$, $B(x_2, \, 0)$의 두 점에서 만나고, ($x_1 < x_2$), y축의 음의 방향과 점 C에서 만난다.
또한 $AB = 3$이고 직선 AC의 기울기를 l_1, 직선 BC의 기울기를 l_2라 하면,
$l_1 + l_2 = -1$이다.

(1) 이 이차 함수의 함수식을 구하여라.

(2) 제 1사분면내에서 $S_{\triangle PAC} = 6$을 만족하는 이차함수 위의 점 P가 존재하는가? 만약 존재하면 점 P의 좌표를 구하고, 그렇지 않으면 이유를 설명하여라.

04 $2n(n+1)(n+2)(n+3)+12$를 2개의 양의 정수의 제곱 합으로 표현되게 하는 n은 존재하는가?

① 존재하지 않는다.   ② 1개   ③ 2개   ④ 무수히 많다.

05 다음 그림과 같이 사각형 PQMN은 평행사변형 ABCD에 내접하는 사각형이다.

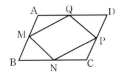

(1) MP // BC 또는 NQ // AB이면, $S_{\square PQMN} = \dfrac{1}{2} S_{\square ABCD}$ 임을 증명하여라.

(2) $S_{\square PQMN} = \dfrac{1}{2} S_{\square ABCD}$ 이면, MP // BC 또는 QN // AB 인가?

[실력 향상시키기]

06 한 평면 내에 어떤 세 개의 점도 한 직선 위에 있지 않은 네 개의 점이 있다. 이 네 개의 점에서 세 점을 뽑아 삼각형을 만드는데 이 삼각형 중에 적어도 한 내각이 45°보다 크지 않은 삼각형이 존재하는가?

07 둘레의 길이가 6이고, 넓이가 정수인 직각삼각형이 있는가?

08 $1, 2, \cdots, 2014$ 에서 임의의 k개의 수를 선택한다. 선택한 k개의 수에서 삼각형을 이루는 세 개의 수(서로 다른 세 개의 수를 말한다.)를 반드시 찾을 수 있기 위한 k의 최솟값을 구하여라.

09 오른쪽 그림과 같이 점 P는 직각삼각형 ABC 의 빗변 BC 위의 점이고, 점 Q는 선분 PC의 중점이다. 점 P에서 수선을 그어 변 AB와 만나는 점을 R이라 하자. 점 H는 선분 AR의 중점이다. 점 H에서 점 C의 방향으로 변 AB 수선을 그려 HN을 얻는다. HN 위에 AG = CQ, BG = BQ를 만족하는 점 G가 존재함을 증명하여라.

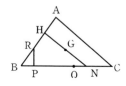

[응용하기]

10 직선은 원 O와 두 점 E, F에서 만나고, CD는 원 O의 지름이며, 점 C와 점 D에서 직선 l에 내린 수선의 발은 각각 A, B이다. AB = 7, BD − AC = 1, AE = 1일 때 선분 AB 위에 점 P가 있어 P, A, C를 꼭짓점으로 하는 삼각형과 P, B, D를 꼭짓점으로 하는 삼각형이 닮은 도형이 되도록 하는 점 P가 존재하는가? 만약 있다면 AP의 길이를 구하고, 존재하지 않는다면 이유를 설명하여라.

11 1에서 205까지 205개의 양의 정수가 있다. 이 중에서 n개의 수를 골랐을 때 그 n개의 수 중 어떤 세 수 $a, b, c(a < b < c)$에 대해서도 $ab \neq c$가 된다고 한다. 이것을 만족할 수 있는 n의 최댓값을 구하여라.

부록 서랍 원리의 소개

서랍 원리 또는 **비둘기 집 원리** 또는 **편지함 원리**라고 한다. 이것은 모두 생활 속에서 나타나는 간단한 원리이다.
3개의 물건을 두 개의 서랍에 넣으면, 그 중 하나의 서랍에는 최소한 두 개의 물건이 있다.
3마리의 비둘기가 두 개의 비둘기 집으로 들어갈 때, 하나의 비둘기 집에는 최소한 두 마리의 비둘기가 있다.
3개의 편지를 두 개의 편지함에 넣을 때 그 중 하나의 편지함에는 최소한 2개의 편지가 있다.
일반적으로

(1) $n+k$개의 물건을 n개의 서랍에 넣을 때, 어떻게 넣든지 하나의 서랍에는 적어도 두 개의 물건이 있다.
　　(단, n과 k는 양의 정수)

(2) $m=qn+r(m,\ n,\ q$는 양의 정수이고, r은 음이 아닌 정수로, $r<q)$개의 물건을 n개의 서랍에 넣을
　　때, 어떤 방법이든지,
　　　① $r=0$일 때, 최소한 한 개의 서랍에 q개의 물건이 있다.
　　　② $r\neq0$일 때, 최소한 한 개의 서랍에는 $(q+1)$개의 물건이 있다.

이것이 일반적으로 말하는 "**서랍원리**"(또는 비둘기 집 원리 또는 편지함 원리)이다.
원리 (1)은 원리 (2)의 특수 상황이다. $(r\neq1,\ q=1)$
책상원리는 귀류법으로 증명한다. 예를 들어 원리(1) : (귀류법)만약 각각의 서랍에 최대 한 개의 물건만 넣을
수 있다면, 물건의 총 수량은 n개 이며, $n+k$개가 아니므로 모순된다. 그러므로 원리(1)은 성립된다.
원리 (2)는 같은 방식으로 증명한다.

30강 방정식과 퍼즐

1 핵심요점

다음과 같은 직사각형 모눈이 있다.

a	b	c
d	e	f

이때, 가로행의 수의 합이 같고, 세로열의 수의 곱이 같도록 하는 퍼즐을 생각하자.

즉, $a+b+c=d+e+f$, $a\times d=b\times e=c\times f$

를 만족하도록 수를 배열한다.

*참고로 이 강은 이차방정식의 개념을 학습한 후 공부하면 이해에 도움이 된다.

2 필수예제

필수예제 1

다음과 같은 직사각형 모눈에 가로행의 수의 합이 같고, 세로열의 수의 곱이 같도록 하는 퍼즐을 완성하여라.

8		
	10	12

[풀이]

8	a	b
c	10	12

빈칸에 들어갈 수를 a, b, c라고 하자. 그러면,

$8+a+b=c+10+12$ $\cdots$ ①, $8\times c=10\times a=12\times b$ $\cdots$ ②

이다. 식 ②에서 $a=\dfrac{4}{5}c$, $b=\dfrac{2}{3}c$를 얻는다.

이를 식 ①에 대입하면 $8+\dfrac{4}{5}c+\dfrac{2}{3}c=c+10+12$이다.

이를 풀면, $120+12c+10c=15c+150+180$, $7c=210$, $c=30$이다.
따라서 $c=30$, $a=24$, $b=20$이다.
그러므로 퍼즐을 완성하면,

8	24	20
30	10	12

이다.

답

8	24	20
30	10	12

필수예제 2

다음과 같은 직사각형 모눈에 가로행의 수의 합이 같고, 세로열의 수의 곱이 같도록 하는 퍼즐을 완성하여라.

3		
	4	6

[풀이]

3	a	b
c	4	6

빈칸에 들어갈 수를 a, b, c라고 하자. 그러면

$3+a+b=c+4+6$ ··· ①, $3 \times c = 4 \times a = 6 \times b$ ··· ②이다.

식 ②에서 $a=\dfrac{3}{4}c$, $b=\dfrac{1}{2}c$를 얻는다. 이를 식 ①에 대입하면

$3+\dfrac{3}{4}c+\dfrac{1}{2}c=c+4+6$이다.

이를 풀면, $12+3c+2c=4c+16+24$, $c=28$이다.

따라서 $c=28$, $a=21$, $b=14$이다.

그러므로 퍼즐을 완성하면,

3	21	14
28	4	6

이다.

답

3	21	14
28	4	6

필수예제 3

다음과 같은 직사각형 모눈에 가로행의 수의 합이 같고, 세로열의 수의 곱이 같도록 하는 퍼즐을 완성하여라.

	2	3	4
1			

[풀이]

a	2	3	4
1	b	c	d

빈칸에 들어갈 수를 a, b, c라고 하자. 그러면,

$a+2+3+4=1+b+c+d$ ··· ①, $a \times 1 = 2 \times b = 3 \times c = 4 \times d$ ··· ②이다.

식 ②에서, $b=\dfrac{1}{2}a$, $c=\dfrac{1}{3}a$, $d=\dfrac{1}{4}a$이다.

이를 식 ①에 대입하면 $a+2+3+4=1+\dfrac{1}{2}a+\dfrac{1}{3}a+\dfrac{1}{4}a$이다.

이를 풀면, $12a+108=12+6a+4a+3a$, $a=96$이다.

따라서 $a=96$, $b=48$, $c=32$, $d=24$이다.

그러므로 퍼즐을 완성하면,

96	2	3	4
1	48	32	24

이다.

답
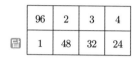

다음과 같은 직사각형 모눈에 가로행의 수의 합이 같고, 세로열의 수의 곱이 같도록 하는 퍼즐을 완성하여라.

[풀이] 빈칸에 들어갈 수를 a, b, c라고 하자. 그러면,

$a+4=6+b=9+c$ ⋯ ①, $a\times6\times9=4\times b\times c$ ⋯ ②이다.

식 ①에서, $b=a-2$, $c=a-5$을 식 ②에 대입하면

$a\times6\times9=4\times(a-2)\times(a-5)$이다.

이를 풀면,

$54a=4a^2-28a+40$, $4a^2-82a+40=0$,

$2a^2-41a+20=0$, $(2a-1)(a-20)=0$

a	4
6	b
9	c

이 되어 $a=20$이다. 따라서 $a=20$, $b=18$, $c=15$이다.

그러므로 퍼즐을 완성하면,

20	4
6	18
9	15

이다.

답

필수예제 5

다음과 같은 직사각형 모눈에 가로행의 수의 합이 같고, 세로열의 수의 곱이 같도록 하는 퍼즐을 완성하여라.

		1
4	2	
6	8	

[풀이] 빈칸에 들어갈 수를 a, b, c, d라고 하자. 그러면,

$$a+b+1=4+2+c=6+8+d \ \cdots \ ①,$$

$$a\times 4 \times 6 = b \times 2 \times 8 = 1 \times c \times d \ \cdots \ ②$$

이다. 식 ②에서, $b=\dfrac{3}{2}a$이고, 이를 식 ①에 대입하면,

$$c=\dfrac{5}{2}a-5, \ \ d=\dfrac{5}{2}a-13$$

이다. 이를 다시 식 ②의 $a \times 4 \times 6 = 1 \times c \times d$에 대입하면,

$$24a = \left(\dfrac{5}{2}a-5\right)\left(\dfrac{5}{2}a-13\right), \ \ 96a=(5a-10)(5a-26),$$

$$25a^2-276a+260=0, \ \ (25a-26)(a-10)=0$$

이다. 따라서 $a=10$이다. 그러므로 $b=15$, $c=20$, $c=12$이다.

따라서

10	15	1
4	2	20
6	8	12

이다.

10	15	1
4	2	20
6	8	12

[실력 다지기]

※ 다음과 같은 직사각형 또는 정사각형 모눈에 가로행의 수의 합이 같고, 세로열의 수의 곱이 같도록
하는 퍼즐을 완성하여라.

01

5	3	
		2

02

2			9
	3	4	

03

8	6	3	
			2

04

10	
4	
	3

05

5	
28	
30	

06

42	3

07

3		
	6	
	5	4

08

4	7	
		5
		8

부록 모의고사

제한시간 : 120분

＊모든 문제는 서술형이고 답만 맞으면 0점 처리합니다.

1 문자 A, B, C, D는 한 자리 숫자를 의미하고, 같은 문자는 같은 숫자를 나타낼 때, $\overline{ABCD} + \overline{ABC} + \overline{AB} + A = 2508$이다. 이때, $\overline{ABCD} - \overline{ABC} - \overline{AB} - A$를 구하여라.

2 다음 그림과 같이 $AB = AC = 2cm$, $\angle BAC = 30°$인 이등변삼각형 ABC의 넓이를 구하여라.

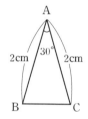

3 일렬로 나열된 12개의 의자가 있다. 모든 각 의자에 학생이 1명씩 앉아 있다. 각 학생 중 어떤 학생은 앉은 자리에서 아예 이동을 하지 않거나 또는 이동을 한다면 바로 이웃한 자리로만 이동하여 앉을 수 있다. 학생들이 처음 배열된 경우와 더불어 다시 배열될 수 있는 모든 경우의 수의 합을 구하여라.

4   자연수 n을 순서를 고려하여 2 이상의 자연수의 합으로 나타내는 방법의 수를 $f(n)$이라고 하자. 예를 들어, 5는 $2+3$, $3+2$, 5의 세 가지 방법으로 나타낼 수 있으므로 $f(5)=3$이다. 이때, $f(10)$의 값을 구하여라.

5   다음 두 가지 조건을 만족하는 최소의 네 자리의 자연수 n을 구하여라.

> (조건 1) n의 각 자리 수의 합은 천의 자리와 백의 자리의 두 수를 차례로 붙여서 만든 두 자리의 수와 같다.
> (조건 2) n의 각 자리 수의 합은 십의 자리와 일의 자리의 두 수의 곱과 같다.

6   900개의 연속한 자연수 100, 101, 102, …, 999 중에서 각 자리의 숫자가 증가만 하거나, 또는 감소만 하는 서로 다른 세 개의 숫자로 구성된 수의 개수를 구하여라.

7 한 변의 길이가 9인 정사각형 ABCD에서 변 AB, BC, CD, DA의 중점을 각각
P, Q, R, S라 하고, 선분 AQ와 CP의 교점을 M, 선분 AR과 CS의 교점을
N이라 하자. 이때, 사각형 AMCN의 넓이를 구하여라.

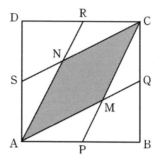

8 10개의 구슬이 들어 있는 주머니 A와 비어 있는 주머니 B가 있다. 구슬을 한 개 또는 두 개씩
계속 뽑아 주머니 A의 구슬을 주머니 B로 옮기는 방법의 수를 구하여라.

9 다음 그림과 같이 AB = 5cm, CD = 6cm, ∠ABC = 66°, ∠DCB = 75°인 사각형
ABCD가 있다. 변 AD 위에 AP : PD = 5 : 6이 되는 점 P를, 변 BC 위에
BQ : QC = 5 : 6이 되는 점 Q를 잡아 P와 Q를 연결한다. 이때, ∠PQC의 크기(그림에서
?의 각도의 크기)를 구하여라.

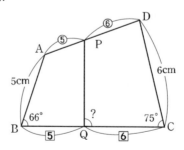

10 갑과 을 두 학생이 농구 골대에 공을 넣는 연습을 했다. 갑과 을이 공을 던진 횟수의 비는 8 : 9이었고, 갑과 을이 골을 성공한 횟수의 비는 3 : 2이었으며, 실패한 횟수의 비는 7 : 12이었다. 이와 같은 성공률로 공을 던져서 갑과 을이 각각 18개를 성공시키기 위하여 던져야 하는 공의 개수를 각각 a와 b라고 할 때, a와 b를 구하여라.

11 정삼각형의 종이를 한 번 접었더니 아래 그림과 같이 되었다. 이때, x의 크기를 구하여라.

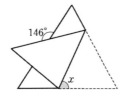

12 다음 그림은 정9각형 ABCDEFGHI에서 모든 대각선(27개)을 그린 것이다. 이 27개의 대각선 및 정9각형 ABCDEFGHI의 9개의 변을 합하여 36개의 선분 중 3개로 만들어지는 삼각형 중에서, 3개의 꼭짓점 중 두 개가 정9각형 ABCDEFGHI의 꼭짓점으로 되어 있는 것은 모두 몇 개인지 구하여라.

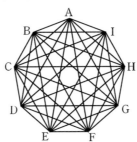

13 그림과 같이 $\mathrm{AB} = \mathrm{AC} = 42\,\mathrm{cm}$ 인 이등변삼각형 ABC 에 원의 중심이 BC 의 중점이고, 점 A 를 지나는 반원을 그린다. $\angle \mathrm{BAC} = 120\,°$ 일 때, 색칠한 부분의 넓이를 구하여라.

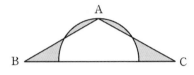

14 좌표평면 위에 점 $\mathrm{P}\,(2,\ 3)$ 이 있다. 한 개의 주사위를 던져서 다음과 같은 방법으로 점 P 를 이동 시키려고 한다.

> (가) 홀수의 눈이 나오면 x 축의 방향으로 3 만큼, y 축의 방향으로 -1 만큼 평행이동 시킨다.
> (나) 짝수의 눈이 나오면 x 축의 방향으로 -2 만큼, y 축의 방향으로 2 만큼 평행이동 시킨다.

주사위를 7 번 던져서 홀수가 4 번, 짝수가 3 번 나왔을 때의 이동된 점을 구하여라.

15 그림과 같이 직각삼각형 안에 3개의 정사각형과 3개의 원 A, B, C가 있다. 각 원은 정사각형과 직각삼각형의 변과 접한다. 가장 큰 원 A의 넓이가 $81\pi\text{cm}^2$이고, 가장 작은 원 C의 넓이가 $16\pi\text{cm}^2$일 때, 중간 크기의 원 B의 넓이를 구하여라.

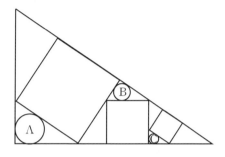

16 다음 조건을 만족하는 양의 정수를 "행복한 정수"라 한다.

> (조건) 양의 정수의 약수 가운데, 1과 정수 자신을 제외한 모든 수의 곱이 정수 자신과 동일하다.

예를 들어, 6의 양의 약수는 1, 2, 3, 6으로 이 중에서 1과 6을 제외한 두 수의 곱 $2 \times 3 = 6$이 되어 조건을 만족한다. 이러한 조건을 만족하는 양의 정수 중에서 작은 수부터 10번째인 수를 구하여라.

17 다음 그림과 같이 넓이가 700cm^2인 사각형 ABCD에서 $\overline{BC}=50\text{cm}$, $\angle D = 90°$이다. 대각선 AC와 BD의 교점을 P라 하면, $\angle PCB = 2 \times \angle DAP$가 된다. 또, $\triangle ABP$의 넓이는 $\triangle PCD$의 넓이의 6배이다.

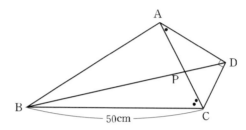

B ——50cm—— C

이때, 다음 물음에 답하여라.

(1) $\overline{PC}$의 길이를 구하여라.

(2) $\triangle APD$의 넓이를 구하여라.

18 어떤 세 자리의 자연수가 다음 세 조건을 만족할 때, 이 자연수를 구하여라.

> (가) 각 자리의 숫자의 합은 10이다.
>
> (나) 십의 자리의 숫자의 4배는 백의 자리의 숫자와 일의 자리의 숫자의 합과 같다.
>
> (다) 백의 자리의 숫자와 일의 자리의 숫자를 바꾸어 얻은 세 자리의 자연수는 처음 수보다 198만큼 크다.

19 다음 그림은 직각삼각형 ABC와 직각삼각형 DBC를 겹쳐 놓은 것이다. 빗변 AC와 BD가 점 E에서 만난다. AB = 3㎝, BC = 6㎝, CD = 5㎝일 때, 삼각형 EBC의 넓이를 구하여라.

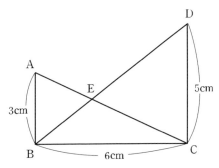

20 승우는 다이어트를 위한 운동으로

(가) 복근 운동 2분,   (나) 스쿼트 1분,   (다) 휴식 1분

을 조합하여 16분간의 운동 프로그램을 생각하기로 했다. 각 운동 뒤에는 반드시 휴식 1분을 취하고, 연속적으로 휴식을 취할 수 없고, 처음과 마지막에는 하나의 운동을 한다고 할 때, 조건에 맞는 운동프로그램은 모두 몇 가지인지 구하여라.
(예 복근운동 → 휴식 → 복근운동 → 휴식 → 스쿼트 → 휴식 → 복근운동 → 휴식 → 복근운동 → 휴식 → 복근운동)

제한시간 : 120분

＊모든 문제는 서술형이고 답만 맞으면 0점 처리합니다.

1 1부터 7까지의 숫자가 적힌 카드가 많이 있다. 이 카드 중에 5장을 뽑아서 5자리 수를 만들 때, 7의 배수는 모두 몇 가지를 만들 수 있는지 구하여라.

2 다음 곱셈식에서 ○안에 들어갈 숫자는 모두 같을 때, 다음 계산식을 완성하여라. (단, □ 안에 들어갈 숫자는 같아도 되지만, 0을 제외한 한 자리 수이다.)

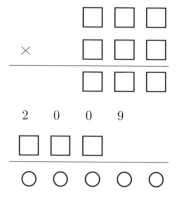

3 같은 거리를 가는 데 걸리는 시간의 비가 3 : 5인 두 자동차가 있다. 이 두 자동차가 같은 길 위에 있는 서로 다른 두 지점에서 동시에 출발하여 서로 같은 방향으로 달렸더니 2시간 후에 만났다고 한다. 만일 이 두 자동차가 서로 마주 보고 달린다면, 몇 분 후에 만나는지 구하여라.

4 그림과 같이 정육면체 ABCD-EFGH가 있다. 정육면체의 네 꼭짓점 A, C, H, F를 꼭짓점으로 하는 정사면체 A-CHF를 만들 때, 정육면체 ABCD-EFGH와 정사면체 A-CHF의 부피의 비를 구하여라.

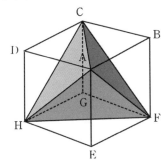

5 다음 조건을 모두 만족하는 7자리 자연수의 개수를 구하여라.

> (가) 각 자리의 숫자는 1 또는 2이다.
>
> (나) 같은 숫자가 연속해서 3번 이상 나올 수 없다.

6 어떤 자연수 n에 대하여 $n+11$은 7의 배수이고, $n+7$은 11의 배수라 할 때, n을 77로 나눈 나머지의 최솟값을 구하여라.

7 우선 11자리 수를 하나 생각한다. 여기서 12자리 수에서 한 개의 숫자를 삭제하면, 방금 전 생각한 11자리 수와 같게 된다. 예를 들어, 11자리 수 23743557911를 처음 생각했다고 하면, 12자리 수는 237435579311이라면 3을 없애면 생각했던 11자리 수 23743557911이 된다. 그러면, 이러한 12자리 수는 모두 몇 개인지 구하여라.

8 한 직선 위에 $A_1A_{11} = 56$인 11개의 점 A_1, A_2, $\cdots$, A_{11}가

$A_iA_{i+2} \leq 12$ ($i = 1, 2, \cdots, 9$)이고, $A_jA_{j+3} \geq 17$ ($j = 1, 2, \cdots, 8$)

을 만족하면서 순서대로 놓여 있을 때, A_2A_7을 구하여라.

9 다음 그림과 같은 사각형 ABCD가 있다. 대각선 AC와 BD의 교점을 O라 하고, O를 지나 BC와 평행한 직선과 AB, CD와의 교점을 각각 P, Q라 하면, AO : OC = 1 : 3, PO : OQ = 2 : 5이다. 그러면, 삼각형 AOD = 10cm², 이라고 할 때, 삼각형 OBC의 넓이를 구하여라.

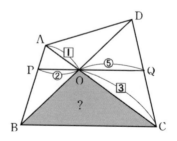

10 민구, 세진, 영재 3명이 가위 바위 보를 한다. 다만, 진 사람은 다음부터 가위 바위 보를 할 수 없다고 한다. 가위 바위 보를 해서 세 번째까지 승자가 1명이 정해지는 확률을 구하여라. 예를 들면, 첫 번째에 영재가 민구와 세진을 이기는 경우, 첫 번째는 무승부, 두 번째에 민구가 세진과 영재를 이기는 경우, 첫 번째에 민구와 영재가 이기고, 두 번째에 무승부, 세 번째에 영재가 민구를 이기는 경우 등을 생각할 수 있다.

11 자연수를 몇 개의 자연수의 합으로 나타내는 것을 생각한다. 예를 들어, 3은 $1+1+1=3$, $1+2=3$, $2+1=3$으로 3가지 방법이 있다. 또, 4는 $1+1+1+1=4$, $1+1+2=4$, $1+2+1=4$, $2+1+1=4$, $1+3=4$, $3+1=4$, $2+2=4$의 7가지 방법이 있다. 그러면, 같은 방법으로 10을 몇 개의 자연수의 합으로 나타내는 방법은 모두 몇 가지인지 구하여라.

12 다음 그림과 같이 $AB = 20\text{cm}$, $AC = 10\text{cm}$인 삼각형 ABC가 있다. 변 AB의 중점을 M, BC의 중점을 N이라고 하자. 또, 각 BAC를 이등분하는 직선이, 직선 MN과 만나는 점을 P, 변 BC와 만나는 점을 Q라고 하면 $PQ = 4\text{cm}$이다. 이때, 삼각형 PQN의 넓이를 구하여라.

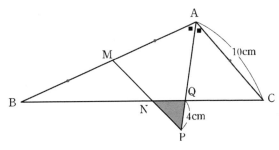

13 서로 다른 두 소수의 곱으로 표현되는 수 n에 대하여 n의 모든 양의 약수들의 합의 $\frac{2}{3}$가 n의 두 소인수의 차와 $n-5$을 더한 것과 같다고 할 때, n을 구하여라.

14 그림과 같이 4×4의 정사각형에 $1 \sim 16$의 하나씩를 배열하여 완전마방진(마방진보다 조건이 엄격한 방진)을 만들려고 한다.

6	A	B	9
C	1	D	E
F	G	H	I
3	J	K	16

이때, G에 들어갈 수를 모두 구하여라. 단, 완전마방진이란, 가로·세로·대각선의 어느 열에 대해서도, 그 열의 수의 합이 같고, 또, 아래의 그림과 같이 임의의 2×2의 덩어리의 합도 같은 수가 되게 만드는 것을 말한다.

15 $0 \sim 8$의 9개의 숫자를 가지고 9자리 수를 만든다. 이 9자리 수에서 연속한 3자리 수의 정수의 합을 생각한다. 예를 들어, 9자리 수가 321087654이면,

$$321 + 210 + 108 + 87 + 876 + 765 + 654 = 3021$$

이다. 그러면, 이와 같이 해서 만든 합의 최댓값을 구하여라.

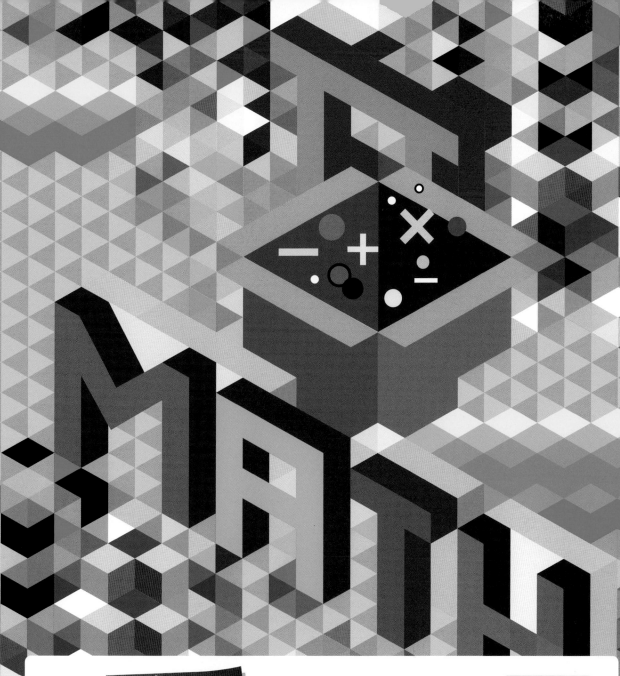

중학생을 위한

新 **영재수학의 지름길** | **1**단계 **-하**

중학 G&T 1-2

연습문제 정답과 풀이

중국 사천대학교 지음

G&T MATH

'지앤티'는 영재를 뜻하는 미국·영국식
약어로 Gifted and talented의 줄임말로 '축복
받은 재능'이라는 뜻을 담고 있습니다.

씨실과 날실

씨실과 날실은 도서출판 세화의 자매브랜드입니다.

연습 문제
정답과 풀이

중학 1단계-하

Part 4 확률과 통계

16강 통계-자료의 정리와 분석

연습문제 실력다지기

01. 답 $2m+3$

[풀이] $m = \dfrac{x_1 f_1 + x_2 f_2 + x_3 f_3}{f_1 + f_2 + f_3}$ 이고

$$= \frac{(2x_1+3)f_1 + (2x_2+3)f_2 + (2x_3+3)f_3}{f_1 + f_2 + f_3}$$

$$= 2 \times \frac{x_1 f_1 + x_2 f_2 + x_3 f_3}{f_1 + f_2 + f_3} + 3$$

$$= 2m+3 \text{이다.}$$

02. 답 5

[풀이] 80점 이상인 학생이 13명이므로 50점 이상 80점 미만인 학생은 47명이다. 이때, $a=21$이다.

85점 미만인 학생 수는

$1+2+5+8+10+a+b = 26+a+b$ 이다.

85점 이상인 학생 수는 $c+25$이다.

$\therefore 26+21+b = 5(c+5)$ ……①

$b+c = 8$ ……②

②를 ①에 대입하면

$26+21+b = 5(c+5)$,

$26+21+8-c = 5c+25$,

$-6c = -30$, $c=5$ 이다.

따라서 점수가 85점 이상 90점 미만의 도수는 5이다.

03. 답 $7:9$

[풀이] 1반과 2반의 평균과 두 반의 평균의 차를 구하면 각각의 차와 각반 학생 수와의 곱은 같다.

1반의 평균과 두 반의 평균과의 차는

$71.5 - 67 = 4.5$(점) 이다.

2반의 평균과 두 반의 평균과의 차는

$75 - 71.5 = 3.5$(점) 이다.

따라서 (1반 학생 수)$\times 4.5 = $(2반 학생 수)$\times 3.5$ 이므로

(1반 학생 수):(2반 학생 수)$= 3.5:4.5 = 7:9$이다.

04. 답 (1) 풀이참조 (2) 60점 이상 70점 미만

[풀이] (1)

계급(회)	도수(명)	계급값×도수
30이상~40미만	5	175
40 ~ 50	11	495
50 ~ 60	7	385
60 ~ 70	5	325
70 ~ 80	2	150
계	30	1530

(2) 기록이 5번째로 좋은 학생이 속한 계급은 60점 이상 70점 미만이다.

(3) 평균은

$$\frac{35\times 5 + 45\times 11 + 55\times 7 + 65\times 5 + 75\times 2}{30}$$

$$= \frac{1530}{30} = 51(회)이다.$$

05. 답 24

[풀이] 여학생 수 x명, 남학생 수 $40-x$명이라 하자.

그러면, $\dfrac{76\times(40-x)+81x}{40} = 79$

이다. $3040 - 76x + 81x = 3160$에서 $5x = 120$ 이므로 $x=24$이다.

06. 답 $\dfrac{3a+4b}{7}$

[풀이] (각 계급의 도수)=(도수의 총합)×(상대도수)이므로 두 학급의 우등생 수는 각각 $60a$, $80b$이다.

(상대도수)$= \dfrac{(\text{그 계급의 도수})}{(\text{도수의 총합})}$

$$= \frac{60a+80b}{60+80}$$

$$= \frac{60a+80b}{140} = \frac{3a+4b}{7}$$

07. 답 2명

[풀이] (도수의 총합)$= \dfrac{(\text{그 계급의 도수})}{(\text{상대도수})}$

이므로 $\dfrac{6}{0.15} = 40$(명)

키가 150 cm 이상인 학생이 전체 학생의 80%이므로

$40 \times \dfrac{80}{100} = 32$(명)

따라서 키가 145 cm 이상 150 cm 미만인 학생 수는

$40 - (6+32) = 2$(명)

08. 답 61

[풀이] 합격자 전체의 점수의 합을 a, 불합격자 전체의 점수의 합을 b라 하면 그 평균은 각각 $\dfrac{a}{10}$, $\dfrac{b}{100}$이다.

$\dfrac{a}{10} = \dfrac{a+b}{110} + 10$, $\dfrac{b}{100} = 50$에서

$a = 610$, $b = 5000$이다.

따라서 합격자 전체의 평균 점수는 $\dfrac{a}{10} = 61$이다.

09. 답 170

[풀이] 학생 A, B, C, D가 생각한 수를 각각 a, b, c, d라 하면

$\dfrac{a+b+c}{3} = 110$, $\dfrac{b+c+d}{3} = 130$,

$\dfrac{c+d+a}{3} = 160$, $\dfrac{d+a+b}{3} = 100$

이다. 위 식을 각 변끼리 모두 더하여 정리하면

$a+b+c+d = 500$, $a+b+c = 330$이므로

$d = 170$이다.

응용문제

10. 답 85.5

[풀이]
$$m = \dfrac{80 \times 0.15 + 70 \times 0.15 + 86 \times 0.35 + 94 \times 0.35}{0.15 + 0.15 + 0.35 + 0.35}$$
$$= 85.5 \text{이다.}$$

11. 답 1, 2, 3, 4, 5등이 가능하다.

[풀이] 우선 수신이가 6등 이하로 될 수 없음을 보이자.
수신이가 두 과목 모두 3등 했으므로 수신이 보다 한 과목이라도 잘 한 사람은 2명 이상 4명 이하이다.
수신이 이외의 9명을 A_1, A_2, A_3, $\cdots$, A_9 이라 하자.
각 과목 점수를 x_i, y_i $(i = 1, 2, 3, \cdots, 9)$ 라 하고 수신이의 점수를 x 라 하자.
일반성을 잃지 않고 4명이 한 과목이라도 수신이보다 높을 경우 수신이의 등수는 가장 낮아질 수 있다.
따라서 $x_1, x_2 > x$, $y_3, y_4 > y$ 라 하자. 그러면

$x \geq x_5, x_6, \cdots, x_9$

$y \geq y_5, y_6, \cdots, y_9$

$x + y \geq (x_5 + y_5)$

$x + y \geq (x_6 + y_6)$

$\cdots$

$x + y \geq (x_9 + y_9)$로 6등 이하로 될 수 없다.

그러면 1, 2, 3, 4, 5등이 될 수 있음을 보이자.

(i) 1등 일 때,

	수신	A_1	A_2	A_3	A_4	A_5	A_6	A_7	A_8	A_9	평균
수학	85	86	87	75	75	75	75	75	75	42	75
영어	80	70	70	81	82	70	70	70	70	37	70
계	165	156	157	156	157	145	145	145	145	79	

(ii) 2등 일 때,

	수신	A_1	A_2	A_3	A_4	A_5	A_6	A_7	A_8	A_9	평균
수학	85	86	87	75	75	75	75	75	75	42	75
영어	80	81	70	82	70	70	70	70	70	37	70
계	165	167	157	157	157	145	145	145	145	79	

(iii) 3등 일 때,

	수신	A_1	A_2	A_3	A_4	A_5	A_6	A_7	A_8	A_9	평균
수학	85	86	87	75	75	75	75	75	75	42	75
영어	80	81	82	70	70	70	70	70	70	37	70
계	165	167	169	145	145	145	145	145	145	79	

(iv) 4등 일 때,

	수신	A_1	A_2	A_3	A_4	A_5	A_6	A_7	A_8	A_9	평균
수학	85	86	87	85	75	75	75	75	75	32	75
영어	80	80	81	81	70	70	70	70	70	28	70
계	165	166	168	166	145	145	145	145	145	60	

(v) 5등 일 때,

	수신	A_1	A_2	A_3	A_4	A_5	A_6	A_7	A_8	A_9	평균
수학	85	86	87	85	85	75	75	75	75	22	75
영어	80	80	80	81	81	70	70	70	70	18	70
계	165	166	167	166	166	145	145	145	145	40	

응용하기

12. 답 16

[풀이] 도수분포표

계급값	도수	상대도수
x_1	f_1	0.125
x_2	f_2	0.5
x_3	f_3	0.25
x_4	f_4	0.0625
x_5	f_5	0.0625
계	N	1

실험 횟수의 총합을 N으로 한 도수분포표를 위와 같이 만들 때,

$\dfrac{f_1}{N}=0.125$, $\dfrac{f_2}{N}=0.55$, $\dfrac{f_3}{N}=0.25$,

$\dfrac{f_4}{N}=0.0625$,

$\dfrac{f_5}{N}=0.0625$ 임을 알 수 있다.

$\dfrac{f_1}{N}=0.125=\dfrac{1}{8}$ 에서 $N=8f_1$ 이고

$\dfrac{f_2}{N}=0.5=\dfrac{1}{2}$ 에서 $N=2f_2$ 이고

$\dfrac{f_3}{N}=0.25=\dfrac{1}{4}$ 에서 $N=4f_3$ 이고

$\dfrac{f_4}{N}=0.0625=\dfrac{1}{16}$ 에서 $N=16f_4$ 이고

$\dfrac{f_5}{N}=0.0625=\dfrac{1}{16}$ 에서 $N=16f_5$ 이다.

따라서 N은 2, 4, 8, 16의 배수이다.

∴ N의 최솟값은 16이다

13. 답 0.1

[풀이] 각 계급의 상대도수는 전체 도수에 대한 그 계급의 도수의 비이다. 전체도수는 $27+a$이고, 70시간 이상~80시간 미만인 계급의 상대도수가

0.3이므로 $\dfrac{9}{27+a}=0.3$, ∴ $a=3$

따라서 80시간 이상~90시간 미만인 계급의 상대도수는

$\dfrac{3}{30}=0.1$이다.

Part 5. 기하

17강 선분, 각

연습문제 실력다지기

01. 답 (1) 풀이참조 (2) ③

[풀이] (1) 네 점을 A, B, C, D라 하자.

(i) 만일 네 점이 한 직선 위에 있으면 직선은 한 종류이다.

(ii) 만일 네 점 중 세 점(예를 들면 A, B, C)만 한 직선 위에 있다고 하면, 직선은 AC, AD, BD, CD 이렇게 네 종류이다.

(iii) 만일 네 점 중 어떤 세 점도 한 직선 위에 있지 않다면, 직선은 AB, AC, AD, BC, BD, CD 이렇게 여섯 종류이다.

즉, 1개, 4개, 6개 모두 가능하다.

(2) ① 직선의 부분 중에는 반직선도 포함되어있으므로 꼭 선분만이라고는 말할 수 없다.

② 두 개의 직선을 잇는 선은 곡선일 수도 있다.

③ 선분은 직선의 한 부분이라고 할 수 있으므로 정확하다.

④ 반직선에는 점이 무수히 많다.

02. 답 1 또는 −5

[풀이] 만일 B가 A의 오른쪽에 있다면,

$(-2)+3=1$이다.

만일 B가 A의 왼쪽에 있다면,

$(-2)-3=-5$이다.

03. 답 9cm

[풀이] D가 AC의 중점이고, DC = 6cm이므로

AC = 12cm이다.

따라서 $AB+\dfrac{1}{3}AB=12=AC=\dfrac{4}{3}AB$.

즉, AB = 9cm이다.

04. 답 90°

[풀이] $\angle MON-\angle BOC=\angle MOB+\angle CON$

$=40°$이므로

$\angle AOD=\angle AOB+\angle BOC+\angle COD$

$=2(\angle MOB+\angle CON)+\angle BOC$

$=2\times40°+10°$

$=90°$

05. 답 $345°$

[풀이] $90° < \alpha + \beta + \gamma < 360°$ 이고,
$23° \times 15 = 345°$, $24° \times 15 = 360°$,
$25° \times 15 = 375°$ 이므로
$\alpha + \beta + \gamma = 345°$ 이다.

실력 향상시키기

06. 답 결정할 수 없다.

[풀이] $\angle ABC$ 의 크기를 모르므로 AC 의 길이를 결정할 수 없다.

07. 답 $2a - b$

[풀이] $AD = AB + BC + CD$
$= 2MB + BC + 2CN$
$= 2(MB + BC + CN) - BC$
$= 2MN - BC = 2a - b$

08. 답 $60°$

[풀이] $AB = BC = CA$ 이므로 삼각형 ABC 는 정삼각형이다. 따라서 AB 와 AC 사이의 각은 $60°$ 이다.

09. 답 (1) $60°$ (2) $40°$

[풀이]
(1) $\angle 1 = \angle 2 = 90° - \angle 3$
$= 90° - 30° = 60°$
(2) $\alpha + (180° - 2\beta) + \gamma = 180°$ 이므로
$\gamma = 2\beta - \alpha = 40°$

응용하기

10. 답 $1 \leq AB \leq 7$

[풀이] $OA + AB \geq OB$ 이므로 $AB \geq 1$ 이다.
$OA + OB \geq AB$ 이므로 $AB \leq 7$ 이다.
따라서 $1 \leq AB \leq 7$ 이다.

11. 답 (1) 2번 구멍 (2) $315°$

[풀이]
(1) 입사각과 반사각이 $45°$ 이므로 계속해서 그리면 2번 구멍으로 들어간다.
(2) $\angle 1 + \angle 7 = \angle 2 + \angle 6 = \angle 3 + \angle 5 = 90°$ 이므로 구하는 답은 $90° \times 3 + 45° = 315°$.

18강 교차선과 평행선

연습문제 실력다지기

01. 답 (1) 6쌍 (2) 5쌍 (3) ①, ②, ③, ④
(4) 7쌍 (5) 2개

[풀이]
(1) $(\angle AOC, \angle BOD), (\angle COE, \angle DOF)$,
$(\angle EOB, \angle FOD), (\angle AOE, \angle BOF)$,
$(\angle COB, \angle DOA), (\angle EOD, \angle FOC)$
이므로 6쌍이다.
(2) $\angle ADE = \angle ACB$, $\angle AED = \angle ABC$,
$\angle EDB = \angle DBC = \angle DBE$ 에서 세 쌍이 나온다. 따라서 총 5쌍이다.
(3) ① $\angle 1 = \angle 2$(동위각)이므로 $a // b$ 이다.
② $\angle 3 = \angle 6$(엇각)이므로 $a // b$ 이다.
③ $\angle 4 + \angle 7 = \angle 4 + \angle 2 = 180°$ 이므로
$\angle 7 = \angle 2$(엇각)이다. 즉, $a // b$ 이다.
④ $\angle 5 + \angle 8 = \angle 6 + \angle 8 = 180°$ 이므로
$\angle 5 = \angle 6$(동위각)이다. 즉, $a // b$ 이다.
따라서 주어진 조건 모두 답이다.
(4) $\angle ADE = \angle ABC$, $\angle AED = \angle ACB$,
$\angle BGH = \angle BDC$, $\angle BHG = \angle BCD$,
$\angle ADC = \angle AGH$, $\angle EDC = \angle BCD$,
$\angle EDC = \angle BHG$ 이므로 총 7쌍이다.
(5) $\angle CAB$ 와 여각인 각은 $\angle ABC$ 와 $\angle BCD$ 로 두 개이다.

02. 답 (1) $105°$ (2) $35°$ (3) $70°$

[풀이] (1) $\angle 1 + \angle 2 = 180°$ 이므로
$\angle 2 = 180° - 75° = 105°$ 이다.
(2) $\angle EFD = 2 \times \angle 2$ 이므로
$\angle 1 + 2 \times \angle 2 = 180°$ 이다.
따라서 $\angle 2 = 35°$ 이다.
(3) $\angle ACB = 20° + 50° = 70°$ 이다.

03. 답 (1) $22°$ (2) $45°$ (3) $\angle A > \angle B$

[풀이] (1) α 의 여각 $= 90° - 68° = 22°$ 이다.
(2) $180° - (\angle A + \angle B)$
$= 90° - (\angle A - \angle B)$ 이므로
$\angle B = 45°$ 이다.
(3) $90° - (180° - \angle A) > 30°$ 이므로
$\angle A > 120°$ 이다.

$$180° - \left(90° - \frac{1}{2}\angle B\right) < 150°$$ 이므로

$\angle B < 120°$이다.

그러므로 $\angle A > \angle B$이다.

04. 답 $133°$

[풀이] $\angle 2 = 90° + \angle 1 = 133°$이다.

05. 답 $40°$

[풀이] $\overline{ED}$의 연장선과 $\overline{BC}$와의 교점을 F라 하면 $\angle BFD = 80°$, $\angle CDF = 40°$이다.

그러므로 $\angle BCD = \angle FCD = 40°$이다.

실력 향상시키기

06. 답 (1) ③   (2) ③

[풀이] (1) 점 C, D를 지나고 $\overline{AB}$와 평행인 직선 두 개를 그으면 $(90° - \alpha) + \gamma = \beta$임을 알 수 있다.

그러므로 $\alpha + \beta - \gamma = 90°$이다.

(2) 보기 중 $\angle 1$과 더해서 $90°$가 되는 것을 찾으면 된다. 즉,

$$\angle 1 + \frac{1}{2}(\angle 2 - \angle 1)$$

$$= \frac{1}{2}(\angle 1 + \angle 2) = 90°$$

를 만족하므로 답은 ③이다.

07. 답 $60°$

[풀이] 거울 α, β에 대한 입사각이 모두 $\angle \theta$와 같으므로, $3\angle \theta = 180°$이다. 그러므로 $\angle \theta = 60°$이다.

08. 답 $14°$

[풀이] $\angle PAG = \angle BAG - \angle BAP$

$$= 62° - \frac{1}{2}(62° + 34°) = 14°$$

09. 답 $40°$

[풀이] G를 지나는 $\overline{GI}/\!/\overline{AB}$를 만들고 H를 지나는 $\overline{HL}/\!/\overline{CD}$를 만들고 $\overline{MN}$에서 L점에서 만난다.

그러면, $\angle MHL = 50° - 30° = 20°$,

$\angle GHL = 90° - 30° = 60°$이다.

따라서 $\angle GHM = 60° - 20° = 40°$이다.

응용하기

10. 답 (1) 풀이참조   (2) 풀이참조

[풀이] (1) 3개의 평행선 a_1, a_2, a_3을 그리고 다시 다른 평행선 b_1, b_2, b_3을 그리고 그것과 앞의 한 조(3개)의 평행선은 서로 만난다.

(2) 할 수 없다.

이유는 직선이 a_1, a_2, $\cdots$, a_7이 있다고 할 때, a_1이 a_2, a_3, a_4와 만난다고 하자. 그러면 a_5, a_6, a_7과는 만나서는 안 되므로 직선 a_5, a_6, a_7은 모두 a_1과 평행하다. 마찬가지로 a_2도 다른 세 직선과 평행이어야 하는데, 그 세 직선 중에는 반드시 a_1, a_5, a_6, a_7 중 적어도 하나가 포함되므로 a_2도 a_1과 평행하다. 이는 a_1과 a_2가 만난다고 했던 가정에 모순된다.

19강 삼각형의 변, 각 관계

연습문제 실력다지기

01. 답 (1) 4㎝ 또는 6㎝

    (2) $\angle 3 > \angle 1 > \angle 2 > \angle 4$

[풀이] (1) 세 번째 변의 길이를 $2n$이라 하면,

    $5+3 > 2n$, $3+2n > 5$에 의해

    $1 < n < 4$. 즉, $n=2$ 또는 3이므로

    세 번째 변의 길이는 4㎝ 또는 6㎝이다.

    (2) 삼각형에서 외각의 크기는 그 외각과 인접하지 않은 다른 두 내각의 합과 같으므로

    $\angle 3 = \angle 1 + \angle ECD$,

    $\angle 1 = \angle 2 + \angle EBD$,

    $\angle 2 = \angle 4 + \angle ABE$가 성립한다.

    따라서 $\angle 3 > \angle 1 > \angle 2 > \angle 4$ 이다.

02. 답 $130\,^\circ$

[풀이] $\angle BPC = \angle EPD$

    $= 360\,^\circ - (\angle A + \angle AEP + \angle ADP)$

    $= 180\,^\circ - \angle A = 130\,^\circ$이다.

03. 답 0

[풀이] 삼각형의 두 변의 길이의 합은 다른 한 변의 길이보다 크므로 $a-b-c$만 음수이고, 나머지 항의 절댓값 내부의 식은 모두 양수이다.

따라서 식은

$a+b+c+a-b-c-a+b-c-a-b+c=0$

이다.

04. 답 (1) 10   (2) 13

[풀이] (1) 한 각에 대하여 내각과 외각의 합이 $180°$이므로 $180\,^\circ \times n = 1800\,^\circ$이다.

    즉, $n=10$이다.

    (2) n각형의 내각의 합은 $180\,^\circ \times (n-2)$이다.

    따라서 $180\,^\circ \times (n-2) < 1999\,^\circ$이다.

    즉, $n-2 \leq 11$이다.

    따라서 n의 최댓값은 13이다.

05. 답 $3\,^\circ$

[풀이] $\angle A_1 = \angle A_1CD - \angle A_1BD$

    $= \dfrac{1}{2}\angle ACD - \dfrac{1}{2}\angle ABD$

    $= \dfrac{1}{2}\angle A$이다.

마찬가지로

$\angle A_5 = \dfrac{1}{2}\angle A_4 = \dfrac{1}{2^2}\angle A_3 = \dfrac{1}{2^3}\angle A_2$

    $= \dfrac{1}{2^4}\angle A_1 = \dfrac{1}{2^5}\angle A = 3\,^\circ$이다.

실력 향상시키기

06. 답 (1) $180\,^\circ$ (2) $540\,^\circ$

[풀이] (1) $\angle B_2A_3A_2 = \angle B_1 + \angle B_4$,

    $\angle B_2A_2A_3 = \angle B_3 + \angle B_5$이므로

    $\angle B_1 + \angle B_2 + \angle B_3 + \angle B_4 + \angle B_5$

    $= \angle B_2 + \angle B_2A_3A_2 + \angle B_2A_2A_3$

    $= 180\,^\circ$

    (2) $\angle A + \angle D + \angle F$

    $= 360\,^\circ - \angle AND$

    $= 360\,^\circ - (180\,^\circ - \angle CNM)$

    $= 180\,^\circ + \angle CNM$이고,

    $\angle B + \angle E + \angle G$

    $= 360° - \angle BME$

    $= 360° - (180\,^\circ - \angle CMN)$

    $= 180° + \angle CMN$이다.

그러므로

    $\angle A + \angle B + \angle C + \angle D$

        $+ \angle E + \angle F + \angle G$

    $= 360° + \angle CNM + \angle CMN + \angle C$

    $= 540°$

07. 답 (1) ③   (2) ③

[풀이] (1) $\triangle ABC$에서 $\angle B$와 $\angle C$의 내각의 이등분선의 교점을 I, 외각의 이등분선의 교점을 D라 하자. 그러면,

    $\angle IBD = \angle ICD = \dfrac{1}{2} \cdot 180\,^\circ = 90\,^\circ$

이므로 $\angle BDC = 180° - \angle BIC$이다.

그리고 $\angle BIC = 90° + \dfrac{1}{2}\angle A$이므로

    $\angle BDC = 90° - \dfrac{1}{2}\angle A < 90°$이다..

즉, $\triangle ABC$의 외각의 이등분선으로 이루어진 삼각형의 내각은 모두 예각이므로 예각삼각형이다. 답은 ③이다.

(2) $180° = \angle A + \angle B + \angle C$

$\qquad \leq \angle A + \angle B + \dfrac{2}{3}\angle B$

$\qquad = \angle A + \dfrac{5}{3}\angle B$

$\qquad < \angle A + \dfrac{3}{5} \cdot \dfrac{5}{3}\angle A$

$\qquad = 2\angle A$

그러므로 $\angle A > 90°$이다. 답은 ③이다.

08. 답 $36°$

[풀이] $\angle BDC = \angle ABC$이므로 $\angle A = \angle DBC$이다. 그런데 문제의 조건에 의해 $\angle A = \angle ABD$이므로 $\angle A = \dfrac{1}{2}\angle ABC$이다.

그리고 $\angle C = \angle ABC = 2\angle A$이다. 따라서 $180° = \angle A + \angle ABC + \angle C = 5\angle A$이다. 즉, $\angle A = 36°$이다.

09. 답 (1) 6 (2) 5

[풀이] (1) 내각이 $95°$인 각의 외각의 크기는 $85°$이고, $10°$씩 줄어든다.

따라서 가장 작은 외각의 크기는

$85° - 10° \times (n-1) = 95° - 10° \times n$

이다. 외각도 공차가 $-10°$인 등차수열을 이루고 외각의 총합이 $360°$이므로

$\{85° + (95° - 10° \times n)\} \times n \times \dfrac{1}{2}$

$= 360°$이다. 이를 정리하면,

$720° = n \times (180° - 10° \times n)$,

$72° = n(18° - n)$이다.

합이 18이고 곱이 72인 두 수는 6과 12이므로 $n = 6$ 또는 12이다.

만일 $n = 12$라면, 가장 큰 내각의 크기가 $95° + (12-1) \times 10° = 205°$이 $180°$보다 크므로 볼록 n각형이 될 수 없다. 따라서 $n = 6$뿐이다.

(2) 볼록 n각형에서 두 개의 각만이 외각이 예각이고, 나머지 외각은 모두 둔각이며, 예각은 $0°$보다 크고, 둔각은 $90°$보다 크므로 다음과 같은 부등식이 성립한다.

$360° > 90° \times (n-2) + 0° \times 2$이므로 $n < 6$이다.

즉, n의 최댓값은 5이다.

10. 답 ④

[풀이] $\angle EGF = \angle EAF - (\angle AEG + \angle AFG)$

$\qquad\qquad = \angle ECF + (\angle CEG + \angle CFG)$

이고,

$\angle AEG + \angle AFG = \angle CEG + \angle CFG$

이므로

$\angle EGF = \dfrac{1}{2}(\angle EAF + \angle ECF)$

$\qquad\quad = \dfrac{1}{2}(360° - 60° - 80°)$

$\qquad\quad = 110°$

11. 답 (1) ④ (2) 12개

[풀이] (1) 양 옆 변의 길이가 a라면,

$a + a > 12 - 2a$,

$12 - 2a > 0$을 동시에 만족해야 한다.

그러므로 $3 < a < 6$이다.

(2) 세 변 $a < b < c$라고 하면, 삼각형의 성질에 의해서 $10 < c < 15$를 얻을 수 있다.

그러므로 $c = 11$, 12, 13, 14이다.

(i) $c = 11$일 때, $(a, b) = (9, 10)$으로 1개가 있다.

(ii) $c = 12$일 때, $(a, b) = (8, 10)$, $(7, 11)$로 2개가 있다.

(iii) $c = 13$일 때, $(a, b) = (8, 9)$, $(7, 10)$, $(6, 11)$, $(5, 12)$로 4개가 있다.

(iv) $c = 14$일 때, $(a, b) = (7, 9)$, $(6, 10)$, $(5, 11)$, $(4, 12)$, $(3, 13)$으로 5개가 있다.

따라서 모두 12개가 있다.

연습문제 실력다지기

01. **답** (1) ①   (2) $\dfrac{10}{3}$ (3) 1번

  [풀이] (1) ⓐ $1.5 \times 4 = 6$, ⓑ $1.5 \times 4 = 6$,

      ⓒ $2 \times 4 = 8$, ⓓ $\dfrac{7}{4} \times 4 = 7$이므로

      ⓐ와 ⓑ의 넓이가 같다.

  (2) 음영부분의 넓이 $= \dfrac{1}{2} \times \dfrac{8 \times 5}{6} = \dfrac{10}{3}$

  (3) $\overline{AP}$의 연장선과 $\overline{BC}$와의 교점을 D라 하자. $\overline{AP}$에 자를 대고 $\overline{AP}$와 $\overline{PD}$의 비를 구하면 두 삼각형의 비가 나온다. 즉, 한 번만 자를 대면 된다.

02. **답** (1) ③   (2) ④   (3) 22.5, 45

  [풀이] (1) 지름이 1인 원의 넓이는 $\dfrac{\pi}{4} = 0.785 \cdots$ 로서, 가장 가까운 정수는 1이다. 그러므로 음영부분의 넓이에 가장 가까운 정수는 $2 \times 3 - 1 = 5$이다.

  (2) $(x+y)^2 = 49$, $(x-y)^2 = 4$이므로 $x + y = 7$, $x - y = 2$. 그러므로 ①과 ②는 맞다. 그리고 위의 두 식에 의해 $4xy = 45$이고, $4xy + 4 = 49$. 그러므로 ③도 맞다. $2x^2 + 2y^2 = (x+y)^2 + (x-y)^2 = 49 + 4 = 53$이므로 $x^2 + y^2 = \dfrac{53}{2} \neq 25$이다.

    그러므로 ③은 틀렸다.

  (3) $\overline{AG}^2 + \overline{GD}^2 = 117$이고, 117을 두 정수의 제곱의 합으로 나타낼 수 있는 방법은 $6^2 + 9^2$만이 유일하다. $\overline{AG} < \overline{GD}$이므로 $\overline{AG} = 6$, $\overline{GD} = 9$이다. $\overline{EB} = 3$, $\overline{BC} = 15$이므로 $\triangle BCH = \dfrac{1}{2} \times 3 \times 15 = 22.5$이다.

    $\square PHQG = \triangle PGH + \triangle QGH$

              $= \dfrac{1}{2} \times 6 \times 15 = 45$이다.

03. **답** $\dfrac{\pi - 1}{2}$

  [풀이] 음영부분의 넓이는 두 개의 원의 넓이의 $\dfrac{1}{4}$에서 (중복되는) 정사각형의 넓이를 뺀 것이다. 즉,

  $2 \times \dfrac{1}{4} \pi \times 1^2 - \dfrac{1}{2} = \dfrac{\pi - 1}{2}$이다.

04. **답** 7

  [풀이] $74 = 7^2 + 5^2$이므로 빗금 친 삼각형의 밑변의 길이는 2, 높이는 7이므로 넓이는 7이다.

05. **답** 10(㎠), $\dfrac{20}{3}$(㎠)

  [풀이] $\overline{AE} = \overline{ED}$이므로 $\triangle ABE = \triangle DBE$이다. 그러므로 빗금 친 부분의 넓이는 $\triangle ABF$의 넓이와 같다.

  점 D를 지나고 $\overline{AC}$와 평행한 직선이 $\overline{BF}$와 만나는 점을 G라 하면, $\overline{AF} = \overline{DG}$이다.

  그리고 $\overline{BD} : \overline{BC} = 2 : 3$이므로 $\overline{CF} = \dfrac{3}{2}\overline{DG}$이다.

  그러므로 $\overline{AF} : \overline{FC} = 2 : 3$이다..

  그러므로 $\triangle ABF = \dfrac{2}{5}\triangle ABC = 10$(㎠)이다.

  $\triangle BED = \dfrac{1}{2}\triangle ABD$

        $= \dfrac{1}{2} \times \dfrac{2}{3}\triangle ABC = \dfrac{25}{3}$(㎠)이다.

  따라서 $\square CDEF = 25 - 10 - \dfrac{25}{3} = \dfrac{20}{3}$(㎠)이다.

실력 향상시키기

06. **답** (1) 7.8   (2) ①

  [풀이] (1) $\triangle ODE : \triangle OBE = \triangle ODC : \triangle OBC$ 이므로 $\triangle ODE = 1.5$이다.

    $\triangle ADE : \triangle BDE$

    $= \overline{AE} : \overline{BE}$

    $= \triangle ACE : \triangle BCE$

    $= (\triangle ADE + \triangle CDE) : \triangle BCE$

    이므로

    $\triangle ADE : 4.5 = (\triangle ADE + 3.5) : 7$

    이다.

    그러므로 $\triangle ADE = 6.3$이다.

    사각형 $AEOD = 1.5 + 6.3 = 7.8$이다.

(2) 매초 $3\,\mathrm{cm}$씩 2초 움직였으므로 $6\,\mathrm{cm}$ 움직였다. $\overline{\mathrm{BC}}$가 움직인 자취의 넓이는 $3\times6=18$ (cm^2)이다.

그리고 $\triangle\mathrm{ABC}$의 넓이는 $2\times3\times\dfrac{1}{2}=3$ (cm^2)이다.

그러므로 총 넓이는 $18+3=21(\mathrm{cm}^2)$이다.

07. 답 (1) 49 (2) $2,\ 14$

[풀이] (1) $\triangle\mathrm{ABD}=\triangle\mathrm{ACD}$이므로 $\triangle\mathrm{AOB}=\triangle\mathrm{COD}$이다.

$\triangle\mathrm{AOD}:\triangle\mathrm{AOB}=\triangle\mathrm{COD}:\triangle\mathrm{COB}$이므로 $9:12=12:\triangle\mathrm{COB}$이다.

즉, $\triangle\mathrm{COB}=16$이다.

그러므로 사다리꼴의 넓이는 $9+12+12+16=49$이다.

(2) $\triangle\mathrm{BDF}$는 직각이등변삼각형이고, $\overline{\mathrm{BD}}=2$이므로 $\triangle\mathrm{BDF}=\dfrac{1}{2}\times2\times2=2\,\mathrm{m}^2$이다.

따라서 $\square\mathrm{CDFE}=\triangle\mathrm{CEB}-\triangle\mathrm{BDF}$ $=16-2=14\,\mathrm{m}^2$이다.

08. 답 $\dfrac{6b}{a}\,(\mathrm{m})$

[풀이] P와 세 개의 꼭짓점을 연결하여 삼각형을 세 개의 작은 삼각형으로 나누면,

$\dfrac{1}{2}\cdot\dfrac{a}{3}\cdot(\text{P에서 세 변까지의 거리의 합})=b$ 이다.

따라서 P에서 세 변까지의 거리의 합은 $\dfrac{6b}{a}\,(\mathrm{m})$이다.

09. 답 $\dfrac{1}{3}$

[풀이] $\triangle\mathrm{ADE}$의 넓이는 $1-\dfrac{3}{4}=\dfrac{1}{4}$이다.

그러므로 $\dfrac{\overline{\mathrm{AD}}}{\overline{\mathrm{AB}}}\times\dfrac{\overline{\mathrm{AE}}}{\overline{\mathrm{AC}}}=\dfrac{1}{4}$이다.

즉, $\overline{\mathrm{AE}}:\overline{\mathrm{AC}}=3:4$이다.

따라서 $\dfrac{\overline{\mathrm{CE}}}{\overline{\mathrm{AE}}}=\dfrac{1}{3}$이다.

응용하기

10. 답 확정할 수 없다.

[풀이] 만약 $a=10$, $b=12$, $c=14$, $a'=5$, $b'=6$, $c'=7$이면 $S>S'$.

만약 $a=10$, $b=c=5.00001$이고, $a'=5$, $b'=4$, $c'=3$이면,

$S<\dfrac{1}{2}\times10\times0.00001<6=S'$.

따라서 확정할 수 없다.

11. 답 $69\,\mathrm{cm}^2$

[풀이] 점 D에서 $\overline{\mathrm{BC}}$에 내린 수선의 발을 N이라 하고, $\triangle\mathrm{DNC}$를 점 D를 중심으로 반시계방향으로 90° 회전한다. 그러면 점 C는 E에 온다.

점 N이 점 H로 온다고 하면, 점 A, D, H는 한 직선 위에 있다.

$\overline{\mathrm{NC}}=(35-23)\div2=6$이므로

$\triangle\mathrm{ADE}=\dfrac{1}{2}\times23\times6=69(\mathrm{cm}^2)$이다.

21^강 입체도형의 투영

연습문제 실력다지기

01. 답 (1) ③ (2) 아래의 정면도, 평면도, 측면도와 같다.

[풀이] (1) 측면도는 ③이다.

(2)

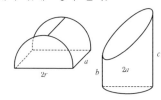

02. [풀이] 아래의 입체도형과 같다.

03. [풀이]

정면도   측면도

(측면도는 좌우가 바뀌어도 무방하다.)

04. 답 (1) ② (2) ②

[풀이] (1) 정면도와 평면도에 맞는 도형은 ②이다.
(2) 입체도형의 정면도는 ②이다.

05. 답 (1) 33㎠ (2) 32(개) (3) ①

[풀이] (1) $9 + 6 \times 4 = 33$(㎠)이다.
(2) $5 \times 4 + 6 \times 2 = 32$(개)
(3) 옮기기 전과 후에 겉표면에 포함되는 작은 정사각형의 개수는 증가하지도 감소하지도 않았다. 따라서 답은 ①이다.

실력 향상시키기

06. 답 126(㎠)

[풀이] $(1+2+3+4+5+6) \times 6 = 126$(㎠)

07. 답 (1) 풀이참조 (2) 풀이참조

[풀이] (1) "방 1", "연 2", "기억자 4"로는 맞출 수 있지만 "장 3"으로만은 맞출 수 없다.
(2) 최소한 "방 1" 한 개는 있어야 한다.

08. 답 (1) ③ (2) ②, ③

[풀이] (1) ③만 직육면체의 전개도이다.
(2) ②, ③이 가능하다.

09. 답 6

[풀이] 1의 반대편 숫자는 6이고, 2의 반대편 숫자는 5이고, 3의 반대편 숫자는 4이다. 그러므로 "?"에 표시해야 하는 숫자는 6이다.

응용하기

10. 답 (1) 풀이참조 (2) 66㎠

[풀이] (1) (가로, 세로, 높이)라 할 때,
$(1, 2, 18)$, $(1, 4, 9)$, $(1, 6, 6)$, $(1, 12, 3)$, $(2, 2, 9)$, $(2, 6, 3)$, $(3, 4, 3)$의 직육면체가 생긴다.

(2) $(1, 2, 18)$일 때, 겉넓이는
$2 \times (1 \times 2 + 1 \times 18 + 2 \times 18) = 112$㎠이다.
$(1, 4, 9)$일 때, 겉넓이는
$2 \times (1 \times 4 + 1 \times 9 + 4 \times 9) = 98$㎠이다.
$(1, 6, 6)$일 때, 겉넓이는
$2 \times (1 \times 6 + 1 \times 6 + 6 \times 6) = 96$㎠이다.
$(1, 12, 3)$일 때, 겉넓이는
$2 \times (1 \times 12 + 1 \times 3 + 12 \times 3) = 102$㎠이다.
$(2, 2, 9)$일 때, 겉넓이는
$2 \times (2 \times 2 + 2 \times 9 + 2 \times 9) = 80$㎠이다.
$(2, 6, 3)$일 때, 겉넓이는
$2 \times (2 \times 6 + 2 \times 3 + 6 \times 3) = 72$㎠이다.
$(3, 4, 3)$일 때, 겉넓이는
$2 \times (3 \times 4 + 3 \times 3 + 4 \times 3) = 66$㎠이다.
따라서 겉넓이의 최솟값은 66㎠이다.

11. 답 46㎠, 입체도형은 아래의 그림과 같다.

연습문제 실력다지기

01. 답 (1) ③　(2) 4　(3) ④　(4) 을과 병

[풀이] (1) ① ASA합동

② SAS합동

④ $\angle A = \angle C$(동위각)이 되어 $\angle M = \angle N$이다.

ASA합동

(2) $\triangle OAB \equiv \triangle OCD$, $\triangle OAD \equiv \triangle OBC$,

$\triangle ACD \equiv \triangle ACB$, $\triangle BDA \equiv \triangle BDC$

(3) ④ RHA합동

(4) 을(SAS합동), 병(ASA합동)

02. 답 $AB = DC$ 또는 $\angle ACB = \angle DBC$

[풀이] $AB = DC$(SSS합동),

$\angle ACB = \angle DBC$(SAS합동)

03. 답 $AE = CE$(또는 $\angle EAC = 45°$), $EH = EB$,

$AH = BC$. 이 세 가지 조건 중 하나이다.

[풀이] $AE = CE$(또는 $\angle EAC = 45°$)(ASA합동),

$EH = EB$(ASA합동),

$AH = BC$(RHA합동)

04. 답 $110°$

[풀이] $\triangle ABC \equiv \triangle ADC$(RHS합동)이므로

$\angle BCD = 180° - 70° = 110°$ 이다.

05. 답 풀이참조

[풀이] $AC = AB + BC = CD + BC = BD$,

$\angle D = \angle ECA$, $EC = FD$ 이므로

$\triangle ACE \equiv \triangle BDF$(SAS합동)이다.

따라서 $AE = BF$ 이다.

실력 향상시키기

06. 답 ②

[풀이] ① 대응변 ③ 대응변 ④ 대응각에서 공통각 $\angle BAF$를 뺀다

07. 답 $30°$

[풀이] $\angle ABD = \angle EBD = \angle ECD$이므로

$\angle C = 30°$ 이다.

08. 답 ①, ②, ③

[풀이] $\triangle ABE \equiv \triangle ACF$(ASA합동)이다.

① $\angle BAE = \angle BAC + \angle 1$,

$\angle CAF = \angle BAC + \angle 2$이고,

$\angle BAE = \angle CAF$이므로 $\angle 1 = \angle 2$이다.

② 대응변

③ $\triangle AEM \equiv \triangle AFN$(ASA합동)이므로

$AN = AM$, $\angle CAB$(공통), $AC = AB$이므로

$\triangle ACN \equiv \triangle ABM$(SAS합동)이다.

09. 답 풀이참조

[풀이] $AE = AF - EF = CE - EF = CF$,

$\angle AED = \angle CFB = 90°$, $\angle A = \angle C$이므로

$\triangle AED \equiv \triangle CFB$(ASA합동)이다.

따라서 $AD = BC$이다.

응용하기

10. 답 풀이참조

[풀이] $\triangle ABD$와 $\triangle ACD$에서

AD는 공통, $\angle ADB = \angle ADC = 90°$ 이고,

$\angle BAD = \angle CAD$($\because \angle B = \angle C$ 이고,

$\angle ADB = \angle ADC = 90°$)

이므로 $\triangle ABD \equiv \triangle ACD$(ASA합동)이다.

따라서 $BD = DC$이다.

또, $\triangle BDE$와 $\triangle CDE$에서

DE는 공통, $BD = DC$,

$\angle BDE = \angle CDE = 90°$ 이므로

$\triangle BDE \equiv \triangle CDE$(SAS합동)이다.

따라서 $BE = CE$이다.

11. 답 50

[풀이] $\triangle AEF \equiv \triangle BAG$(ASA합동),

$\triangle BCG \equiv \triangle CDH$(ASA합동)이다. 따라서

실선으로 둘러싼 넓이

$= S_{\text{사다리꼴}EFHD} - S_{\triangle AEF} - S_{\triangle ABC} - S_{\triangle DCH}$

$= 80 - 9 - 15 - 6$

$= 50$이다.

연습문제 실력다지기

01. 달 (1) ㉠, ㉡, ㉢

(2) ①, ②, ④

(3) 3개

(4) 풀이참조

[풀이]

(1) ㉠ SAS합동,

㉡ ASA합동,

㉢ $\triangle OCP \equiv \triangle ODP$ (SSS합동)이므로

$\angle COP = \angle DOP$ 이다.

즉, 점 P는 $\angle AOB$의 내각이등분선 위에 있다.

(2) ① $\triangle OPC \equiv \triangle OP'C$ (ASA합동),

② $\triangle OPC \equiv \triangle OP'C$ (SAS합동),

④ $\triangle OPE \equiv \triangle OP'E$ (ASA합동)

(3) 조건 ①, ②와 결론 ③,

조건 ①, ③과 결론 ②,

조건 ②, ③과 결론 ①

(4) ②, ③, ④를 조건으로 삼거나, ①, ②, ④를 조건으로 삼거나, ①, ③, ④를 조건으로 삼고 나머지 하나를 결론으로 하면 명제를 만들 수 있다. 하지만 ①, ②, ④를 조건으로 삼고 ④를 결론으로 하면 명제를 만들 수 없다.

02. 달 (1) $20°$ (2) 풀이참조 (3) $45°$

[풀이] (1) $\triangle BAE \equiv \triangle CAD$ 이므로

$\angle C = \angle B = 20°$ 이다.

(2) AE//DF이므로 $\angle AEB = \angle DFC$이다.

$CF = CE + EF = BF + EF = BE$ 이다.

또, $AE = DF$ 이므로 $\triangle AEB \equiv \triangle DFC$ (SAS합동)이다.

따라서 $\angle ABE = \angle DCF$이다.

그러므로 AD//CD이다. ($\because \angle ABE = \angle DCF$ (엇각))

(3) $\triangle BDF \equiv \triangle ADC$ (ASA합동)이므로

$AD = BD$이다.

즉, 삼각형 ADB는 직각이등변삼각형이다.

따라서 $\angle ABC = 45°$ 이다.

03. 달 풀이참조

[풀이] $\triangle AOD \equiv \triangle AOE$ ($\because$ AO는 공통,

$\angle OAD = \angle OAE$, $\angle AOD = \angle AOE$)

이므로 $OD = OE$이고, $\angle BOD = \angle COE$ (맞꼭지각), $\angle ODB = \angle OEC = 90°$ 이므로

$\triangle BOD \equiv \triangle COE$ (ASA합동)이다.

따라서 $OB = OC$이다.

04. 달 7쌍

[풀이] $\triangle ABD \equiv \triangle CDB$, $\triangle ABE \equiv \triangle CDF$,

$\triangle ABC \equiv \triangle CDA$, $\triangle ABO \equiv \triangle CDO$,

$\triangle ADE \equiv \triangle CBF$, $\triangle ADO \equiv \triangle CBO$,

$\triangle AOE \equiv \triangle COF$로 모두 7쌍이다.

05. 달 $80°$

[풀이] 접어서 포개지므로

$\angle ABE = \angle ADC = \angle 2$

$= \dfrac{5}{28+5+3} \times 180° = 25°$이고,

$\angle ACD = \angle E = \angle 3$

$= \dfrac{3}{28+5+3} \times 180° = 15°$이며,

$\angle CAE = 360° - 2\{180° - (25° + 15°)\} = 80°$ 이다.

삼각형 외각의 정리에 따라

$\angle E + \angle a = \angle EFC = \angle ACD + \angle CAE$이다.

따라서

$\angle a = \angle ACD + \angle CAE - \angle E$

$\quad = 15° + 80° - 15° = 80°$이다.

실력 향상시키기

06. 달 (1) $\triangle BDH \equiv \triangle ADC$ (SAS합동) (2) $\dfrac{1}{3}$

[풀이] (1) $CD = HD$, $AD = BD$,

$\angle ADC = \angle BDH = 90°$ 이므로

$\triangle BDH \equiv \triangle ADC$ (SAS합동)이다.

(2) PF, PD를 연결한다. PU와 EF는 점 M에서 만나고 PQ와 CD는 점 N에서 만난다고 하면,

$PD = PF$, $\angle PFM = \angle PDN = 60°$,

$\angle FPM = \angle FPD - \angle MPD$

$= 120° - \angle MPD = \angle DPN$이다.

따라서 $\triangle PFM \equiv \triangle PDN$ (ASA합동)이다.

즉, 빗금 친 부분의 넓이는 $\dfrac{1}{3}$이다.

07. 답 $1 < AD < 4$

[풀이] AD를 점 E까지 연장하여 $AD = DE$가 되
게 하고, BE를 연결하면 $\triangle BDE \equiv \triangle CDA$ (SAS
합동)이다. $BE = AC = 3$이다.

$AB - BE < 2AD < AB + BE$이다.

따라서 $1 < AD < 4$이다.

08. 답 풀이참조

[증명] $\triangle ACD \equiv \triangle CBF$ (ASA)이므로 $CD = BF$
이다. 또 $CD = BD$이므로 $BD = BF$이다.

따라서 $\angle DBA = \angle ABF = 45°$이다.

즉, AB가 $\angle B$를 이등분한다.

따라서 AB는 DF를 수직이등분한다.

09. 답 3

[풀이] ㉠, ㉡, ㉢은 정확한 명제이고, ㉣은 부정확하
다.

응용하기

10. 답 풀이참조

[증명] (1) 우선 $\triangle C'BD \equiv \triangle ABC$ (SAS합동)이므로
$C'D = AC = B'C$이다.

또, $\triangle BCA \equiv \triangle DCB'$ (SAS합동)이므로
$DB' = BA = C'B$이다. $DB = DC$이므로
$\triangle C'BD \equiv \triangle B'DC$ (SSS합동)이다.

(2) (1)로 부터 $C'D = AC = AB$,
$DB' = BA = C'A$이다.
$AD = AD$이므로 $\triangle AC'D \equiv \triangle DB'A$ (SSS합
동)이다.

11. 답 풀이참조

[풀이] AB 위의 선분 $AF = AC$인 점 F를 잡고,
EF를 연결한다. 그러면
$\triangle CAE \equiv \triangle FAE$ (SAS합동)이다.

또 $\triangle FBE \equiv \triangle DBE$ (SAS합동)이다.

따라서 $BF = BD$이다.

따라서 $AB = AF + BF = AC + BD$이다.

Part 6. 종합

24강 새로운 연산

연습문제 실력다지기

01. 답 (1) 54, 0.32 (2) -55, 0.68 (3) 2.37 (4) -4

[풀이]

(1) $[54.32] = 54$, $\{54.32\} = 0.32$

(2) $[-54.32] = -55$, $\{-54.32\} = 0.68$

(3) $[x] = 2$, $\{x\} = 0.37$이므로 $x = 2.37$

(4) $16 = 2mx^3 - 3nx + 6 = -2m + 3n + 6$.

따라서 $2m - 3n = -10$이다.

즉, $\dfrac{2}{3}m - n = -\dfrac{10}{3}$이다.

그러므로 $\left[\dfrac{2}{3}m - n\right] = -4$이다.

02. 답 (1) -1, -2, -3 (2) 풀이참조

[풀이]

(1) $\left[\dfrac{x}{3}\right] = -1$이므로 $-1 \leq \dfrac{x}{3} < 0$이다.

x가 정수이므로 $x = -1$, -2, -3이다.

(2) $3[x] = x + 2\{x\} = [x] + 3\{x\}$이므로

$\{x\} = \dfrac{2}{3}[x]$이다.

$0 \leq \{x\} < 1$이므로 $[x] = 0$ 또는 1이다.

$[x] = 0$일 때, $\{x\} = 0$이다.

$[x] = 1$일 때, $\{x\} = \dfrac{2}{3}$이다.

03. 답 (1) $22200_{(3)}$ (2) $65_{(7)}$ (3) $a > b$

[풀이]

(1) $234 = 22200_{(3)}$

(2) $454_{(7)} \div 5_{(7)} = 235 \div 5 = 47 = 65_{(7)}$

(3) $a = 25$, $b = 23$이므로 $a > b$이다.

04. 답 (1) 2 (2) 1.3

[풀이]

(1) $3 \otimes (4 \otimes 5) = 3 \otimes (5 - 4 + 2)$

$\qquad\qquad = 3 \otimes 3 = 3 - 3 + 2 = 2$

(2) $5 * b = 5 - b = 2.4$에서 $b = 2.6$이다.

$x * \{b\} = [b] * x$에서

$x * 0.6 = 2 * x$, 즉, $x - 0.6 = 2 - x$이다.

이를 풀면, $x = 1.3$이다.

05. 답 (1) 102 (2) 1999, $\underbrace{199\cdots9}_{n개의\ 9}$

[풀이] (1) $f(x) = 1 + \dfrac{2}{x-1}$, $x - 1 > 2$, 즉

$x > 3$일 때, $[f(x)] = 1$이고,

$x = 2$일 때, $[f(x)] = 3$이고,

$x = 3$일 때, $[f(x)] = 2$이다.

그러므로 원식 $= 3 + 2 + 1 \times 97 = 102$이다.

(2) $1 \blacktriangle 9 = 1 \times 9 + 1 + 9 = 19$,

$(1 \blacktriangle 9) \blacktriangle 9 = 19 \blacktriangle 9 = 19 \times 9 + 19 + 9 = 199$

이므로 규칙을 찾으면,

$((1 \blacktriangle 9) \blacktriangle 9) \blacktriangle 9 = 1999$이고,

$(\cdots((1 \blacktriangle 9) \blacktriangle 9) \cdots) \blacktriangle 9 = \underbrace{199\cdots9}_{n개의\ 9}$이다.

실력 향상시키기

06. 답 ①

[풀이]

(i) $x = n$, n은 정수라고 하자.

$3 \lfloor x \rfloor + \lceil x \rceil + \ulcorner x \urcorner = 6$에서, $3n + n + n = 6$

이고, 이를 풀면 $n = \dfrac{6}{5}$가 되어 n은 정수라는 사실에

모순된다.

(ii) $x = n + \alpha$, n은 정수, $0 < \alpha < 0.5$라고 하자.

$3 \lfloor x \rfloor + \lceil x \rceil + \ulcorner x \urcorner = 6$에서

$3n + n + 1 + n = 6$이고, 이를 풀면, $n = 1$이다.

그러므로 $1 < x < 1.5$이다.

(iii) $x = n + \alpha$, n은 정수, $0.5 < \alpha < 1$라고 하자.

$3 \lfloor x \rfloor + \lceil x \rceil + \ulcorner x \urcorner = 6$에서

$3n + n + 1 + n + 1 = 6$이고, 이를 풀면, $n = \dfrac{4}{5}$가

되어 n은 정수라는 사실에 모순된다.

따라서 $3 \lfloor x \rfloor + \lceil x \rceil + \ulcorner x \urcorner = 6$을 만족하는 해는

$1 < x < 1.5$이다. 즉, 답은 ①이다.

07. 답 ④

[풀이] ④의 경우

$(x, y) = (x_1, y_1) = (x_2, y_2) = (1, 0)$이면,

좌우변이 서로 다르다.

08. 답 $x = 0$ 또는 1881

[풀이] 만약 $x^2 = 19$이면 $99x = 1$이다.

그러면 $x = \dfrac{1}{99}$인데 $\left(\dfrac{1}{99}\right)^2 = x^2 = 19$가 되므로

모순이다.

$99x \times 19 = (x^2 * 19) \times 19$

$= x^2 * (19 * 19)$

$= x^2 * 1$

$= x^2 * (x^2 * x^2)$

$= (x^2 * x^2) x^2$

$= 1 \times x^2 = x^2$

따라서 $x(x - 1881) = 0$이므로 $x = 0$ 또는 1881

이다.

09. 답 $\dfrac{3}{2}$

[풀이] $2[x] = x + \{x\} = [x] + 2\{x\}$이므로

따라서 $[x] = 2\{x\}$이다.

$0 \le \{x\} < 1$이므로 $0 \le \dfrac{[x]}{2} < 1$이다.

$[x]$는 정수이므로 $[x] = 0$ 또는 1이다.

$[x] = 0$이면 $\{x\} = 0$이 되어 $x = 0$이다.

이는 x가 양의 정수라는 사실에 모순된다.

따라서 $[x] = 1$이고, 이때, $\{x\} = \dfrac{1}{2}$이다.

즉, $x = \dfrac{3}{2}$이다.

응용하기

10. 답 (1) 11 (2) -11

[풀이] (1) $a + 2b = 5$, $2a + 3b = 8$에 의해

$a = 1$, $b = 2$이다. 그러므로

$3 \blacktriangle 4 = 3 \times 1 + 4 \times 2 = 11$이다.

(2) $3a + 5b + c = 15$, $4a + 7b + c = 28$이다.

그러므로

$1 * 1$

$= a + b + c$

$= 3(3a + 5b + c) - 2(4a + 7b + c)$

$= 3 \times 15 - 2 \times 28$

$= -11$이다.

11. 답 (1) 16 (2) 1, 13, 16, 52

[풀이] (1) H-연산을 계속 수행하면,

784, 49, 160, 5, 28, 7, 34, 17, 64,

1, 16, 1, 16, $\cdots$

그러므로 10번째부터는 1, 16이 반복된다.

257은 홀수이므로 16이다.

(2) (i) a가 홀수일 때,

$$\frac{a \times 3 + 13}{2^k} = a$$이므로

$a(2^k - 3) = 13$이다. 13은 소수이므로

$2^k - 3 = 1$ 또는 $2^k - 3 = 13$이다.

즉, $k = 2$ 또는 4이다.

그러므로 $a = 1$ 또는 13이다.

(ii) a가 짝수일 때,

$$\left(\frac{a}{2^k}\right) \times 3 + 13 = a$$이므로

$a(2^k - 3) = 2^k \times 13$이다.

13은 소수이므로 $2^k - 3 = 1$ 또는

$2^k - 3 = 13$이다. 즉, $k = 2$ 또는 4이다.

그러므로 $a = 52$ 또는 $a = 16$이다.

25^강 정수의 합동, 끝자리 수 특징

연습문제 실력다지기

01. 달 (1) 6개, 가장 큰 수는 95이다.

　　(2) 5

　[풀이] (1) $1995 = 3 \times 5 \times 7 \times 19$이므로

19, 19×3, 19×5, 3×5, 3×7, 5×7로

모두 6개이고 이 중에서 가장 큰 수는 95이다.

(2) A를 3을 나누었을 때 나머지가 2인 수를 쓰면,

2, 5, 8, 11, … 이다.

A를 4로 나누었을 때 나머지가 1인 수를 쓰면

1, 5, 9, … 이다.

따라서 A − 5는 3의 배수이면서 4의 배수,

즉, 12의 배수이다.

그러므로 A를 12로 나누었을 때 나머지는 5이다.

02. 달 2000

　[풀이] $A = BC + 8$이므로

$A + B + C = 2178$에서,

$BC + B + C = 2170$이다.

그러므로

$BC + B + C + 1 = 2171$,

$(B + 1)(C + 1) = 2171 = 13 \times 167$이다.

따라서 $B + 1 = 13$, $C + 1 = 167$

또는 $B + 1 = 167$, $C + 1 = 13$이다.

두 경우 모두 $BC = 166 \times 12 = 1992$이다.

따라서 $A = BC + 8 = 1992 + 8 = 2000$이다.

03. 달 7561명

　[풀이] 참가한 인원 수를 x명이라고 하면,

$x - 1$은 10, 9, 8, 7, 6, 5, 4, 3의 배수이다.

10, 9, 8, 7, 6, 5, 4, 3의 최소공배수를 구하면,

2520이다. 따라서 $x - 1 = 2520 \times 3 = 7560$이다.

그러므로 $x = 7561$이다.

04. 달 (1) 수요일　(2) 수요일

　[풀이] (1) 2004년과 2008년이 윤년이므로

366일이고, 나머지 해는 365일이다.

그러므로, 2008년 10월 1일은

2002월 10월 1일로부터 2192일이 되는 날이다.

$2192 = 7 \times 313 + 1$이므로

2008년 10월 1일은 수요일이다.

(2) $111111 = 111 \times 7 \times 11 \times 13$이고,

$2000 = 6 \times 333 + 2$이므로

오늘(일요일)부터 $11 \cdots 1$(2000개의 1)일 후의 요일은 오늘(일요일)부터 11일 후의 요일과 같다. 그러므로 구하는 요일은 수요일이다.

05. **답** (1) 0 (2) 1

[풀이] (1) 2^{20}의 일의 자리 수는 6이고, 3^{21}의 일의 자리 수는 3이고, 7^{20}의 일의 자리 수는 1이므로 $2^{20} + 3^{21} + 7^{20}$의 일의 자리 수는 0이다.

(2) 주어진 조건을 만족하는 수는 일의 자리 수가 1, 3, 7, 9인 100이하의 자연수이다. $1 \times 3 \times 7 \times 9$의 일의 자리 수는 9이므로 구하는 일의 자리 수는 9^{10}의 일의 자리 수와 같다. 따라서 9^{10}의 일의 자리 수가 1이므로 구하는 일의 자리 수는 1이다.

실력 향상시키기

06. **답** 9

[풀이] 3^{2013}의 일의 자리 수는 3이고, 7^{2014}의 일의 자리 수는 9이고, 13^{2015}의 일의 자리 수는 3^{2015}의 일의 자리 수와 같이 7이다.

따라서 $3^{2013} \times 7^{2014} \times 13^{2015}$의 일의 자리 수는 9이다.

07. **답** 7060

[풀이] $f(1) = 1$, $f(2) = 3$, $f(3) = 6$, $f(4) = 0$, $f(5) = 5$, $f(6) = 1$, $f(7) = 8$, $f(8) = 6$, $f(9) = 5$, $f(10) = 5$, $f(11) = 6$, $f(12) = 8$, $f(13) = 1$, $f(14) = 5$, $f(15) = 0$, $f(16) = 6$, $f(17) = 3$, $f(18) = 1$, $f(19) = 0$, $f(20) = 0$, $f(21) = 1$, $f(22) = 3$, $f(23) = 6$, $\cdots$ 이다.

즉, $f(20n + k) = f(k)$, n은 음이 아닌 정수이다. 또, $f(1) + f(2) + \cdots + f(20) = 70$ 이고, $f(1) + f(2) + \cdots + f(14) = 60$ 이다. 따라서 $f(1) + f(2) + \cdots + f(2014)$ $= 70 \times 100 + 60 = 7060$이다.

08. **답** ③

[풀이] 선수 인원수를 x명이라 하면, $x - 1$는 2의 배수, $x - 2$는 3의 배수, $x + 3$은 5의 배수이다. 이를 만족하는 가장 작은 자연수는 17이다. 따라서 $x = 30k + 17$이다.

x가 250에 가까운 수이므로 $x = 257$이다. 그러므로 달린 인원수는 $257 + 3 = 260$명이다. 즉, 답은 ③이다.

09. **답** 3

[풀이] $n = 3$일 때, 3, 11, 19는 모두 소수이다. n이 5이상의 소수일 때, $n = 6k \pm 1$(k는 자연수)의 꼴이다. $n = 6k - 1$이면, $n + 16$이 3의 배수가 되어 합성수이고, $n = 6k + 1$이면 $n + 8$이 3의 배수가 되어 합성수이다.

따라서 $n = 3$일 때만 세 정수 n, $n + 8$, $n + 16$가 모두 소수이다.

응용하기

10. **답** 풀이참조

[풀이] $1489 = 7k + 5$, $1498 = 7k$, $1849 = 7k + 1$, $1894 = 7k + 4$, $1948 = 7k + 2$, $1984 = 7k + 3$, $9841 = 7k + 6$이므로 N이 어떤 수가 되더라도 $N + a_3 a_2 a_1 a_0$은 7의 배수가 되게 하는 $a_3 a_2 a_1 a_0$가 존재한다.

11. **답** 2343

[풀이] 구하는 수를 x라 하자. 그러면, x는 33의 배수, $x + 1$은 4의 배수, $x + 2$는 5의 배수, $x - 3$은 6의 배수이다.

그런데, $x + 1$은 4의 배수, $x + 2$는 5의 배수, $x - 3$은 6의 배수를 만족하는 가장 작은 자연수는 3이므로 이를 만족하는 x는 $60m + 3$의 꼴이다.

x가 33의 배수이므로 $x = 33k$, $x = 60m + 3$(k와 m은 음이 아닌 정수)인 x를 구하면, $x = 660n + 363$이다.

$x > 2002$인 홀수이므로 $x = 660 \times 3 + 363 = 2343$이다.

연습문제 실력다지기

01. 답 (1) 5 (2) 69696

[풀이] (1) n^2의 일의 자리 수가 6인 수는 n의 일의 자리 수가 4 또는 6이다.

$(n-1)^2$의 일의 자리 수는 9이므로 $n-1$의 일의 자리 수는 3 또는 7이다.

그러므로 n의 일의 자리 수는 4이다.

따라서 $(n+1)^2$의 일의 자리 수는 5이다.

(2) $n = \overline{6aba6}$이라 하고, 또, $n = (200+k)^2$이라 하면, $n = 40000 + 400k + k^2$에서 $50 < k < 65$이다. k^2의 일의 자리 수가 6이므로 k의 일의 자리 수는 4 또는 6이다.

즉, k로 가능한 수는 54, 56, 64이다. 이를 대입하여 확인하면, $n = 264^2 = 69696$이다.

02. 답 65

[풀이] $2001 + p = x^2$이라 하면, p가 음의 정수이므로 x^2으로 가능한 수는 $44^2 = 1936$이다.

그러므로 $-p = 2001 - 1936 = 65$이다.

따라서 구하는 답은 65이다.

03. 답 3

[풀이] $a = 12345680 + 9$라 하면,

$a^2 = 123456780^2 + 2 \times 123456780 \times 9 + 81$이다. 따라서 $x = 1$이고, $y = 2$이다.

즉, $x + y = 3$이다.

04. 답 ①

[풀이] $n = 1$일 때, A $= 49 = 7^2$이다.

$n = 2$일 때, A $= 4489 = 67^2$이다.

$n = 3$일 때, A $= 444889 = 667^2$이다.

이렇게 계속하면,

A $= 66 \cdots 67^2$ (6이 $n-1$개)이다.

그러므로 A는 완전제곱수이다. 즉, 답은 ①이다.

05. 답 0, 9, 11, 12

[풀이] $x < 6$인 경우,

$2^6 + 2^{10} + 2^x = 2^x(2^{6-x} + 2^{10-x} + 1)$에서,

2^x이 완전제곱수가 되기 위해서는 $x = 0$, 2, 4이어야 한다. 이를 $2^{6-x} + 2^{10-x} + 1$에 대입하면, $x = 0$일 때, $(2^5 + 1)^2$이 되어 완전제곱수이고, 나머지는 완전제곱수가 되지 않는다.

$x \geq 6$인 경우,

$2^6 + 2^{10} + 2^x = 2^6(2^4 + 1 + 2^{x-6})$에서

$2^6 + 2^{10} + 2^x$이 완전제곱수가 되기 위해서는

$2^6(2^2 + 1)^2$, $2^6 \cdot 6^2$, $2^6 \cdot 7^2$, $2^6 \cdot 8^2$, $2^6(2^3 + 1)^2$의 형태이다.

$2^6(2^2 + 1)^2$일 때, $x = 9$이다.

$2^6 \cdot 6^2$일 때, x는 존재하지 않는다.

$2^6 \cdot 7^2$일 때, $x = 11$이다.

$2^6 \cdot 8^2$일 때, x는 존재하지 않는다.

$2^6(2^3 + 1)^2$일 때, $x = 12$이다.

따라서 구하는 x는 0, 9, 11, 12이다.

실력 향상시키기

06. 답 69696

[풀이] $n = \overline{abcba}$라고 하면, $k = 2a + 2b + c$이다.

ⓒ에서 $10 \leq k \leq 45$이므로 $k = 16$, 25, 36이 가능한데, ⓐ로부터 $k = 36$이고, $r = 9$이다.

즉, $2a + 2b + c = 36$이므로 c는 짝수이다.

또, 완전제곱수인 n를 100으로 나눈 나머지 $\overline{ba}$는 01, 21, 41, 61, 81, 04, 24, 44, 64, 84, 25, 16, 36, 56, 76, 96, 09, 29, 49, 69, 89 중 하나이다.

(i) $c = 0$일 때, $a + b = 18$이 되어, $a = b = 9$이다. 그런데, 99099는 완전제곱수가 아니다.

(ii) $c = 2$일 때, $a + b = 17$이 되어, $b = 8$, $a = 9$이다. 그런데, 98289는 완전제곱수가 아니다.

(iii) $c = 4$일 때, $a + b = 16$이 되어, 이를 만족하는 a, b는 존재하지 않는다.

(iv) $c = 6$일 때, $a + b = 15$가 되어, $a = 9$, $b = 6$ 또는 $a = 6$, $b = 9$이다. 이때, 96669는 완전제곱수가 아니고, 69696은 완전제곱수이다.

(v) $c = 8$일 때, $a + b = 14$가 되어, 이를 만족하는 a, b는 존재하지 않는다.

따라서 구하는 n은 69696이다.

07. 답 ①

[풀이] 연속된 네 자연수 중 반드시 서로 다른 2의 배수와 4의 배수가 각각 존재하므로,
$2n(n+1)(n+2)(n+3)$는 항상 16의 배수이다.
또, $n = 8k$, $8k \pm 1$, $8k \pm 2$, $8k \pm 3$, $8k + 4$라고 하면, n^2을 16으로 나눈 나머지는 0, 1, 4, 9만 가능하다.
따라서 두 완전제곱수의 합을 16으로 나눈 나머지는 0, 1, 2, 4, 5, 8, 9, 10, 13만 가능하다.
$2n(n+1)(n+2)(n+3) + 12$을 16으로 나눈 나머지는 12이므로 이는 두 양의 정수의 제곱의 합으로 나타낼 수 없다.
그러므로 답은 ①이다.

08. 답 27쌍

[풀이] $N = 23(x + 4y)$이므로 $x + 4y$는 23의 배수이다. $x + 4y = 23m^2$이라고 가정하면 m^2은 1 또는 4만 가능하다.
(i) $x + 4y = 23$를 만족하는 자연수 쌍 (x, y)는 모두 5쌍이다.
(ii) $x + 4y = 92$를 만족하는 자연수 쌍 (x, y)는 모두 22쌍이다.
따라서 모두 27쌍이다.

09. 답 (1) 1681   (2) 풀이참조

[풀이] (1) $N = x^2 \times 100 + y = m^2$이므로
$y = m^2 - (10x)^2 = (m + 10x)(m - 10x)$이다.
$y = a \times b \ (a > b)$라고 하면,
$m + 10x = a$, $m - 10x = b$이고,
이를 연립하여 풀면, $x = \dfrac{a - b}{20}$이다.
또, y가 될 수 있는 수는
01, 21, 41, 61, 81, 04, 24, 44, 64, 84, 25, 16, 36, 56, 76, 96, 09, 29, 49, 69, 89 중 하나이므로 $x = 1$, 2, 3, 4만 가능하다.
(i) $x = 1$일 때, $N = 121$, 144, 169, 196이다.
(ii) $x = 2$일 때, $N = 441$, 484이다.
(iii) $x = 3$일 때, $N = 961$이다.
(iv) $x = 4$일 때, $N = 1681$이다.
따라서 N의 최댓값은 1681이다.

(2) (a) $11x^2 + 5xy + 37y^2$
$= (3x + 5y)^2 + (2x^2 - 25xy + 12y^2)$
$= (3x + 5y)^2 + (2x - y)(x - 12y)$이므로
$2x = y$ 또는 $x = 12y$를 만족하는 0이 아닌 정수 (x, y)에 대하여
$11x^2 + 5xy + 37y^2$은 완전제곱수이다.
예를 들어, $x = 1$, $y = 2$일 때, 원식은 완전제곱수이다.

(b) (a)에서 $x = 1$라 하면, $y = 2t$이다.
$a_1 n^2 + b_1 n + c_1 = t \ \cdots$ ①
$a_2 n^2 + b_2 n + c_2 = 2t \ \cdots$ ②
①$\times a_2 -$②$\times a_1$를 하면,
$(a_2 b_1 - a_1 b_2)n + a_2 c_1 - a_1 c_2 = (a_2 - 2a_1)t$
이다.
모든 n에 대하여 위 식이 성립하려면,
$a_2 b_1 - a_1 b_2 = 0$, $a_2 c_1 - a_1 c_2 = 0$,
$a_2 - 2a_1 = 0$ 이다.
이를 만족하는 하나를 $a_1 = 1$, $b_1 = 2$,
$c_1 = 1$, $a_2 = 2$, $b_2 = 4$, $c_2 = 2$라 하면,
$11x^2 + 5xy + 37y^2 = 13^2 \times (n + 1)^4$이 되어 완전제곱수이다.
(a)를 이용하지 않고, 다음과 같이
$a_1 = 1$, $b_1 = -26$, $c_1 = 132$, $a_2 = 2$,
$b_2 = -26$, $c_2 = 79$라 하면,
$11x^2 + 5xy + 37y^2 = (689 - 185n + 13n^2)^2$
이 되어 완전제곱수이다.

응용하기

10. 답 11664, 41616, 43681, 93636

[풀이] a가 될 수 있는 수는 1, 4, 9이고,
두 자리 수 bc, de가 될 수 있는 수는 16, 25, 36, 49, 64, 81이다.
(i) $a = 1$일 때, $(100 + k)^2 = 10000 + 200k + k^2$에서 두 자리 수 $de = k^2$이다. $k = 4$, 5, 6, 7, 8, 9이고, 이를 대입하여 확인하면, 11664만 만족한다.
(ii) $a = 4$일 때, $(200 + k)^2 = 40000 + 400k + k^2$에서 두 자리 수 $de = k^2$이다. $k = 4$, 4, 6, 7, 8, 9이고, 이를 대입하여 확인하면, 41616, 43681만 만족한다.

(iii) $a = 9$일 때,

$(300 + k)^2 = 90000 + 600k + k^2$에서 두 자리 수 $de = k^2$이다. $k = 4$, 5, 6, 7, 8, 9이고, 이를 대입하여 확인하면, 93636만 만족한다.

따라서 주어진 조건을 만족하는 다섯 자리 수는 11664, 41616, 43681, 93636이다.

11. 답 28

[풀이] 합이 완전제곱수 9, 16, 25, 36이 되는 쌍들을 만든다.

9 : $(2, 7)$, $(3, 6)$, $(4, 5)$

16 : $(2, 14)$, $(3, 13)$, $(4, 12)$, $(5, 11)$, $(6, 10)$, $(7, 9)$

25 : $(2, 23)$, $(3, 22)$, $(4, 21)$, $(5, 20)$, $(6, 19)$, $(7, 18)$, $(8, 17)$, $(9, 16)$, $(10, 15)$, $(11, 14)$, $(12, 13)$

36 : $(2, 34)$, $(3, 33)$, $(4, 32)$, $(5, 31)$, $(6, 30)$, $(7, 29)$, $(8, 28)$, $(9, 27)$, $(10, 26)$, $(11, 25)$, $(12, 24)$, $(13, 23)$, $(14, 22)$, $(15, 21)$, $(16, 20)$, $(17, 19)$

이제부터 처음에 있는 순서쌍의 수 $(2, 7)$을 다음 빈 칸에 나누어 적는다. 그 다음 2 또는 7을 포함하고 있는 순서쌍을 찾아 다른 수를 반대 칸에 적는다. 더 이상 적을 수 없을 때에는 적지 않은 순서쌍을 적는다. 이렇게 계속하여 양쪽에 같은 수가 들어갈 때까지 한다.

2, 9, 18, <u>29</u>, 11, 22, 4, 20, 31, 13, 24, 6, 22, 33, 24, 17, 15, 26, 28	7, 14, 23, 34, 16, 27, 5, 25, 32, 21, 12, 3, 19, 10, 8,

2, 3, …, 28까지는 두 조로 나눌 수 있는데, 29는 20과 만나면 49가 되고, 7과 만나는 36이 되어 둘 다 완전제곱수가 된다. 따라서 구하는 가장 큰 수는 28이다.

연습문제 실력다지기

01. 답 16, 30, 34

[풀이] 세 변의 길이를 a, b, $c(c$가 빗변)라 하면, $a + b + c = 80$, $a^2 + b^2 = c^2$이다.

$c = 80 - a - b$를 $a^2 + b^2 = c^2$에 대입한 후 정리하면, $(80 - a)(80 - b) = 3200$이다.

또 $(80 - a)$, $(80 - b)$는 모두 두 자리 수이고, $3200 = 50 \times 64$이므로 $a = 16$, $b = 30$ 또는 $a = 30$, $b = 16$이다. 따라서 세 변의 길이는 16, 30, 34이다.

02. 답 ③

[풀이] $\sqrt{a^2 + 2005} = b$(양의 정수)일 때, 즉, $(b + a)(b - a) = 5 \times 401$이다.

(ⅰ) $b + a = 2005$, $b - a = 1$,

(ⅱ) $b + a = 401$, $b - a = 5$인 경우로 나뉜다.

(ⅰ)에서 $a = 1002$, (ⅱ)에서 $a = 198$이다.

따라서 양의 정수 a의 합은 1200이다.

즉, 답은 ③이다.

03. 답 풀이참조

[풀이] (1) $x = 0$을 대입하면, c는 정수이고,

$x = 1$대입하면, $a + b + c$는 정수이고,

$x = -1$대입하면, $a - b + c$는 정수이다.

그러므로 c가 정수이므로 $a + b$, $a - b$도 정수이다. 또, $2a$도 정수이다.

(2) 정수 x에 대하여, $2a$, $a - b$, c가 모두 정수이면, $ax^2 + bx + c$의 식의 값이 정수이다.

$$ax^2 + bx + c = 2a \cdot \frac{1}{2}x(x + 1) - (a - b)x + c$$

이므로 $ax^2 + bx + c = 0$은 정수이다.

즉, 역은 참이다.

04. 답 40

[풀이]

$$y = 3(a^2 + b^2 + c^2 + d^2)$$
$$- 2(ab + ac + ad + bc + bd + cd)$$
$$= 4(a^2 + b^2 + c^2 + d^2) - (a + b + c + d)^2$$
$$= 40 - (a + b + c + d)^2 \leq 40$$

이다.

05. 답 $\dfrac{k(k^2+1)}{2}$

[풀이] 구하는 k개의 수의 합은 대각선 위에 있는 수들의 합과 같다. 그러므로

1, $k+2$, $2k+3$, $\cdots$, $k^2=(k-1)k+k$의 합은

$k[1+2+3+\cdots+(k-1)]+(1+2+3+\cdots+k)$

$\dfrac{k^2(k-1)}{2}+\dfrac{k(k+1)}{2}=\dfrac{k(k^2+1)}{2}$ 이다.

실력 향상시키기

06. 답 7개

[풀이] $a=9$, 8, $\cdots$, 3, 2에 대해 생각한다.

(i) $a=9$일 때, $\dfrac{81}{9+b}$는 정수이다.

이를 만족하는 9보다 작은 자연수 b는 없다.

(ii) $a=8$일 때, $\dfrac{72}{8+b}$는 정수이다.

이를 만족하는 8보다 작은 자연수 $b=1$, 4이다.

(iii) $a=7$일 때, $\dfrac{63}{7+b}$는 정수이다.

이를 만족하는 7보다 작은 자연수 $b=2$이다.

(iv) $a=6$일 때, $\dfrac{54}{6+b}$는 정수이다.

이를 만족하는 6보다 작은 자연수 $b=3$이다.

(v) $a=5$일 때, $\dfrac{45}{5+b}$는 정수이다.

이를 만족하는 5보다 작은 자연수 $b=4$이다.

(vi) $a=4$일 때, $\dfrac{36}{4+b}$는 정수이다 .

이를 만족하는 4보다 작은 자연수 $b=2$이다.

(vii) $a=3$일 때, $\dfrac{27}{3+b}$는 정수이다.

이를 만족하는 3보다 작은 자연수는 없다.

(viii) $a=2$일 때, $\dfrac{18}{2+b}$는 정수이다.

이를 만족하는 2보다 작은 자연수 $b=1$이다.

따라서 구하는 (a,b)는 모두 7개이다.

07. 답 풀이참조

[풀이] (1) $(a_1+a_2+\cdots+a_{2002})^2$

$=a_1^2+a_2^2+\cdots+a_{2002}^2+2(a_1a_2+\cdots+a_{2001}a_{2002})$

$=2002+2S$이므로

$$S=\dfrac{(a_1+a_2+\cdots+a_{2002})^2-2002}{2}$$ 이다.

$a_1=a_2=\cdots=a_{2002}=\pm1$일 때,

$S_{최대}=2003001$이다.

a_1, $a_2\cdots a_{2002}$에서 1001개의 수 $+1$, 1001개의 수 -1일 때,

$S_{최소}=-1001$이다.

(2) 2002보다 큰 완전제곱수는 2025, 2116, $\cdots$ 이다. 2002가 짝수이므로 양의 정수 S가 되기 위해서는 $(a_1+a_2+\cdots+a_{2002})^2=2116$이다. 이때, 양의 정수 S의 최솟값은 57이다.

실제로, a_1, a_2, $\cdots$, a_{2002}에서 1024개의 수가 $+1$, 978개의 수가 -1 또는 1024개의 수가 -1, 978개의 수가 $+1$일 때, 성립한다.

08. 답 풀이참조

[풀이] A_1에서 A_2에 x_1대의 TV를 옮긴다고 하면, (만약 x_1이 음수라면 A_2에서 A_1으로 옮기고, 아래도 마찬가지로 적용한다.) A_2는 A_3에 x_2대를 옮기고, A_3는 A_4에 x_3대를 옮기며, A_4는 A_1에 x_4대를 옮긴다고 하고, $y=|x_1|+|x_2|+|x_3|+|x_4|$이라 놓으면, 우리가 구하는 것은 y의 최솟값이다. 여기서,

$15-x_1+x_4=10$, $8-x_2+x_1=10$,

$5-x_3+x_2=10$, $12-x_4+x_3=10$이므로

x_2, x_3, x_4를 모두 x_1에 대하여 정리한 후 대입하면,

$y=|x_1|+|x_1-2|+|x_1-7|+|x_1-5|$

이다. 여기서, $-8\leq x_1\leq15$는 정수이다.

우리가 구하는 y의 최솟값은 10이다. 이때, $x_1=2$, 3, 4, 5이다. 실제로 아래의 4가지 방법으로 할 수 있다.

09. 답 ④

[풀이] 조건의 수의 축의 점 $A_1(0)$, $A_2(1)$, $A_3(2)$, $A_4(4)$, $A_5(8)$, $A_6(16)$, $A_7(32)$일 때 문제의 조건에 맞는다.

응용하기

10. 답 8

[풀이] (i) $p=q$일 때,

$\dfrac{2p-1}{q}=\dfrac{2p-1}{p}=2-\dfrac{1}{p}$이 정수가 될 수 없으므로 모순이다.

(ii) $p \neq q$일 때, 대칭성에 의해 $p>q$라 가정해도 무방하다.

$\dfrac{2q-1}{p}<\dfrac{2q-1}{q}$이므로 $\dfrac{2q-1}{p}=1$이고,

$p=2q-1$이다.

$\dfrac{2p-1}{q}=\dfrac{4q-3}{q}=4-\dfrac{3}{q}$은 정수이므로

$q=1$ 또는 3이고, 이때, $p=1$ 또는 5이고,

$p \neq q$, $p>1$, $q>1$이므로 $q=3$, $p=5$이다.

$p+q=8$이다.

11. 답 풀이참조

[풀이]

(1) $n=4$일 때, $(a, b, c)=(2, 3, 3)$

$n=5$일 때, $(a, b, c)=(2, 4, 4)$, $(3, 3, 4)$

$n=6$일 때, $(a, b, c)=(2, 5, 5)$, $(3, 4, 5)$, $(4, 4, 4)$

(2) $a+b+c=2n$, $2c \leq 2n \leq 2(a+b)$,

$c \leq n \leq (a+b)$

㉠ $c=11$일 때, $(a, b)=(2, 11)$, $(3, 10)$, $(4, 9)$, $(5, 8)$, $(6, 7)$로 5개

㉡ $c=10$일 때, $(a, b)=(4, 10)$, $(5, 9)$, $(6, 8)$, $(7, 7)$로 4개

㉢ $c=9$일 때, $(a, b)=(6, 9)$, $(7, 8)$로 2개

㉣ $c=8$일 때, $(a, b)=(8, 8)$로 1개

따라서 모두 12개이다.

(3) ㉠ 등변인가 아닌가의 기준으로 분류하면

모두 등변의 경우 1개, 두 변만 같은 경우가 4개, 부등변의 경우가 7개이다.

㉡ 각으로 분류하면

예각삼각형이 7개, 직각삼각형이 1개, 둔각삼각형이 4개다.

연습문제 실력다지기

01. 답 319

[풀이] 먼저 두 자리 수 중 11의 배수는 11, 22, 33, 44, 55, 66, 77, 88, 99로 모두 각 자리수의 합이 13이 아니다.

(i) 백의 자리 수가 1인 경우를 생각하자. 즉, $x=\overline{1ab}$라 하자. 그러면, 11의 배수판정법과 각 자리 수의 합이 13이라는 사실로부터 $1+b-a=0$, $1+a+b=13$이다. 이를 연립하여 풀면, 음이 아닌 한 자리 수인 정수 a, b가 존재하지 않는다.

(ii) 백의 자리 수가 2인 경우를 생각하자. 즉, $x=\overline{2ab}$라 하자. 그러면, 11의 배수판정법과 각 자리 수의 합이 13이라는 사실로부터 $2+b-a=0$, $2+a+b=13$ 또는 $2+b-a=11$, $2+a+b=13$이다.

두 개의 연립방정식을 풀면 모두 음이 아닌 한 자리 수인 정수 a, b가 존재하지 않는다.

(iii) 백의 자리 수가 3인 경우를 생각하자. 즉, $x=\overline{3ab}$라 하자. 그러면, 11의 배수판정법과 각 자리 수의 합이 13이라는 사실로부터 $3+b-a=0$, $3+a+b=13$ 또는 $3+b-a=11$, $3+a+b=13$이다.

두 개의 연립방정식을 풀면, 처음의 연립방정식은 모두 음이 아닌 한 자리 수인 정수 a, b가 존재하지 않는다. 두 번째 연립방정식을 풀면, $a=1$, $b=9$이다. 그러므로 $x=319$이다.

따라서 구하는 x의 최솟값은 319이다.

02. 답 468321

[풀이] 10을 7로 나눈 나머지는 3이고, 100을 7로 나눈 나머지는 2, 1000을 7로 나눈 나머지는 6(또는 -1), 10000을 7로 나눈 나머지는 4(또는 -3), 100000을 7로 나눈 나머지는 5(또는 -2)임을 이용하자. 먼저 $a=4$일 때를 살펴보자.

$M=\overline{4bc321}$이 7의 배수이면,

$4\times5+b\times4+c\times6+3\times2+2\times3+1\times1$이 7의 배수이다. 즉, $4b+6c+33$이 7의 배수이다.

b, c는 5이상의 서로 다른 자연수이다.

(i) $b = 5$일 때, $6c + 53$이 7의 배수가 되는 $6 \le c \le 9$인 자연수 c가 존재하지 않는다.

(ii) $b = 6$일 때, $6c + 57$이 7의 배수가 되는 $c = 8$이다.

따라서 M의 최솟값은 468321이다.

---

03. 🔳 52, 12, 69

[풀이] $a + b = x^2$, $b + c = y^2$, $c + a = z^2$라 하면, $2(a + b + c) = 266 = x^2 + y^2 + z^2$이다.

완전제곱수는 1, 4, 9, 16, 25, 36, 49, 64, 81, 100, 121, 144, 169, 196, 225, 256이므로 이 중에서 두 수의 합이 133보다 크고, 세 수의 합이 266이 되는 세 개의 완전제곱수를 찾으면, 64, 81, 121이다.

즉, $a + b = 64$, $b + c = 81$, $c + a = 121$이다.

이를 풀면, $a = 52$, $b = 14$, $c = 69$이다.

---

04. 🔳 $a = 3$, $b = 11$, $c = 17$

[풀이] $x = a + b - c$와 $y = a + c - b$로부터 $a = \frac{1}{2}(x + y)$이고, 즉, $y = 2a - x$이다.

이를 $y = x^2$을 대입하면 $x^2 + x - 2a = 0$이다. x는 정수이므로 이차방정식의 판별식 $\triangle = 1 + 8a = n^2 (n$은 양의 정수)이어야 한다.

그러므로 $2a = \frac{n-1}{2} \cdot \frac{n+1}{2}$에서, $\frac{n-1}{2} = 2$, $\frac{n+1}{2} = a$이다.

그러므로 $n = 5$, $a = 3$이다.

이를 이용하여 풀면 $b = 11$, $c = 17$이다.

---

05. 🔳 43

[풀이] $a(k_1 + k_2 + k_3) = (63 + 91 + 129) - 25$이다. 여기서, k_1, k_2, k_3는 각각 63, 91, 129를 a로 나누었을 때의 몫이다. 또, $a < 63$이다.

$a(k_1 + k_2 + k_3) = 258 = 2 \times 3 \times 43$이므로 $a = 43$이다.

실력 향상시키기

06. 🔳 484

[풀이] 4, 5, 6의 최소공배수가 60이므로 종소리가 유지되는 시간은 $60k$라 하면, 포함 배제의 원리로 부터 $k = 13$이다.

그러므로 갑의 종소리는 $\frac{60k}{4} + 1 = 196$(번), 을은 157번이고 병은 131번이다.

---

07. 🔳 17

[풀이] 제일 작은 3개의 합성수는 4, 6, 8이고 $4 + 6 + 8 = 18$이다.

18보다 큰 짝수는 $4 + 6 + 2 \cdot (k - 5)(k > 9)$와 같이 쓸 수 있다. 18보다 큰 홀수는 $4 + 9 + 2 \cdot (n - 7)(n \ge 10)$과 같이 쓸 수 있다.

---

08. 🔳 95개

[풀이] n개의 수를 d, $d + 21$, $d + 42$, $\cdots$, $d + 21(n - 1)$라 하면, 임의의 3개의 수의 합이 21의 배수이므로 $3d + 21k$가 21의 배수이다. 즉, $3d$가 21의 배수이어야 하므로, d는 7이다.

따라서 $2000 = 21 \times 95 + 5$이므로 n의 최댓값은 95이다.

---

09. 🔳 1989개

[풀이] $N - \frac{k(k-1)}{2} = mk$(단, m은 자연수)라고 하면, $N = \frac{k(k - 1 + 2m)}{2}$이다.

(i) $k = 2$일 때, $N = 2m + 1$이 되어 1보다 큰 홀수는 모두 행운 수이다.

(ii) $k = 3$일 때, $N = 3(m + 1)$이 되어 3보다 큰 3의 배수는 모두 행운 수이다.

(iii) $k = 4$일 때, $N = 2(3 + 2m)$이 되어 2의 배수 중 홀수인 인수를 갖는 수는 모두 행운 수이다.

이와 같은 하면, N은 1보다 큰 홀수인 소인수를 가질 때, N은 행운수이다.

그러므로 1, 2, 2^2, $\cdots$, 2^{10}은 행운수가 아니다.

응용하기

10. 답 1, 3, 5, 7, 9

[풀이]

$0^2 + 1^2 + \cdots + 2005^2$은 홀수이다. a^2 ($a = 0$, 1, $\cdots$, 2015) 앞의 "+"를 "−"로 바꾸면 원래의 합에서 $2a^2$만큼 줄어든다. 즉, 그 합 역시 홀수이다.

그러므로 홀수만 표현가능한 수가 된다.

즉, 1, 3, 5, 7, 9가 표현가능한 수이다.

11. 답 130

[풀이] 먼저 n이 홀수가 아님을 증명하자.

n이 홀수이면 약수가 모두 홀수이고, 네 개의 홀수의 제곱의 합이 짝수이므로 n은 홀수가 아니다.

n이 짝수이므로 $d_1 = 1$, $d_2 = 2$이다.

이제 n이 4로 나누어떨어지지 않음을 증명하자.

n이 4의 배수가 되려면 n의 d_1, d_2, d_3, d_4가 모두 홀수여야 하는데, $d_2 = 2$이므로 n은 4의 배수가 아니다. 그러므로 $n = 2(2n_1 - 1)$라 두자.

여기서 n_1은 양의 정수이다.

그러면, $(d_1, d_2, d_3, d_4) = (1, 2, p, q)$ 또는 $(1, 2, p, 2p)$이다. 여기서, p, q는 홀수인 소수이다.

(i) $(d_1, d_2, d_3, d_4) = (1, 2, p, q)$일 때,
$n = 1^2 + 2^2 + p^2 + q^2 \equiv 3 \pmod 4$이므로 모순된다.

(ii) $(d_1, d_2, d_3, d_4) = (1, 2, p, 2p)$일 때,
$n = 1^2 + 2^2 + p^2 + (2p)^2 = 5(1 + p^2)$이므로 $5 \mid n$이다. $d_3 = 3$이면, $n = 50$이 되어 모순이다. 즉, $d_3 = p = 5$이다.

따라서 $n = 1^2 + 2^2 + 5^2 + 10^2 = 130$이다.

29강 존재성 문제

연습문제 실력다지기

01. 답 풀이참조

[풀이] 6장의 카드의 앞면에 쓴 수를 a_1, a_2, $\cdots$ a_6이라 하고, 뒷면에 쓴 수를 b_1, b_2, $\cdots$ b_6이라 하자.

그러면, $a_i + b_i$와 $|a_i - b_i|$의 홀짝성은 같고, $a_1 + a_2 + \cdots + a_6 + b_1 + b_2 + \cdots + b_6 = 42$로 짝수이다. 즉, $|a_i - b_i|$의 합은 짝수여야 한다.

귀류법을 생각하자.

$|a_i - b_i|$ ($i = 1$, 2, $\cdots$, 6)의 수가 모두 다르다면, 그 수는 0, 1, 2, 3, 4, 5이다. 이들의 합은 15로 홀수이다. 이는 $|a_i - b_i|$의 합이 짝수라는 사실에 모순된다.

따라서 $|a_i - b_i|$ 중 최소한 두 수는 같다.

02. 답 (1) 4개 (2) 192

[풀이] (1) $AB = a$, $CD = b$, $AC = c$일 때,

$$S_{\square ABCD} \leq \frac{1}{2}c(a + b)$$이다.

단, 등호는 $AC \perp AB$, $AC \perp CD$일 때, 성립한다.

또 $64 \leq c(a + b)$, $a + b = 16 - c$를 대입하여 구하면 $64 \leq 64 - (c - 8)^2 \leq 64$이다. 즉, $c = 8$이다.

그러므로 $(a, b, c) = (1, 7, 8)$, $(2, 6, 8)$, $(3, 5, 8)$, $(4, 4, 8)$로 4개이다.

(2) 모두 AC가 높이인 사다리꼴 또는 평행사변형으로 $AC \perp AB$, $AC \perp CD$이다.

즉, 이러한 사각형의 변의 길이의 제곱의 합은
$$2a^2 + 2(8 - a)^2 + 2 \times 8^2 = 4(a - 4)^2 + 192$$
이다. 따라서 구하는 최솟값은 192이다.

03. 답 (1) $y = x^2 - x - 2$ (2) 풀이참조

[풀이] (1) $ax^2 - ax + m = a(x - x_1)(x - x_2)$,
$x_2 = x_1 + 3$, 두 근의 합이 1이므로
$2x_1 + 3 = 1$, $x_1 = -1$, $x_2 = 2$이다.

두 근의 곱이 $\dfrac{m}{a} = -2$, $a = -\dfrac{m}{2}$이므로

준 식에 대입하면 $-\dfrac{m}{2}(x^2 - x - 2)$이다.

주어진 기울기 조건을 적용하면,

$$m + (-\frac{m}{2}) = -1, \ m = -2$$ 이다.

따라서 $y = x^2 - x - 2$ 이다.

(2) AP와 y축이 만나는 점을 D$(0, k)(k > 0)$라 하면, AP의 직선의 방정식 $y = kx + k$와

$y = x^2 - x - 2$를 연립하여 정리하면, 비에트의 정리로 부터 (두 근을 x_A, x_P라 할 때,)

$$x_A + x_P = k + 1$$

이다. $x_A = -1$이므로 $x_P = k + 2$이다.

A$(-1, 0)$, P$(k+2, k^2+3k)$, C$(0, -2)$

이므로 $S_{\triangle PAC} = 6\frac{1}{2}(k+2)(k+3)$이다. 즉,

$k = 1$이다. 따라서 점 P$(3, 4)$이다.

---

04. 답 ①

[풀이] $n^2 + 3n + 1 = n(n+3) + 1$이므로 n의 홀짝성에 관계없이 항상 홀수이다.

따라서 $n^2 + 3n + 1 = 2k + 1$(단, k는 정수)로 나타내면 준식 $= 4(2k^2 + 2k + 3)$이다.

임의의 정수 x, y에 대해

$x^2 + y^2 = 4(2k^2 + 2k + 3)$이면, x, y 모두 짝수이다.

따라서 $x = 2u$, $y = 2v$라 두면,

$u^2 + v^2 = 2k^2 + 2k + 3 = 2k(k+1) + 3 = 4p + 3$

(단, p는 정수)이 되어 모순이다.

따라서 등식을 만족하는 x, y는 존재하지 않는다.

답은 ①이다.

---

05. 답 (1) 풀이참조　(2) 가능하다.

[풀이] (1) MP, BP를 연결하면,

$$S_{\triangle MPN} = S_{\triangle MPB} = \frac{1}{2}S_{\square MPCB}$$ 이다.

마찬가지로 $S_{\triangle MQP} = \frac{1}{2}S_{\square AMPD}$이다.

따라서 $S_{\square PQMN} = \frac{1}{2}S_{\square ABCD}$이다.

(2) MP와 BC가 평행하지 않을 때, M을 지나 MP´//BC, QP´, NP´를 연결하고, 문제의 가정과 (1)의 결론으로부터 $S_{\triangle QNP'} = S_{\triangle QNP}$이다.

그러므로 P´P//QN, 즉, DC//QN이다.

---

06. 답 존재한다.

[풀이] 네 개의 점을 A, B, C, D라 하면, 사각형 ABCD는 볼록사각형과 오목사각형으로 나눌 수 있다. 볼록사각형의 경우 90°보다 큰 두 각에 의해 조건에 맞는 각이 존재하고, 오목사각형의 경우에는 180°보다 큰 각에 의해 조건에 맞는 각이 존재한다.

---

07. 답 존재한다.

[풀이] 세 변의 길이를 a, b, $c(a \leq b, c$는 빗변$)$, 넓이를 S라 하면, $a^2 + b^2 = c^2$, $a + b + c = 6$, S $= \frac{ab}{2} = 6$이다. 이를 연립하여 풀면

$$c = \frac{8}{3}, \ a = \frac{5 - \sqrt{7}}{3}, \ b = \frac{5 + \sqrt{7}}{3}$$

이다. 따라서 존재한다.

---

08. 답 17

[풀이] 1, 2, 3 세 개의 수에서 부터 시작해서 이 수의 조를 계속 확장하여 만약 더한 수가 이미 구한 수의 조에서 가장 큰 두 수의 합과 같을 때 이러한 수는 1, 2, 3, 5, 8, 13, 21, 34, 55, 89, 144, 233, 377, 610, 987, 1597 모두 16개의 수이다. 따라서 주어진 조건을 만족하기 위해서는 $k \geq 17$이다.

즉, k의 최솟값은 17이다.

---

09. 답 풀이참조

[풀이] CQ > AH이고, 점 A를 중심으로 하고, CQ를 반지름으로 하는 원과 HN과의 교점을 G라 하자. 그러면, AG = CQ이다.

BG를 연결하고, 직각삼각형 BPR과 직각삼각형 BAC는 닮음이므로 BR·BA = BP·BC이다. 즉,

$(BH - AH)(BH + AH)$
$= (BQ - CQ)(BQ + CQ)$,

또 $CQ^2 = AG^2 = AH^2 + HG^2$이다.

이를 정리하면, $BG^2 = BH^2 + HG^2 = BQ^2$이다.

10. 답 존재한다.

[풀이] 직선 l이 지름 CD와 만나지 않는 상황과 만나는 상황으로 두 종류의 상황을 고려한다.

만나지 않을 때, $AP = 1$, 6, $\dfrac{14}{5}$이다.

만날 때, $AP = \dfrac{231 - 7\sqrt{3}}{66}$, $\dfrac{7 \pm \sqrt{17}}{2}$이다.

11. 답 193개

[풀이] 먼저 1, 14, 15, …, 205를 고르면, 이들 중 어떤 세 수에 대해서도 $ab \neq c(a < b < c)$이다. 그러므로 n의 최댓값은 $205 - 12 = 193$이다. 실제로, $(2, 25, 2 \times 25)$, $(3, 24, 3 \times 24)$, … $(13, 14, 13 \times 14)$이 된다. 그러므로 맨 앞의 2, 3, …, 13를 선택하지 않으면 된다.

30강 방정식과 퍼즐

연습문제 실력다지기

01. 답

5	3	90
36	60	2

02. 답

2	48	36	9
72	3	4	16

03. 답

8	6	3	60
15	20	40	2

04. 답

10	14
4	20
21	3

05 답

5	35
28	12
30	10

실력 향상시키기

06. 답

42	3
10	35
9	36

07. 답

3	12	9
8	6	10
15	5	4

08. 답

4	7	21
15	12	5
14	10	8

부록. 모의고사

모의고사

영재 모의고사 1회

01. **답** 2010

[풀이] $ABCD + ABC + AB + A = 2508$이므로 A는 1 또는 2이다.

A = 1이고, BCD = 999라고 하면,

$1999 + 199 + 19 + 1 = 2218 < 2508$이 되어, 불가능하다.

그러므로 A = 2이다.

그러면, $2BCD + 2BC + 2B + 2 = 2508$이므로

$BCD + BC + B = 286$이다. 즉, B = 1 또는 2이다.

B = 1이고, CD = 99라고 하면,

$199 + 19 + 1 = 219 < 286$가 되어, 불가능하다.

그러므로 B = 2이다. 그러면, $2CD + 2C + 2 = 286$이므로 $CD + C = 64$이다. 따라서 C = 5, D = 9이다.

그러므로 ABCD = 2259이다. 따라서

$ABCD - ABC - AB - A$
$= 2259 - 225 - 22 - 2 = 2010$이다.

02. **답** $1\,\text{cm}^2$

[풀이] 그림과 같이 점 B를 변 AC에 대하여 대칭이동시킨 점을 B′라 하자. 그러면, $\angle BAB' = 60°$이고,

$AB = AB' = 2\,\text{cm}$이므로 삼각형 BB′A는 정삼각형이다. 그러므로 BB′ = 2 cm이다. 또, BB′와 변 AC와의 교점을 H라 하면, 삼각형 ABH와 삼각형 AB′H에서,

AB = AB′, AH는 공통,

$\angle AHB = \angle AHB' = 90°$이므로 삼각형 ABH와 삼각형 AB′H는 합동이다. 즉, BH = B′H = 1 cm이다.

그러므로 삼각형 ABC는 밑변 AC이고 높이가 BH인 삼각형으로 볼 수 있다.

따라서 $\triangle ABC = 2 \times 1 \div 2 = 1\,\text{cm}^2$이다.

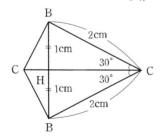

03. **답** 233

[풀이] 일반적인 경우를 생각하자. 1, $\cdots$, n의 번호가 매겨진 학생들과 좌석을 고려하자. 배열의 모든 방법의 가짓수를 a_n이라 하자. 1번 학생이 자기 자리에 있으면, 1번 학생을 제외한 나머지 $n-1$명의 학생의 배열의 가짓수를 고려하면 되므로, a_{n-1}가지의 배열이 가능하다. 만약 1번 학생이 2번으로 옮긴다고 하면, 2번 학생은 1번으로 옮겨야 한다. 이 경우, 1, 2번을 제외한 나머지 학생들의 배열 방법은 a_{n-2}가지이다.

그러므로 $a_n = a_{n-1} + a_{n-2}$, $a_1 = 1$, $a_2 = 2$이다. 즉, 피보나치수열이다. 이제, 점화관계를 가지고 직접 구해보자.

$a_3 = 1 + 2 = 3$, $a_4 = 2 + 3 = 5$, $a_5 = 3 + 5 = 8$,

$a_6 = 5 + 8 = 13$, $a_7 = 8 + 13 = 21$,

$a_8 = 13 + 21 = 34$, $a_9 = 21 + 34 = 55$,

$a_{10} = 34 + 55 = 89$, $a_{11} = 55 + 89 = 144$,

$a_{12} = 89 + 144 = 233$이다.

04. **답** 34

[풀이] 일반적인 경우를 생각하자. n을 2이상의 자연수의 몇 개의 합으로 표현하는 방법의 수를 x_n이라 하자.

$x_1 = 0$, $x_2 = 1(2 = 2)$, $x_3 = 1(3 = 3)$이다.

$n > 3$에 대하여 첫 번째 더하는 수가 2일 경우,

$n-2$를 2이상의 자연수의 몇 개의 합으로 표현하는 방법의 수는 x_{n-2}이다.

첫 번째 더하는 수가 2보다 클 경우,

$n-1$을 2이상의 자연수의 몇 개의 합으로 표현하는 방법의 수 x_{n-1}과 같다.

따라서 구하는 경우의 수는 $x_n = x_{n-1} + x_{n-2}$이다.

$x_1 = 0$, $x_2 = 1$, $x_3 = 1$이다.

그러므로 $x_4 = 2$, $x_5 = 3$, $x_6 = 5$, $x_7 = 8$, $x_8 = 13$, $x_9 = 21$, $x_{10} = 34$이다.

05. **답** 1427

[풀이] $n = \overline{abcd}$라 하면, 주어진 두 조건으로부터

$a + b + c + d = 10a + b = c \times d$을 얻는다.

$c + d = 9a$에서 $c + d = 9$, 18이 가능하다.

또한, $c \times d = 10a + b = \overline{ab}$이고, $a \neq 0$이므로

$c \times d = 10$이상이어야 한다.

(i) $c+d=18$일 때는 $c=d=9$가 유일하고, 이때는 네 자리 수 n이 존재하지 않는다.

(ii) $c+d=9$일 경우는 $c \times d$가 10이상인 경우를 고려하면, 가능한 경우는 $\overline{cd}=27$, 36, 45, 54, 63, 72 이다. 그리고 n의 앞 두 자리 $\overline{ab}$는 $c \times d$와 같음을 고려하면 $n=1427$, 1472, 1836, 1863만 가능함을 알 수 있다.

따라서 구하는 최소의 n은 1427이다.

06. 📖 204개

[풀이] 두 자리 자연수도 세 자리 자연수로 취급하여 (예를 들어, 23은 023으로) 000부터 999까지 생각해보자. 이 중에서 세 자리 숫자가 모두 다른 자연수의 개수는 $10 \times 9 \times 8 = 720$개가 있다. 이제 이 720개의 자연수를 적당히 분류해보자. 즉, 같은 숫자들이 쓰인 것들을 한 묶음으로 생각해보자. 예를 들어, 354는 345, 435, 453, 534, 543와 모두 같은 숫자로 구성되어 있다. 그리고 이 중에는 정확히 345와 543만이 증가 또는 감소하는 순으로 쓰여져 있다. 따라서 이 3!개 중에서 2개씩, 즉, $\frac{1}{3}$이 증가 또는 감소하는 순으로 쓰여져 있다.

따라서 $720 \times \frac{1}{3} = 240$개가 주어진 조건을 만족하는 자연수들이다. 이제 이 중에서 두 자리 숫자를 빼야한다. (한 자리 수는 위 720개에서 애초에 뽑히지 않았다. 왜냐하면 백과 십의 자리가 모두 0이므로 세 자리 수가 모두 서로 다르지 않기 때문이다.) 즉, 두 자리 자연수 중에서 증가 또는 감소하는 순으로 쓰여진 자연수의 개수를 빼면 된다. 그런데, 백의 자리가 0으로 고정되어 있으므로, 이러한 수는 증가하는 순으로 쓰여졌을 수밖에 없다. 따라서 그러한 두 자리 자연수의 개수는

$$8+7+6+\cdots+2+1 = \frac{8 \times 9}{2} = 36 \text{개이고, 그러므로}$$

우리가 구하는 답은 $240-36=204$개이다.

07. 📖 27

[풀이] $(\triangle ACP \text{의 넓이}) = \frac{1}{2} \times \frac{81}{2} = \frac{81}{4}$ 이다.

점 M은 $\triangle ABC$의 무게중심이므로 $(\triangle AMC \text{의 넓이}) = \frac{81}{4} \times \frac{2}{3} = \frac{27}{2}$ 이다.

따라서 $(\square AMCN \text{의 넓이}) = 2 \times \frac{27}{2} = 27$ 이다.

08. 📖 89

[풀이] 주머니 A에 구슬이 n개 들어있을 때 비어 있는 주머니 B로 옮기는 방법의 수를 a_n이라 하자.

n개의 구슬에서 처음에 한 개의 구슬을 주머니 B에 넣고 남은 구슬 $n-1$개를 옮기는 방법의 수는 a_{n-1}이고, 두 개의 구슬을 주머니 B에 넣고 남은 구슬 $n-2$개를 옮기는 방법의 수는 a_{n-2}이다.

따라서 $a_n = a_{n-1} + a_{n-2}$ (단, $n \geq 2$)을 얻는다.

한편, $a_1 = 1$, $a_2 = 2$이므로

$$a_3 = a_2 + a_1 = 3, \quad a_4 = a_3 + a_2 = 5,$$
$$a_5 = a_4 + a_3 = 8, \quad a_6 = a_5 + a_4 = 13,$$
$$a_7 = a_6 + a_5 = 21, \quad a_8 = a_7 + a_6 = 34,$$
$$a_9 = a_8 + a_7 = 55, \quad a_{10} = a_9 + a_8 = 89$$

이다. 따라서 구하는 방법의 수는 89이다.

09. 📖 $85.5°$

[풀이] AC 위에 $AM : MC = 5 : 6$이 되도록 점 M을 잡고, BD 위에 $BN : ND = 5 : 6$이 되도록 점 N을 잡는다. 그러면 삼각형의 닮음에 의하여

$$PN = 5 \times \frac{6}{11} = \frac{30}{11}, \quad PM = 6 \times \frac{5}{11} = \frac{30}{11},$$
$$QN = 6 \times \frac{5}{11} = \frac{30}{11}, \quad QM = 5 \times \frac{6}{11} = \frac{30}{11}$$

이다. 따라서 사각형 $PNQM$은 마름모이다.

$AB /\!/ MQ$, $DC /\!/ NQ$이므로 동위각의 성질에 의하여 $\angle MQC = 66°$, $\angle NQB = 75°$이다. 그러므로 $\angle NQM = 39°$이다. PQ가 마름모 $PNQM$의 대각선이므로

$\angle NQP = \angle PQM = 19.5°$ 이다.

따라서 $\angle PQC = \angle PQM + \angle PQC = 85.5°$ 이다.

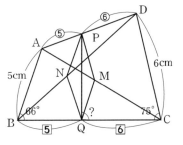

10. 📖 $a=32$, $b=54$

[풀이] 갑과 을이 성공한 횟수를 각각 $3x$와 $2x$, 실패한 횟수를 각각 $7y$와 $12y$라고 하면, 갑과 을이 공을 던진 횟수는 각각 $3x+7y$, $2x+12y$이므로 다음이 성립한다.

$(3x + 7y) : (2x + 12y) = 8 : 9$

즉, $x = 3y$ 이다.

그러므로 갑과 을의 성공은 각각 다음과 같다.

$$\frac{9y}{9y + 7y} = \frac{9}{16}, \quad \frac{6y}{6y + 12y} = \frac{1}{3}$$

따라서 $a \times \dfrac{9}{16} = 18$ 에서 $a = 32$(개)이고 $b \times \dfrac{1}{3} = 18$

에서 $b = 54$(개)이다.

11. 답 73°

[풀이] 그림과 같이 점 A, B, C, D, E, F, G, C'을 잡는다.

그러면, $\angle C' = \angle B = 60°$, $\angle C'DF = \angle BDE$ 이므로 삼각형 C'DF와 삼각형 BDE는 닮음이다.

그러므로 $\angle C'FA = \angle DEC = 146°$ 이다.

그런데, EG 를 기준으로 점 C와 C'는 대칭이므로 $\angle C'EG = \angle CEG$ 이다.

따라서 $\angle x = 146 \div 2 = 73°$ 이다.

12. 답 504

[풀이] 우선, 삼각형의 한 점을 A 에 고정한다.

두 번째 점이 B인 경우,

세 번째 점이 AC 위의 6개, AD 위의 5개, AE 위의 4개, AF 위의 3개, AG 위의 2개, AH 위의 1개 이므로 $6 + 5 + 4 + 3 + 2 + 1 = 21$개다.

같은 방법으로

두 번째 점이 C인 경우는 $5 + 4 + 3 + 2 + 1 = 15$개 이고,

두 번째 점이 D인 경우는 $4 + 3 + 2 + 1 = 10$개이고,

두 번째 점이 E인 경우는 $3 + 2 + 1 = 6$개이고,

두 번째 점이 F인 경우는 $2 + 1 = 3$개이고,

두 번째 점이 G인 경우는 1개이고,

두 번째 점이 H인 경우는 0개다.

따라서 첫 번째 점을 A로 했을 때,

$21 + 15 + 10 + 6 + 3 + 1 + 0 = 56$개다.

첫 번째 점을 B, C, D, E, F, G, H, I로 했을 경우도 마찬가지이다.

더욱이 이것들은 중복되는 것이 없기 때문에 구하는 답은 $56 \times 9 = 504$개다.

[다른 풀이]

정 9각형의 꼭짓점 중 네 점을 선택하면 하나의 사각형

이 생기고, 그 대각선의 교점은 원래의 정 9각형의 대각선의 교점이므로 만들어지는 사각형 마다 네 개의 삼각형이 생긴다. 따라서 구하는 경우의 수는

$_9C_4 \times 4 = 504$개다.

13. 답 $\dfrac{147}{2}\pi\text{cm}^2$

[풀이] 그림과 같이, 원의 중심을 O 라 하고, 변 AB와 원과의 교점을 P 라 하자.

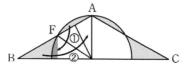

그러면, 삼각형 APO는 정삼각형이므로 AP = PB이다.

①, ②의 이동을 통하면 확인하면, 결과적으로 구하는 것은 중심각이 60°이고, 반지름이 21cm 인 부채꼴의 넓이이다.

따라서 색칠한 부분의 넓이는

$$21 \times 21 \times \pi \times \frac{1}{6} = \frac{147}{2}\text{cm}^2$$ 이다.

14. 답 (8, 5)

[풀이] 주사위를 던져서 홀수가 4번, 짝수가 3번 나왔으므로

x 축의 방향으로 $3 \cdot 4 + (-2) \cdot 3 = 6$

y 축의 방향으로 $(-1) \cdot 4 + 2 \cdot 3 = 2$

즉, $(2 + 6, \ 3 + 2) = (8, 5)$이다.

15. 답 $36\pi\text{cm}^2$

[풀이] 주어진 그림을 그림과 같이 돌려놓으면, 직각삼각형들끼리 모두 닮음임을 쉽게 알 수 있다. 닮음의 비를 이용하면, $A : B = B : C$ 이다. 즉, $B \times B = A \times C$ 이다.

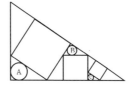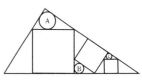

원 A의 넓이가 $81\pi\text{cm}^2$, 원 C의 넓이의 $16\pi\text{cm}^2$이므로 원 A의 반지름의 길이를 9라 하면, 원 C의 반지름의 길이는 4이다.

따라서 원 B의 반지름은 6이다.

그러므로 원 B의 넓이는 $36\pi\,\text{cm}^2$이다.

16. 🈁 33

[풀이] 결국 행복한 정수는 두 소수의 곱 또는 소수의 세 제곱수임을 알 수 있다.

작은 순서대로 쓰면, 6, 8, 10, 14, 15, 21, 22, 26, 27, 33, 34, 35, …이다.

따라서 작은 수부터 10번째인 수는 33이다.

17. 🈁 (1) 10cm　(2) 84cm²

[풀이]

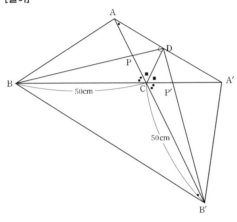

사각형 ABCD를 CD에 대하여 대칭이동시킨다. 점 B는 B′로, 점 A는 A′로, 점 P는 점 P′로 대칭이동한다. 그러면, A, C, B′는 한 직선 위에 있다. 왜냐하면,
● + ■ = 90°이므로
∠ACB′ = ● + ● + ■ + ■ = 180°이기 때문이다.
△CBB′는 이등변삼각형이므로 CB′ = 50cm이고, ∠CBB′ = ∠CB′B이다.
또, 사각형 B′DAB는 사다리꼴이다.
그러므로 △B′DP = △BPA이다.
△CDP = S라고 하면, △BPA = 6S이고, △B′DP = 6S이다.
따라서 △B′CD = 5S이다.
그러므로 B′C : CP = △B′CD : △CDP = 5 : 1이다.
따라서
B′C = BC = 50cm이므로 CP = 10cm이다.
또, △CDB = 5S이고, △CPD = 4S이므로
DP : PB = △CDP : △CPB = 1 : 4이다.
그러므로 △PDA : △PAB = 1 : 4이다. 즉,
$\triangle\text{PDA} = \dfrac{3}{2}\text{S}$이다.

따라서 사각형 $\text{ABCD} = \text{S} + 4\text{S} + 6\text{S} + \dfrac{3}{2}\text{S} = \dfrac{25}{2}\text{S}$

이다.
따라서 S = 56cm²이다.
그러므로 △PDA = 84cm²이다.
따라서
(1) CP = 10cm,
(2) △PDA = 84cm²
이다.

18. 🈁 325

[풀이] 세 자리 자연수의 백의 자리의 숫자, 십의 자리의 숫자, 일의 자리의 숫자를 각각 a, b, c라 하면

(가)에서 $a + b + c = 10$　　……㉠

(나)에서 $4b = a + c$　　……㉡

㉠ + ㉡에서 $5b = 10$이므로

$b = 2$, $a + c = 8$　　……㉢

(다)에서

　$(100c + 10b + a) - (100a + 10b + c) = 198$,

　$99(c - a) = 198$

즉, $c - a = 2$　　……㉣

㉢, ㉣을 연립하여 풀면 $a = 3$, $c = 5$이다.

따라서 구하는 자연수는 325이다.

19. 🈁 $\dfrac{45}{8}\,\text{cm}^2$

[풀이]

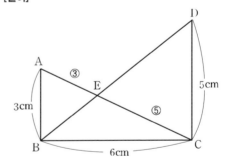

삼각형 EAB와 삼각형 ECD가 닮음비가
AB : CD = 3 : 5인 닮음이므로 AE : EC = 3 : 5이다.
그러므로
△ABE : △EBC = 3 : 5이다.
따라서

$$\triangle\text{EBC} = \triangle\text{ABC} \times \dfrac{5}{8} = (3 \times 6 \div 2) \times \dfrac{5}{8} = \dfrac{45}{8}\,\text{cm}^2$$

이다.

20. **답** 49

[풀이] 휴식을 ●, 복근운동은 2, 스쿼트는 1이라 하면, 다음의 세 가지 형태로 나눌 수 있다.

(i) "2 ● 2 ● 2 ● 2 ● 2 ●1"의 형태 : $_6C_1 = 6$(개)

(ii) "2 ● 2 ● 2 ● 1 ● 1 ● 1 ● 1"의 형태 :
$_7C_3 = 35$(개)

(iii) "2 ● 1 ● 1 ● 1 ● 1 ● 1 ● 1 ● 1"의 형태 :
$_8C_1 = 8$(개)

따라서 모두 $6 + 35 + 8 = 49$(개)이다.

영재 모의고사 2회

01. **답** 2401

[풀이] 사용할 수 있는 카드는 1부터 7까지의 7종류이다. 예를 들어, 만의 자리 수, 천의 자리 수, 백의 자리 수, 십의 자리 수가 각각 1, 2, 3, 4가 되는 경우를 생각하자.

12341, 12342, 12343, 12344, 12345, 12346, 12347

같은 숫자가 몇 번 사용해도 상관없으므로, 여기서 생각할 수 있는 숫자는 위의 7가지이다. 이 중 7의 배수는 12341 뿐이다. 여기서 연속하는 7개의 정수 중에는 반드시 7의 배수가 하나만 존재한다는 사실을 이용하면 1개만이 7의 배수임을 알 수 있다.

따라서 구하는 경우의 수는 $7 \times 7 \times 7 \times 7 = 2401$이다.

02. **답** 풀이참조

[풀이] $2009 = 7^2 \times 41$이므로 $287 \times 7 = 2009$만 가능하다. 그러므로

$$
\begin{array}{r}
2\ 8\ 7 \\
\times \quad \square\ 7\ \square \\
\hline
\square\ \square\ \square \\
2\ 0\ 0\ 9 \\
\square\ \square\ \square \\
\hline
\bigcirc\ \bigcirc\ \bigcirc\ \bigcirc\ \bigcirc
\end{array}
$$

이 됨을 알 수 있다.

그런데, $\bigcirc\bigcirc\bigcirc\bigcirc\bigcirc = \bigcirc \times 11111$이고,

$11111 \div 287 = \dfrac{271}{7}$이므로 $\bigcirc = 7$이다. 따라서

$$
\begin{array}{r}
2\ 8\ 7 \\
\times \quad 2\ 7\ 1 \\
\hline
2\ 8\ 7 \\
2\ 0\ 0\ 9 \\
5\ 7\ 4 \\
\hline
7\ 7\ 7\ 7\ 7
\end{array}
$$

이다.

03. 답 30(분)

[풀이] 빠른 자동차와 느린 자동차의 속력을 각각 시속 $v_1\,\mathrm{km}$와 $v_2\,\mathrm{km}$라고 하자.

그러면 $\dfrac{1}{v_1} : \dfrac{1}{v_2} = 3 : 5$ 에서

$v_1 : v_2 = \dfrac{1}{3} : \dfrac{1}{5} = 5 : 3$ 이므로

$v_1 = 5v$, $v_2 = 3v$ 라고 하자.

두 지점 사이의 거리를 $l\,\mathrm{km}$라 하면 두 지점에서 동시에 출발하여 서로 같은 방향으로 달려서 2시간 후에 만났으므로 다음을 얻는다.

$$2 \cdot 5v = 2 \cdot 3v + l \quad \therefore\ l = 4v$$

만일 이 두 자동차가 서로 마주 보고 달려서 t시간 후에 만난다고 하면 다음을 얻는다.

$$5v \cdot t + 3v \cdot t = l \quad \therefore\ 8vt = 4v$$

$$\therefore\ t = \frac{1}{2}(시간) = 30(분)$$

04. 답 $3 : 1$

[풀이] 정사면체의 부피는 정육면체의 부피에서 4개의 삼각뿔의 부피를 뺀 것과 같다.

정육면체 한 변의 길이를 a라 하면

(정육면체의 부피)$= a \times a \times a = a^3$,

(삼각뿔의 부피)$= \dfrac{1}{3} \times \left(\dfrac{1}{2} \times a \times a \right) \times a = \dfrac{a^3}{6}$,

(정사면체의 부피)$= a^3 - 4 \times \dfrac{a^3}{6} = \dfrac{a^3}{3}$ 이다.

따라서 정육면체와 정사면체의 부피의 비는

$a^3 : \dfrac{a^3}{3} = 3 : 1$ 이다.

05. 답 42

[풀이] $1 \ne 2 = 2 \ne 1 = 1$처럼 이웃한 두 숫자가 같은가 같지 않은가에 따라 $=$, $\ne$를 두 숫자 사이에 둘 때, $=$가 연속하지 않는 방법의 수와 같다.

n개의 숫자를 위의 규칙에 따라 나열하는 방법의 수를 $f(n)$이라 하자.

$(n+1)$개의 숫자를 규칙에 따라 나열하는 방법은

$a_1,\ a_2,\ a_3,\ \cdots,\ a_n \ne a_{n+1}$인 경우,

$a_1,\ a_2,\ a_3,\ \cdots,\ a_{n-1} \ne a_n = a_{n+1}$인 경우이므로

$f(n+1) = f(n) + f(n-1) \quad (n \ge 2)$이다.

$f(1) = 2$, $f(2) = 4$, $f(3) = 6$, $f(4) = 10$,

$f(5) = 16$, $f(6) = 26$, $f(7) = 42$이다.

06. 답 59

[풀이] $n + 11 = 7k$ (단, k는 자연수) ······ ㉠

$n + 7 = 11l$ (단, l은 자연수) ······ ㉡

㉠−㉡하면, $7k - 11 = 11l - 7$

$\therefore\ 7(k+1) = 11(l+1)$

7과 11은 서로 소이므로

$k + 1 = 11m$ (단, m은 자연수) ······ ㉢

㉠, ㉢으로부터

$n = 7k - 11 = 7(11m - 1) - 11$

$\quad = 77m - 18 = 77(m-1) + 59$

따라서 n을 77로 나눈 나머지는 59이고, 이 성질을 갖는 최소의 나머지는 59이다.

07. 답 108가지

[풀이] 11자리수의 정수 23743557911에 대해, 1자리수의 숫자를 덧붙이는 위치는

 ○2 ○3 ○7 ○4 ○3 ○5 ○5 ○7 ○9 ○101 ○

으로 모두 12곳이 있다. 이 중, 맨 앞 자리에 올 수 있는 수는 1 ~ 9의 9가지이다.

그 외의 곳에 올 수 있는 수는 0 ~ 9의 10가지이다. 그런데, 왼쪽 옆의 숫자와 같은 것은 벌써 그 직전에 1개가 존재하므로 제외해야 한다. 따라서 $10 - 1 = 9$ 방법이 있다.

(예를 들면, 2 23743557911에 대해서 2 23743557911는 중복이다.)

따라서 구하는 합계는 $9 \cdot 12 = 108$가지이다.

08. 답 29

[풀이]

$56 = A_1 A_{11} = A_1 A_2 + A_2 A_5 + A_5 A_8 + A_8 A_{11}$

$$\ge A_1 A_2 + 17 + 17 + 17$$이다.

따라서 $A_1 A_2 \le 5$이다.

반면에 $A_1 A_2 = A_1 A_4 - A_2 A_4 \ge 17 - 12 = 5$이다.

따라서 $A_1 A_2 = 5$이다. 마찬가지로 $A_{10} A_{11} = 5$이다.

또한,

$A_2 A_7 = A_1 A_4 + A_4 A_7 - A_1 A_2 \ge 17 + 17 - 5 = 29$

이다.

$$A_2A_7 = A_1A_{11} - A_1A_2 - A_7A_{10} - A_{10}A_{11}$$
$$\leq 56 - 5 - 17 - 5 = 29$$

이다. 따라서 $A_2A_7 = 29$이다.

09. 📋 18cm^2

[풀이]

$PQ \parallel BC$이므로

$PO : BC = AO : AC = 1 : (1+3) = 1 : 4 = 2 : 8$

이다.

이것과 $PO : OQ = 2 : 5$로부터 $OQ : BC = 5 : 8$이

다.

또, $PQ \parallel BC$이므로 $DO : DB = OQ : BC = 5 : 8$

이고, $DO : OB = 5 : (8-5) = 5 : 3$이다.

따라서

$\triangle AOD : \triangle OBC = (OA \times OD) : (OB \times OC)$
$= (1 \times 5) : (3 \times 3) = 5 : 9 = 10 : 18$이다.

그런데, $\triangle AOD = 10\text{cm}^2$이므로 $\triangle OBC = 18\text{cm}^2$이다.

10. 📋 $\dfrac{23}{27}$

[풀이] 일반적으로 n회의 가위바위보가 끝난 후,

3명 모두 남아 있는 것은 모두 무승부가 n번 된 것이므로

$\dfrac{1}{3^n}$이다.

2명만 남아 있는 것은, n회의 가위 바위 보를 해서 어디선

가 1번 한 명의 패배할 경우이고, 다른 회에는 모두 무승부

이므로 그 확률은 $\dfrac{n}{3^n}$이다.

따라서 n회 후에 1명이 남아 있을 확률은 $1 - \dfrac{(1+n)}{3^n}$

이다.

따라서 우리가 구하고자 하는 확률은 $1 - \dfrac{4}{27} = \dfrac{23}{27}$이다.

11. 📋 511

[풀이] 10개의 볼을 늘어놓고, 볼과 볼의 사이에 구분하여

넣는 것을 생각한다.

예를 들면, 2번째와 3번째의 사이, 5번째와 6번째의 사이

에 구분하는 막대를 넣으면,

되어, 이것은 $2+3+5 = 10$을 나타내고 있다고 생각할

수 있다.

따라서 이 문제에서는 이 구분하는 막대를 넣는 방법이 몇

가지 있을까를 생각하면 된다. 그러면, 구분하는 막대를 넣

을 수가 있다. 넣을 수 있는 곳은 $10 - 1 = 9$개가 있다.

이 9개의 곳마다 구분 막대기를 넣는 경우와 넣지 않는 경우

의 2방법씩 있기 때문에, 구분 막대기를 넣는 방법은

$2^9 = 512$방법이 있다.

그러나 이것이라고, 전혀 구분하는 막대를 넣지 않는 경우를

포함하고 있어야 하므로, 그 만큼을 제외해야 한다. 따라서

전부 $512 - 1 = 511$방법이 있다.

12. 📋 8cm^2

[풀이]

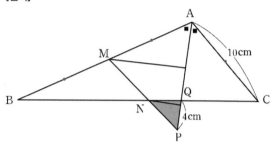

$BM = AM$, $BN = CN$이므로 삼각형 중점연결정리에

의하여

$MN \parallel AC$이고, $MN = \dfrac{AC}{2} = \dfrac{10}{2} = 5\text{cm}$이다.

$MP \parallel AC$이므로 평행선의 성질에 의하여

$\angle MPA = \angle CAP = \angle MAP$이다.

따라서 $\triangle MPA$는 이등변삼각형이다. 즉,

$MP = MA = AC = 10\text{cm}$이다. 그러므로

$PN = MP - MN = 10 - 5 = 5\text{cm}$이다.

또, $MP \parallel AC$이므로 $\triangle PQN \sim \triangle AQC$이다. 따라서

$PQ : AQ = PN : AC$, $4 : AQ = 5 : 10$,

$AQ = 8\text{cm}$이다. 그러므로

$AP = AQ + PQ = 8 + 4 = 12\text{cm}$이다.

이제, M, N에서 AP에 내린 수선의 발을 각각 H, I라

하면,

$\triangle MPA$는 이등변삼각형이므로

$PH = \dfrac{AP}{2} = \dfrac{12}{2} = 6\text{cm}$이다.

여기서, $\triangle MPH$는 $3 : 4 : 5$인 직각삼각형이므로

$PH : MH : MP = 3 : 4 : 5$,

$6 : MH : 10 = 3 : 4 : 5$, $MH = 8\text{cm}$

이다. 더욱이 $MH \parallel NI$에서 $\triangle NPI \sim \triangle MPH$이다.

그러므로

$NI : MH = PN : PM$, $NI : 8 = 5 : 10$,

$NI = 4cm$

이다. 따라서

$$\triangle PQN = PQ \times NI \times \frac{1}{2} = 4 \times 4 \times \frac{1}{2} = 8\,\text{cm}^2$$

이다.

13. 답 35

[풀이] $n = pq$ (p, q는 소수이고, $p > q$)로 적고 주어진 조건을 수식화하면

$$\frac{2}{3}(1+p)(1+q) = p - q + pq - 5$$

이고, 식을 정리하면

$pq + p - 5q = 17$, 즉, $(p-5)(q+1) = 12$

이므로 $p - 5 = 2$, $q + 1 = 6$이다. 따라서 $n = 7 \times 5 = 35$이다.

14. 답 8

[풀이] 마방진의 세로, 가로, 대각선의 합의 수를 바로 계산 할 수 있는데,

4×4의 마방진의 경우는 $(1 + 2 + \cdots + 16) \div 4 = 34$이 다. 그러면,

$C + F = 34 - (6 + 3) = 25 \cdots$ ①

$C + F + G = 34 - 1 = 33 \cdots$ ②

이다. 따라서 $G = ② - ① = 33 - 25 = 8$ 이다.

실제로, 다음과 같은 두 가지 경우가 나온다.

6	15	4	9
12	1	14	7
13	8	11	2
3	10	5	16

,

6	12	7	9
15	1	14	4
10	8	11	5
3	13	2	16

15. 답 3871

[풀이] 9자리 수를 ABCDEFGHI라고 하자.

세 자리씩의 합을 S라고 하자. 그러면

$S = A \times 100 + B \times 110 + (C + D + E + F + G)$

$\qquad \times 111 + H \times 11 + I$

$\quad = (A + B + C + D + E + F + G + H + I) \times 111$

$\qquad - (I \times 110 + H \times 100 + A \times 11 + B \times 1)$

이다. 앞 부분은 $36 \times 111 = 3996$으로 일정하므로,

뒤 부분을 최소로 하면 된다.

따라서 I = 0, H = 1, A = 2, B = 3일 때, 최대이다.

최댓값

$= 3996 - (0 \times 110 + 1 \times 100 + 2 \times 11 + 3 \times 1)$

$= 3996 - 125$

$= 3871$

이다.

16. 답 $\frac{11}{2}$ 배

[풀이] 점 P의 존재 범위는 육각형 EFGHIJ의 내부이다.

육각형 EFGHIJ

$= \square AEFB + \triangle BFG + \square BGHC + \triangle CHI$

$\quad + \square CIJA + \triangle AJE + \triangle ABC$이다. 그런데,

$\triangle ABC : \triangle CEF = 4 : 9$,

$\triangle ABC : \square AEFB = 4 : 5$,

$\triangle BFG : \triangle ABC = 1 : 4$,

$\triangle ABC : \triangle AGH = 4 : 9$,

$\triangle ABC : \square BGHC = 4 : 5$,

$\triangle CHI : \triangle ABC = 1 : 4$,

$\triangle ABC : \triangle BIJ = 4 : 9$,

$\triangle ABC : \square CIJA = 4 : 5$,

$\triangle AJE : \triangle ABC = 1 : 4$

이다. 따라서

육각형 EFGHIJ : $\triangle ABC$

$= (5 + 1 + 5 + 1 + 5 + 1 + 4) : 4$

$= 22 : 4 = 11 : 2$이다.

그러므로 점 P가 움직일 수 있는 범위의 넓이는

$\triangle ABC$의 $\frac{11}{2}$ 배이다.

17. 답 47

[풀이] $p = 3AB9$, $q = 1AB0$라고 하면,

$p - q = 2009 = 7^2 \cdot 41$라고 하자.

$\gcd(p, q) = d$, $p = a \cdot d$, $q = b \cdot d$라고 하자.

a, b는 서로소이다.

$p - q = 2009 = (a - b) \cdot d$가 되므로, d는 2009의 약 수이다.

(i) $d = 287$일 때, $a - b = 7$이다. q가 10의 배수이므로 $b = 10$일 때가 최소인데, 2870이 되어 q보다 크므로 이 경우는 없다.

(ii) $d = 49$일 때, $p = 49 \times 71 = 3479$,

$q = 49 \times 30 = 1470$이다. $\gcd(71, 30) = 1$이므로 만족한다. 따라서 AB $= 47$이다.

18. 답 11㎝

[풀이]

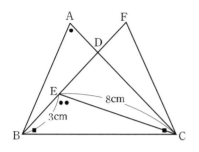

DB의 연장선 위에 AD $=$ DF가 되는 점 F를 잡으면

AD $=$ DF, BD $=$ DC, $\angle$ADB $= \angle$FDC이므로

$\triangle$ABD $\equiv \triangle$FCD이다.

또, $\angle$BAC $= \angle$BFC이고,

$\angle$BEC $= 2 \times \angle$BAC $= \angle$BFC $+ \angle$FCE이다.

그러므로 $\angle$EFC $= \angle$FCE이다. 즉, EF $=$ EC이다.

따라서 AC $=$ BF $= 3 +$ EF $= 3 +$ EC $= 11$㎝이다.

19. 답 35555

[풀이] $11111 \sim 15555$는 11111을 제외하므로,

$1 \times 5 \times 5 \times 5 \times 5 - 1 = 624$개다.

$21111 \sim 25555$도 22222를 제외하므로, 똑같이 624개다.

$31111 \sim 35555$도 33333을 제외하므로, 똑같이 624개다.

따라서 25555까지 모두 $624 + 624 + 624 = 1872$개이므로 1872번째는 35555이다.

20. 답 77

[풀이] 구하는 첫 번째 수를 제외하고 중간에 등장하는 숫자 중에서 7보다 큰 소수를 인수로 가지는 수는 등장할 수 없음을 기억하자.

예를 들어, 66이 있다면 그 전의 수는 곱해서 66이 되어야 하는데 $66 = 2 \times 3 \times 11$이므로 소인수로써 두 자리 수인 11 때문에 앞의 수가 존재할 수 없다. 즉, 중간 수는 모두 소인수를 2, 3, 5, 7만 가지고 있어야 한다. 또한 중간 수에 n이 있다면, n을 두 수의 곱으로 표현했을 때, 두 수가 모두 한 자리 숫자로써 될 수 있어야 한다. 그렇지 않으면 역시 그 앞의 수가 올 수 없다.

(i) $8 \leftarrow 18 \leftarrow a$인 경우

$18 = 2 \times 3 \times 3$이므로 $a = 29$, 36, 63, 92가 가능하다. 그러나 29는 소수이므로 불가능하다. 63은 그 앞의 수가 79 또는 97만 가능한데, 둘 다 소수이므로 불가능하다. 92는 $9 \times 9 = 81$보다 크므로 두 개의 한 자리 수 곱으로 표현할 수 없다. 이제 36일 경우를 보자.

$8 \leftarrow 18 \leftarrow 36 \leftarrow b$에서 가능한 b는 49, 66, 94이다. 66은 11을 소인수로 가지고 있기 때문에 그 앞의 수가 존재할 수 없다.

$94 > 9 \times 9$이므로 두 개의 한 자리 수의 곱으로 나타낼 수 없다. 따라서 $b = 49$이고, 이제 그 전의 수는 반드시 77이므로 길이가 5인 연결로서 적합하다. 따라서 77을 얻는다.

(ii) $8 \leftarrow 24 \leftarrow a$인 경우

$24 = 2 \times 2 \times 2 \times 3$이므로 $a = 38$, 46, 64, 83이 가능하다.

38, 46, 83은 7보다 큰 소인수를 갖고 있기 때문에 불가능하다. 64는 그 앞의 수가 88만 가능한데, 88이 다시 11을 소인수로 갖기 때문에 불가능하다.

(iii) $8 \leftarrow 42 \leftarrow a$인 경우

$42 = 2 \times 3 \times 7$이므로 $a = 67$, 76이다. 그러나 둘 다 7보다 큰 소인수를 갖고 있어서 불가능하다.

(iv) $8 \leftarrow 81 \leftarrow a$인 경우

$a = 99$만 가능하지만, 99는 11을 소인수로 갖고 있어서 부적합하다.

따라서 오직 77만 가능하다.

국내 교육과정에 맞춘 사고력 · 응용력 · 추리력 · 탐구력을 길러주는 영재수학 기본서

新영재수학의 지름길(중학 G&T)은 특목고, 영재학교, 과학고를 준비하는 학생들을 위한 학년별 필수 기본서로
핵심요점 ➡ 예제문제 ➡ 실력다지기 문제 ➡ 실력향상시키기 문제 ➡ 응용문제 ➡ 최종 모의고사까지 단계적으로
문제를 제시하여 구성하였습니다.

각 학년 학기별 15강의와 모의고사 2회로 총 90강, 모의고사 12회로 엄선한 2000여개 문제 이상이 수록되어 있습니다.

한 문제의 다양한 풀이방식으로 수학적 사고력의 깊이와 지능 개발에 탁월한 효과를 얻을 수 있습니다.

차후 대학 입시 준비시 대학별 고사(수리논술)와 학습 연계성을 가질 수 있습니다.

차근차근 공부하다 보면 수학에 단단한 자신감을 가진 수학영재로 성장할 수 있습니다.

Gifted and Talented
in mathematics step2

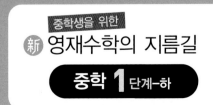

최상위권을 향한 아름다운 도전!

www.sehwapub.co.kr

*도서출판 세화의 학습서 게시판에서 정오표 및 학습
자료를 내려받으실 수 있습니다.